isk Analysis and Security Countermeasure Selection

국가기반시설과 국가중요시설

위험관리

및 방호대책

Thomas L. Norman 저 송 창 영 역

기 문 당

RISK ANALYSIS AND SECURITY COUNTERMEASURE SELECTION

헌정사

이 책을 인도 뭄바이에서 발생한 테러로 인해 사망한 179명의 시민과 350명의 부상자들에게 바칩니다.

2008년 11월 26일에 10인의 테러리스트들에 의해 발생한 이 테러는 뭄바이 시내 도처에서 시작하여 2008년 11월 29일에 종결되었다. 사망자 명단에는 뭄바이 반테러 부대의 지휘관인 헤만트 카르카레도 포함되어 있었다. 이 사건은 인도의 가장 큰 도시인 뭄바이 전역에 걸쳐 동시다발적으로 발생한 계획적인 테러였다. 공격 대상은 차트라파티 시바지(Chatrapati Shivaji) 철도역, 오베로이 트라이던트 호텔(Oberoi Trident Hotel), 타지마할 호텔(Taj Mahal Hotel), 레오폴드 카페(Leopold Cafe), 카마(Kama) 병원, 나리만 하우스[Nariman House; 샤바드(Chabad)에 위치한 유대교 센터의 이름], 매트로 시네마 등으로 인도 최대의 도시 뭄바이를 상징하는 랜드마크였다.

10인의 테러리스트들은 단순한 방식, 전술(이동식 사격), 무기로 많은 인명을 살상하였다. 테러는 인도 의회의 선거기간에 발생하였으며, 발생 초기에는 하루만에 끝날 것이라고 예상되었다. 비록 테러공격이 인도 뭄바이의 공공보안체계에 대한 많은 문제점을 노출시켰지만, 훌륭한 사람들이 시민들을 구하는 영웅적인 행동을 보이는 등 모범사례도 있었다. 이 공격은 2003년에 발생한 테러 이후 힘들게 재정립해 왔던 인도의 공공안전에 대한 인식을 파괴시키며, 특히 뭄바이의 지역사회에 큰 고통을 안겨주었다. 생포된 유일한 테러범인 아즈말 아미르(Ajmal Amir)의 진술에 따르면, 테러범들은 파키스탄 내에서 활동하는 국제 테러조직인 라시카르-에-토이바(LeT) 소속으로 알 카에다에 의해 훈련과 테러계획 수립 등의 도움을 받았다. 몇몇 테러리스트들은 해안 보안체계를 통과하기 위해 어선을 납치하는 방식으로 파키스탄에서 넘어왔다.

테러공격의 직접적인 목표는 인도 사회의 공공안전에 대한 신뢰도를 파괴, 기존의 인도 정권의 기반 약화, 인도와 파키스탄 사이의 외교문제 유발, 인도와 파키스탄 간의 관계를 부정적인 시각으로 바라보는 집권당 출범시켜 파키스탄 정당에 압력을 행사하게 하여 파키스탄 내의 인도 반대여론을 일으키는 것이다. 이를 통해 파키스탄으로 하여금 인도와의 충돌이 우려되는 동부 국경지대를 강화하기 위해 탈레반 및 알 카에다와 대치하고 있는 서쪽 국경지대에서 군대를 이동하게 만들어 탈레반 및 알카에다의 부담을 완화시키는 것이다.

테러공격의 장기적인 전략적 목표는 파키스탄 내에 혼란을 초래하여 무정부 상태로 만들어 인도와 서방세력에 대항하여 탈레반에 핵무기 승인을 해줄 친 탈레반 정권을 수립하는 것이다.

(참고: 이 헌정사를 작성한 이후, 탈레반은 실제로 파키스탄 정권을 전략적으로 압박하기 위해 연방 직할 부족 지역[FATA], 스와트 벨리, 지리스탄의 수만 명을 파키스탄 군과 대치하는 곳에 배치시켰다.)

내가 겨우 2개월 전에 인도의 메이저 회사에 대한 위험평가를 완료하면서 가장 우려했던 리스크는 이런 유형의 공격이 정확하게 발생하는 것이었다. 이런 유형의 공격을 포함한 수많은 유형의 테러공격에는 효과적인 대책이 존재한다. 이동하면서 사격을 하는 테러공격의 경우 대책은 반응식 자동 전자보안시스템(REAPSs)을 통해 테러리스트를 저지하고 차단하여 피해자로부터 격리시키고 기동성을 저하시켜 피해자를 최소한으로 줄이는 것이다. 이런 대책들은 경찰특수부대가 즉각적으로 테러리스트를 제압할 수 있도록 그들의 지휘 통제에 따라 테러리스트가 존재하는 현장에서 떨어진 곳에서 보안 시스템을 조정하는 기능과도 결합될 수 있다. (REAPSs는 내 또 다른 저서인 통합보안시스템 설계(Integrated Security Systems Design [Butterworth-Heinemann, 2007])에서 상세히 다루어진다. REAPSs 시스템은 테러리스트들이 보안시스템에 접근하지 못하도록 외부 전문업체에 위임하여 관리하는 것이 효율적이다. 이런 전문업체는 지역 경찰과 같은 직접적으로 연락체계가 구축되어 있고, 진압을 위해 필요한 정보를 실시간으로 제공해준다.

모든 테러공격은 그것으로부터 배울 수 있는 교훈이 있다. 2008년 11월에 발생한 뭄바이 테러공격의 가장 큰 교훈은 물리적인 측면에서의 보안, 전자 보안시스템, 보안계획들은 테러에 대한 지식을 가지고 있는 전문가가 수립해야 하며, 테러대책 전문가가 아닌 테러에 대한 지식과 경험이 없이 보안의 기술적인 부분만을 가지고 있는 회사가 구축한 반테러 조치 계획에 많은 생명을 맡겨서는 안 된다는 것이다. 부적격한 회사에서 수행된 위험분석과 그것을 바탕으로 수립된 대책들은 무서운 결과를 초래할 수 있다.

우리는 이 책을 통해 더 나은 위험분석을 할 수 있을 것이다.

머리말

사람들이 나에게 방호 컨설팅을 수행한 경력을 물어볼 때면, 나는 보통 전자보안시스템이 개발되기 이전부터라고 말하곤 한다. 그 경력은 35년 이상으로 베테랑으로써 나는 많은 것들을 보고 경험하였다. 방호사업은 매력적인 산업이다. 여기에는 사회학, 경제학, 심리학, 공학, 건축학, 조경학, 프로젝트 관리, 엔지니어링, 비판적 사고 게임이론, 논리이론 등을 큰 하나의 그릇에 담으려는 몇 사람의 노력이 있었다. 나는 이 산업을 사랑한다.

많은 공공 부문과 민간 부문에서 보안의 필요성에 대한 인식이 높아져 가는 가운데 정작 공공기관이나 기업들의 운영에 있어서는 보안에 대한 일반적인 인식이 부족한 것을 보아 왔다. 모든 종류의 위협으로부터 보호하려는 경향을 보이는 정부는 항상 보안에 대해 인지하고 있다. 2001년 9월 11일 이후로 보안에 대한 인식의 근본적인 변화를 목격한 나는 보안을 단순히 사업 수단이 아닌 좀 더 전문적이고 체계적인 방법으로 접근해보고 싶은 마음이 생겨났다. 종종 테러의 목표로 지정된 적이 없거나 알려진 테러조직의 전략적인 목표물에 부합하지 않은 시설들을 잠재적인 테러 우려 시설로 지정하여 조직의 자원을 낭비하는 경향이 있다.

오늘날 대부분의 조직들은 보안 솔루션 개발을 위해 투자하기 전에 위험분석을 실시하길 원한다. 하지만 업계에서는 난립하는 수많은 컨설팅 회사 중 어느 컨설턴트가 자신들에게 적합한 위험분석을 수행할 역량을 가지고 있는지에 대해서는 혼란스러워하고 있다. 이상하게도, 한 조직은 여러 다른 보안 수단을 사용하는 업체들(경비견, 경비원, 보안초소, 보안시스템)로부터 자신의 회사 제품이 가장 효율적인 보안 수단이라는 위험분석 결과를 받을 수 있을 것이다. 이런 것은 컨설팅이라고 부를 수조차 없다. 이것은 고객의 이익보다 판매자의 이익 추구를 우선시한 기만행위이다. 이것은 또한 실제 보안수단을 사용할 고객의 입장을 전혀 고려하지 않는 행위이다. 이런 위험분석을 수행하는 자칭 '컨설턴트'들은 위험분석을 무료로 수행해주거나 아주 적은 비용을 제시해 고객들을 유혹한다.

이런 위험분석이 수행된다는 것은 매우 슬프고 불행한 일로, 나는 이것을 많은 사람들의 생명과 재산을 위협하는 범죄에 준하는 행위라고 생각한다. 회사에서는 보통 자격이 검증되지 않은 의사, 회계사, 구조설계사, 건축가는 고용하지 않으면서도, 어떠한 자격심사도 없이 자신의 명함에 '컨설턴트'라고 기입해놓은 사람들을 채용하곤 한다.

위험분석은 양날의 검과 같다. 제대로 수행된 위험분석은 놀라운 일을 해낸다. 이것은 모호하게 인식되던 조직이 직면하고 있는 위험을 명확히 조명하고 해결책을 제시한다. 이것은 우선순위를 정리하여 조직으로 하여금 최소 비용으로 최대 효과를 볼 수 있는 솔루션을 선택할 수 있도록 만들어 준다. 반면에 엉터리로 수행된 위험분석은 명확한 목적이나 제대로 된 계산 없이 마구잡이로 만들어진 보안프로그램을 만들어낸다. 어떤 분야에서든 이런 방식의 진행은 조직을 결국 파탄에 이르게 만든다.

나는 그동안 위험분석에 대한 많은 책들을 읽어왔지만, 한 번도 위험분석의 분석과정을 가르치는 책을 읽어본 적이 없다. 모든 위험분석 서적들은 보안이론에 대해서만 다루고 있었다. 대부분 방법론에 대해 설명하고, 일부는 보안조사를 위한 인터뷰와 설문조사를 실시하고 보고서를 작성하는 방법을 가르치고 있었다. 나는 위험분석을 위한 분석기법을 가르치는 어떠한 책도 찾을 수 없었다. 아마도 어딘가에는 그런 책이 분명 존재하겠지만, 난 그것을 보지 못하였다. 나는 위험분석에 관한 책은 독자들에게 분석이 어떤 것인지를 이해시키고, 이를 수행하기 위한 아이디어, 이론, 기법, 절차를 가르쳐야 한다고 생각한다. 위험분석을 지원하는 수많은 프로그램들이 있지만 실제로 그중 일부만 제대로 된 분석툴을 제공한다. 실제로는 위험에 대한 약간의 정보만을 제공하는 것들이 대부분이다. 어떤 프로그램은 방대한 목록의 위험요소를 도출해내지만, 그것을 유용하게 사용할 수 있도록 의미 있는 데이터를 뽑아낼 수 있는 분류 도구는 가지고 있지 않는다. 시장에서 유용하다고 광고하는 수많은 프로그램 중 상당수는 거의 위험분석 도구라고 불릴 수 없는 수준의 것들이다.

물론 공식적인 인증을 거친 위험분석 방법론들도 존재한다. 나는 그동안 중앙정보국(CIA) 모델, 미군에서 개발된 모델, 미 국무부(DOS) 모델, 법무부(DOJ) 모델, 연방 재난관리국(FEMA) 모델, 국토안보부(DHS) 모델, 산디아에서 개발된 모델 등 다양한 프로그램을 사용해왔다. 이런 프로그램 중에는 해안시설, 초고층 빌딩, 석유 · 가스 · 화학시설, 배관시설, 철도시설, 교량시설, 정부청사, 수감시설과 같이 특정 산업시설에 특화된 것들이 존재한다. DHS의 프로그램처럼 다양한 유형의 시설과 산업에 모두 유용하게 사용할 수 있는 프로그램 역시 존재한다. 이제 막 위험분석과 보안사업에 뛰어든 사람이라면 이런 수많은 프로그램과 방법론들을 익히고 숙달하는 데 많은 어려움을 겪을 것이다. 그렇다면 어떤 방법이 이것들을 익히고 숙달하는 데 가장 효과적일까? 나는 그동안 이런 크고 작은 프로그램과 방법론들을 모두 사용해왔다. 나는 가격으로 따지면 수천 달러가 넘는 비용의 책들을 읽어봤고, 그보다 더 비싼 프로그램들을 사용해봤으며, 물론 무료로 제공되는 프로그램 역시 사용해봤다. 나는 이런 경험을 통해 많은 유용한 것들을 발견하고, 그것들을 배울 수 있었다.

내가 처음 컨설팅을 시작했을 때, 고객들의 회계부서로부터 거래명세서상에 특정 정보를 넣어 달라는 요청을 자주 받아왔다. 내가 생각하기에 고객들의 개별적인 요청에 따라 이런 정보를 수집하고 가공하여 명세서상에 기입하는 것은 시간낭비였다. DHS로부터 인증을 받은 모든 방법론들은 여러 측면에서 이것과 유사하다. 모든 방법론들은 매우 유사한 정보를 필요로 하고, 데이터 수집, 가공과정, 표현방법에 약간씩의 차이를 보이지만, 대부분 비슷한 방식으로 필요한 정보를 도출한다.

나는 이 문제를 가장 까다로운 고객이었던 미국 정부기관을 포함하여 모든 고객이 요청했던 모든 정보를 수집하여, 그들이 요청할 수 있는 모든 정보를 매번 모든 송장에 기입하는 방식으로 해결했다. 그 후 나는 어떤 고객들로부터 이와 관련된 불만사항을 받은 적이 없다. 결과적으로 더 이상 고객들의 요청을 기록하기 위해 시간을 소비할 필요가 없어졌기 때문에 작업효율을 늘릴 수 있었다. 나는 더 많은 일을 해내는 데 더 적은 시간을 사용할 수 있었다. 이것은 내 경험 중에서도 가장 중요한 교훈을 주었다. 모든 면을 최선으로 만족시키면, 각각을 위해 고유의 프로그램을 만들어주는 것보다 더 적은 노력으로 모두를 만족시킬 수 있다. 데이터 서비스의 범용화는 서비스를 제공하는 컨설턴트뿐만 아니라 이해당사자, 고객에게도 최상의 혜택을 제공한다.

수년에 걸쳐, 나는 국토안보부로부터 인증을 받은 모든 방법론의 요구사항에 부합하는 과학적이고 체계적이며 매우 철저한 그 자체로 하나의 방법론인 하나의 위험분석 절차를 개발하였다. 대부분의 분석가들이 분석에 백 가지 사항을 고려하는 경우, 이 절차는 수천 가지를 고려한다. 이 절차는 주요 방법론들의 모든 요구를 수용하고 그것들 모두의 요건을 충족시킨다. 따라서 하나의 방법론으로 누구나 쉽게 해안시설에서부터 액화천연가스(LNG) 터미널, 쇼핑몰, 공항, 호텔, 오피스빌딩까지 다양한 시설물에 위험분석을 수행할 수 있다. 수년에 걸쳐, 나는 매우 경쟁력 있는 가격으로 놀랍도록 완벽한 보고서를 제공하는 컨설턴트로써 명성을 쌓아 왔다. 나는 동료들에 의해 이 방법론을 가르쳐 달라는 요청을 받아 왔고, 기꺼이 그리하였다. 대부분의 컨설턴트들이 자신만의 노하우를 숨기려 하지만, 나는 항상 내 방법을 사람들에게 알려왔다. 철저한 이해 위주의 새로운 방식으로 보안시스템 설계에 대해 가르치는 내 두 번째 책인 「통합 보안시스템 설계(Butterworth-Heinemann, 2007)」가 출판된 이후, 난 동료들로부터 같은 방식으로 위험분석을 소개하는 책을 써달라는 요청을 많이 받아 왔다. 이 접근법은 철저하고도 신속하게 거의 모든 주요 위험분석 방법론의 요구사항을 만족시키는 결과를 얻을 수 있다. 다른 사람들이 평범한 위험분석을 수행하는 데 걸리는 시간과 동일한 시간 투자만으로, 당신은 믿기 어려울 정도로 포괄적인 위험분석을 수행할 수 있다. 이 방법론은 예산 측면에서도 파격적인 진보를 만들어낸다. 즉, 상대적인 효과와 상대적인 위험에 근거하여 예산 사용의 우선순위를 제시해준다. 이것은 조직의 자산을 가장 효과적으로 사용할 수 있는 곳에 예산배정을 할 수 있게 해준다. 당신이 이 일을 해낼 수 있다. 이 책을 읽음으로써, 당신은 많은 보안 실무자가 불가능하다고 여겨왔던 일을 가능하게 할 수 있을 것이다.

이 책은 어느 서적에서도 한 권에 담지 못했던 모든 유형의 위협 행위자에 대한 통찰력을 제공할 것이다. 이것은 단지 정보제공이 아니라 의미를 전달하는 방식으로 구성되어 있다. 이 책을 통해 가장 중요하지만 다른 위험분석 서적에서 많이 놓치고 있는 실제로 위험분석을 수행하는 방법을 포함하여, 다른 어떤 책들보다 위험분석이란 주제에 대하여 많은 것을 배울 수 있을 것이다. 이 책은 위험분석에 대한 주제뿐만 아니라 완전히 새로운 사고방식이 가진 가능성을 일깨워줄 것이다. 이제 이 책을 읽길 바란다. 놀라운 비평적 사고방법과 그것을 위험분석의 중요한 길목에 적용하는 방법을 배우길 바란다. 그런 다음 이제껏 가능하다고 생각하지 못한 가장 포괄적이고 이해하기 쉬운 위험평가를 수행할 준비를 시작하라.

역자머리말

자연 및 인적재난이나 테러와 같은 국가위기상황 발생으로 국가기반시설이나 국가중요시설이 파괴되거나 마비될 경우 국민의 생명, 신체 및 재산피해는 물론 국가안보에 대한 심각한 위협요인으로 작용할 수 있다. 따라서 국가기반체계 마비 등의 위기상황을 미연에 방지하기 위해서는 중앙행정기관은 물론 지방자치단체, 재난관리 책임기관 등에서 주체적이고 선진화된 시설물 보호대책의 마련과 실행이 필요하다.

하지만 우리나라의 경우 이러한 국가기반시설 및 국가중요시설 보호계획을 수립하기 위한 참고도서가 부족하고 국가기반시설에 대한 보안점검 및 방호기능 유지를 위한 인력, 장비 확보에 대한 안내서도 미비한 실정이다. 현재 '재난 및 안전관리 기본법'에 의해 국가기반체계 재난관리 업무가 시행되고 있으나, 국제 재난관리표준과 미국, 일본 등 선진국의 국가핵심기반체계 보호기법 등 국가기반체계 보호업무의 국제적인 변화 양상을 연구하여, 이를 국내에 적용해 관련 기관들의 방호 역량을 강화할 필요가 있다.

본서는 이러한 국가기반시설 및 국가중요시설의 보안점검 및 방호기능 강화에 꼭 필요한 내용들을 일선 현장에서 얻은 실질적 지식과 경험을 바탕으로 설명하고, 시설방호 업무에 임하는 실무자, 관련 전문가, 해당 분야 학생, 그리고 일반인도 쉽게 접근하고 이해할 수 있도록 많은 사진과 그림을 포함하고 있다.

본서의 특징은 다음과 같다.

1. 위험분석을 처음 접하는 초보자도 쉽게 이해할 수 있도록 많은 예시, 사진과 그림을 활용하였다.
2. 위험분석의 기초와 절차, 위험분석 방법론의 종류, 보안정책 수립 기준방침 등 국가기반시설 및 국가중요시설의 방호대책을 수립하기 위한 다양한 지식들을 다루었으며, 위험분석의 필요성을 강조하였다.
3. 위험분석 기법뿐만 아니라 효과적인 위험분석을 수행하기 위해 필요한 비평적 사고의 기술과 위험분석 보고서 작성법 등 실무에 반드시 도움이 될 만한 여러 가지 팁을 함께 다루었다.
4. 위험분석을 수행하는 데 필요한 작성 도구과 구체적인 작성방법을 세세하게 수록하여 독자들이 직접 실습해볼 수 있도록 구성하였다.
5. 첨단 방호제품들을 다루어 현재 적용되고 있는 최신 기술과 사례를 접할 수 있다.

심혈을 기울여 번역하였으나 부족한 점이 많으리라 생각된다. 이런 미비한 점은 앞으로 계속 수정 보완하여 좋은 양서가 되게 할 것을 약속드리며, 선후배 제현의 많은 지도편달을 바란다.

더불어 이 책을 번역함에 있어 좋은 조언과 자료를 아끼지 않으신 여러 학자들과 실무자 여러분께 경의를 표한다. 부디 이 책이 재난안전 실무자들을 위한 좋은 참고자료가 된다면 더 이상의 바램이 없겠다.

본 도서가 출판되기까지 수많은 분들의 도움을 받았다. 국민안전처, 국토교통부, 한국시설안전공단, 국립재난안전연구원의 여러 선후배님들의 아낌없는 격려와 자료제공 등에 머리숙여 고마움을 전한다. 또한 한국재난안전기술원의 임직원들게 심심한 감사를 표한다. 특히, 박상훈 선임연구원, 김도형 주임연구원과 이 결실의 기쁨을 함께 나누고 싶다.

끝으로 이 책의 출판을 위해 물심양면으로 도움을 주신 기문당 임직원 여러분께 깊은 감사를 전한다. 우편배달부보다 드물게 집에 들어가 많이 놀아주지도 못한 빵점짜리 아빠에게 늘 기쁨이자 미래인 사랑하는 보민, 태호, 지호 그리고 아내 최운형에게 조그마한 결실이지만 이 책으로 용서(?)를 구한다.

2015.9월 여의도에서

CONTENTS

헌정사 iii
머리말 v
역자머리말 ix

Section 1 위험분석

CHAPTER 1 위험분석-적절하고 경제적인 방호대책을 위한 기초 3

서론 3
비판적 사고 6
정성적 분석 VS 정량적 분석 6
이론, 실습, 도구 11
구성 20
요약 21

CHAPTER 2 위험분석의 기초와 미국 국토안보부에서 인증된 위험분석방법 23

서론 23
시설 및 구조물의 위험분석 25
다수의 이해관계자 및 안건 27
상용 소프트웨어 도구 30
위험분석의 기초 31
위험평가 절차 32
어떤 방법론을 사용해야 할까? 37
요약 40

CHAPTER 3 위험분석 기술과 도구 45

서론 45
기술(Skills) 47
요약 78

CHAPTER 4 비판적 사고와 위험분석 과정 81

서론 81
비판적 사고 개관 81
비판적 사고의 중요성 82

비판적 사고를 요구하는 분석 85
사고과정을 구성하는 8개의 요소 86
비판적 사고의 개념, 목표, 원칙, 요소 87
요약 101

CHAPTER 5 자산 특성화와 식별 105
서론 105
이론 105
실습 105
도구 119
요약 121

CHAPTER 6 중요도 및 피해결과 분석 123
서론 123
두 가지 접근방법 123
중요도 124
피해결과 분석 125
자신만의 중요도/피해결과 매트릭스 구축하기 127
중요도/피해결과 매트릭스 소개 127
요약 133

CHAPTER 7 위협요소 분석 135
서론 135
이론 135
실습 151
도구 155
요약 166

CHAPTER 8 취약성 평가 171
서론 171
취약성 진단평가 모델의 검토 172
시나리오 정의와 특정결과 평가 172
취약성 평가 183
요약 190

CHAPTER 9 확률 추정 195
서론 195
가능성을 위한 자원 197
범죄자 대 테러 가능성 자원 201

범죄사고 가능성 예측 204
요약 207

CHAPTER 10 위험분석 절차 211
서론 211
목표 212
위험분석 과정 217
도표분석 220
자산 목표 값 매트릭스 221
확률 요약 매트릭스 223
취약성 구성요소 224
요약 229
위험 공식 결과 표시 229

CHAPTER 11 위험의 우선순위 정하기 231
서론 231
우선순위화 기준 232
자연스러운 우선순위화(공식에 의한 우선순위 정하기) 232
위험의 우선순위화 233
효과적인 의사소통을 위한 우선사항 235
위험결과의 순위를 정하는 최고의 연습 237
요약 240
V^2 매트릭스 만들기 242

Section 2 대책수립 전의 정책 개발

CHAPTER 12 방호정책 소개 245
서론 245
방호 프로그램 개발의 체계 245
정책, 기준, 지침, 절차가 무엇인가? 247
요약 254

CHAPTER 13 방호정책과 방호대책 목표 257
서론 257
이론 257
방호 프로그램에서 정책의 역할 260
방호 프로그램에서의 방호대책의 역할 261

왜 정책은 대책보다 선행되어야 하는가? 265
방호정책 목표 266
방호대책 목표 268
대책을 위한 정책 지원 269
주요 정책 269
요약 278

CHAPTER 14 효과적인 방호정책 개발 281
서론 281
방호정책의 개발 및 도입을 위한 절차 281
정책 요구사항 285
기본 방호정책 285
방호정책 수행 가이드라인 287
규제 중심의 정책 287
비규제 중심의 정책 290
요약 292

Section 3 방호대책의 선정과 예산 책정

CHAPTER 15 방호대책의 목표와 전략 297
서론 297
방호대책의 목적, 목표, 전략 298
출입통제 299
억제(Deterrence) 301
적발(Detection) 302
평가 305
대응(Response) 307
증거수집 309
조직의 기업문화를 준수하라 310
정상적인 회사운영에 대한 지장을 최소화하라 311
안전한 환경 312
위험물 및 위협 행위자로 인한 피해 완화를 위한 설계 프로그램 312
요약 313

CHAPTER 16 방호대책의 유형 315
서론 315
기준 방호 프로그램 316
특정 방호대책 319

방호대책 선별원칙 320
요약 366

CHAPTER 17 방호대책 선정과 예산책정 도구 369

서론 369
어려운 점 369
방호대책 효과 370
방호대책의 기능 370
방호대책 효과 척도 381
의사결정 책임자들이 여러 방호대책 대안들에 대해 합의에 이르도록 도움을 준다 382
요약 384

CHAPTER 18 방호효과성 척도 387

서론 387
이론 387
산디아 모델 388
유용한 상업용 모델 390
우리는 방호 프로그램 효과를 확인하기 위해서 어떠한 종류의 정보를 평가할 필요가 있는가? 397
어떠한 종류의 척도가 방호 프로그램 효과를 분석하는 데 도움을 줄 수 있는가? 399
요약 409

CHAPTER 19 비용효율성 척도 413

서론 413
비용효율성 척도의 한계는 무엇인가? 414
비용효율성을 결정하기 위해서 어떠한 척도를 이용할 것인가? 421
효과적으로 우선순위 전달하기 425
주장의 근거 427
완전 비용효율성 매트릭스 430
전체 비용효율성 매트릭스 요소들 431
요약 443

CHAPTER 20 효과적인 보고서 작성하기 447

서론 447
포괄적 위험분석 보고서 453
요약 467

Section 1

Risk Analysis

위험분석

CHAPTER 1 위험분석-적절하고 경제적인 방호대책을 위한 기초
2 위험분석의 기초와 미국 국토안보부에서 인증된 위험분석방법
3 위험분석 기술과 도구
4 비판적 사고와 위험분석 과정
5 자산 특성화와 식별
6 중요도 및 피해결과 분석
7 위험요소 분석
8 취약성 평가
9 확률 추정
10 위험분석 절차
11 위험의 우선순위 정하기

CHAPTER 1

위험분석–적절하고 경제적인 방호대책을 위한 기초

서 론

군대와 평화유지단체 같은 비정부단체(NGOs)를 제외한 대부분의 조직들은 그들이 제공할 수 있는 전문성을 필요로 하는 분야에서 위험을 피하고 정책, 사업, 사회, 경제적인 측면으로부터 이익을 창출하기 위해 노력하며 경영목표 달성을 추구한다. 성공한 조직들은 이를 위하여 매년 산업 및 시장동향, 경제동향, 사업 및 방호위험의 관점에서 자신들이 처한 상황을 분석하고 검토한다.

세계가 모든 영역에서 점차 변화함에 따라, 이러한 문제에 대한 기술적인 분석과 보고는 모든 종류의 조직의 성공을 위해 점차 중요한 요소가 되고 있다.

그러나 안타깝게도, 많은 조직들이 그동안 미지의 위험으로부터 불확실한 취약점을 보호하려 노력하는 막연한 방호 프로그램을 채택해 왔고, 오늘날까지도 조직의 방호 프로그램을 수립하기 위해 신뢰할 수 있는 위험평가 방식을 채택하고 있지 않다. 우리는 어떤 방호정책에도 채택되지 않는 방호대책 프로그램을 볼 수 있다. 이와 같이 통합되지 않고, 때로는 목적조차 없이 돈만 낭비하는 방호대책 프로그램이 넘쳐나고 있다. 이것은 그 목적에 대한 이해 없이 마구잡이식으로 건물을 건설할 때처럼, 문제를 해결하는 동안에 또 다른 문제를 만들어낸다.

방호대책은 가끔 가정뿐이거나 사례가 없는 위험으로부터 조직을 보호하는 것에는 도움이 되지 않도록 기획된다. 이런 미숙한 접근방식은 조직의 다른 어떤 사업 분야에서도 허용되지 않는다. 그러나 종종 경영진들의 결정이 사실이나 명확하게 도출된 결론보다는 가정에 근거하여 조급하고 미흡하게 준비된 위험평가에 근거를 두고 있기 때문에 이런 상황이 발생한다.

많은 조직들은 자신들이 어떠한 위험평가도 수행할 여력이 없다고 믿으며, 그들의 방호 프로그램을 단지 한 개인(가끔 완전히 부적격한)의 경솔한 판단에 전적으로 맡기고 있다. 나는 가끔 경영진이 위험을 연구하기 위한 자금의 지출을 원하지 않는다는 소식을 듣는다. 그러나 같은 경영진이 미지의 위험으로부터 조직을 보호하기 위해 기꺼이 훨씬 더 많은 자금을 지출하려 하는 것도 알고 있다. 이것은 다른 어떤 사업 분야에서도 일어나지 않을 일이다. 그리고 이것만큼 나쁜 것은 (그리 놀랍지 않게도) 자신들의 고가의 상품이나 서비스를 사용하게끔 강요하는 하청업자나 공급업자로부터 제공된 위험평가를 활용하는 조직이다.

이것에 대한 이유는 많지만 대부분 방호위험평가가 과학과 미신 사이에서 여전히 다소 허구적인 것을 위한 것처럼 여겨지고 있기 때문이다. 많은 위험평가 방법론들이 분석 대신에 일련의 가정을 사용해 왔고, 많은 방호관리자들이 위험평가의 과학에 정통하지 못했다. 어떤 분야나 마찬가지로 그 분야의 기본원칙을 잘 이해하고 있어야만 그 일을 효율적으로 수행할 수 있다.

위험분석에 매우 서툰 방호전문가가 있다고 가정할 경우, 그는 다른 모든 방호직무에서도 핸디캡을 가질 것이다. 위험평가는 모든 방호기술의 기초가 되는 기술이다. 이것은 회계, 금융, 또는 과학에서의 기초수학과도 같다. 이것은 역사가, 작가 또는 저널리스트의 문법이자 어휘와도 같다. 이것은 정책 제안자의 비판적 사고와 토론 능력과도 같다. 어떤 방호전문가든 간에 위험평가에 정통하지 않고서는 자신의 직책에서 성공하거나 일하고 있는 회사의 방호업무를 제대로 수행할 수 없다.

이것은 방호 프로그램의 모든 것이 위험분석 과정에서부터 나오기 때문이다. 방호대책 선별과정, 운영적인 측면의 결정, 직원의 배치, 전자방호장비를 활용하는 방법, 정책과 절차의 개발, 훈련, 법 집행기관과의 통신, 비상사태에 대한 대비 등 그 외의 모든 것이 실제로 방호 위험분석에 기초하고 있다. 그래서 그가 내리는 모든 결정의 질은 그 사람의 위험분석 기술에 영향을 받는다.

위험분석 기술이 주는 위험에 대한 안목 없이 내려진 모든 여타 결정들은 질적인 통찰 대신 무지에 입각한 가정을 기반으로 해 왔다. 전술적으로는 정확하게 보이는 어떤 방호감독관의 결정이 사실은 전략적으로는 부적절할 수 있다. 그 감독관은 위협 환경을 이해하거나 숙련된 위험분석가가 즉시 발견할 만한 취약점을 발견할 수 있는 위험분석 기술을 가지고 있지 않을 수 있다. 그래서 그는 경비에게 회장님이 보안 강화를 위해 순회하러 나타날 때 그 자리를 지키기 위해 순찰경비의 업무 일정을 무시하라는 지시를 내릴 수 있고, 숙련된 위협 행위자는 이러한 습관들을 찾아낼 것이고, 이 취약점을 악용하기 위한 계획을 세울 것이다.

위험평가의 기본에 정통하지 않은 누군가가 수행한 위험평가는 부적격한 위험평가로 정의되며, 방호대책 프로그램에 부적절한 제안을 포함시켜 실제로 추가적인 위험을 삽입할 수 있다.

제안에는 자신들의 서비스나 상품에 대한 사용요구가 포함된 하청업자나 공급업자에 의해 수행된 위험평가는 특성상 본질적인 이익 갈등으로 가득 차 있어 신뢰할 수가 없다. 이것은 위험평가비용을 받지 않거나 경쟁위험분석비보다 가격이 훨씬 쌀 때 특히 더하다. 내가 지금까지 경험한 하청업자 혹은 공급업자에 의해 수행된 대부분의 위험평가의 경우 그 "분석자"는 자격이 부족하거나 전혀 없었다. 많은 분석들이 상품판매에만 관심이 있는 이들에 의해 수행되었고, 위험분석에 정통한 이들에 의한 것은 적었다. 이런 하청업자나 공급업자들은 자신들의 고객에게 폐를 끼칠 뿐만 아니라, 그들 자신을 높은 수준의 법적 채무에 처하게 할 수 있다.

지금부터는 긍정적인 소식이다. 이 책을 다 읽을 때쯤, 당신은 미국 국토안보부(U.S. Department of Homeland Security, DHS)의 요구에 부합하는 위험분석 과정의 기초에 정통하게 될 것이다. 당신은 설득력 있는 주장과 결론, 합리적이고 효율적인 비용의 방호대책, 당신의 주장을 지지해 주는 증거로 뒷받침되는 수준 높은 보고서를 제공할 수 있게 될 것이다.

이 책은 세계적인 수준의 위험평가를 필요로 하지만 십만 달러가 넘는 컨설팅 비용이나, 심지어는 만 달러 정도의 어느 정도 괜찮은 위험분석 소프트웨어 비용을 위한 예산도 낼 수 없는 조직들을 위한 것이다. 이 책은 오직 당신의 시간과 기본적인 스프레드시트 프로그램(엑셀), 그리고 워드프로세서만을 가지고 어떻게 하면 그것과 동등하거나, 더 나은 결과를 낼 수 있는지를 가르쳐줄 것이다. 당신은 그것을 해낼 수 있을 것이다. 왜냐하면 당신은 그런 업무를 수행하는 데 필요한 분석기술을 배울 것이고, 다른 이들이 같은 가격으로 해낼 수 없는 수준의 보고서를 개발하거나 분석하는 도구를 개발할 것이며, 그런 후에 그런 데이터들을 누구나 알아볼 수 있는 형태로 나타내는 방법을 배울 것이기 때문이다.

이 책은 현재 DHS에서 사용되고 있는 다양한 위험분석 방법론을 다룰 것이며, 독자들로 하여금 특정 유형의 시설물에는 어떤 위험분석 방법론을 사용하는 것이 최선인지 이해하도록 도울 것이다.

비판적 사고

내가 지금까지 읽어 온 어떤 위험평가 관련 서적도 모든 종류의 정확한 분석을 위해 요구되는 기술인 비판적 사고과정에 대해 가르쳐 주지 않았다. 비판적 사고는 대부분의 고등학교, 전문대학, 대학교에서 간략한 수준을 제외하고는 교육되지 않는다. 38개의 공립대학과 28개의 사립대학 교육과정에 관한 비판적 사고의 역할에 대해 캘리포니아 대학의 연구에서는 비판적 사고란 "대부분의 교육자가 명백하게 중요시 여기는 말"이라고 결론을 내렸다.[1)]

그 연구는 대학 학부 교육자 대부분이 비판적 사고가 무엇이고, 자신들의 교육에 성공적으로 적용하기 위해 무엇을 포함해야 하는지에 대한 분명하지 않은 이해에도 불구하고, 그들의 교육에 그것을 포함해야 한다는 습관적인 의무감을 느끼고 있다고 결론 내렸다. 그 논문의 저자는 인터뷰한 교육자 중 89%가 비판적 사고가 그들의 교육에 중요한 과제라고 응답한 반면에, 그들 중 오직 19%만이 용어에 대한 정의를 내릴 수가 있었고, 역시 오직 9%만이 그들의 교육현장에서 매일 타당성 있게 사용하고 있는 것을 발견했다.[2)]

비판적 사고가 위험분석에 요구되는 기술임에도 불구하고 대부분의 방호산업 교재는 그 기술을 가르치고 있지 않으며, 아주 적은 방호 컨설턴트만이 그것을 이해하거나 그들의 위험평가 개발에 실제로 활용하고 있었다. 당신은 이 책을 통해서 비판적 사고의 기초를 배우게 될 것이다.

정성적 분석 VS 정량적 분석

위험분석 보고서 작성은 크게 정량적 분석과 정성적 분석으로 나뉜다. 정성적 분석이 인터뷰, 기사, 이미지를 해석하는 것이라면, 정량적 분석은 데이터나 평가로부터 도출된 숫자를 해석하는 것이다. 간단히 말해, 정성적 분석은 직관에 의한 분석이고 정량적 분석은 수치에 의한 분석방법이다. 정성적 보고서는 글이 많아지고 많은 양의 읽을거리를 요구하는 경향이 있는 반면, 정량적 보고서는 차트, 그래프, 표들로 가득 차 있는 경향

1) Richard W. Paul, Linda Elder, and Ted Bartell, "Executive Summary, of 38 Public Universities and 28 Private Universities to Determine Faculty Emphasis on Critical Thinking in Instruction," California Teacher Preparation for Instruction in Critical Thinking: Research Findings and Policy Recommendations, California Commission on Teacher Credentialing, Sacramento CA, 1997 (Dillon, CA: Foundation for Critical Thinking, 1997).

2) Critical Thinking and Intelligence Analysis, David T. Moore, p.62.

이 있어 정성적 보고서만큼 이해하기 어려울 수 있다. 기술이 부족하고 경험이 없는 분석가의 보고서에 그 부족함이 명백히 드러나는 것처럼, 기술이 뛰어난 분석가에 의해 쓰인 보고서는 그 보고서를 통해 명백하게 드러나기 때문에 높은 수준의 분석가에 의해 작성된 정성적 보고서는 세련된 것이 될 수 있다. 정량적 보고서에서 분석가의 경험 수준과 분석의 질을 판단하는 것은 정성적 보고서보다 더 어려울 수 있다. 만약 좋은 분석기술 없이 단순한 데이터 조각만을 나열해 놓는 데 그친다면 저품질의 정량적 보고서가 발생할 수 있다.

그렇다면 정량적 보고서와 정성적 보고서 중 어떤 방식이 더 좋은가? 이 질문에 대해 나는 모두라고 대답을 한다. 이것은 두 방식이 동일한 가치를 갖는다는 의미는 아니다. 철저한 분석을 위해서는 정량적 · 정성적 분석이 모두 사용되어야 한다는 것을 의미한다. 이 책은 두 방식을 결합시키는 아주 철저한 분석절차를 가르칠 것이다.

이 책은 당신에게 위험분석을 실시하고, 보고서를 작성할 수 있는 기술과 도구들을 제공해 줄 것이다. 당신의 분석은 대부분의 전문방호 컨설턴트보다 더욱 많은 분석 포인트를 가짐으로써 더 완전해질 것이고 당신의 보고서 역시 탄탄하게 구성되어 이해하기 쉬워질 것이다. 당신은 위험분석의 모든 과학적인 기초를 배울 뿐만 아니라 리서치, 참고문헌, 분석자료, 발표자료를 분석하는 기술 역시 배울 것이다. 또한 기술과 도구를 구성하고 사용하는 방법도 배울 것이다.

요구되는 기술

■ 기술 #1 : 자료 수집

- 조직의 경영목표 습득
- 조직의 방호 프로그램 이해
- 자산의 분류
- 현재 실행 중인 방호대책

■ 기술 #2 : 조사 그리고 증거수집

- 인터뷰(그림 1.1 참조)
- 인터넷 조사
- 전화조사
- 기록조사
- 설문조사
- 자산 분류
- 방호사건에 관계된 역사적 자료
- 중요도 및 피해결과 평가
- 참고문헌 구성
- 방호대책 연구

■ 기술 #3 : 위험분석 과정에서의 비평적 사고

- 목적에 초점을 유지 – 왜 이 검사를 실시하는가? 다루고 있는 문제는 무엇인가?

그림 1.1 위험분석을 위한 기본 인터뷰 형태

- 분석에서 답을 찾기 위한 주요 질문을 확인
- 다른 관점에서의 영향을 관찰하고 이해
- 분석의 근거와 그 영향을 검토
- 근거로부터 추론 도출
- 근거에 영향을 미치는 개념
  - 어떤 이론, 정의, 원리, 법률, 원칙, 모델들이 문제의 근간을 이루고 있는가?
  - 근거에 대한 신뢰성은 있는가?
  - 개인적인 편견이 추론의 신뢰성에 끼치는 영향은 무엇인가?
  - 가정은 무엇이고, 그것들이 위험 결론에 미치는 영향은 무엇인가?
- 위험의 피해결과에 대한 영향 도출 – 어떤 일이 발생할 수 있었는데 무슨 일이 발생하였는가?

■ 기술 #4 : 정량적 분석(그림 1.2 참조)

- 자료 분류
- 자료 입력
- 자료 세분화
- 위험분석 결과 계산

■ 기술 #5 : 정성적 분석

- 정량적 자료를 정성적 자료로 변환

■ 기술 #6 : 방호대책 선별

- 방호대책 선별
- 비용-이익분석

그림 1.2 정량적 분석의 예

- 기술 #7 : 보고서 작성
  - 보고서 구성
  - 정성적인 부분 작성
  - 총괄 요약 작성
  - 정량적 자료의 상세화 및 설명
  - 권고사항 작성
  - 추가사항

도구

이 책은 세계적인 수준의 위험분석 보고서를 작성하기 위한 필수도구들도 제시하고 있다. 이런 도구들은 다음과 같다.

- 도구 #1 - 고품질 위험분석 보고서의 구성요소를 제시
- 도구 #2 - 위험분석 도구
- 도구 #3 - 방호대책 선택사항 분석 도구
- 도구 #4 - 방호대책 의사결정 매트릭스(표 1.1 참조)

더 나아가, 이 책은 독자들에게 오늘날 시장에서 이용가능한 대부분의 값비싼 프로그램과 대등하거나 더 나은 기술적인 도구들에 대해 무료(독자가 이미 워드프로세서나 스프레드시트를 가지고 있다고 가정했을 때)로 제공한다. 시중에 나와 있는 소프트웨어 프로그램 중 어떤 것들의 가격은 $6,000(교육 프로그램 포함)가 넘는다. 당신은 이 책의 가격으로 다른 프로그램들의 결과를 뛰어 넘을 수 있을 것이다.

표 1.1 의사결정 매트릭스

성모마리아 재단 – 의료센터
방호 초소와 펜스 설치 의사결정 매트릭스

목표 설명

1 허가받지 않은 사람의 주차구역 접근 차단
2 쾌적하고 보기 좋은 환경 조성
3 목표 달성과 위협 경감 혹은 제거에 기반을 둔 비용효율성
4 직원들의 편의성
5 기업 문화에 부합
6 미적 기준에 부합

위험 설명

A 유해하지 않은 비검열대상 방문자 – 범죄 의도가 없는 방문자
B BMC와 사업적 관계가 아닌 인가받지 않은 방문자 – 기회가 생긴다면 범죄를 저지를 가능성이 있는 방문자
C 절도 범죄자 – 오직 재산의 절도만을 노리는 비폭력범죄자
D 강도 혹은 성폭행 범죄자 – 재물을 강탈하거나 성적인 폭력을 행사하려는 의도를 가진 불특정 다수를 겨냥한 폭력범죄자
E 직장 내 폭력을 행사할 목적을 가진 방문자 – 회사직원들과 법 집행기관에 대한 폭력으로 번질 여지가 있는 특정 피해자를 노린 폭력범죄자***

방법	달성된 목표						경감된 위험					점수	순위	허용한 위험					추정 비용	효율성
	1	2	3	4	5	6	A	B	C	D	E			A	B	C	D	E		
주요 도로로 통하는 입구를 제외한 전체 부지에 펜스를 설치하는 작업*	1			1	1		1	1	1	1		7	2					●	$400,000	High
주차장과 차고 주위에만 펜스를 설치하는 작업**			1	1	1		1					4	3		●	●	●	●	$150,000	Low
원하지 않는 방문자를 막기 위해 오직 방호초소만을 설치하여 방어선을 구축하는 작업				1	1	1						3	4	●	●	●	●	●	$400,000	Low
전체 부지를 감싸는 펜스와 방호초소를 설치하여 주요 도로에 접해있는 입구를 제외한 출입을 차단*	1	1	1	1	1	1	1	1	1	1		10	1					●	$500,000	High

메모:
점수는 달성된 목표와 경감되거나 제거된 위험에 대한 수치를 더한 값이다.
순위는 가장 높은 점수부터 측정한다.

* 방호초소가 주요 도로 입구에 있다고 가정한다.
** 어느 문에도 방호초소가 없다고 가정한다.
*** 직장 내 폭력 위협 행위자는 주변에서 쉽게 식별할 수 없습니다. 어떤 방호수단도 이런 유형의 범죄자에게 효과적인 억제력이 없습니다.

(의사결정 매트릭스는 PPI 최고의 연습도구입니다.)

이론, 실습, 도구

이 책은 위험분석과 방호대책 선별에 관한 각 요소를 그것의 이론, 실습, 도구의 관점에서 설명할 것이다. 이 책은 위험분석과 방호대책 선별의 각 요소에 대한 MS Excel® spreadsheets의 구성방법을 충분히 상세하게 설명할 것이다. 시중에 판매되고 있는 상용 소프트웨어의 사용을 선호하는 독자들은 엑셀 스프레드시트를 구축하는 방법을 설명하는 부분은 건너뛰어도 좋다. 자신이 직접 세계적인 수준의 위험분석 소프트웨어 툴을 구축하여 사용하는 것에 관심 있는 독자들을 위해 엑셀 워크북의 처음 두 탭에 대해서는 셀 단위로 상세하게 그것의 구축방법을 설명하고 남은 시트들은 적당한 수준으로 그것을 설명하고 있다.

이 과정은 오늘날 사용되는 모든 인증된 위험평가 방법론을 완전히 준수하고 있고 순수한 분석 깊이에서 있어 그것들 모두를 넘어서고 있다.

여기서 논의되는 과정은 위험을 이해하기 쉽게 설명하고, 독자들을 전술적에서 전략적으로, 수동적에서 혁신적으로 변화시킬 것이다.

■ 누가 이 책을 읽어야 하는가?

- 당신이 읽어야만 한다. 당신이 이 책을 읽고 있다면, 그것은 당신이 위험분석을 실시할 것을 요청받았고, 위험분석 보고서를 철저하고 정확하게 작성하려고 노력하여 그 결과물로 효과적이고 적절한 권고를 하려는 것이 거의 확실하기 때문이다. 당신은 방호인력의 운영이나 방호기술 중 어느 분야에 종사하고 있는 것이 확실하다. 어쩌면 독자는 방호조치를 설계에 적용하도록 요청받고 있는 건축전문가일 수도 있다. 어떤 경우이든 당신은 프로젝트의 성공을 원하는 사람일 것이다. 이 책은 당신이 그렇게 할 수 있도록 도울 것이다.

■ 왜 당신은 이 책을 읽어야 하는가?

- 대부분의 방호전문가들이 위험분석에 대해 혼란스러워하는 것 중의 일부는 위험을 분석하는 특별한 방법이 존재하지 않는다는 것이다. 위험분석에는 간단한 체크리스트부터 시작하여, 고도로 구조화 되고 세부화 되어 그 거대한 분량을 완전히 실시하기 위해서는 수백만 달러의 비용이 소모되는 것까지 수십 종의 방법론이 존재한다. 이 책이 쓰이는 동안에는 유일하게 DHS에서만 12종류 이상의 다른 방법론을 참조하고 있다. 그럼 어느 방법론이 사용하기에 올바른 방법론인가? 그리고 우리는 그것을 어떻게 선택할 것이며, 어떻게 그 선택을 지켜갈 것인가?
- 일단 위험분석 방법론이 선택되고 위험분석이 실시되면, 어떻게 적절한 방호대책이

선별되는 것인가? 이런 질문들은 몇 년 동안 더 적절한 방법론을 찾아 노력해 온 경험이 풍부한 방호전문가조차 당황시켜 왔다. 2장에서는 다양한 위험분석 방법론에 대해 논의하고, 특정 프로젝트에서 사용할 방법론을 선택하는 방법에 대해 배울 것이다.

■ 이 책으로부터 위험분석의 원리를 배울 수 있을지를 어떻게 확신할 수 있을까?

- 이 책은 중요한 이론의 반복이라는 매우 효과적인 학습방법을 사용한다. 당신은 이 책에서 주제에 대해 소개를 하고난 후에도 계속적으로 다른 이론들을 설명하면서 처음 그 이론을 여러 가지 다른 방법으로 다시 보여주고 있다는 것을 발견할 수 있을 것이다. 위험분석의 모든 이론들은 마치 엔진의 각 부분처럼 서로 연관되어 있다. 실린더와 크랭크축의 역할에 대한 이해 없이는 피스톤의 역할을 이해할 수 없다. 같은 것이 위험분석에도 그대로 적용된다. 확률, 취약성, 피해결과는 엔진의 구성요소들처럼 서로 강하게 연관되어 있다. 취약성에 대한 분석이 진행됨에 따라 자산과 위협에 대해서도 다시금 논의되어질 것이며, 자산을 분석해 봄으로써 중요도와 피해결과에 대한 논의의 시작점을 발견하게 될 것이다. 이런 원리들은 한번 다루어지는 데 그치지 않고 서로 연관되어 있는 만큼, 다른 방법을 통해 여러 차례 분석될 것이므로 당신은 이것들을 이해하게 될 것이다.

일반적인 관점에서 좋은 위험분석 방법론은 두 가지 수요 부분을 가지고 있다.

1. 위험분석
2. 위험을 경감하기 위한 방호대책의 권고

좋은 위험분석 방법론들의 위험분석 부분은 확실한 공통점을 가지고 있다.

- 조직의 자산을 검토함으로써 위험분석 과정을 시작한다.
- 그런 다음 위협(확률)을 검토한다.
- 그런 다음 취약성을 검토한다.
- 그런 다음 위험을 계산한다.

확실한 위험분석 방법론들, 특히 ASME RAMCAP[3]와 DHS CFATS[4]는 정부 출처의 위협평가 결과에 의존한다.

---

3) ASME Innovative Technologies Institute, LLC, Risk Analysis and Management for Critical Asset Protection(RAMCAP).

4) DHS Chemical Facility Anti-Terrorism Standards(CFATS).

그 후에, 더 나은 위험분석 방법론들은 방호대책 선별에 대해서도 깊이 있게 조사한다. 이것은 방호대책에 대한 예산을 배정받기 위한 관례이기도 하다.

하지만 이것은 위험경감 프로그램이 종종 허물어지는 부분이기도 하다. 대부분의 예산 배정 프로그램들은 매우 기본적이다. 더 발전된 방법론도 특정 위험을 경감하기 위해 왜 이것이 좋은지, 더 나은지, 최선인지에 대한 상세한 설명 없이 오로지 "good, better, best"의 결과만을 제공하고 있다. 이것은 다음 두 가지 중요한 문제를 야기한다.

1. 왜, 어느 접근법이 다른 것들보다 더 나은지에 관한 유용한 데이터를 제공하지 않는다.
2. 경영진의 지지를 이끌어 내거나 방호 프로그램을 시행하는 데 필요한 자금의 출처가 되는 예산위원회의 지원을 이끌어 내는 유용한 데이터로 뒷받침되는 방호 프로그램을 제공하지 못한다.

어떤 위험분석이든지 반드시 조직이 실시하기 적당한 비용으로 실제 위험을 경감시킬 것이 분명한 설득력 있는 방호대책 권고안을 결과로 내놓아야 한다. 만약 그렇게 못한다면, 어떻게 조직의 예산위원회가 불확실한 결과에 대한 예산을 배정할 수 있겠는가?

"good, better, best"의 선택지가 어떻게 비용효율성과 연관되어 있는가? "best"란 결과가 많은 경감비용을 사용하여 위험이 발생할 확률을 줄여주는가? 거기에 어떤 매트릭스 따위가 존재하는가? 거기에 대한 대답은 보통 "아니오", 또는 "잘 모르겠다."이다. 그래서 전체적인 위험평가의 수행은 한편으로 미뤄둔 채, 통합되지 않고 산재되어 있는 프로그램과 최소한의 비용효율성으로 불완전하고 열악하게 구성된 전자 방호시스템만이 구현되고 있을 뿐이다. 전자 방호시스템 설계에 일생을 바친 설계자임에도 불구하고, 나는 전자공학이 "잘못된 방호의 지도자(High Priest of False Security)"라고 생각하며, 방호 프로그램을 운용할 때 전자공학은 보완을 위해서만 사용되어야 하고 방호조치를 대체해서는 안 된다고 확신한다.

이 책은 위험평가 및 경감 매트릭스에 대한 것이다. – 그것들을 어떻게 개발하고, 어떻게 방지하며, 어떻게 반박할 수 없는 방식으로 제시할 것인가에 대한 것이다. 이 책은 위험평가를 위한 최신의 접근법을 제시하고 있고, 조직의 예산과 일정에 맞춰 그것의 범위를 어떻게 늘리고 줄이는지를 보여준다. 이 책은 조직의 경영진에게 경감되지 않은 위험은 수용되지 않는다는 사실을 어떻게 제시하는지도 보여준다(이것은 위험분석 보고를 끝내기 위한 가장 중요한 사실 중 하나이다.).

이 책을 전문적인 참조 가이드로 활용할 수 있도록 위험분석 및 경감에 관한 가장 철저한 책 중의 하나로 만들기 위해 노력하였다. 이 책은 위험분석의 넓은 분야에 걸쳐 사용될 수 있다. 이것은 특별히 가장 높은 수준의 안보환경(국제 및 지역적인 테러환경에서의 방호 위험분석)에서 사용하기 유용하도록 만들어졌다. 이 책은 소규모 전기변전소나 호텔처럼 규모가 작은 자산의 위험을 평가하거나 경감시키는데도 유용하다.

위험분석에 대한 학습으로 시작한 이 책은 점차 방호대책 선별과 예산편성에 관한 것으로 넘어갈 것이다. 이 책은 방호 컨설팅 회사가 부러워할 만한 우수한 품질의 위험분석 보고서를 어떻게 준비하는지도 가르칠 것이다. 이 책에서 가르친 도구와 방법을 사용해 만들어진 보고서는 오늘날 시장에서 가장 비싸고 철저한 위험평가 보고서와 대등하게 경쟁할 수 있을 것이다. 사실, 논쟁의 여지는 있겠지만 이 책에서 가르친 방법과 도구를 사용한다면, 당신의 보고서는 많은 방호 컨설팅 회사의 보고서를 상대적으로 준비가 덜 된 아마추어의 것처럼 만들 수도 있다. 이것은 대부분의 방호 컨설팅 회사를 혹평하는 것이 아닌, 단지 이 중요한 작업이 더 잘 수행될 수 있고, 이 책이 끝난 후에 독자가 그 방법을 알게 될 것이라는 것을 의미하는 것이다.

비록 논의되는 이론들이 방호에 관한 위험에 초점을 맞추고 있지만, 많은 이론들은 약간의 수정을 거쳐 정치, 경제, 사회, 사업 같은 다양한 분야의 위험에도 적용될 수 있다. 이 책은 위험분석과 방호대책 선별에 관해 당신이 필요로 하는 바로 그 책이다.

이론

위험분석의 성공과 실패의 차이는 지식과 가정의 차이에 있다.

우리가 그동안 의문을 가지지 않았던 간단한 질문들을 해 보자. 이 질문들은 기초적인 것들로 – 즉, 질문들과 그 대답을 이해하고나면 당신은 위험 뒤에 무엇이 숨겨져 있는지를 이해하게 될 것이다. 내가 만나 온 방호평가를 수행하는 많은 사람들은 이 질문들 중 대부분을 정확하게 대답하지 못했다. 또한 다수의 사람들은 자신의 가정에 근거하여 즉흥적인 수준으로 대답을 하였다. 그러나 가정의 관점에서 위험분석을 하는 것은 확실한 위험을 향해 나아가는 지름길이다.

질문들과 그 대답에 대한 정확한 이해 없이는 위험을 경감시킬 수 없다. 그래서 비록 이 질문들이 매우 기본적인 것들로 보이지만, 반드시 필요한 것이다.

■ 위험이란 무엇인가?

- 위험이란 조직의 경영목표에 부정적인 영향을 주는 원치 않은 사건이 발생할 가능성이다. 이것은 다음의 네 가지 요소를 포함한다.
  - 자산(시설, 구조물 등)
  - 공격 의도를 가진 위협 행위자의 존재 가능성

- 자산의 방어시스템이 갖는 취약성
- 위협행위로 인한 피해결과

■ 조직은 어떤 종류의 위험에 직면하고 있는가?

- 위험은 두 가지 형태로 존재한다 : 자연적인 것과 인위적인 것

■ 위협 행위자의 다섯 가지 유형은 무엇인가?

- 테러리스트
- 경제사범
- 폭력범죄자(그들의 목적을 달성하기 위해 폭력을 수단으로 사용하는 테러리스트들과 구분)
- 체제전복 범죄자(시위단체 등)
- 경범죄자(기물파손, 매춘, 사유지 침입 등)

■ 조직은 왜 위험에 직면하는가?

- 대부분의 위험은 조직이 그것에 대한 계획을 세우지 않았기 때문에 직면한다.
- 대부분의 위험은 많거나 적은 범위 내에서 경감될 수 있다.

■ 조직은 왜 위험에 대해 관심을 갖는가?

- 모든 조직은 경영목표로부터 시작한다.
- 조직은 경영목표 달성을 위해 자산을 취득한다.
- 자산의 범위는 사소한 것(종이 클립)부터 중요한 것(조직의 기밀정보)에 이른다.
- 사소하거나 중요한 자산의 손실은 조직의 경영목표 달성을 방해할 수 있다.

■ 위험은 어떻게 분석하는가?

- 위험은 원하지 않은 사건이 일어날 가능성, 조직의 자산에 그 사건이 미치는 영향, 그 사건이 실제로 일어날 확률의 배수 조합이다.
- 테러의 경우, 그것이 일어날 확률은 테러리스트의 목표물이 될 가능성이 있는 조직의 자산에 대한 가치측정으로 대체된다(자산 목표 값).
- 자연재해의 경우, 확률표가 존재한다.
- 인위적 사건은 5종류로 구분된다. : 테러, 경제범죄, 폭력범죄, 체제 전복범죄, 경범죄
- 위험은 자산과 취약성이 함께 있는 곳에서만 발생할 수 있다.

■ 위험을 경감시키기 위해 무엇을 할 수 있는가? 위험은 다음에 의해 경감될 수 있다.

- 자산의 분계(shedding, 원하지 않는 부분을 분리하여 버리기)
- 자산의 복제
- 자산의 보호(취약성 감소 – 위협행위의 성공확률 감소)
- 위험의 이전(예 : 자산의 보험가입)

■ 모든 위험을 제거할 수 있는가?

- 아니오.
- 모든 위험에 대비하는 경감비용이 그 위험이 일어나도록 내버려둬서 발생하는 비용보다 더 비싸기 때문에 어느 정도의 위험은 받아들여야만 한다(경제적 위험과 예측불가능한 폭력범죄).
- 테러의 경우, 위험을 어느 정도 경감시키는 비용도 조직이 자신들의 경영목표를 달성할 수 없게 만들 수 있다.
- 체제전복범죄는 가끔 경찰의 높은 수준의 협조를 필요로 한다.
- 어느 정도 수준의 경범죄는 언제나 존재한다.

실습

뛰어난 위험평가 방법론은 모두 다음과 같은 요소들을 포함하고 있다(그 외의 위험평가 방법론들은 이런 속성들을 나른 방법으로 표현하고 그것들을 묘사하기 위해 전문용어를 사용한다.).

■ **자산 특성화**(asset characterization) : 조직의 자산에 대한 이해와 기술

■ **위협 식별**(threat identification) : 조직의 자산이 직면한 위협에 대한 이해와 기술

■ **피해결과 분석**(consequence analysis) : 앞에서 열거된 자산들이 조직의 경영목표에 미치는 중요도와 위협행위의 성공이 조직에 미치는 피해결과에 대한 이해와 기술

■ **취약성 분석**(vulnerability analysis) : 조직의 자산에 존재하는 취약성에 대한 이해와 표현

■ **위협평가**(threat assesment) : 위협 행위자가 조직의 자산을 어떻게 평가하고 있고 어떤 자산에 흥미를 가질지에 대한 이해

■ **위험평가**(risk assessment) : 위험을 계산식의 형태로 표현(위험은 측량할 수 있는 것이어서, 단일 자산이나 조직 전체에 대한 위험을 계산할 수 있어야 한다.)

■ **위험 순위화**(risk prioritization) : 위험에 우선순위를 정하고, 가장 중요한 위험부터 먼저 경감시키고 가장 덜 중요한 위험은 마지막에 경감

■ **위험관리**(risk management) : 위험을 경감시키기 위한 방호대책에 의한 권고안 제공

추가적으로, 어떤 위험분석 보고서도 원칙적으로 다음을 포함하고 있어야 한다.

- 조직의 경영목표에 관한 기술
- 조직의 사업 프로그램을 기술하고 자신들의 프로그램을 성공적으로 수행하는 데 중요한 사업과정을 서술
- 조직의 자산이 사업 프로그램을 지원하는 방법에 대한 서술(자산의 중요성에 관한 순위를 포함)
- 자산의 사용자 목록과 어느 범주에서 위협 행위자가 발생할 수 있는지에 대한 상세한 기록
- 제안된 방호대책에 대한 예산편성 우선순위
- 공간계획 정보
- 폭발계산을 위한 자료정보
- 위험분석가의 자격(분석가와 그가 소속된 조직을 포함)
- 참고문헌
- 목차 표
- 그림 표
- 색인
- 선택적으로, 고객이 요구한 위험 등록. 이것은 20장에서 다루도록 하겠다.

수십 종의 많은 위험분석 방법론들은 규모가 크거나 작다. 많은 방법론들은 조직의 특정 시설(파이프라인, 수도공급시설, 화학시설, 해양시설 등)에 대한 위험을 처리하기 위해 특화되어 고안되었다. 이것들은 다음 장에서 좀 더 상세히 다룰 것이다. 그러나 다양한 종류의 시설물을 넓게 포괄하기 위해서는 위험분석의 기초에 정통하는 것이 중요하다.

많이 쓰이는 위험분석 방법론들 중에는 고객의 요구를 미숙하게 반영하는 것들도 있다. 위에서 언급한 기본적인 위험분석의 구성요소들을 자세히 살펴보라. 나는 이 요소들을 모두 포함하고 있지 않는 어떠한 방법론도 위험분석 업무에는 적합하지 않으며 성공적인 위험경감이라는 결과를 이끌어 내지 못한다고 명확하게 말할 수 있다. 특히 상업적인 부분이 강한 위험분석 체크리스트에서 이 점이 잘 나타난다. 이 리스트들의 대부분은 전체 위험을 균등하게 다루기보다는 취약점에 초점을 맞추고 있고, 취약점을 평가함에 있어서도 어떠한 시스템적인 접근을 사용하지 않는다. 이것들은 실제로는 위험에 대한 연구가 없었음에도 그것이 계속 연구되어 왔다는 느낌을 줌으로써 고객들에게 큰 해를 끼친다. 그런데 더 나쁜 것은, 그 체크리스트들이 누가 잠재적인 위협 행위자이고 그들

의 테러나 범죄 공격에 어떤 전술이 사용될 것인지를 잘 모르는 사람들에 의해 사용된다는 것이다. 간단히 말해, 이런 부적격한 "방호담당자"의 손에 들린 부적절한 체크리스트들은 부적합한 방호계획을 세우게 되면서 실제로는 시설물에 위험만 증가시킬 수 있다.

어떤 방법론도 증거 없이 가정만으로 조직의 자산목록을 다룰 수 없으며 위협 행위자를 분석할 수 없다. 체크리스트에 취약점이 있다면 어떤 방법론이든 체크리스트 외의 것들을 확실히 놓치게 된다는 것이다.

많은 방호전문가들은 위험분석 공식에 총체적인 가정도 넣을 수 있다고 생각한다. 예를 들어, 대부분의 위험평가 방법론은 목록화된 자산의 취약성 수준을 요구한다. 그러나 대부분의 위험평가 방법론들은 그 취약점이 의미하는 것들을 확인하거나 취약점의 변수들을 평가하지 않는다. 다시 말하자면, 위험분석의 성공과 실패의 갈림길은 지식과 가정의 차이에 있다.

이것은 편의에 의하거나 예산에서 요구하는 경우 빠르고 즉흥적인 위험 추정을 해야 할 경우가 없다는 것을 말하기 위함이 아니라 우리가 그것을 분석이라고 부르지는 말자는 것이다. 그것은 이렇게 부르자. – 그것은 위험 추정(risk estimate)이다.

도구

이 책은 방호위험에 대한 이해, 분석, 경감하는 과정에 대한 것이고, 그 후 위험을 경감하기 위한 운용 가능하고 효율적인 비용의 해결책을 개발하는 것이다.

이 책은 전문적인 방호관리자, 분석가 혹은 컨설턴트에게 수천 달러에 달하는 종래의 위험분석 소프트웨어에 대한 지출 없이 최선의 작업을 수행할 수 있도록 만들어 준다.

우수한 위험분석을 하기 위한 우선적이고 가장 중요한 요소는 분석기술이다. 그래서 이 책에서 가장 먼저 가르칠 기술들은 조사기법, 분석기법, 비평적 사고와 적절한 분석도구들의 선별 및 사용방법에 관한 것이다.

다음은 직관적으로 완전히 이해하기 위해 여러 차례 반복적으로 강조하고 있는 이 책의 핵심에 관한 부분이다. 이 책은 목록에 다수의 선택지가 있을 때 의견일치를 이끌어 내고 위험에 대한 최종판단을 내리며, 방호대책을 권고하는 데 논쟁의 여지가 없도록 설득력을 갖도록 지원해 주는, 4종류의 워드프로세서와 스프레드시트 툴을 제시하고 있다. 이런 요지들은 가장 중요하지만 대부분의 위험분석 방법론으로부터 소홀히 다뤄져 왔던 것들이다.

- **도구 #1** - 이 책은 높은 수준의 위험분석 보고서의 구성요소를 제시하여 독자들로 하여금 빈틈없고 설득력 있는 보고서를 작성할 수 있도록 해 준다.

■ **도구 #2** - 위험분석 도구 : 숙련된 방호분석가에게 가장 곤란한 일 중 하나는 아주 고가의 (매년 업데이트에 투자를 해야 하는) 위험분석 프로그램을 실질적으로 구매하기를 요구받는 것이다. 이런 프로그램 중에 뛰어난 것들은 구입과 업데이트를 위해 매년 수천 달러의 비용이 소요되는 것도 있다. 이 책은 매년 구입과 유지에 수천 달러의 비용이 드는 프로그램들과 비길 만한 (그리고 논쟁의 여지가 있지만 훨씬 뛰어난) 깊이 있고 설득력 있는 위험분석 결과를 만들어내는 스프레드시트 기반 위험분석 도구를 제시하고 있다. 색으로 분류되는 형식으로 도출되는 이 위험분석 도구의 결과는 위험분석 방법론에 익숙하지 않은 조직의 대표가 많은 양의 데이터를 몇 초만에 완전히 이해할 수 있도록 도와준다.

■ **도구 #3** – 방호대책 선택사항 분석 도구 : 이 도구는 내 예전에는 지식으로 절대 해내지 못했던, 그리고 대부분의 방호전문가들도 전혀 해낼 수 없을 것이라고 여겼던 놀라운 일들을 해낸다. 이것은 방호분석가들에게 효율성과 비용효율성에 입각한 최고의 방호대책을 결정할 수 있도록 해 준다. 마지막은 다음과 같은 기능들을 포함한 방호대책의 비용 대비 효율성에 관한 것이다.

- 출입통제
- 공격 억제
- 공격 감지
- 사건평가
- 사건 대응
- 증거수집
- 다수의 취약성 경감
- 3차원의 색으로 구분된 스프레드시트 안에 방호대책을 분류
  - From
    - ▶ 가장 중요도가 높은 취약점
    - ▶ 가장 비용효율성이 뛰어난 해결책
  - To
    - ▶ 가장 중요도가 낮은 취약점 및
    - ▶ 가장 비용효율성이 떨어지는 해결책

■ **도구 #4** - 방호대책 의사결정 매트릭스 : 이 책은 사람들에게 자주 선택되는 선택사항이 목록에 여러 개 존재하거나, 논쟁의 여지가 있거나, 거기에 대한 의견이 거의 없을 때, 정확한 방호대책 선별에 관해 의견의 일치를 이룰 수 있게 도와주는 의사결정 매트릭스 도구를 제시한다. 이 도구(방호대책 의사결정 매트릭스)는 크게 상이한 선택사항에 대한 확신에 차 있는 많은 방호관리자들에게 만장일치의 동의를 이끌어낸 수많은 경력을 가지고 있다.

구 성

이 책은 세 가지 부문(sections)들로 구성되었다.

■ 부문 1 – 위험분석

• 장(Chapters)

1 - 위험분석 - 적절하고 경제적인 방호대책을 위한 기초

2 - 위험분석의 기초와 미국 국토안보부에서 인증된 위험분석방법

3 - 위험분석 기술과 도구

4 - 비평적 사고와 위험분석 과정

5 - 자산의 특성화와 식별

6 - 중요도 및 피해결과 분석

7 - 위험분석

8 - 취약성 평가

9 - 확률 추정

10 - 위험분석 절차

11 - 위험의 우선순위 정하기

■ 부문(section) 2 – 방호대책 수립을 위한 사전 정책 개발

• 장(Chapters)

12 - 방호정책의 소개

13 - 방호정책과 방호대책 목표

14 - 효과적인 방호정책 개발

■ 부문(section) 3 – 방호대책의 선정과 예산 책정

• 장(Chapters)

15 - 방호대책의 목표와 전략

16 - 방호대책의 유형

17 - 방호대책 선정과 예산책정 도구

18 - 방호 효과성 척도

19 - 비용효율성 척도

20 - 효과적인 보고서 작성하기

요 약

방호위험분석은 어떤 방호대책이 선별되거나 실시되기 전에 수행되어야 한다.

■ 정성적 보고서는 주로 인터뷰나 글과 그림에 초점을 맞추는 반면 정량적 보고서는 숫자의 분석에 초점을 맞춘다. 양쪽 모두를 사용하는 것이 어느 한쪽만 사용하는 것 보다 낫다.

■ 뛰어난 위험분석 방법론은 다음과 같은 요소들을 포함한다.

- **자산 특성화**(asset characterization) : 조직의 자산에 대한 이해와 기술
- **위협 식별**(threat identification) : 조직의 자산에 존재하는 위협에 대한 이해와 기술
- **피해결과 분석**(consequence analysis) : 앞에서 열거된 자산들이 조직의 경영목표에 미치는 중요도와 성공적인 위협행위가 조직에 미치는 피해결과에 대한 이해와 기술
- **취약성 분석**(vulnerability analysis) : 조직의 자산에 존재하는 취약성에 대한 이해와 표현
- **위협평가**(threat assesment) : 위협 행위자가 조직의 자산을 어떻게 보고 있고 어떤 자산에 위협 행위자가 가장 흥미를 가질지에 대한 이해
- **위험평가**(risk assessment) : 위험을 계산의 형태로 표현(위험은 측량할 수 있는 것이어서 단일 자산이나 조직 전체에 대한 위험을 계산할 수 있어야 한다.)
- **위험 순위화**(risk prioritization) : 위험에 우선순위를 정하고, 가장 중요한 위험부터 먼저 경감시키고 가장 덜 중요한 위험은 마지막에 경감
- **위험관리**(risk management) : 위험을 경감시키기 위한 방호대책에 대한 권고안 제공

■ 추가적으로, 어떠한 위험분석 보고서든 원칙적으로 다음을 포함하고 있어야 한다.

- 조직의 경영목표에 관한 서술
- 조직의 사업 프로그램을 기술하고 자신들의 프로그램을 성공적으로 수행하는 데 중요한 사업과정을 서술
- 조직의 자산이 사업 프로그램을 지원하는 방법에 대한 서술
  (자산의 중요성에 관한 순위를 포함)
- 자산들의 사용자 목록과 어느 범주에 위협 행위자가 발생할 수 있는지에 대한 상세한 기록
- 제안된 방호대책에 대한 예산편성 우선순위
- 공간계획 정보

- 폭발계산을 위한 자료정보
- 위험분석가의 자격(분석가와 그가 소속된 조직을 포함)
- 참고문헌
- 목차 표
- 그림 표
- 색인

■ 이 책에서는 다음과 같은 기술들을 가르친다.

- 기술 #1 - 데이터 수집
- 기술 #2 - 조사와 증거수집
- 기술 #3 - 위험분석 과정의 비평적 사고
- 기술 #4 - 정량적 분석
- 기술 #5 - 정성적 분석
- 기술 #6 - 방호대책 선택
- 기술 #7 - 보고서 작성

■ 이 책에 소개된 도구들은 다음을 포함하고 있다.

- **도구** #1 - 이 책은 높은 수준의 위험분석 보고서 양식의 구성요소들을 제시하고 있기 때문에 독자로 하여금 완성도 높고 설득력 있는 보고서를 작성할 수 있게 해 준다.
- **도구** #2 - 위험분석 도구
- **도구** #3 - 방호대책 선택사항 분석 도구
- **도구** #4 - 방호대책 의사결정 매트릭스

CHAPTER 2

위험분석의 기초와 미국 국토안보부에서 인증된 위험분석방법

서 론

이 장이 끝나면 당신은 미국 국토안보부(Department of Homeland Security, DHS)가 위험을 연구하기 위해 그동안 수용해 온 접근법, 위험분석의 구성요소, 위험분석 연구의 대표적인 이해관계자와 그 안건, 상용 가능한 위험분석 소프트웨어 도구, 위험분석의 기초, 위험평가의 절차, 특정 유형의 프로젝트에 맞는 방법론을 채택하기 위한 정보와 대부분의 시설물에 대한 위험을 연구하기 위해 사용되어 왔던 세부적인 위험평가 방법론에 DHS가 무관심한 이유를 이해할 수 있게 될 것이다.

"시간이 지날수록 다양한 조직들의 위험을 평가하는 방법에 대한 수많은 비판이 있었고 이로 인해 DHS 보조금이 할당되었다."[1] DHS는 위험에 대한 이해와 위험을 측정하기 위한 공식의 적용에 있어 발달하여 왔다. "macro-risk"의 관점(커뮤니티에 대한 위험 vs 시설물 및 구조물에 대한 위험)에서 DHS의 위험 접근방식은 아래와 같이 발달하였다.

1단계 : $R = P$. 법무부(Department of Justice, DOJ)에 위험평가의 주된 책임이 있었던

---

1) CRS Report for Congress –. The Department of Homeland Security's Risk Assessment Methodology: Evolution, Issues, and Options for Congress, February 2, 2007, Congressional Research Service. Prepared for Members and Committees of Congress, Order Code RL33858, p. CRS-4.

2001년 회계연도(Fiscal Year, 이하 FY)부터 FY2002에서 FY2003 사이에 DHS로 그 책임이 이전되었다. 이 위험평가의 첫 단계는 발달상의 초기 단계로 특징지어질 수 있다. 이 기간 동안, 위험(risk, R)은 일반적으로 인구수에 따라 평가 및 측정되었다. 간단히 말해, 위험은 인구(population, P)와 동일시되었다.

2단계 : $R = T + CI + PD$. 이 기간은 FY2004부터 FY2005까지 다루고 있으며 주요 기반시설의 중요성, 인구밀집도 외에 다른 변수들도 위험평가에 포함되었다. 그러나 확률이 위험평가 절차의 필수요소가 아니었기 때문에 위험공식은 합산공식이었고 "risk-like(위험이 있을 만한)"에 불가했다. 위험은 위협(threat, T), 주요 기반시설(critical infrastructure, CI), 인구밀도(population density, PD)의 합계로 평가되었다.

3단계 : $R - T \times V \times C = T \times (V \,\&\, C)$. 이 기간은 FY2006부터 오늘날[출판연도 : FY2009]까지를 말하며, 특정 사건들의 확률이 체계적으로 공식에 도입된 기간이기도 하다.

DHS는 명시적이거나 암묵적으로 주요 기반시설에 사용하기 위한 많은 수의 다른 위험평가 방식들을 인정해 왔다. 남아있는 자금을 할당하기 위한 이 새로운 접근법은 대상(target)/영역(area)의 위협(T)을 고려하고, 이에 대상/영역의 취약성(vulnerability, V)을 곱한 후 대상/영역에 대한 공격의 피해결과(consequence, C)를 곱한 공식을 사용하는 위험평가방법을 요구하였다. 그 결과, 위험평가 공식은 $R = T \times V \times C$가 되었다. 변수들은 더 이상 덧셈이 아닌 곱셈으로 계산되었고 이는 변수의 가중치(weighting)와 특정 사고가 발생할 가능성에 대한 평가를 의미하고 있다.

현행 절차

FY2007에 DHS에서 개발한 위험분석 모델을 이용하여 다른 연방기관과 공동으로 연방수준으로 위험을 평가하였다. 위험은 3개의 기본 변수의 곱으로 정의된다.

- 위협(T) – 공격이 발생할 가능성
- 취약성 및 피해결과(V & C) – 상대적으로 위험에 노출된 부분과 예상되는 공격의 영향

비록 DHS는 지속적으로 그들의 위험 방법론을 $R = T \times V \times C$ 공식의 관점에서 논하고 있지만 취약성(V)과 피해결과(C)를 합병된 하나의 변수로 취급하는 것으로 나타난다.[2)]

---

2) Ibid., pp.CRS-6~.8.

위에서 논한 바에 의하면 DHS의 관점은 개별적인 시설물이나 구조물보다는 공동체의 시설물이나 구조물을 위한 것으로 볼 수 있다. 이는 DHS가 왜 개별적인 시설물 및 구조물들의 위험평가 방법론 수립에 대해 느슨한 태도를 취해 왔는지를 잘 설명하고 있다. DHS는 각 부서에게 개별적인 방법론의 수립을 일임하고, (예를 들면, 미국 해안경비대(US Coast Guard)에 해양시설, 수로, 터미널에 대한 위험평가 방법론의 수립을 일임) 개별 산업 및 특수이익단체와의 대면을 통해 조언을 받아들여 왔다.

시설 및 구조물의 위험분석

위험분석의 목적은 문제의 시설에 대한 심각한 위협행위의 증거를 수집하고, 효과적으로 억제(deter), 감지(detect), 평가(assess), 지연(delay), 대응(respond)할 수 있는 방호대책(countermeasures)을 개발 또는 개선하기에 충분한 위험, 취약성, 중요도(criticality), 피해결과를 이해하는 데에 있다(그림 2.1 참조).

해가 거듭될수록 다양한 위험분석 공식이 방호대책 강화를 위해 개발되었다. 대표적인 위험평가 방법론에는 다음 네 가지가 포함된다.

1. 위협 고려
2. 확률 고려
3. 취약점 고려
4. 피해결과 고려

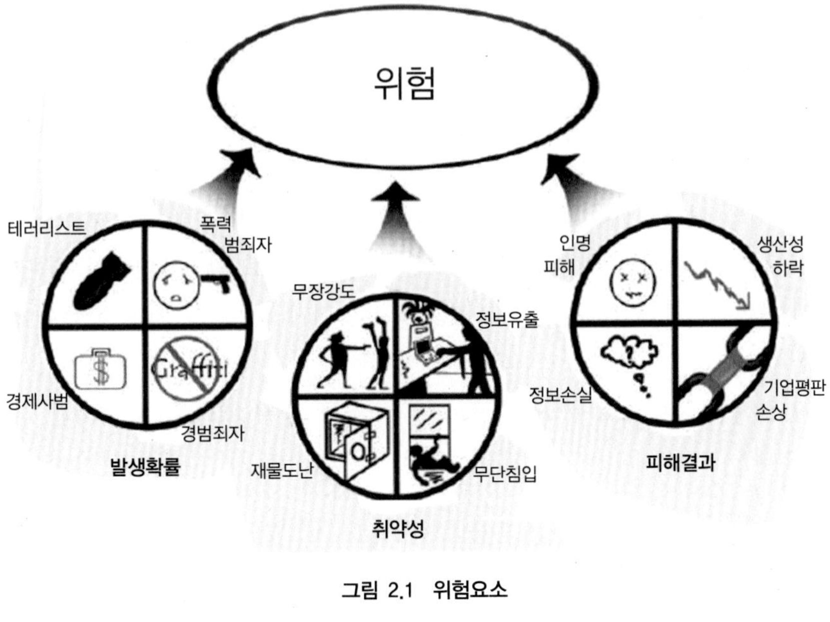

그림 2.1 위험요소

뛰어난 평가 방법론은 분석가를 적절한 방호대책의 수립으로 안내하는 방법을 포함하고 있다.

최고의 위험평가 방법론은 잠재적인 위협에 대응하는 방호대책의 효과성을 측정하여 그중에서 최선의 선택이 무엇인지 평가하는 매트릭스(metrics)도 포함하고 있다.

가장 최고의 위험평가 방법론은 방호대책의 최선책이 무엇인지 평가할 때 효과성 측면뿐만 아니라 비용효율적인 관점에서도 측정할 수 있는 매트릭스를 포함하는 방법론이다.

주요 기반시설 및 자원(Critical infrastructure and key resources, CIKR) 부문은 다음을 포함한다.[3)]

- 농업 및 식품
- 댐
- 정보기술
- 은행 및 금융
- 방위산업 기지
- 교통시스템
- 주요 제조업
- 의료 및 공공보건
- 물
- 상업시설
- 에너지
- 우편 및 배송
- 통신(communication)
- 국립 기념물 및 상징
- 화학
- 응급 서비스
- 원자로, 재료, 폐기물
- 군 기지는 DHS가 아닌 미 국방부(Department of Defense)에 권한이 있다.
- 교육시설을 포함한 정부시설

이와 같은 시설의 보호를 위한 지침으로 국토안보법(Homeland Security Act of 2002)과 국가기반시설보호계획(National Infrastructure Protection Plan, NIPP)이 있다. 이런 지침들은 세계 어느 나라에서나 유사 시설의 중요도를 결정하고 적절한 보호조치를 하는데 유용하므로 이런 유형의 시설 보호를 위한 벤치마킹으로 활용된다. 이 책은 전 세계 CIKR시설의 위험분석을 위한 것이지만 기준에 부합되지 않는 그 외의 시설들에도 적용할 수 있다.

NIPP는 포괄적인 개념으로 www.dhs.gov에서 검색 창에 NIPP를 입력하면 더 자세히 검토할 수 있다.

---

3) 출처 : 미국 국토안보부(U.S. Department of Homeland Security)

다수의 이해관계자 및 안건

여느 중요한 문제를 다룰 때와 마찬가지로 개인과 단체들은 어떻게 프로그램의 목적을 달성할지에 대한 조언을 기대할 수 있다. NIPP의 경우, 집행의무나 기준 및 지침에 대한 책무가 있는 미국 해안경비대와 같은 다양한 정부 부서들이나 산업 및 특수이익단체의 이해관계를 포함한다. 이런 이유 때문에, 예상하는 대로 주요 기반시설에 대한 위험평가의 단일 기준이 존재하지 않는다. 따라서 특정 유형의 시설에 대해서 정부조직, 국립연구소, 군부대, 산업 및 이익단체들이 내놓는 위험평가 방법론들이 상충하는 일도 있을 수 있다. 이런 것들의 모두가 CIKR 시설에 사용되고 있는 위험평가 방법론에 적용되고 있으며 DHS는 직접적이든 암묵적이든 간에 넓은 범위의 위험평가 방법론의 사용을 승인해 왔다.

일부 방법론들은 특정 산업에만 적용되며 몇 가지는 의도적으로 넓은 범주를 포용할 수 있도록 되어 있다. 일부는 매우 상세하고 과학적인 반면 몇 가지는 일반적이고 모호하다. 일부는 높은 수준의 통제를 분석가의 재량에 맡기는가 하면 몇 가지는 위협과 자산목표(asset target) 분석 같은 중요한 요소를 제거하여 검토기관의 책임으로 넘긴다.[4)5)]

때문에 위험분석가들에게는 어느 방법론을 어떤 특정 시설에 사용해야 하는지가 시설관리에 있어서 가장 혼란스러운 부분이다. 분석가는 특정 산업을 위해 개발된 방법론을 사용해야 하는 것인가 아니면 보다 어느 유형에나 적합한 일반적인 모델을 도입해야 하는 것인가? 일반적인 방법론은 모든 종류의 시설에 적용이 되는가? DHS를 포함한 모든 기관에 승인받은 모델인가? 분석가는 특정 산업의 방법론을 그 산업 외의 시설에도 적용을 할 수 있는가? 그것은 DHS나 이해관계자들에게 허용되는 것인가? 분석가는 얼마나 많은 위험평가 방법론을 숙지해야 하는 것인가? 그들은 얼마나 많은 종류의 위험평가 소프트웨어를 구입하고 유지해야 하는 것인가?

물론, 다양한 방법론에 대한 구매와 훈련에 드는 직접적 · 간접적인 비용은 부담스럽다. 너무 많은 프로그램을 일일이 거친다면 그것은 비효율적이고 시간낭비이다. 또한 예측불허의 변화를 겪으면서 생기는 혼란으로 실제로 업무효율성을 낮출 수 있다.

일부 위험평가 프로그램의 비용은 수만 달러에 달하며 거기에 훈련비용으로 수천 달러 이상이 더해질 수 있다. 많은 방법론과 프로그램들이 다른 공식과 동일한 기본 데이터의 해석을 사용하기 때문에 분석가들은 이 방대한 양의 방법론들의 숲에서 쉽게 길을

4) 예를 들어, RAMCAP
5) 화학시설 대테러 기준(CFATS)도 위협 및 자산 목표 값에 대한 정의를 검토 기관의 재량에 맡기고 있다.

그림 2.2 미국 석유협회/국립석유화학 및 정유협회(American Petroleum Institute/National Petrochemical and Refiners Association, API/NPRA) 표지

잃을 수 있다. 모든 종류의 시설에서 위험평가에 적용할 수 있고, 완전성과 신뢰성에 의심할 여지가 없는 단 하나의 방법론이 있다면 매우 유용할 것이다. 여기에서 좋은 소식은 이 기준에 맞는 두 개의 방법론이 존재한다는 것이다.

산디아 국립연구소(Sandia National Laboratories)는 여러 하위 분야가 발달된 RAM이라 부르는 한 세트의 위험평가 방법론(Risk Assessment Methodology, RAM)을 개발했다. 모든 하위 분야의 방법론은 동일한 기본 위험분석 공식에 의존한다. 다만 다른 것과 RAM의 주요 차이점이라면 시설유형에 따라 특이점을 가지는 취약성 평가 측면과 연관되어 있다는 것이다.

미국석유협회/국립석유화학 및 정유협회(American Petroleum Institute/National Petrochemical and Refiners Association, API/NPRA)의 방호 취약성 평가방법(Security Vulnerability Assessment)과 같은 석유·가스·화학 업종을 위해 개발된 방법론도 있다(그림 2.2). 두 방법론 모두 매우 철저하고 완전하여 위험평가 방법론의 정점에 있다고 널리 인정받고 있다.

RAM과 API/NPRA 모델 모두 범위 조정이 가능하다. 즉, 두 개의 방법론 모두 최소한의 분석을 요구하는 비교적 단순한 장소나 많은 분점(campus), 다양한 시설유형, 다양한 부서 및 서비스를 포함한 복잡한 조직에도 적용이 가능하다.

산디아 모델은 방어벽 안의 콘크리트 혼합물의 비율이나 철근의 간격까지도 지연 공식(delay formula)에서 고려될 수 있을 정도의 상세한 수준에서 방호대책의 효과 측면에서 실제로 확인 가능한 수준까지 범위 조정이 가능하다.

이러한 세부성이 원자력발전소, 핵 저장시설, 무기시설과 같은 시설에는 전적으로 적절하지만 공항이나 호텔과 같은 대부분의 일반시설에서는 과도할 수 있다. 테러와 같은 심각한 위협이 존재하는 후자의 경우, 산디아 모델의 세부성은 칭찬할 만하지만 방호대책의 비용뿐만 아니라 분석의 비용까지도 감당할 수 없는 수준으로 만들 수 있다.

예를 들어, 산디아 모델에서는 취약성 부분만 담당하는 분석 팀에 포함되는 인원이 아래와 같을 수 있다.[6)]

- 취약성 평가 프로젝트 리더
- 시스템 엔지니어
- 방호시스템 엔지니어
- 침입감지 하부시스템 전문가(Subject Matter Expert, SME)
- 알람평가 하부시스템 SME
- 알람 통신 및 디스플레이(Alarm Communication & Display, AC&D) 하부시스템 SME
- 출입통제 하부시스템 SME
- 지연 하부시스템 SME
- 대응시스템 SME
- 통신 하부시스템 SME
- SME 분석가

이러한 팀이 파키스탄에서 서양인 고객을 상대로 하는 호텔을 평가할 때에는 엄두가 안날 정도로 비싼 위험분석비용이 들 것이며 호텔 운영의 기능을 지원하지 않는 결론과 조언을 해 줄 것이다. 그런 이유에서 미국 여배우 메이 웨스트(Mae West)가 말했듯이, "지나치게 좋은 것은 훌륭하다(Too much of a good thing – is wonderful)"라는 생각은 위험분석에서는 알맞지 않다. 위험분석은 적당한 비용과 결과가 균형을 이뤄야 한다. (저자의 의견으로) 산디아 모델이 위험분석 방법론 중 실용적인 부분에서는 정점을 찍고 있지만, 어떤 경우에는 좋은 점이 너무 많을 경우 현실에서 사용하기에는 너무 과하기도 하다. 산디아 모델은 최소한도로 범위를 조정하여 사용될 수 있고, 이 책에서 가르치는 방법론들은 산디아 모델의 최소에서 중간까지의 용도로 적용되어 사용될 수 있다. 산디아 모델이 경제범죄나 경범죄의 위협보다는 테러범죄에 주요 초점을 맞춘다는 것도 주목할 만하다. 그 예로, 산디아 모델은 내부 경제의 위협에 대해서는 차지하고 있는 비

---

6) Vulnerability Assessment of Physical Protection Systems, p.55, Mary Lynn Garcia, Sandia National Laboratories (Butterworth-Heinemann, Oxford, 2005).

중이 매우 적다. 따라서 이런 산디아 모델은 핵 저장시설이나 원자력발전소와 같은 시설물에 매우 적합하나, 일부의 의견에 의하면 호텔, 쇼핑몰, 증권거래소와 같은 평범한 상업시설물에는 적합하지 않다.

상용 소프트웨어 도구

상용 소프트웨어 도구는 앞서 말한 방법론들처럼 DHS에서 승인받은 방법론들을 지원하기 위해 개발되었다. 수천 달러에 달하는 이러한 프로그램의 대부분은 방법론 및 소프트웨어 도구의 교육과정을 위한 수천 달러의 추가적인 비용을 필요로 한다. 따라서 다양한 방법론 구현의 복잡성을 강조하는 방향으로 관련 사업들이 성장하였다. 이는 규제에 대한 일반적인 반응이다. 즉, 규제는 도구와 교육에 대한 수행이 따르며, 이런 인지된 요구에 맞는 서비스를 제공하기 위한 사업들이 복잡성의 인식을 구축하고 유지하는 데에 기득권을 가지고 있기 때문에 교육훈련과 소프트웨어 프로그램의 필요성을 강요하고 있다. 하지만 이런 프로그램들의 일부는 유용한 핵심정보 없이 방대한 양의 정보만을 생산한다.

이 시점에서 DHS가 분석을 위해 어느 특정 소프트웨어 프로그램의 사용을 의무화하지 않는다는 점을 유의해야 한다.

이 책에서 설명하는 위험분석 방법들은 모든 DHS 승인 방법론들을 지원하는 데 유용하게 사용할 수 있다. 방법론들 사이의 차이점은 주로 다음의 네 가지로 볼 수 있다.

- 추정치의 범위 조정(0~1, 1~5, 1~10)
- 평가순서(예를 들어, 어떤 이는 자산 목표 값을 취약성 분석의 부분으로 보지만 다른 일부는 위협분석의 부분으로 본다.)
- 공식(비록 공식 간에 확연한 차이는 있으나, 산디아 공식처럼 다른 방법론들보다 더 과학적인 것들은 대부분 같은 결론에 도달한다.)
- 정성적 대 정량적 분석(대부분의 방법론은 정성적 분석을 더 잘 적용하지만, 정성적 분석을 추가적으로 실시할지라도 API/NPRA와 산디아 같은 정량적 접근법에 더 의존하는 방법론들도 있다.)

이 책에서 가르치는 방법들은 매우 철저하여 모든 DHS 승인 방법론의 해석에 적용할 수 있다.

위험분석의 기초

위험 공식은 대체적으로 아주 단순한 편이다. 대부분의 공식은 전형적으로 다음을 포함한다.

- 위험=의도를 가진 위협 행위자(확률)×악용 가능한 취약성, 중요도 및 피해결과에 의한 우선순위

거기에는 많은 변형이 존재하지만 모든 위험 공식의 결과는 확률, 취약성, 피해결과의 어떤 조합방법에 따른 위험의 우선순위에 관한 것이다.

위험 공식에서의 변형은 아래와 같다.

- 위험=(의도를 가진 위협 행위자+확률+악용 가능한 취약성)/3, 중요도 및 피해결과에 의한 우선순위
  - 위협 – 조직에 해를 가할 능력과 의도가 있는 활동적인 위협 행위자
  - 확률 – 위협 행위자에 의해 피해를 입었던 적이 있거나 피해대상으로 지목될 가능성(위협 행위자의 임무수행 중에 공격받을 수 있는 조직의 자산)
  - 취약성 – 공격의 수행을 위해 악용될 수 있는 선택된 대상(target)과 연관된 어떤 상태나 요소 – 취약성은 개인에 의한 것이나 조직에 의한 것 모두 될 수 있다(예, 열려있는 문이나 훈련이 제대로 되어있지 않은 경비).

다른 방법론들은 이런 요소들을 다른 방법으로 구분할 수 있지만, 때때로 그것들의 이름만 다를 뿐 그 요소들은 언제나 동일하다. 위험의 정도는 다음에 따라 변화한다.

- 가능성 변수
  - 위협 변수
    - 위협 행위자의 동기의 존재 여부 및 정도
    - 위협 행위자의 역량, 위협 행위자의 훈련 정도를 포함
    - 위협 행위자의 자원 가용성
    - 위협 행위자의 종류
      - 테러리스트
      - 경제범죄자
      - 폭력범죄자
      - 체제전복범죄자
      - 경범죄자
  - 대상(target) 선별 변수(위협 행위자의 유형에 의존)

■ 취약성 변수

- 취약성 변수는 다음을 포함한다.
  - 접근성
  - 감시 기회
  - 본질적인 취약성
  - 자연적인 기존의 방호대책은 다음을 포함한다.
    - ▶ 물리적 방호대책
    - ▶ 전자적 방호대책
    - ▶ 운영적 방호대책
- 피해결과 변수
  - 조직의 경영목표 수행을 위한 자산의 중요도
  - 운영을 재개하기 위한 자산 대체의 어려움(회복성)
  - 손실의 결과
    - ▶ 생명 손실
    - ▶ 재산 손실
    - ▶ 기밀정보 손실
    - ▶ 사업평판 손실
    - ▶ 사업생산성 손실

다양한 위험분석 방법론들은 모두 다음의 세 가지 기본요소를 활용한다.

1. 확률(위협 행위자 및 대상 선택)
2. 취약성
3. 피해결과

확률은 단순히 위협 행위자가 대상을 선택하고 행동할 가능성을 말한다. 특정 지역에서 일어나는 특정 범죄가 정확한 범죄기록으로 남아 위험분석가가 활용할 수 있다면 역사적 데이터를 이용하여 확률을 계산할 수 있다. 하지만 이는 테러 확률 계산에는 전혀 적용되지 않는데, 그 이유는 사례도 거의 없을 뿐더러 테러전략이 발전함에 따라 역사적 데이터가 테러방지에는 도움이 되지 않기 때문이다. 따라서 테러에 있어서는 대상 선택 요인이 확률요소 대신 사용하기에 적합하다.

위험평가 절차

위험평가와 관련된 절차는 아래와 같다.

■ **자산 특성화** : 조직의 자산을 이해하고 기술한다(조직의 기능, 환경, 건물 및 경계유형, 인구, 입구 · 출구 등).

■ **위협 식별** : 조직의 자산에 대한 위협을 이해 및 기술하고 고안될 방호 프로그램이 위협을 효과적으로 대응 및 완화시킬 수 있는 위협수준을 선별한다.

■ **중요도 분석** : 조직의 임무와 관계되어 식별된 각 자산의 중요도를 이해하고 기술하여 우선순위를 결정한다.

■ **피해결과 분석** : 조직의 임무와 관계되어 식별된 자산의 손실결과를 아래와 같은 손실의 심각성에 따라 이해하고 기술하여 우선순위를 결정한다.

- 사상자
- 생산 및 사업기능
- 기밀정보
- 사업평판

■ **취약성 분석** : 조직의 자산이 갖는 취약성을 이해하고 나타낸다.

■ **가능성(확률) 평가** : 위협 행위자가 조직의 자산을 어떻게 생각하고 어떤 자산을 악용하려 할지를 이해한다. 이는 통계 값이나 자산 목표 값 추정치를 사용하여 확인할 수 있다.

■ **위험평가** : 위험을 공식화한다(단일자산이나 전체자산에 적용하여 측정할 수 있도록 범조정이 가능해야 한다.).

■ **위험 우선순위** : 제일 중요한 위험을 먼저 경감시키고, 제일 중요하지 않은 위험을 마지막에 경감시킬 수 있도록 위험의 우선순위를 정한다.

■ **위험관리** : 위험을 경감시키기 위한 방호대책 권고안을 제시한다.

조직의 자산을 보호하기 위해 분석가는 조직의 자산이 무엇인지부터 식별해야 한다. 모든 조직은 네 가지 유형의 자산을 가지고 있다.

1. 사람[관리자, 직원, 고객, 방문객, 하청업자(contractors), 공급업자(vendors) 포함]
2. 재산(부동산, 설비, 가구 및 장비(Furniture, Furnishings and Equiptment, FF & E) 포함)
3. 기밀정보(기밀사업 절차, 전략계획, 고객명단, 중요문서, 회계기록 등)
4. 조직평판(Arthur Anderson, LLP의 전 직원에게 문의해 보라)[7)]

조직의 자산을 보호하기 위해 위험분석가는 조직의 자산이 어떤 것이며, 그 자산이 조직의 임무를 수행하는 데 있어 얼마나 중요한지, 그리고 취약점을 악용당한다면 어떤 결과가 발생할지를 확인해야 한다. 결국 우리가 정말로 보호해야 하는 것은 조직의 경영목표라는 것을 이해하는 것이 중요하다. 다시 반복해 말하면, *우리가 정말로 보호해야*

---

7) Arthur Anderson, LLP는 PriceWaterhouseCoopers, Deloitte & Touche, Ernst & Young, Tomatsu와 함께 회계법인 "Big Five" 중 하나였다. 이것은 Arthur Anderson, LLP가 사업평판 스캔들로 인해 사업에 실패한 후로 "Big Four"가 되었다.

하는 것은 조직의 경영목표라는 것을 이해하는 것이 중요하다.

- **위협 식별** : 조직의 자산에 대한 위협을 이해하고 기술한다.
- **중요도 분석** : 조직의 임무수행을 위해 어떤 자산이 중요한지를 이해한다.
- **피해결과 분석** : 만약 위협 행위자가 조직의 임무수행에 있어 중요한 자산이 갖는 취약점을 악용한다면 어떤 원치 않은 결과가 발생할 수 있는지를 이해하고 기술한다.

지금부터 문제의 근원에 대해 논의하여 보자. 모든 위험은 위협 행위자가 조직의 자산에 관심을 갖게 되는 것으로부터 비롯된다. 위협 행위자가 없으면 위험도 없다. 자산이 없으면 위험도 없다. 이것은 명백해 보인다. 하지만 방호를 담당하는 기관이 조직의 모든 자산을 동등하게 보호하려고 하지는 않는다는 것을 분명히 기억해야 한다. 따라서 모든 자산은 동등하지 않다. 즉, 고객에게 모든 자산이 동등한 가치를 가지고 있지는 않다는 것이다. 어떤 자산들은 다른 것들보다 더 중요하다. 그리고 자산이 갖는 중요도와 그 자산의 취약점을 악용 당했을 때 발생하는 결과의 다양성 때문에 위협 행위자의 시각으로 보면 모든 취약점들은 같아 보이지 않는다.

- **취약성 분석** : 조직의 자산이 가지고 있는 취약점을 이해하고 나타낸다.
- **위협평가** : 위협 행위자가 조직의 자산을 어떻게 판단하고 가장 관심을 보일 자산이 무엇인지 이해한다.
- **위험평가** : 위험을 공식화한다(단일자산이나 전체자산에 적용하여 측정할 수 있도록 범위 조정이 가능해야 한다.).
- **위험 우선순위** : 제일 중요한 위험을 먼저 경감시키고 제일 중요하지 않은 위험을 마지막에 경감시킬 수 있도록 위험의 우선순위를 정한다.
- **위험관리** : 위험을 경감시키기 위한 대책 권고안을 제시한다.

산디아 국립연구소의 모든 공식들은 기초분석의 일부로써 피해결과 항목을 포함한다. 산디아는 RAM(Risk Assessment Methodology)라 부르는 모델을 사용한다.

$$\text{산디아 공식 : 위험} = P_A \times (1 - P_E) \times C$$

P_A는 적의 공격 가능성, P_E는 방호시스템의 효율성, $1 - P_E$는 적의 공격이 성공할 가능성, C는 자산손실의 피해결과이다.

쉽게 말해, 산디아 공식은 위험=가능성×취약성×피해결과이다.

구성요소가 동일하고 도출되는 최종결과도 사실상 동일하다는 것을 주시할 필요가 있다. 3개의 공식 모두 거의 동일한 결과가 나온다. 산디아의 RAM은 시설별로 나누어지는데, 이는 생물학적 시설(Bio-RAM), 지역사회(RAM-C), 화학시설(RAM-CF), 댐(RAM-D), 에너지기반시설(RAM-E), 교도소(RAM-P), 전력송전시스템(RAM-T), 수자원시설(RAM-W)과 같이 분류되어 있다.

이처럼 효과적인 도구를 많이 개발한 산디아 국립연구소의 높은 명성 때문에 많은 산업체들이 산디아 모델을 널리 이용하고 있지만 모든 산업체에서 사용하고 있는 것은 아니다.

DHS에서 인증한 위험평가 방법론

다음은 DHS에서 사용을 승인한 관련 규칙, 기준, 위험분석 방법론들이다.

■ ASME-ITI 도구

- RAMCAP™ - ASME Innovative Technologies Institute, LCC는 DHS가 주요 기반시설을 평가하기 위해 사용하는 도구이다. RAMCAP는 시설물의 직원이 사용할 수 있도록 비교적 완전하게 설계된 방법론이다.

■ 산디아 도구

- Bio-RAM
- RAM-C
- RAM-CF
- RAF-D
- RAM-E
- RAM-P
- RAM-P
- RAM-W

■ DHS 도구

- CARVER+Shock
- ISPS
- NVIC-05-05 – 액화천연가스(LNG) 위험평가

■ FEMA 도구

- FEMA-452

■ 관련 규칙 및 기준

- FEMA 386-7 – 완화계획 속에 인적재난의 통합
- FEMA-426 – 국토안보를 위한 건축설계 설명 계획
- FEMA-452 – 위험평가 : 건물에 대한 잠재적 테러 공격 경감대책 안내문
- DHS - OIG-07-33 - 국토안보부 감찰관실 : 식품 및 주요 기반시설 보호를 위한 국토안

보 부서의 역할, 2007년 2월, CARVER+Shock 방법

- DOD – 통합시설기준(Unified Facilities Criteria, UFC) - UFC 4-010-01 건물에 대한 최소한의 테러방지기준
- DOD-5200.08-R 및 육군 규정 190-13 – 물리적 방호 프로그램
- 법무부 – 연방 건물에 대한 최소 방호기준
- 총무청(General Services Administration) – 공공시설에 대한 기준
- 산업안전보건법(OSHA) 제 1910 – 일반산업기준
- 군사 기준
  - (MIL-HDBK) 1013/1, 시설의 물리적 방호를 위한 설계지침
  - FM 3-19.30 – 물리적 방호
- 연방 시방서
  - RR-F-191 철책선 시방서
  - RR-F-191K_Fen : 일반 펜스 설치 시방서

■ 산업별 DHS 인증 방법론

- 화학 – RAMCAP – ASME
- 주요 기반시설 – RAMCAP – ASME
- 가스/석유/화학 – API/NPRA
- 원자력 – ASME RA-S 원자력발전소의 확률론적 위험평가
- 식품 – CARVER+Shock
- 산디아 방법론
  - Bio-RAM – 생물학적 시설
  - RAM-C – 지역사회
  - RAM-CF – 화학시설
  - RAM-CI – 주요 기반시설
  - RAM-D – 댐
  - RAM-E – 에너지 기반시설
  - RAM-P – 교도소
  - RAM-T – 전력송전시스템
  - RAM-W – 수자원시설

■ 위 방법론들을 지원하는 상용 소프트웨어

- 화학 – RAMCAP Plus – RAMCAP 프로젝트의 평가를 위한 ASME 소프트웨어
- 주요 기반시설 – RAMCAP Plus – ASME 도구(위와 같음)
- 가스/석유/화학 – API/NRA – SVA-Pro(Dyadem)
- 원자력 – ASME RA-S 원자력발전소의 확률론적 위험평가
- 식품 및 농업 – CARVER+Shock

• 산디아 소프트웨어 도구
  - 대적 순서도(Adversary Sequence Diagram, ASD) - 적들이 목적을 달성을 위해 이동하는 경로를 따라 물리적 방호시스템의 요소를 그래픽으로 표현
  - 침입에 대한 취약성의 체계적 분석(Systematic Analysis of Vulnerability to Intrusion, SAVI) - 특정 자산의 가장 취약한 경로를 판단
  - 안전장치 및 방호평가를 위한 분석시스템 및 소프트웨어(ASSESS) - 특정 자산의 가장 취약한 경로를 판단
  - 협동전투 및 전술 시뮬레이션(Joint Combat and Tactical Simulation, JCATS) - 대응력의 효과성을 측정

이들 중 많은 소프트웨어 도구는 만들어진 본래 목적 외의 다른 방법론에도 적용이 가능하다(각 소프트웨어 도구가 지원하는 방법론의 목록을 웹에서 확인해 보라. 이 목록은 잦은 변경으로 인해 나와 있지 않음을 확인할 수 있다.).

어떤 방법론을 사용해야 할까?

지역사회 vs. 시설 방법론

DHS 지역사회 방법론인 $R = T \times (VC)$는 개별적인 시설에는 적용되지 않는데, 이것은 DHS가 지역사회에 자금을 할당하기 위해서만 그 공식을 사용하고 있는 현실 때문에 개별 시설에 적용할 만큼 방법론이 세분화되지 않아서이다.

개별 시설의 경우, DHS는 제출된 방법론이 위협의 가능성, 취약성, 피해결과를 고려하기만 한다면 어떤 방법론을 채택하는가에 대해 계속해서 자유롭게 허가를 내주고 있다. 오히려 위협과 확률을 DHS가 계산해야 하는지 아니면 그 결과를 제출하는 위험분석가가 해야 하는지에 대해 의견이 분분하다. 양쪽 모두 강력한 논쟁을 펼친다. 사실, DHS는 어떤 구체적인 분야의 위험평가를 위해서는 오직 DHS 방법론(RAMCAP, CFATS 등)에 의해 위협요소를 제공받는 것을 요구한다. 호텔 및 스포츠 경기장과 같이 명확히 DHS의 범주 밖에 있는 시설에 대해서는 DHS가 그것에 대한 위험분석을 수행하지 않기 때문에 개인 분석가가 그것을 수행해야 한다는 것이 논쟁의 지배적인 의견이다.

더구나 위험분석 결과가 검토를 위해 DHS나 DHS의 어느 부서에게 제출되지 않는다면 위험분석가가 위협 · 확률 분석을 반드시 수행해야 한다.

주요 방법론의 장점 및 단점

■ 완전한(Full-scale) 산디아 절차 - 매우 강력한 분석방법 / 큰 확장이 가능 / 완벽한 과학적인 근거에 의거 / 정성적, 정량적, 또는 둘의 조합으로 사용 가능 / 덜 세부적인 방식으로 사용할 수도 있지만 매우 심도 있는 분석을 요구하는 시설에 적합하다. 완전한 산디아 절차는 모든 정량적인 날짜의 진입지점에 대해 깊이 조사된 계산을 하여 매우 정확하지만 동시에 많은 비용이 든다. 완전한 산디아 절차는 대체적으로 산디아 국립연구소에서 이행되는데, 이는 절차의 엄격한 요구사항을 성공적으로 지킬 수 있는 전문성이 필요하기 때문이다. 이것은 가장 유능하고 장비가 잘 갖추어진 위험연구 팀 외에는 수행할 능력이 되지 않는다. 이 접근법은 높은 중요성을 갖는 주요 기반시설에 강력히 추천된다.

내 의견으로는 손실의 결과가 지역사회 전체의 건강과 삶에 영향을 줄 수 있는 시설(그 예로 포스겐, 질산암모늄, 메틸이소시아네이트 등을 취급하는 높은 중요성을 갖는 특정 화학시설물)이 완전한 산디아 절차 외에 다른 위험분석 절차를 쓰는 것은 현명하지 못하다. (1984년 12월 3일, 인도 보팔에 있는 유니온 카바이드 공장에서 메틸이소시아네이트가 유출되어 50만 명 이상이 위험에 노출되었고 2,259명의 사상자가 발생했다. 8,000명 이상이 2주 내로 사망했다고 추정되었고, 그 후에도 8,000명이 추가적으로 가스관련 질병으로 사망했다.)[8]

■ ASME RA-S - 큰 핵시설 단지에 한함.

■ API/NPRA - 아주 좋은 분석 방법론 / 매우 철저함 / 본래 석유 · 가스 · 화학시설물을 위해 개발되었으나 어느 시설에나 동일하게 잘 작용됨 / 완전하게 범위 조정이 가능 / 정부, 산업, 상업 부문의 어떤 유형의 시설에도 적합함 / 정성적 및 정량적 분석도구 또는 두 분석방법이 조합된 도구로 사용될 수 있다. DHS에서 RAMCAP 또는 CFATS를 사용할 것을 규정한 곳을 제외한 거의 모든 시설에서 사용 가능하다.

저자의 의견으로는 API/NPRA가 완전한 산디아 절차 다음으로 최고의 선택이다. 근본적으로 같은 구성요소를 사용하지만 요소들의 측정에 있어서는 정확한 과학적인 테스트의 결과보다는 위험분석가의 전문성과 경험에 의존한다. 잘 숙련된 위험분석가는 API/NPRA로 완전한 산디아 절차와 비슷한 결과를 낼 수 있다(저자의 의견으로는 RAMCAP Plus가 3번째로 좋은 선택이다. 아래 참조).

---

8) 위키피디아

■ CARVER+Shock – 본래 특수 부대의 대상 선택용으로 설계된 매우 취약한 분석도구 / 중요도, 피해결과, 취약성의 불분명한 정의를 만들어낸다. 완전한 분석도구로서는 대부분의 시설에는 거의 쓸모가 없으나 자산 목표 값 분석에만 API/NPRA의 한 부분으로 쓰일 수 있다. 독립적인 위험분석 방법론으로는 권장하지 않는다.

■ RAMCAP 프레임워크 – 좋은 분석도구이지만 특정 경우에 top-screen 절차에 의존하는 경우가 있어 DHS가 RAMCAP 프레임워크에서 사용하기 위한 위협평가를 제공할 수 있다.[9] DHS가 위협평가를 제공하는 것이 그 정보가 제일 최신버전인 것을 보장하기는 하지만 고객이나 분석가에게는 투명성이 부족한 것이 사실이다. RAMCAP Plus(ASME RAMCAP 소프트웨어 도구)는 위협을 다소 독립적으로 분석할 수 있도록 해 준다.

■ CFATS(Chemical Facility Anti-Terrorism Standards : 화학시설 반테러 기준) – 화학시설에 한한 DHS의 절차이다. RAMCAP과 같이 위협분석은 DHS의 담당이다.

여기서 주목해야 할 중요한 두 가지가 있다.

1. DHS나 어떤 방법론도 특정 소프트웨어 도구의 사용을 기본 준수사항으로 내놓지 않는다. 즉, 위험분석의 근거가 되는 계산결과를 제출만 한다면 상용화된 것이든, 손수 구성한 것이든, 종이와 연필로 한 단순한 계산이든 간에 어떤 소프트웨어 도구도 DHS와 방법론에 허용된다. 이는 위험분석가가 어떤 방법론에도 적용 가능한 특정 소프트웨어 도구를 지정한다면 DHS는 분석을 위한 해당 도구의 사용에 동의한다는 것을 의미한다.
2. 대부분의 경우에 DHS는 실질적으로 어떤 방법론이 특정 유형의 시설에 쓰이는지에 대해 명시하지 않는다(주목할 만한 예외로는 화학시설에 사용되는 CFATS와 핵시설에 이용되는 산디아나 ASME RA-S 방법론이다.). 즉, 매우 세부적인 산디아 모델이나 API/NPRA 모델은 본래 설계된 목적을 떠나서 많은 시설의 종류에 사용가능하다는 것이다. 산디아와 API/NPRA 모두 매우 철저하다는 점에 있어서는 분석 방법론의 정점에 있는 것으로 인정받고 있기 때문에 두 개의 방법론 모두 어느 유형의 시설에서나 사용하기에 이상적이다. 두 방법론 모두 확장 또는 축소가 가능하여 단순하게 또는 극단적으로 적용이 가능하다. RAMCAP 또한 사용을 고려해 볼 가치가 있다.

9) RAMCAP 프레임워크 버전 2.0, p.25

요 약

어떠한 관점으로 보면 DHS의 관점은 개별 시설물이나 구조물보다는 지역사회에 더 중점을 두는 것을 알 수 있다. DHS는 개별 시설물 및 구조물의 위험평가 방법론의 정의를 특정 DHS 부서(예를 들어, 미국 해안경비대에게는 해양시설, 수로, 터미널)의 해석에 맡기고, 개별 산업체 및 특수이익단체와의 면담을 통한 의견 수렴에 열린 자세를 취해 왔다.

시설물 및 구조물의 위험분석

위험분석의 목적은 위험을 충분히 이해하여 문제의 대상 시설물에 대한 위협을 효과적으로 억제, 감지, 평가, 지연, 대응하고 위협행동에 대한 정보를 수집하여 방호대책을 개발 또는 개선하는 것이다.

다양한 위험분석 공식은 수년간 이 목표를 준수하며 개발되었다. 모든 좋은 위험평가 방법론은 다음 네 가지를 포함한다.

1. 위협의 고려
2. 확률의 고려
3. 취약성의 고려
4. 피해결과의 고려

뛰어난 위험평가 방법론은 분석가를 적절한 대책의 수립으로 안내하는 방법을 포함하고 있다.

최고의 위험평가 방법론은 잠재적인 위협에 대응하는 방호대책의 효과성을 측정하여 그중에서 최선의 선택이 무엇인지 평가하는 매트릭스(metrics)도 포함하고 있다.

가장 최고의 위험평가 방법론은 방호대책의 최선책이 무엇인지 평가할 때 효과성 측면뿐만 아니라 비용효율적인 관점에서도 측정할 수 있는 매트릭스를 포함하는 방법론이다.

이와 같은 시설의 보호를 위한 지침으로 국토안보법(Homeland Security Act of 2002)과 국가기반시설보호계획(National Infrastructure Protection Plan, NIPP)이 있다. 이런 지침들은 세계 어느 나라에서나 유사 시설의 중요도를 결정하고 적절한 보호조치를 하는 데 유용하므로, 이런 유형의 시설보호를 위한 벤치마킹으로 활용된다.

다수의 이해관계자 및 안건

다수의 개인 및 조직의 이해관계자들은 프로그램의 목표를 달성하는 방법에 대한 의견을 제시할 것이다. NIPP의 경우, 기준 및 지침을 집행하는 미국 해안경비대와 같은 다양한 정부 부서와 산업 및 특수이익단체의 이해관계를 포함한다. DHS가 해당 정부 부서들에게 그들의 권한 내에서 각자의 시설에 대한 위험분석 방법론을 사용하도록 허가함에 따라 중요기반시설을 위한 위험분석 방법론의 단일 기준이 존재하지 않는다. 따라서 특정 유형의 시설에 대해 정부기관, 국립연구소, 군부대, 산업체, 산업이익단체들이 각각 내놓는 위험평가 방법론들이 서로 상충하는 일이 발생할 수밖에 없다. DHS는 그동안 직접적으로든 간접적으로든 CIKR시설물에 다양한 방법론들을 사용할 수 있도록 승인해 왔다.

상용 소프트웨어 도구

상용 소프트웨어 프로그램은 다수의 DHS 인증 방법론들을 지원하기 위해 개발되었다. DHS가 분석을 위해 특정 소프트웨어 프로그램의 사용을 요구하지 않는다는 점을 기억해 두어야 한다.

위험분석의 기본

위험 공식은 일반적으로 매우 간단하다. 가장 일반적으로 '위험=의도가 있는 위협 행위자(확률)×악용 가능한 취약성, 중요도 및 피해결과에 따른 우선순위'가 있다. 저자의 의견에 의하면, 우선순위는 중요도에 있지 않고 피해결과에만 있어야 한다고 생각하는데, 이는 중요도는 단지 피해결과의 한 요소이기 때문이다.

많은 변형이 존재하지만 모든 공식은 확률, 취약성, 피해결과의 다양한 조합을 토대로 한 위험 우선순위의 결과이다.

위험 공식의 변형은 아래와 같다.

- 위험=(의도가 있는 위협 행위자×확률×악용 가능 취약성)×피해결과
- 위험=(의도가 있는 위협 행위자+확률+악용 가능 취약성)/3, 중요도 및 피해결과에 따른 우선순위
    - 위협 – 조직에 해를 끼칠 의도와 능력이 있는 활동적인 위협 행위자
    - 확률 – 위협 행위자의 선별대상으로 지목되었던 적이 있거나 앞으로 선택될 가능성(위협 행위자의 목표를 이루기 위해 공격받을 수 있는 조직의 어떤 자산)

◉ 취약성 – 공격의 수행을 위해 악용될 수 있는 선택된 대상의 어떤 상태나 요소 – 취약성은 개별적 혹은 조직적인 것일 수 있다(예 : 열려 있는 문이나 훈련이 제대로 되지 않은 경비원).

다양한 방법론들은 이 구성요소들의 이름을 변경하는 등 다르게 분류할 수도 있는데, 요소들은 언제나 동일하다.

위험평가 절차

위험평가에 필요한 절차는 아래와 같다.

- 자산 특성화
- 위협 식별
- 중요도 분석
- 피해결과 분석
- 조직의 자산에 대한 취약성의 이해 및 표현
- 가능성(확률) 평가
- 위험평가
- 위험의 우선순위
- 위험관리를 위한 권고사항

어떤 방법론을 사용해야 할까?

다음은 주요 방법론의 장단점들이다.

- RAMCAP – 좋은 분석도구이지만 분석가의 RAMCAP 계산에서 위협이나 자산 목표 값을 추가하기 위해 DHS에 의존한다. DHS가 위협평가를 제공하는 것이 그 정보가 제일 최신 버전일 것을 보장하기는 하지만 고객이나 분석가에게는 투명성이 부족한 것이 사실이다.
- API/NPRA – 아주 좋은 분석 방법론; 매우 철저함 / 본래 석유 · 가스 · 화학 시설물을 위해 개발되었으나 어느 시설에나 동일하게 작동 / 완전하게 범위 조정이 가능 / 정부, 산업, 상업 부문의 모든 유형의 시설에 적합 / 정성적 및 정량적 분석 또는 둘의 조합의 도구로 사용될 수 있다. DHS에서 RAMCAP의 사용을 규정한 곳을 제외한 거의 모든 시설에서 사용가능하다.

■ ASME RA-S - 큰 핵시설 단지에 한함.

■ CARVER+Shock - 본래 특수 부대의 목표물 선별용으로 설계된 매우 취약한 분석도구/불분명한 정의의 중요도, 피해결과, 취약성을 다룬다. 완전한 분석도구로서는 대부분의 시설에 거의 쓸모가 없으나, 자산 목표 값 분석에만 API/NPRA의 한 일부로 쓰일 수는 있다. 독립적인 위험분석 방법론으로는 권장하지 않는다.

■ **산디아 방법론** - 매우 강력한 분석방법/쉽게 측정 가능/과학적인 근거에 완전 의거/정성적·질량적 또는 둘의 조합으로 사용가능/덜 세부적으로 사용할 수는 있지만 매우 심도 있는 분석을 요구하는 시설에 적합하다. 이 방법은 중요성이 높은 주요 기반시설에 강력 추천된다.

DHS나 방법론의 어떤 것들도 어떤 특정한 소프트웨어 도구의 사용을 기본 준수사항으로 내놓지 않는다. 대부분의 경우에 DHS는 실질적으로 어떤 방법론이 특정 유형의 시설에 쓰이는지 명시하지 않는다.

CHAPTER 3

위험분석 기술과 도구

서 론

이번 장이 끝나면, 당신은 세계적 수준의 포괄적인 위험분석을 수행하기 위한 기술들뿐만 아니라, 당신이 그것을 할 수 있도록 도와주는 도구들을 이해할 수 있을 것이다.

상용화된 도구와 자체 개발된 도구가 모두 소개될 것이며, 이 도구들은 방호 컨설팅 시장에서 선보이는 평균적인 품질을 능가하는 위험평가 결과를 보여줄 수 있을 것이다. 이것은 예상했던 것과 달리 비교적 쉽게 구할 수 있다.

상용 프로그램을 사용하기보다 자체적으로 위험분석 템플릿을 개발하기를 원하는 독자들을 위해,

- 이 책의 목적 중 하나는 자금이 부족한 방호관리자들이 수천 달러에 달하는 프로그램과 대등하거나 더 좋은 세계적 수준의 위험평가 도구를 개발할 수 있도록 돕는 것이다. 이를 위해, 이 책은 다양한 Microsoft Excel 템플릿을 제시하는데, 일반적으로 2장에서 언급한 모든 DHS 인증 방법론들의 기준을 준수한다. 하지만 좋은 스프레드시트 프로그램이면 어떤 것이든지 템플릿 개발을 위해 사용될 수 있다. 종합적으로 그 템플릿들은 완전한 정량적 위험분석 방법을 구성하는데 이는 뛰어난 위험평가 방법론들의 요구사항을 충족하기 위함이다. 각 템플릿은 위협, 취약성, 확률의 구성요소를 나누어 위험을 세부적으로 분해하여 매우 완전하게 평가할 수 있도록 도와준다.

템플릿의 정량적 데이터에서 정성적 평가를 도출해 결합한다면 추가적인 소프트웨어 비용을 들이지 않고도(분석가가 이미 Microsoft Excel이나 비슷한 스프레드시트 소프트웨어를 가지고 있다는 전제하에) 매우 포괄적인 위험분석 보고서를 만들 수 있다. 독자적으로 템플릿이 한번 개발된다면, 그 템플릿을 프로젝트마다 계속해서 사용해도 언제나 우수한 결과를 얻을 수 있을 것이다.

- 이러한 템플릿은 여러 절차를 통해 분석가가 위험을 정량적으로 분석할 수 있도록 도와주므로 궁극적인 시설별·지역별 위험에 대해 쉽게 이해할 수 있는 차트 형식으로 나타난다. 이 최종적인 차트에는 조직의 자산이 우선순위 순으로 나열되어 있어 누가 보든 간에 어떤 자산이 가장 위험성이 높고 조직에 가장 중요한 자산인지를 한 눈에 알아볼 수 있다. 분석가가 분석의 여러 분야를 이해하는 데 도움을 주는 유용한 도구들도 있다. 예를 들면, 산디아의 대적 순서도(Sandia Adversary Sequence Diagram) 개념은 분석가가 취약성과 확률을 이해하고 적절한 방호대책을 선택하는 데 도움을 주는 유용한 도구이다.
- 누구나 주요 소프트웨어 회사의 스프레드시트 프로그램을 사용할 수 있는 기본능력만 갖추고 있다면 자신의 남은 경력 동안 수행하게 될 위험분석 프로젝트에 직접 제작한 템플릿을 사용할 수 있을 정도로 충분히 상세하게 이 책을 통해 설명할 것이다. 해당 위험분석 주제와 관련된 매트릭스들은 해당 주제를 다루고 있는 장(chapter)에서 설명된다.
- 여기에서 설명하는 템플릿 개발에 대해 관심이 없는 독자들은 템플릿 작성에 대해 설명하는 부분을 생략할 수 있다. 일반적으로 각 장의 마지막 부분에 장의 주제와 관련 있는 특정 매트릭스가 들어 있다. 각 장에서는 소프트웨어 도구를 사용하는 데 필요한 이론을 가르치고 일반적으로 알려져 있는 것보다 더 심도 있는 절차에 대한 이해를 제공할 것이다.
- 템플릿 개발에 관심이 있는 독자들은 이에 대한 설명부분을 신중하게 읽고 전체적인 매트릭스 세트가 완성될 때까지 각각의 매트릭스를 한 번에 하나씩 개발해 나가야 한다. 주어진 프로젝트가 하나로 통합된 파일(workbook) 내에 모든 매트릭스를 포함할 수 있도록 하단의 별도 시트(tab)를 활용하여 스프레드시트 파일을 만들도록 한다.
- 이 책은 이론, 실습, 도구의 측면에서 개별 위험분석 요소와 방호대책 선별에 대해서 설명할 것이다. 각 요소에 맞는 MS Excel 스프레드시트의 작성방법을 적절하게 설명할 것이다. 시중에 나와 있는 상용 소프트웨어 도구의 사용을 선호하는 독자들은 엑셀 스프레드시트를 개발하는 내용을 생략할 수 있다. 자신만의 세계적 수준의 위험분석 소프트웨어 도구를 개발하여, 사용하고 싶은 독자를 위해 엑셀 파일의 처음 두

개의 시트들은 매트릭스를 구성하는 방법을 칸 단위로 상세하게 설명하고 있으며 그 후의 나머지 시트들은 적당한 수준으로 설명하고 있다.

방호 실무자는 업무의 여러 단계에서 위험평가 수행을 위한 제안을 제시하는 것이 일반적이다. 이것은 때로는 업무를 수행하는 데 필요한 기술이며 또한 마지막에 고객에게 제시되는 결과물(보고서)을 위한 것이다.

위험평가의 단계들은 대체적으로 아래와 같다.

■ 설문 및 조사단계
■ 분석단계
■ 방호대책 선별 및 예산편성단계
■ 보고단계

각 단계에 해당하는 결과물들은 아래와 같다.

■ 설문단계
- 보고서 – 설문결과 및 즉각조치 항목

■ 분석단계
- 완료 보고 및 공지(일반 설문결과 포함)

■ 방호대책 선택 및 예산편성단계
- 완료 공지(때때로 개략 사업비의 예산편성 포함)

■ 보고단계
- 통상적으로 두 단계의 종합보고서 제출
  - 75% 보고서 - 프레젠테이션 및 고객의 검토를 받기 위한 보고서
  - 100% 보고서 - 75% 보고서에 대한 고객 의견을 반영한 최종보고서

기술(Skills)

위험분석은 7개의 기본 기술을 요구한다.

■ 기술#1 : 데이터 수집
- 조직의 강령(mission statement) 습득
- 조직의 프로그램(사업부서) 이해
- 유형별 자산목록
- 기존 방호대책

■ 기술#2 : 조사 및 증거수집

- 인터뷰
- 인터넷 조사
- 기록조사
- 설문조사
- 자산 분류
- 방호사건 관련 역사자료
- 중요도 및 피해결과 평가
- 전화조사
- 참고문헌 구축
- 방호대책조사

■ 기술#3 : 위험분석 절차의 비판적 사고

- 목표에 초점을 유지 - 왜 위험분석을 실시하는가? 다루고 있는 문제가 무엇인가?
- 위험분석에서 대답할 수 있는 주요 질문을 확인
- 다른 관점이 의미하는 바를 관찰하고 이해
- 위험분석에서 증거와 그것이 의미하는 바를 검토
- 증거에서 추론을 도출
- 증거에 영향을 주는 개념들
  - 문제점의 근간이 되는 이론, 정의, 원리, 법률, 원칙이나 모델은 무엇인가?
  - 증거가 신빙성이 있는가?
  - 개인적인 편견이 추론의 신뢰성에 미치는 영향은 무엇인가?
  - 임의로 가정한 사항은 무엇이며, 이것들이 위험의 결론에 미치는 영향은 무엇인가?
- 위험의 결과에서 추론을 도출하기 - 어떤 일이 있을 수 있고 어떤 일이 일어나는가?

■ 기술#4 : 정량적 분석

- 데이터 분류
- 데이터 입력
- 데이터 조각화(crunching)
- 위험분석결과의 계산

■ 기술#5 : 정성적 분석

- 정량적 분석을 정성적 분석으로 변환

■ 기술#6 : 방호대책 선택

- 방호대책 선택
- 비용편익 분석

■ 기술#7 : 보고서 작성

- 보고서 구성
- 정량적 데이터의 확장 및 설명
- 정성적 부분 작성
- 권고사항 작성
- 최종요약 작성
- 부록

위의 기술들을 지원하기 위한 도구는 아래와 같다.

- 도구 세트 A : 자산식별 도구(피해결과 분석 포함)
- 도구 세트 B : 확률평가 도구(위협 및 자산 목표 값)
- 도구 세트 C : 취약성 평가 도구
- 도구 세트 D : 위험분석 도구

지금부터 이런 기술들을 하나씩 순서대로 알아갈 것이다.

기술#1 : 데이터 수집

모든 위험분석은 위험분석 절차의 시작단계에서 수집한 데이터에 근거한다. 일반적으로 분석가는 데이터 수집 업무에 설문단계를 함께 포함한다.

수집해야 할 모든 데이터는 서로 연관되어 있어 종종 반복되는 절차들을 통해 얻어진다. 즉, 데이터를 수집하기 위한 방법으로 이해관계자를 인터뷰하거나 자산에 관한 설문조사를 하여 그중 발견되는 요소나 문제점을 다시 이해관계자에게 가져와 명시할 점에 대해 설명을 듣기도 한다.

위험평가에 필요한 초기 데이터는 조직의 강령, 조직의 강령을 지원하기 위해 개발한 프로그램의 목록, 그 프로그램들을 지원하기 위한 유형별 자산의 목록, 조직의 기능구조도, 사업 기능과 물적 자산 사이의 관계, 자산보호를 위한 기존의 방호대책, 과거 방호 사건과 관련된 역사적 자료들을 포함해야 한다.

데이터를 완전하고 정확하게 수집하는 것의 중요성은 아무리 강조해도 지나치지 않다. 데이터 수집과정 중의 사소한 실수는 분석에 사용될 불완전하고 불충분하며 부정확한 데이터 자료를 만들어 낼 것이다. 따라서 주요 위험을 구별해 낼 수 있는 중요한 정보가 누락되어 분석이 제대로 이루어지지 않을 수 있다. 이에 대한 두 가지의 예를 아래와 같이 제시하였다.

어떤 프로젝트에서 섬의 선착장으로 이어지는 유일한 통로인 트럭 터널로 섬 전체의 급전시설(utility services)이 지나가고 있는 것을 주목한 적이 있다. 따라서 터널 안에서 폭발물을 실은 트럭 한 대가 폭발할 경우, 커다란 분화구가 생길 뿐만 아니라 섬 전체의 수도와 전기가 끊겨 섬 안에서는 사람이 살 수 없게 되며 터널이 붕괴되어 어떠한 차량도 섬으로 접근을 할 수 없는 결과가 발생할 것이다.

다른 한 프로젝트에서는 많은 입구를 가지고 있어 모든 유형의 차량과 보행자의 출입에 대해 경계가 매우 허술하게 설정되어 있는 건물의 출입통제를 하기 위한 방법을 모색하고 있었다. 출입구에 검열대를 설치하여 출입하는 방문자와 직원을 검열하는 것이 실행 가능한 계획이라고 최종 결론을 내리려고 할 무렵, 건물 외부에 직원 주차장이 있다는 정보를 알게 되었고 직원 주차장에서 건물로 들어오는 검열대에서 수백 명의 직원이 매일 출퇴근 시간 때마다 일으킬 혼잡은 우리가 세운 계획에는 들어있지 않은 것이었다. 이는 우리가 계산하고 계획했던 모든 것을 쓸모없게 만들었다. 답은 세부적인 것 안에 있다.

- **인터뷰** : 가장 기본적인 데이터는 초기 인터뷰에서 수집할 수 있다. 설문조사와 조사과정에서 새로운 정보가 밝혀지면 후속 인터뷰도 필요할 수 있다.
- **필요한 데이터의 유형** : 우리는 이제 필요한 데이터의 종류를 검사하고 모든 데이터를 축적하기 위해 필요한 기술과 업무과정을 검토할 것이다. 데이터 하나만으로 우리의 분석, 위험 결론, 권고사항을 모두 도출해내기 때문에 기본 데이터의 완전함이 필수적이란 것을 기억해야 한다.

조직의 강령(mission statement) 이해하기

조직의 강령을 염두에 두는 방호 컨설턴트는 소수이지만 조직의 모든 것을 이해하기 위해서는 기본적으로 이것을 이해하고 있어야 한다. 이는 조직이 전적으로 조직의 강령에 따라 성장하기 때문이다. 즉, 모든 프로그램, 모든 자산, 모든 사업과정, 모든 고객, 조직에 의해 수행되는 모든 행동들이 조직의 강령을 뒷받침하는 것이다. 모든 자산의 기능과 직원, 계약자, 공급업자들도 조직의 강령을 지원한다. 조직의 강령은 자산 목표 값의 계산과 관련되어 있다. 다르게 말하면 조직의 강령은 조직이 다양한 공격자들에게 얼마나 매력적인가와 관련된 것이다. 위협 행위자들은 주로 자신들이 공격하려는 조직의 강령을 기초로 하여 그들의 공격목표를 선택한다. 예를 들어, 위협 위험이 높은 지역에서 활동하는 비정부기구(NGO)도 저항세력(insurgent)의 공격을 받을 수 있지만, 다른 종교의 개종을 목적으로 강령을 포함한 조직은 그것보다 더 큰 위협에 처할 수 있다(저자의 의견으로는 종교적인 사명은 조직의 강령에 포함되어서는 안 된다고 생각한다. 이것은 지역 문화의 민감성을 경시하고, 이로써 지역 문화를 존중하고 그 지역 시민들을 돕는 사람들에게까지 피해를 줄 수 있기 때문이다.). 그러니 조직의 강령을 이해하라.

강령의 의미를 이해해라. 강령은 고상하거나 천박할 수 있고 우회적거나 직접적일 수 있다. 내가 아는 한 조직은 그들의 강령이 "현금더미 위에 더 많은 현금더미를!"이라고 농담을 한 적이 있다. 어떤 조직은 자기들이 제공하는 서비스로 지역사회에 기여하고자 하는 진심이 담긴 조직 강령을 가지고 있었다. 이렇듯, 각 조직의 강령에는 조직 운영의 자세와 목표를 보여주는 단서들이 들어 있다. 이러한 자세와 목표가 직장의 현실과 부합하지 않는다면 강령의 진실성을 의심해 볼 수 있다. 자신들의 강령이 "현금더미 위에 더 많은 현금더미를!"이라고 농담을 했던 조직은 수백만 달러를 벌 수 있는 기회가 보이자 본래 가지고 있던 방호 컨설팅의 초기 사업계획을 포기하고 방호통합을 위한 조직으로 탈바꿈했다. 본래의 강령을 포기함으로써, 그 조직은 자기들도 잘 알지 못하는 사업모델로 변환하여 산만한 영업을 하였다. 궁극적으로 고객에게 제대로 된 서비스를 제공하지 못했으며 지역 시장에서의 자신들의 명성을(틀림없이) 더럽혔다. 지역 시장에서의 경우와 마찬가지로 조직의 강령과 일치하지 않는 행동을 보이는 조직은 방호업무를 더욱 힘들게 하는 대립 프로그램(competing program)을 개발하게 된다.

대립 프로그램과 비즈니스 안건은 종종 방호 프로그램을 포함한 다른 지원 프로그램들의 목적이 불분명하게 적용하는 결과를 가져온다. 그런 조직들은 실질적으로 안전한 환경을 지원하는 대신 말만 앞세우는 방호를 하고 있을지도 모른다.

조직의 강령을 제대로 숙지하고 현장에서의 현실과 비교해 보지 않은 컨설턴트들은 위험을 분석할 때 반드시 핵심을 놓칠 것이다.

조직의 (사업부서) 프로그램의 이해

어느 조직에서나 조직의 강령에 의거한 첫 번째 의제는 조직의 경영목표를 지원하는 프로그램을 개발하는 것이며, 이 프로그램으로부터 조직의 모든 종류의 자산과 사업절차가 도출된다.

조직에서 방호의 역할은 이러한 자산과 사업과정을 잠재적인 위협 행위자와 위험으로부터 보호하기 위한 것이다. 조직의 프로그램과 사업과정 이해의 핵심은 조직의 기능조직도(functional organization chart)에 있다.

독자가 유의해야 할 것은, 기능조직도가 항상 사실을 이야기를 하지 않는다는 것이다. 방호 위험분석가는 조직의 강령을 지원하기 위해 수립된 프로그램을 요청하는 것에서부터 업무를 시작할 것을 강력히 권고 받는다. 만약 누군가가 전적으로 기능조직도에만 의존한다거나 강령을 지원하는 프로그램이 무엇인지를 확인도 하지 않고 단순히 기능조직도만을 요청하여 받는다면 고객들은 단순히 기능조직도만을 보여줄 것이다. 이 기능조직도 안에는 오류, 결함, 누락된 요소와 실제 프로그램과는 편차가 있는 정보가 있을 수 있다. 예를 들어, 놀랍게도 조직도에 방호조직이 표기되어 있지 않을 수도 있다. 이것은 조직의 임무를 직접적으로 지원하는 프로그램이 아니라 "간접(dotted-line)" 지원을 하는 여러 프로그램 중 하나라는 것이다. 즉, "간접" 지원 프로그램은 조직의 임무를 직접 지원하는 프로그램을 지원하는 프로그램인 것이다.

기능조직도는 조직의 경영진이 조직, 프로그램 개발, 문제해결에 대해 일반적으로 어떻게 생각하고 접근하는지를 알 수 있는 중요한 예이다. 기능조직도가 실제로 운영하는 프로그램을 얼마나 반영하는가가 조직의 일반적인 프로그램 개발과 문제해결의 접근방식을 보여준다. 이렇게 반영된 것은 나중에 조직이 위험평가 보고서의 권고사항에 대처하는 방법에서 찾아볼 수 있을 것이다.

자산 분류

자산은 크게 네 가지로 분류할 수 있다(그림 3.1 참고).

1. 사람
2. 재산
3. 기밀정보
4. 사업평판

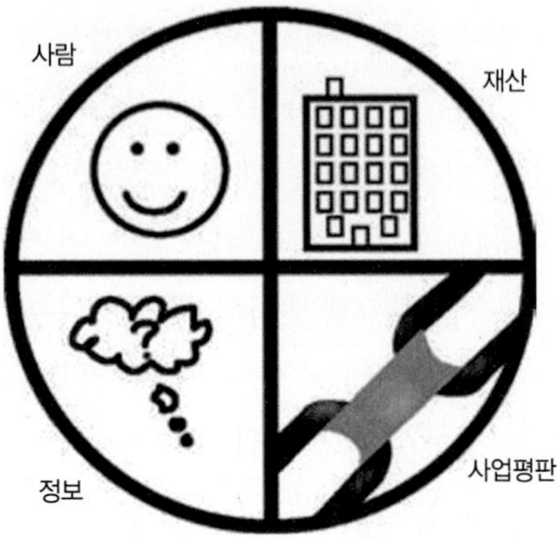

그림 3.1 자산의 유형

사람

건물 안에 있는 사람들의 유형을 항목별로 적어라. 사람들의 유형은 일반적으로 다음을 포함한다.

- 핵심 고위 경영진
- 관리직 및 직원
- 협력업자
- 공급업자
- 방문객
- 고객

당신은 건물 내에서 직원들의 (일과 소통을 위해) 사용하는 장소, 업무시간, 수행업무, 사용하는 유해물질 또는 장비, 출입요건, 출입빈도와 같은 정보를 주목할 필요가 있다. 또한 직원들이 전형적이거나 특정한 위협에 노출될 수 있는지도 주목해야 한다.

재산

아래와 같은 방법으로 조직의 재산을 분류하라.

- **부동산** : 부동산(토지 및 건물)은 위치와 목적(지원하는 사업 분야)으로 분류하고, 재산의 유형(건물, 사무실, 다리, 공항 격납고 및 터미널, 창고, 정비소, 차량보관소 등)에 따라 구분한다. 규모가 큰 조직은 시설의 유형과 크기에 따라 분류하여 스프레드시트에 목록화 하여야 한다.
- **차량** : 회사 소유 차량, 임대 차량, 회사 내 개인에게 배정된 차량, 임차 차량

- 장비 : 장비는 정보기술시스템(파일서버 등), 기타 사무용 기기(복사기, 프린터, 가구, 금전 등록기 등)를 포함할 수 있다. 대부분의 프로젝트의 경우 세부적인 장비목록은 필요하지 않으며, 단지 그것들의 일반적인 위치와 범주 정도만 요구된다.

기밀정보

기밀정보는 해당 조직의 고유한 재산으로 사업의 수행을 용이하게 하는 것으로 대중이나 경쟁업체가 자유롭게 이용하게 두어서는 안 된다. 조직의 기밀정보는 아래와 같이 분류하라.

- 정보기술시스템
- 방호시스템
- 음성통신시스템
- 문서(중요기록도 포함)

정보의 위치, 분량, 유형과 더불어 그것의 민감도와 중요도 역시 함께 알아두어야 한다.

기업평판

조직의 사업평판은 아래와 같이 여러 관점에서 특성지어진다.

- 고위 경영진의 특성
- 관리직 및 직원의 특성
- 협력 · 공급업자의 특성
- 여러 고객의 특성

좋고 나쁜 평판을 한데 모아 출처와 특성에 따라 작은 스프레드시트로 분류해라.

기존 방호대책

인터뷰를 통해 조직의 방호 프로그램에 대해 파악하라. 이 단계는 다음을 포함한다.

- 강령 및 프로그램의 목표
- 방호관리자(자격, 기술, 교육 포함)
- 첨단기술 요소 : 전자 방호 프로그램(경보 · 출입 통제시스템, ID 방호카드시스템, 방호카메라시스템, 라디오 및 인터콤과 같은 방호 통신시스템 등)
- 저차원적 기술요소 : 출입통제가 있는/없는 출입구, 문, 장벽 / 조명 / 표지판, 재산표식시스템, 열쇠 제어시스템 등)
- 무기술 요소 : 정책 및 절차, 순찰경비 및 초소경비, 경비견, 수사(investigation) 프로그램, 법 집행기관과의 통신(law enforcement liaison) 프로그램, 방호인식 프로그램, 비상대비 프로그램, 재해복구 프로그램
- 향후 계획
- 역사적 방호사건

기술#2 : 조사 및 증거수집

모든 분석은 정보와 증거에 근거를 둔다. 정보와 증거는 아래와 같이 많은 방법으로 수집할 수 있다.

- 인터뷰
- 인터넷 조사
- 전화조사
- 설문조사
- 자산 분류
- 방호사건 관련 역사적 자료
- 중요도 및 피해결과 평가
- 참고문헌 구축
- 방호대책 조사

인터뷰

인터뷰를 실시하는 것은 단지 목록을 만들거나 그것을 두 번 이상 확인하는 것으로 끝나지 않는다. 인터뷰는 기술이고 과학이며 예술이다. 다음은 인터뷰의 핵심요소이다.

- 인터뷰 준비
  - 산만하지 않은 장소로 정한다. 시끄러운 장소는 피한다(나는 한번 땅에 말뚝을 박아 넣는 작업을 하던 건설현장 옆에서 인터뷰를 실시한 적이 있다. 그 방 안에 있던 사람 어느 누구도 집중을 할 수가 없었다.). 추가적으로, 인터뷰 대상의 사무실에서 인터뷰를 하지 않는 것이 좋다. 그들의 사무실에서 인터뷰를 하면 걸려오는 전화나 출입하는 사람들에 의해 주의가 산만해질 것이다.
  - 인터뷰의 목적을 설명해 주어라.
  - 기밀사항 누설에 주의하라.
  - 인터뷰의 형식에 대해 설명하라.
  - 인터뷰의 예상 소요시간을 알려주어라.
  - 인터뷰 대상이 인터뷰 중 거론하지 않은 관련 사항이 생각나면 진행자에게 추후에 연락할 수 있도록 한다.
  - 질문을 할 수 있도록 한다.
  - 인터뷰를 녹음하거나 메모하여 내용의 기록을 남긴다. 메모를 할 사람을 구체적으

로 지정하는 것이 바람직하다.

■ 인터뷰의 종류

• **비공식적인 대화형식의 인터뷰** : 어떤 인터뷰는 비공식적인 편안한 분위기에서 하는 것이 제일 효과적이다. 이는 일반적으로 최고 경영진에게 알맞은 인터뷰 방식인데, 이유는 그들이 장시간의 정형화된 인터뷰를 할 시간이 없는 점을 감안한 것이다. 이때는 다른 관리직 및 직원과 함께 병행하여 진행하도록 한다.

• **제한적으로 정형화된 응답 인터뷰** : 일부 실무자들은 정형화된 일련의 질문을 사용하는 것을 선호한다. 질문들을 배포자료에 적어 인터뷰 대상이 쉽게 눈으로 읽을 수 있게 하면 유용하게 쓰일 수 있다. 질문들을 미리 인지하고 있으면 대답해야 할 질문에 더 의미 있는 응답을 생각해낼 수 있는 시간을 가질 수 있다.

• **가이드 인터뷰** : 내 인터뷰의 대부분은 가이드 인터뷰이다. 이 인터뷰는 구체적인 질문을 하기보다는 일련의 주제를 던지는 유형으로, 주목할 만하다. 이를 통해 주어진 주제에서 벗어나 인터뷰의 요지를 확장하거나 주목할 만한 가치가 있는 주제 밖의 내용을 이야기할 수 있도록 돕는다.

• **개방형 인터뷰** : 개방형 인터뷰는 관리직 및 부수적인 직원들과 함께 진행할 수 있다. 예를 들어, 나는 종종 설문조사 진행 도중 질문을 멈추고 유용한 대답을 해 줄 것 같은 직원들에게 질문을 던진다. 시설과 그것의 사용에 관해 질문을 하는 도중에도 회사의 경영목표라든지 그들의 방호습관 등에 대한 질문을 불쑥 던지곤 한다. 이런 형태의 인터뷰는 종종 "있는 그대로의 진실"을 얻을 수 있는 점에서 가장 참고가 되는 방법일 수 있다.

■ 질문의 유형

• **배경** : 인터뷰를 시작할 때는 배경에 대한 몇 가지 질문으로 시작하는 것이 좋다. 나는 주로 그 사람이 어떻게 자신의 직위까지 오게 되었는지에 초점을 둔다(어릴 적 받은 교육 및 훈련, 진로 선택과정, 입사할 기업의 선택과정, 회사 내에서의 진급과정, 힘들었던 점, 근로조건 등).

• **지식** : 지식은 인터뷰의 핵심이다. 대상자가 인터뷰 주제나 질문에 대해서 사실이 될 수 있는 지식을 알고 있는가? 지식은 증명할 수 있으며 확인할 수 있다. 여기에는 어떤 의견도 들어가서는 안 된다.

• **의견 · 가치관** : 인터뷰 중 나온 의견이나 가치관은 증명할 수 있는 지식과는 별개로 메모해둔다. 의견도 가치가 있다. 의견은 단지 그것이 무엇인지가 아니라 무엇이 변해야 하는지에 중점을 둔다.

- 정서 : 그 사람이 상황이나 주제 등에 대해 느끼는 점에 대해 질문하라.

■ 질문의 순서

- 대상자가 인터뷰에 최대한 빨리 참여하여 주제에 집중할 수 있도록 한다.
- 어떤 의견이나 판단에 대해 질문하기 전에 그에 대한 정보를 먼저 수집한다.
- 과거 또는 미래에 대한 질문을 하기 전에 현재에 대한 질문을 먼저 하라. 이것이 맥락을 제시해 주고, 일반적으로 사람들은 현재에 대해 이야기하는 것을 더 쉬워한다.
- 그 주제에 대한 그 사람의 관점을 이해한다.
- 인터뷰 대상자가 자신이 선호하는 추가적인 정보를 제공할 수 있도록 권장하고 문제에 관한 인터뷰 대상자의 의견을 해결책 제시와 이를 위해 무엇을 해야 하는지의 범위까지 확대한다.

■ 질문의 구성

- 일반적으로 질문은 개방형이어야 한다.
- 질문은 최대한 중립적이어야 하며, 그들의 답변에 영향을 줄 수 있는 질문은 피해야 한다. 예를 들어 "나는 이 사람들이…을 할 수 있도록 허용되어야 한다고 생각하지 않는데 당신은 어떻게 생각하나요?"와 같은 질문을 말한다.
- 질문은 한 번에 하나씩만 하도록 한다. 서로 다른 질문을 함께 하지 마라.
- 질문은 간단한 문장을 사용하여 명확하게 한다. 질문에 관련하여 특별히 정의해야 할 단어는 명시하도록 한다.
- "왜"가 들어가는 질문은 조심하도록 한다. 이러한 질문은 실제로 존재하지 않을 수도 있는 원인과 결과를 암시하고 있다. 또한 이러한 질문은 인터뷰 대상에게 자신의 응답을 정당화하기 위한 필요성을 느끼게 만들어 그들을 방어적으로 만들 수가 있다. 이로써 앞으로의 질문에 대한 인터뷰 대상자의 응답이 저해될 수 있다.

■ 인터뷰의 진행

- 전문적이지만 호감이 가도록 진행한다. 어느 누구나 자신이 환영받고 있다는 느낌을 주는 사람에게는 마음을 열기 마련이다. 반대로, 너무 격식을 차린 사람에게는 마음을 잘 열지 않아 매끄러운 인터뷰가 어려울 수 있다.
- 가끔 지금까지의 메모가 잘되고 있는지 녹음기가 잘 작동하고 있는지 확인한다.
- 한 번에 하나씩만 질문한다.
- 최대한 중립적인 자세를 유지한다. 인터뷰 대상자가 당신에게서 인터뷰의 목적을 느끼게 해서는 안 된다. 마치 "전에 다 들어본 것"처럼 행동해야 한다.

- 가끔 고개를 끄덕이거나 호응을 해줌으로써 인터뷰 대상자의 응답을 격려한다.
- 당신이 직접 메모하는 것보다 다른 사람을 시켜 메모하거나 녹음기로 인터뷰를 녹음하는 것이 훨씬 효과적이다. 당신이 메모를 할 때마다 인터뷰 대상자 역시 그것을 보고 당신이 관심을 갖는 응답이 무엇인지를 인지한다. 이는 향후에 나올 응답을 방해하는 요인으로 작용할 수 있다.
- 인터뷰 대상자에게 주요 주제 간의 전환점을 제공하라. "자 이제 … 주제로 넘어가 볼까요."
- 인터뷰의 초점을 주제에 맞게 유지한다. 인터뷰에 대한 통제력을 잃지 마라. 예를 들어, 인터뷰 대상자가 주제를 벗어나지 않도록 하고, 응답시간이 너무 길어지지 않도록 하며, 인터뷰 진행자를 리드하는 질문을 하지 못하도록 해야 한다. 이런 것들은, 원한다면 모든 인터뷰가 끝난 후에 해도 늦지 않다.

■ 후속조치

- 테이프 녹음 및 메모 작성이 잘 마무리되었는지 확인한다.
- 분명하지 않은 메모는 명시한다.
- 인터뷰 중에 관찰된 점들을 기록한다. 인터뷰를 하며 놀라웠던 점이라든지, 언제 어디서 인터뷰를 시행했는지, 인터뷰 대상자가 진행자를 속이려 했거나 대답하기 내켜하지 않았던 주제가 있었다면 그것이 무엇이었는지를 기록한다.

인터넷 조사

조사는 보고서의 신뢰성에 핵심적인 역할을 한다. 모든 데이터는 출처가 확실해야 한다. 특히, 논란이 많은 데이터나 모든 추론, 함축, 결론들은 믿을 만한 참고문헌이 필요한데 이는 개념, 이론, 정의, 원리, 법률, 원칙, 모델과 신뢰할 수 있는 출처를 말한다. 조사는 좋은 결론을 내리는데도 핵심적인 역할을 한다. 조사는 분석가로 하여금 인터뷰와 설문만으로는 이해할 수 없는 데이터의 깊이와 넓이를 이해할 수 있도록 돕는다.

위험분석을 위한 조사는 조직의 경영목표, 역사, 주요 이해관계자, 산업체와 자산에 대한 공격에 관한 범죄기록에 대해 실시되어야 한다.

기록에 대한 조사는 아래와 같은 온라인 도구를 이용하여 수행할 수 있다.

■ Lexis/Nexis (www.lexis-nexis.com)

■ HighBeam Research® (www.Highbeam.com)

■ Bedford/S.Martin's (www.dianahacker.com/resdoc/)

그림 3.2 인터넷 조사

- Questia (www.questia.com/Index.jsp)
- Purdue University's CORE (Comprehensive Online Research Education) (http://gemini.lib.purdue.edu/core/login/login.cfm)
- Rand Research (www.rand.org)
- University of California, Irvine–Criminology, Law, and Society (http://www.lib.uci.edu/online/subject/subpage.php?subject=crim)
- McAfee® (http://www.mcafee.com/us/research/criminology_report/default.html), www.Google.com, and www.amazon.com (그림 3.2 참조)

Google® 사용자들은 일반적으로 온라인으로 조사를 수행하는 방법에 대한 좋은 감각을 지니고 있다. 방법은 단순하고 간단하다. 대부분의 온라인 조사는 정기 간행물, 서적, 학술논문 등을 검색하면 된다. 구글은 웹 페이지, 이미지, 뉴스 검색도 지원하며 도로 및 위성지도와 같은 전 세계의 조직에 대한 정보를 구할 수 있는 좋은 출처이다.

대부분의 도구는 기본 검색 또는 고급 검색의 두 가지 방법으로 검색이 가능하다. 기본적인 검색을 수행하려면 단순하게 검색 필드에 검색조건을 입력하면 된다. 간단한 검색은 모든 검색기준을 체크하여 수행될 수 있다. 이로써 대부분의 검색 엔진은 일반적으로 검색어와 가장 관련 깊은 참조목록이 제시되는 검색결과의 페이지를 생성한다.

고급 검색방법은 여러 가지 다른 방법으로 수행할 수 있다.

- 검색어 선택 : 올바른 검색어의 선택은 필요한 정보를 찾는 데 기본이다. 예를 들어, 석유(oil)와 같은 큰 범위의 산업 분야에서 시작해서 파이프라인 공격(pipeline attacks)과 같은 좀 더 구체적인 분야들을 추가해 나간다.
- 프레이밍(따옴표 지정) : 지정한 구문을 반드시 포함하여 검색이 되도록 따옴표를 하

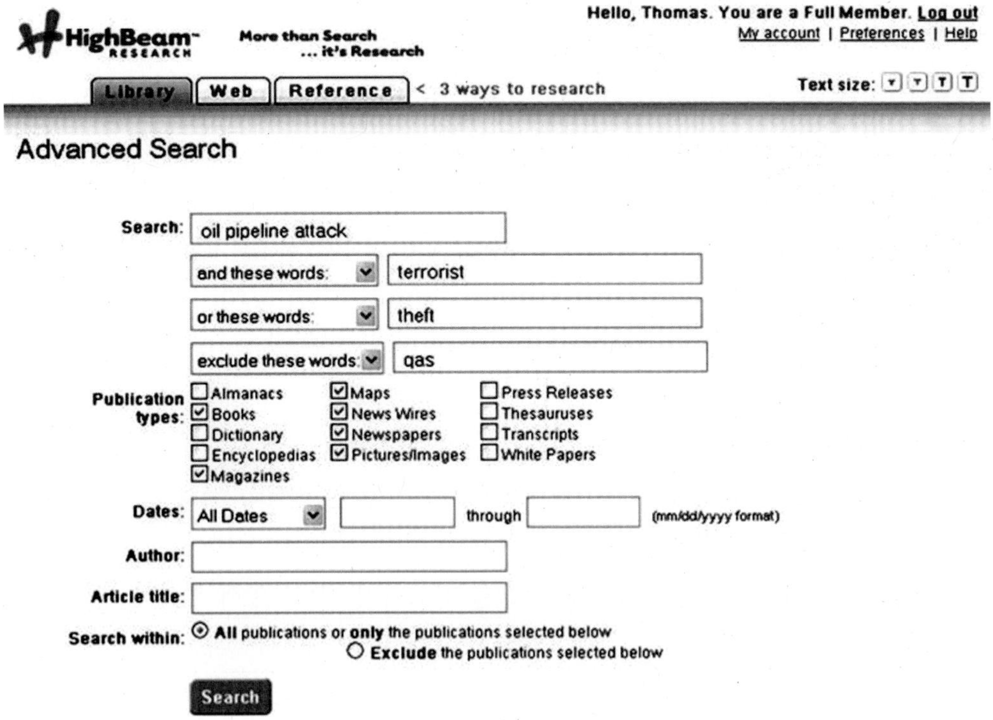

그림 3.3 고급 검색 예

여 정확한 문구를 검색하고 그 외의 것은 제외하도록 한다. "석유 파이프라인 공격"과 같이 검색한다면 정확하게 문구가 포함되어 있지 않은 자료들은 검색결과에서 모두 제외된다.

- 단어 제외 : 검색하고 싶지 않은 단어는 검색어 앞에 마이너스 기호를 붙인다. 예를 들어, 석유 파이프라인 공격 -가스.
- 특정 지역 검색 : 웹사이트가 특정 문구에 대해 일치하는 검색결과를 지원하지 않아도 구글이 당신을 위해 전 사이트를 검색할 수 있다. "site : www.something.com"을 검색 문자열 뒤에 입력한다. 예를 들어 "석유 파이프라인 공격" site : www.something.com.
- 유사 단어 및 동의어 : 물결표 "~"를 유사한 단어나 동의어를 찾으려는 단어 앞에 입력한다. 예를 들어 "석유 파이프라인" ~공격 이라고 입력한다.
- 특정 유형의 문서 : pdf나 ppt와 같은 특정 유형의 문서를 찾으려면 : "석유 파이프라인" ~공격 filetype : ppt 라고 입력한다.
- 이것 OR 저것 : 기본적으로 구글은 모든 단어가 포함된 웹사이트를 검색한다. 이것이나 저것만 찾고 싶은 경우에는 "석유 파이프라인 재해" OR "석유 파이프라인 공격"

이라고 입력한다. OR을 입력할 때에는 대문자로 입력한다.

- **전화번호 찾기** : 사람이나 조직의 전화번호 또는 전화번호의 주인을 검색할 수도 있다. 조직의 전화번호를 찾으려면 contact "조직 이름" OR phone "조직 이름"으로 검색한다. 누가 전화번호의 주인인지 찾으려면 phonebook : 123-456-7890을 실제 전화번호를 이용하여 검색한다.
- **지역번호 찾기** : 전화번호의 지역번호를 찾으려면 앞의 지역번호를 입력하여 검색한다(예 : "123").
- **고급 검색**
  - 구글은 www.google.com과 www.google.com/ig(Google Calendar®, Gmail®, 날짜/시간/뉴스/날씨 및 기타 유용한 도구를 통합한 웹사이트) 아래로 구글 검색 필드 오른쪽에 고급 검색 기능도 있다. 고급 검색 기능은 많은 변형과 제외 기능을 내포하고 있어 유용하게 쓰일 수 있다.
  - 특정 조사 웹사이트는 매우 상세한 검색을 용이하게 한다. 앞서 언급한 바와 같이 이 중 가장 좋은 것은 Highbeam Research(그림 3.3)이다. 각각의 조사 웹사이트는 자신만의 프로토콜을 가지고 있지만 일반적으로 아래와 같은 항목들을 포함한다.
    - 일반적인 검색 기능
    - And/OR 기능
    - 검색할 출처 선택
    - 제외 기능
    - 동의어 기능
    - 특정 출처 선택(예, 개별 매거진)

전화조사

많은 조사가 전화로 실시될 수 있다. 주요 이해관계자들에게 더 많은 정보를 알 것이라 생각되는 사람들을 추천해 줄 것을 요청하여 전화조사를 실시한다. 대부분 소개해 줄 연락처가 있을 것이고 직접 연결해 주기도 할 것이다. 전화조사는 하청업체들의 조직에 대한 기여도 정보를 확인하고 늘려야만 할 때에 특히 중요하다. 예를 들어 운송회사, 정보기술 컨설턴트 또는 지원 공급업체들로부터 정보를 얻기 위해 실시한다.

기록조사

일부 정보는 기록조사를 통해서만 얻을 수 있다. 예로는 경찰기록, 대상 시설에서 발생한 범죄통계, 소유 및 임대조건 등이 있다. 일부 장소의 경우, 특정 방호대책의 적용은 임대규정에 의해 제약된다. 예를 들어, 12층짜리 건물에 입주해 있는 4층 세입자가 메인 로비에 자동회전문을 설치하길 원한다면 다른 세입자들에게도 영향을 미치므로 임대규정 및 건물 소유자의 의사를 확인하는 절차가 필요하다.

설문조사

인터뷰처럼 설문조사는 정보수집의 중추적인 역할을 한다. 인터뷰와는 달리 설문조사는 조사자의 의견과 전문지식에 주로 의존한다. 많은 시설에 대한 위험평가가 필요할 때 설문조사와 인터뷰를 결합하여 사용한다면 이동하는 수고를 줄일 수 있다. 설문조사는 체크리스트에 따라 진행하는 것이 좋지만 항목에 제약을 두지 않는 것이 좋다. 설문조사를 하면서 예기치 않은 일들에 부딪칠 수 있다.

■ **메모** : 메모한 것은 우리가 보지 않은 것과 본 것을 기억하는 데 도움이 될 뿐만 아니라 맥락을 더해 주기도 한다. 이것은 중요한 원칙이다. 메모하는 행위 자체는 우리가 보고 들은 것을 기억하는 데에 도움이 될 뿐만 아니라 그 당시에 도출된 결론에 대해서도 기억을 할 수 있게 해 준다. 따라서 하나의 메모는 수십 가지 또는 그 이상의 관련 없는 사항까지도 기억할 수 있게 해 준다. 메모는 다음을 주의해서 해야 한다.

- 주요 개념
- 건축적 · 전망적 관찰점
- 시스템 관찰점(상태, 기간, 기술, 브랜드, 모델 등)
- 운영적인 관찰점(방호부서 및 전체조직의 운영)
- 문화적 관찰점(어떤 방호대책이 환영 받는지는 사업 또는 지역의 문화가 지대한 영향을 끼친다.)
- 사용자를 포함한 주요 이해관계자들이 표현하는 관점(이것들을 찾아내야 한다.)
- 모니터 운영실에 있는 모든 방호시스템 장비, 일반장비들의 소음수준, 기능, 기타 대체 장비 등에 대해 상세하게 메모한다.

■ **사진** : 사진이나 비디오를 많이 기록하라. 조사하면서 변함없는 점 중 하나는 내가 제일 쓸모없다고 생각했던 사진이 가장 필요했다는 것이다. 관련이 없어 보일지라도 일단 사진을 찍고 보라. 필요할 것이라고 생각하지 않고 그냥 넘겼던 점을 비디오는 찍고 있다는 점에서 비디오가 가장 많은 도움이 될 수 있다. 나는 150도 시야의 렌즈를 가진 12-메가 픽셀 카메라를 사용하여 모든 실내 및 외부 촬영을 한다. 이로써 촬영 당시에는 관련이 없다고 생각하는 세부사항들을 나중에 확대하여 볼 수 있다.

■ **파일** : 사진과 메모들을 파일에 저장해 두어라. 디지털 파일이 보고서 작성보다 쉽고 편리하게 편집하고 삽입할 수 있다.

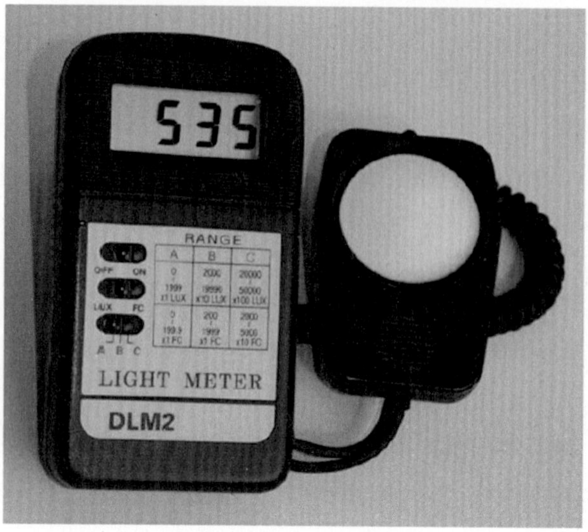

그림 3.4 휴대용 디지털 광도계

- 주간 · 야간 : 설문조사를 밤과 낮으로 나누어 시행하라. 조명, 인력의 성격, 직원의 수와 질, 직원들의 상호작용 방식, 이용자, 출입구 등을 포함한 모든 것이 밤에는 변하기 마련이다. 조명 정도를 측정하기 위해 품질광도계를 사용하라. 개인적으로 애용하는 기계는 Pocket Digital Light Meter(그림 3.4)로 0.1 Fc(foot-candles)부터 2,000 Fc까지 측정이 된다. 정확한 편이며 저렴하다. 이 광도계들은 별도의 센서와 디스플레이가 1미터 정도 되는 케이블로 분리되어 있어 센서 판독에 영향을 주지 않고 정확하게 측정할 수 있는 장점이 있다. 이 외에도 다른 좋은 기기를 사용하는 것도 좋다.

자산의 분류

위험분석은 조직의 자산에 원치 않는 일이 일어날 위험이 있는 경우에 측정된다. 자세한 설명은 5장을 참고하라.

방호관련 역사적 데이터

범죄의 위협에 대한 역사를 찾아보려면 고객의 사업체나 다른 유사 시설이 위치한 지역의 범죄사건에 대한 기록을 조사하는 것이 유용하다. 지역 범죄의 기록은 현지 경찰의 데이터베이스 또는 CAP Index®와 같은 상업적인 출처로부터 구할 수 있다. 고객의 사업체나 다른 기타 자산들에 대한 범죄의 기록은 인터넷 조사 또는 고객의 자체 방호 부서를 통해 얻을 수 있다.

중요도 및 피해결과 평가

각각의 자산은 두 가지 중요요인을 가지고 있다. 첫 번째 요인은 조직의 경영목표를 달성하기 위한 자산의 중요도이고, 두 번째 요인은 자산이 손상 또는 손실된 경우 잃게 되는 시간 및 생산성과 자산을 회복하는 데 드는 비용이다. 사실, 첫 번째 요소는 중요도이고 두 번째 요소는 피해결과이다. 고객으로부터의 조언이 없는 경우에 방호분석가가 고객을 대신해 대상의 중요도를 추정할 수는 있지만 고객만이 그 중요도를 확실하게 결정할 수 있다.

조직의 경영목표에 대한 자산의 중요도는 자산이 손실되거나 심각하게 손상된 경우 조직의 운영이 얼마만큼의 손상을 입을지에 따라 계측된다. 일부 자산은 조직의 경영목표에 핵심적인 역할을 한다. 예를 들어, 작은 조직에서는 핵심 관리자의 역할이 매우 중요한데, 작은 조직에서 핵심 관리자의 전문성 및 전략적인 통찰력 등이 손실되는 경우 그 조직에 재앙을 불러올 수 있다. 더 큰 규모의 조직에게는 인재보다는 주요 시설, 사업절차나 공식이 더 중요할 수 있다. 예를 들어, 조직 운영체계의 원시코드나 소프트웨어 제품의 정보가 대중에 공개될 경우 소프트웨어 공급자의 제조산업은 심각한 타격을 받을 수 있다. 마찬가지로, 군사 또는 마케팅 전략 면에서 중요한 자산이 될 수도 있는데, 이것이 경쟁자의 손에 들어갈 경우 전쟁의 패배나 시장의 패배를 불러올 수도 있다. 2008년 신용위기 사태 당시, 자동차 제조회사들은 융자금이 고갈되어 승용차와 트럭의 자금을 대는 일이 거의 불가능해졌다. 따라서 소수의 고객들만이 새로운 차량에 현금을 지불할 수 있었고, 자동차와 트럭 판매에 즉각적이고 심각한 영향을 미쳤다. 중요자산을 결정하기 위해 모든 종류의 공급업체를 포함한 전체적인 사업의 흐름에 대해 개방적으로 파악해야 했으며, 이는 가정에 초점을 둔 비판적 사고의 중요성을 볼 수 있는 예시이다(제4장 참조). 업계가 신용거래를 이미 정해진 것으로 가정하였기 때문에 소수의 자동차 제조회사들만이 신용경색에 대해 대비하였다. 하지만 기업 절차의 어떠한 것도 정해진 것은 없다.

특정 자산의 손실이 초기에는 조직의 경영목표에 큰 타격이 되지 않을 수 있지만(즉, 조직이 손실된 자산을 다른 자산으로 대체하여 임시적으로 운영을 지속하는 방안을 택할 수 있다는 것), 자산손실의 대체에 드는 비용이 너무 크거나 대체 자산의 운용이 장기화되면 정상화가 어려워지게 된다. 예를 들어, 1989년 10월 17일 샌프란시스코 지진 당시 교량 및 고가 고속도로의 붕괴로 많은 기업들이 곤란을 겪었다. 고가 고속도로에 의존하여 강을 건너 출근해야 했던 직장인들을 비롯하여 다른 많은 부분에 연쇄반응을 일으켰는데, 그것은 제시간에 출근을 하지 못하고 고속도로를 복구하는 데 많은 시간이 걸릴 것이라는 것을 인식한 능력 있는 직원들이 자신들의 직장과 가까운 집을 찾는 것이 아니라 반대로 집과 가까운 직장을 찾기 시작했던 것이다. 대부분의 전문가들이 그 붕괴된 다리와 고속도로를 건너 제일 먼 거리를 출퇴근하던 직원들이었기 때문에 이들의 이직은 기업 측면에서는 심각한 손실이었다. 많은 사업체와 거기에 속해 있던 직원들은 항상 이용해 오던 도로를 이미 정해진 일로 가정했다. 하지만 기업 절차의 어떠한 것도 정해진 것은 없다.

참고문헌 구축

조사가 진행될수록 책이나 기사 등 참고문헌 목록을 구축하는 것은 도움이 될 것이다. 인터넷 조사를 할 경우에는 참조 웹페이지나 기사의 PDF파일을 프로젝트의 저장문서 하위 폴더에 따로 참고문헌 폴더를 만들어 저장하는 것이 도움이 된다. 파일에 키워드 검색을 할 수 있도록 코드명을 지정하는 것도 좋은 방법이며, 이것은 웹사이트, 기사, 논문 등 시간이 지남에 따라 인터넷에서 사라질 수 있는 참고자료 등에 특히 유용하게 쓰일 수 있다. 참고기준에 이의가 제기될 경우에는 쉽게 접속하여 증명할 수 있어야 한다.

방호대책 조사

적절한 방호대책에 대한 조사는 올바른 제품을 찾기 위한 중요한 기술을 요하는 과학이자 예술이다. 이것이 결코 종합적이지는 않지만 주요 요소들은 아래와 같다.

- 첨단기술(hi-tech), 저차원기술(lo-tech), 무기술(no-tech)적 요소를 포함한 실현 가능한 방호대책의 범위를 결정한다.
- 한 가지 방법은 구글을 이용해 특정 취약성과 '방호대책(countermeasures)'의 단어를 함께 검색하는 것이다. 예를 들어, "B&E 출입문 취약성 방호대책" 문구를 검색한다면 많은 검색결과가 나올 것이다. 그중 하나는 www.spymall.com/catalog/ ibrary-lock.htm으로 자물쇠 제조자들의 참고 사이트로, 자물쇠를 따고 들어가는 방법 등과 그것을 방지하는 효과적인 방호대책들을 기술한 자물쇠에 대한 많은 참고서적들을 포함하고 있다.
- 특정 유형에 대한 조사가 필요하거나 특정 방호대책의 제조업체가 필요한 경우 구글에 해당 방호대책의 이름을 검색하여 제품의 이름일 가능성이 있는 검색어로 검색한다. 또는 ASIS International의 Seminar and Exhibits Final Program and Exhibits Guide(세미나 및 전시회 최종 프로그램과 전시가이드)와 ASIS International의 Security Industry Buyers Guide®(방호산업 구매자 가이드)와 같이 (방호산업 제조업체 및 서비스 제공업

체의 종합적인 목록을 원할 경우) 전반적인 방호산업으로 어떤 서비스를 제공하는지 요약해 놓은 내용에서 찾는 것도 좋은 방법이다. 방호산업 구매자의 가이드는 다음 웹사이트에서도 찾을 수 있으며 즐겨찾기해 둘 가치가 있다. www.sibgonline.com/public/subcatl2.asp

■ 즐겨찾기에 관해서는 Firefox®나 Microsoft Internet Explorer®의 즐겨찾기 구성 기능을 사용하여 범주화하는 것이 중요하다. Firefox의 Foxmarks 기능은 홈, 직장, 노트북의 브라우저를 동기화하는 기능을 가지고 있어 지속적인 업데이트가 가능하다.

■ 유용한 제조업체의 웹사이트 라이브러리를 구축하고 인터넷에서 찾은 제품 데이터를 정기적으로 모두 저장문서에 복사해 두어 제품, 서비스, 방호 솔루션에 참고할 수 있도록 한다. 이렇게 하기 위해서는 PDF 프린터나 라이터(writer)가 필요하다(온라인상으로 이용 가능하며 일부는 다운 받기도 가능하다 - 구글에 PDF 프린터 또는 라이터를 검색하라). 데이터를 프린트하고 분류해 놓는 것이 다음에 벽에 장착된 고유 버튼이나 자동방호 전자회전문 또는 차량 충돌장벽 등에 이상이 생겼을 때 제조업체에 문의하는 데 소요되는 시간을 절감시켜 줄 것이다.

■ ASIS International Protection of Assets Manual® (ASIS 국제자산 보호매뉴얼) 또는 POA Manual은 방호전략 및 솔루션의 기본 참고서로써 사본 하나 정도는 가지고 있는 것이 좋다. 빠르게 찾아볼 수 있도록 실질적인 사본을 가지고 있으면 좋고, 아니면 온라인 사본을 이용해도 좋다. 온라인상에 있는 POA 설명서만으로는 전체적인 내용을 이해하기에 어려울 수 있다. 그러므로 실제 사본을 가지고 있는 것이 가장 좋다.

■ 추가적으로, 좋은 도서의 소장은 방호 실무자의 전문성 개발에 매우 중요하고 강력한 조사 도구의 역할을 한다. 따라서 실무자는 의욕적으로 책을 구매해야 한다. 지금 사 놓은 책들이 전에 뉴스나 인터넷에서 어렴풋한 기억으로만 남아있는 자료들을 찾는 시간을 절약해 줄 것이다. 왜냐하면 대부분의 사건들은 책에서 다루어지기 때문이다. 이 책의 각 장의 각주부분에서도 볼 수 있듯이, 훌륭한 책들은 기본적으로 우수한 참고문헌에 기초를 두고 있다.

기술#3 : 위험분석 과정의 비판적 사고

위험분석 과정에서의 비판적 사고에 대한 세부적인 내용은 제 4장을 참조하라. 위험분석에 사용되는 비판적 사고는 아래와 같은 필수요소들을 포함한다.

■ 주요 목적에 초점을 유지한다. 이것을 조사하는 이유는 무엇인가? 무엇이 문제인가?
■ 분석과정에서 정답이 요구되는 주요 질문들을 식별한다.

■ 다양한 관점에서의 의미를 관찰 및 이해한다.
■ 증거를 검토하고 분석에 미치는 영향 및 시사점을 관찰한다.
■ 증거에서 추론을 도출해 낸다.
  • 어떤 이론, 정의, 원리, 법률, 원칙 또는 모델이 문제의 근본을 이루고 있는가?
  • 증거의 신뢰성은 어디에서 비롯되는가?
  • 추론의 신뢰성에 개인적 편견이 끼치는 영향은 무엇인가?
  • 가정은 무엇이며 그것이 위험의 결론에 미치는 영향은 무엇인가?
■ 위험의 피해결과에 대한 시사점 도출 - 어떤 일이 일어날 수 있으며, 어떤 일이 일어나는가?

기술#4 : 정량적 분석

위험분석에는 정량적 및 정성적 분석 두 가지 형태가 있다. 가장 간단한 형태의 정량적 분석은 어떤 수치의 측정 또는 추정과 관련이 있는 것이고 정성적 분석은 그것의 특성(characteristics), 속성(attributes), 특징(features)이나 가치(value)와 관련이 있다.

두 가지 분석방법 간의 장단점을 두고 수년간 논쟁이 일고 있다. 이 논쟁은 사회과학에서 유래되었으며 위험분석을 포함하여 다른 과학 분야로 확대되고 있다. 사회학 교과서에 실려 있는 과학주의 및 실증주의 방법론에서 거론된 우선순위 원리에 대한 반대의견에 의해 1970년부터 논쟁이 표면화 되었다. 두 가지의 관점의 조화를 이루려는 노력은 마이클 맨(Michael Mann)으로부터 시작되었다고 볼 수 있다(학술지 사회학, 1981).

정량적 분석은 정량적(수치) 데이터를 기반으로 한다. 데이터 처리(data crunching)와 데이터 마이닝(data mining) 두 용어 모두 정량적 분석과 관련이 있다. 정량적 분석은 하나의 문제를 여러 관점에서 측정하거나 각각의 요소를 추정할 수 있을 때 유효한 결론을 낼 수 있을 만큼 충분히 이해할 수 있다. 예를 들어, 지질학을 가르치는 거의 모든 대학에서는 학생들에게 돌을 모양, 질감, 색상, 밀도, 질량, 단단함에 따라 분류하는 법부터 가르친다. 지질학의 세부 분야들은 이러한 근본적인 이해를 토대로 쌓인다. 정량적 분석은 이와 같이 분류와 측정 또는 추정에 기반을 두고 있다.

■ **데이터 분류**(data classification) : 데이터는 각자의 구성성분에 따라 분류해야 한다. 위험분석은 자산, 위협, 취약성, 확률을 분류한 후에 위험을 추정할 수 있다.
■ **데이터 입력**(data input) : 데이터를 분류한 후에는 자산, 위협, 취약성, 확률에 대한 데이터를 수집하거나 추정하여 입력해야 한다. 데이터 추정치는 숫자나 추정 값의 형태를 가지게 되며 일반적으로 최소부터 최대까지의 범위로 나열된다. 각각의 데이터 입

력 칸에는 자산, 위협, 취약성, 확률의 요인들에 대한 분석의 결과를 입력할 수 있다.

- 데이터 처리(data crunching) : 입력한 기초 데이터가 의미 있는 결론에 도달하기 위해서는 정확한 방식으로 처리(계산)되어야 한다. 이는 종종 2단계로 구분되는데, 1단계는 입력된 데이터의 합, 배수, 평균 등이고 2단계는 의미를 구현하는 구조언어(Structured Query Language, SQL) 알고리즘을 설정 및 실행하는 것이다.
- 위험분석의 결과 계산 : 의미 있는 계산은 데이터 처리의 결과에 따른 우선순위에 의해 결정된다.
- DHS에서 인증된 위험분석 방법론들은 모두 정량적 분석방법을 사용한다.

정량적 분석은 직접적으로 계산이 되지 않아도 언제나 정성적 분석에 포함되어 있다. 분석가가 자산, 위협, 취약성, 확률에 대한 의미 있는 결론에 도달하기 위해서는 반드시 어느 정도의 정량적 분석을 수행해야 한다.

기술#5 : 정성적 분석

정석적 분석은 어떤 것의 특성, 속성, 특징이나 가치의 기술과 관련이 있으며 그것들의 가치를 (낮음, 중간, 높음 등의) 일반적인 용어로 추정하는 것이다. 결국, 데이터는 정성적인 의미만을 갖는다. 일반적으로 정성적 분석은 (대표적인 것으로 추측되는) 상대적으로 적은 양의 데이터 표본에 대한 관찰자의 느낌에 근거를 두고 있다. 즉, 데이터는 분석가의 조사와 분석에 의한 해석이기 때문에 정성적 분석은 대부분 주관적이다. 하지만 문제에 대해 무엇을 할지에 대한 결론에 도달하기 위한 것이 분석의 요지이다. 모든 위험평가는 보고서에 그것의 결론과 권고안을 작성하기 위해 정성적 분석을 사용한다.

분석가는 올바른 결론에 도달하기 위해서 주제에 대해 충분히 알고 있어야 한다. 그러나 애석하게도 대부분의 분석가들은 제대로 훈련되지 않았거나 비판적 사고를 분석에 제대로 활용하지 못하고 있다. 비판적 사고에 대한 훈련 없이는 어느 분석이든 가정, 편견, 선입견에 기초할 수밖에 없다. 데이터는 가끔 제대로 수집되기도 전에 결론을 지원하기 위해 사용되는 경우가 많다. 제대로 된 비판적 사고과정을 거치지 않는 정성적 분석은 중대한 결함이 발생하기 쉽다. 개인적으로는 최고의 보고서는 정성적 및 정량적 분석이 함께 수행되었을 때 나온다고 믿는다. 정성적 분석은 정량적 데이터를 기초로 하여 진행된다. 정량적 데이터는 대용량의 데이터를 표본화 할 수 있고 정성적 분석은 대부분 적은 양의 데이터 영역에 집중한다. 정량적 데이터의 사용은 정성적 분석에 사용되는 적은 양의 데이터 표본이 문제점과 관련되어 있고 개인적 편견이 적어 대표적으로 사용될 수 있도록 보장해 준다.

정량적 데이터를 정성적 데이터로 변환

데이터 VS 정보　두 분석방법 모두를 사용하는 분석가들은 정량적 데이터를 수집하고 처리한 후에 그것을 의미 있는 정보로 해석해야만 한다. 데이터는 일반적인 사실일 뿐이지만 정보는 활용 가능한 것이며, 데이터는 추상적이지만 정보는 구체적인 것이다. 정보는 의미를 정하기 위해 해석 및 처리된 데이터의 집합이기 때문에 데이터는 정보화된 후에야 유용하다고 할 수 있다.

정량적 분석은 기초 데이터의 평균, 합계 또는 배수를 계산하여 그 데이터의 가장 높은 값부터 가장 낮은 값까지 순위를 매겨야 한다. 이렇게 함으로써 분석가가 어떤 데이터가 제일 관련성이 있으며 중요도가 높은지 가려낼 수 있도록 도와준다.

기술#6 : 방호대책 선별

15, 16, 19장에서는 세 가지 다른 관점에서 방호대책 선별에 대해 논의한다. 15장에서는 방호대책의 목표에 초점을 맞추고 있으며 16장은 방호대책의 세 가지 유형을 설명하며 응용, 기능, 악용사례를 포함한 많은 사례를 제공한다. 19장에서는 분석가와 고객이 특정 취약성에 대한 최선의 방호대책 유형을 선택할 수 있도록 하는 방호대책 선별 도구를 소개한다.

방호대책 선별

방호의 개념 자체가 잠재적인 위협 행위자에 의해 악용될 수 있는 위험에 대해 이해하고 잠재적인 위협에 대응할 수 있는 조치를 취하는 것(즉, 방호대책)이다. 방호대책에는 크게 첨단기술(hi-tech), 저차원 기술(lo-tech), 무기술(no-tech) 세 가지 유형이 있다. 첨단기술 전자방호대책은 전자시스템을 채택하여 억제, 감지, 평가, 대응을 지원하고 증거를 수집한다. 저차원 기술 솔루션은 잠금장치, 장벽, 조명, 건축공학적 요소, CPTEP[1] 솔루션을 포함한다. 무기술 솔루션은 정책 및 절차, 방호인력, 훈련, 방호인식 프로그램, 조사, 경비견을 포함한다.

이러한 세 가지 유형의 솔루션은 취약점을 해결하기 위해 서로 조합되어 여러 층으로 중복되어 사용되어야 한다. 가장 귀중한 자산은 시설 외부에서부터 내부에 이르기까지

---

1) CPTED는 Crime Prevention Through Environmental Design의 약자로서 환경설계를 통한 범죄예방을 의미한다. "CPTED는 적절한 디자인과 효과적인 건축환경의 사용으로 범죄의 발생에 대한 두려움 감소와 삶의 질 향상으로 이어질 수 있도록 하는 것이다."(C. Ray Jeffrey 박사, 범죄예방국립연구소 National Institute of Crime Prevention – http : //www.cptedtraining.net)

여러 겹으로 보호되어야 한다.

방호의 핵심요소는 아래와 같다.

- **출입통제** : 취약한 자산은 정당한 출입 사유가 있는 사람들만 출입할 수 있게 제한하기
- **억제** : 위협행위가 성공하지 못할 가능성이나 적발되어 처벌될 수 있는 환경을 조성하여 위협 행위자에게 성공에 대한 보상보다는 위험이 더 크다는 심리적인 인식을 심어주기
- **감지** : 방호직원에게 그들의 관할범위 내의 범죄활동에 대한 경고를 할 수 있는 감시장비 설치
- **평가** : 방호직원을 도와 감지된 내용이 실제 발생한 위협인지 경보 오류인지 확인할 수 있는 평가기술
- **지연 장비를 포함한 대응** : 위협 행위자가 떠나도록 경고하는 모니터 운영실의 음성통신, 자동화기로 무장한 범죄자를 고립시키기 위한 차단벽시스템 작동과 같은 방호직원의 위협행위에 대한 정당한 대응
- **증거수집** : 폐쇄회로 텔레비전(CCTV)시스템과 오디오시스템을 통해 기소를 위한 증거를 수집할 수 있다.

비용편익분석(cost-benefit analysis)

사용할 수 있는 방호대책의 범위를 결정하는 것만이 아니라 가장 적합한 것을 선택하는 것이 중요하다. 적절성은 효과성과 비용 두 가지 측면으로 측정될 수 있다.

- 효과성은 방호대책에서 언급한 여섯 가지 역할을 수행할 수 있는 능력에 따라 평가될 수 있다(평가는 침입자를 지연시킬 수 있는 방호대책의 능력을 포함한 일곱 가지 역할로 나누었다.). 방호대책은 위의 여섯 가지 기능을 보다 효과적으로 수행할 수 있을 것으로 추정되는 것을 선별한다.
- 비용(cost)은 두 번째 요인이다. 두 가지 요인이 함께 연관되어 비용효율성(cost-effectiveness) 개념을 만든다. 따라서 두 가지 방호대책이 동등한 효과를 가지고 있다면 비용이 덜 드는 방호대책이 비용효율성이 높다고 볼 수 있다.

기술#7 : 보고서 작성

보고서 작성은 좋은 위험분석가의 가장 중요한 기술 중 하나이다. 자신의 분석을 제

대로 표현하지 못하는 분석가는 좋은 분석가가 될 수가 없다.

20장에서는 전적으로 효과적인 보고서의 작성에 대해 논의한다. 효과적인 보고서 작성은 다음 요소들을 포함한다.

- 보고서 구성
- 정량적 데이터 확장 및 설명
- 정성적 부분 작성
- 권고사항 작성
- 주요 요약 작성
- 추가사항

도구

분석을 하기 위해 위험분석가는 관련 데이터를 수집하고 분석할 수 있는 도구를 보유하고 있어야 한다. 이것은 단순히 연필과 메모지만 있어도 가능하고 소프트웨어 도구를 사용할 수도 있다. 많은 상용 소프트웨어 프로그램들은 적용 범위도 다르고 가격도 천차만별이다. 또한 분석을 자주 수행하는 많은 분석가들은 상용 도구만큼 효과적으로 쓰일 수 있는 자신만의 소프트웨어 도구를 개인적으로 개발하기도 한다. 상용 소프트웨어나 사용자 개인이 직접 만든 소프트웨어 중 어떤 것이 더 좋고 나쁜지는 개인이 직접 판단해야 한다. 그러나 많은 분석가들은 내 개인적인 소프트웨어 도구 제작방법을 배우기 위해 복사본을 부탁하기도 한다.

내가 개발한 도구는 Microsoft Excel 템플릿을 기반으로 하는 것으로, 내가 본 도구 중 가장 철저한 정량적 분석 도구 중 하나라고 여겨진다. 상업적으로 사용가능한 효과적인 도구가 몇 가지 있지만 그것들은 수천 달러의 비용이 든다. 물론 이 책에서 설명하는 엑셀 템플릿 기반의 도구가 유일한 솔루션이라는 의미는 아니며, 좋은 도구의 전형으로 사용되어야 한다는 것이다. 이런 템플릿 도구의 특성을 포함하는 소프트웨어 도구라면 제대로 된 역할을 수행할 수 있을 것이다.

보다 경제적인 소프트웨어 선택을 선호하는 분석가들은 그 도구가 이 책에서 제시하는 분석을 모두 수행할 수 있는지 확인해야 한다. 가장 경제적인 소프트웨어 도구는 실제 분석목표에 미달되기 때문에 위험분석 도구보다는 추정 도구(risk-estimating tool)로 고려되어야 한다. 위험도가 높지 않은 시설과 같이 단순한 프로젝트에 위험 추정 도구를 쓰는 것은 아무런 문제가 되지 않지만 실질적인 분석결과를 기대해서는 안 된다. 즉, 알려지지 않은 위험을 대비하는 방호대책 프로그램이 존재하지 않을 수 있으며, 그중 어떤 것들은 직원이나 사업체에 대한 치명적인 손상으로 이어질 수 있다.

분석은 하나의 과정이며 본질적으로 특정 도구에 의존하지 않는다. 따라서 이러한 도구는 위험분석 과정을 설명하고 작업을 처리할 때 제일 효율적인 수단을 제공하기 위해 개발되었다. 조직의 예산과 상황에 따라 훨씬 고가의 정교한 소프트웨어의 사용이 더 적절할 수도 있다. 나는 독자들의 보다 정교한 소프트웨어 도구의 사용을 막고자 하는 것은 아니다.

상용 소프트웨어 도구

- SVA-Pro® : SVA-Pro는 상업적으로 이용 가능한 도구 중 가장 좋은 선택 중 하나이다. SVA-Pro는 캐나다 회사인 Dyadem International Ltd.에 의해 개발되었으며 세계적인 위험 컨설팅 회사인 AcuTech Consulting Services®의 요구사항을 반영하여 제작되었다. AcuTech는 David A. Moore PE, CSP에 의해 설립되었다. SVA-Pro는 넓은 범위의 산업 위험을 해결하기 위해 개발된 소프트웨어 제품 중 하나이다. SVA-Pro의 사용결과 상당히 유용한 도구였으며, 프로젝트의 특수한 요구에 따라 틀을 짜는 것이 가능하였다. 소프트웨어는 상당한 사용자 정의(Dyadem의 유료 훈련을 받아 직접 수행하거나 유료 패키지 구입을 통해 가능)를 요구한다. Dyadem의 직접적인 지원 없이는 소프트웨어를 사용자의 프로젝트 상황에 맞추기 상당히 어렵기 때문에 이 도구를 이용하는 사람들로 하여금 지원과 훈련을 모두 받도록 만들려는 것처럼 보인다(저자의 개인적인 생각이며 저자가 대화를 나누어본 다른 SVA-Pro 사용자들의 생각도 동일하다.).

  일단 구성을 마치면 SVA-Pro는 방대한 양의 정량적 데이터를 생성한다. SVA-Pro는 석유와 석유화학 산업을 위한 화학공정안전센터(Center for Chemical Process Safety, CCPS)와 미국석유협회/국립석유화학정유센터(American Petroleum Institute/ National Petrochemical and Refiners Association, API/NPRA)의 방호 취약성 분석(Security Vulnerability Analysis, SVA)에 맞는 산업기준 템플릿이 있고 주요 자산 보호를 위한 위험분석 및 관리(Risk Analysis and Management for Critical Asset Protection, RAMCAP)가 있다. SVA-Pro는 틀림없이 상업적으로 이용 가능한 위험분석 도구 중 최고의 것들 중 하나이다.

- RAMCAP Plus® : RAMCAP Plus는 RAMCAP 프로젝트를 지원하기 위해 개발된 소프트웨어 도구이다. 일반적으로 매우 철저하고 유용한 보고서를 제공한다. SVA-Pro와 RAMCAP Plus 중에서 어떤 것이 더 나은지에 대해서는 사람들마다 견해의 차이가 있다. RAMCAP Plus는 사용자 정의에 따른 구성에 대한 요구가 덜한 듯하다.

■ RiskWatch® : RiskWatch(Maryland주의 Annapolis에 있는 회사) 소프트웨어는 사용자로 하여금 위험을 평가하게 하여 보고서 제공과 함께 구체적으로 통제가 필요한 곳을 그래프를 통해 제시한다. RiskWatch는 자동화된 위험분석, 물리적 방호검사, 감사, 시설물 및 인력의 취약성 평가를 수행한다. 방호 위협은 재산과 사람에 대한 범죄, 장비나 시스템 고장, 테러, 자연재해, 화재, 폭탄테러 위협을 포함한다. 질문 세트는 진입통제, 경계, 화재, 시설관리, 경비를 포함한다. RiskWatch 소프트웨어는 DHS 위험분석 방법론의 요구사항을 대부분 준수하는 것으로 보인다.[2)]

이 세 가지 도구들은 다른 도구들의 벤치마킹으로 쓰일 수 있다.

하급 소프트웨어 도구

국립방화협회(National Fire Protection Association, NFPA)의 위험평가 체크리스트와 같은 수많은 소프트웨어 템플릿을 사용할 수 있다. 이러한 유형의 도구들 대부분은 방호 실무자가 위험을 평가하기 쉽게 간단한 체크리스트를 제공한다. 위에서 언급한 체크리스트의 경우, 두 부분으로 나누어진 두 페이지로 된 문서이다. 첫 번째 파트는 위험이 존재하는 자산이나 사업을 식별하고 두 번째 파트에서는 시설물 위험요인을 판단한다. 이러한 체크리스트는 (문서 제목이 "위험평가 체크리스트"임에도 불구하고) 방호 실무자들이 위험을 평가하는 데 큰 도움이 되지는 않는다. 이 체크리스트는 취약섬틀을 완전히 무시하고, 그렇지 않으면 두 가지 선택지만을 제공한다(재난 발생이 가능하다 / 재난 발생이 가능하지 않다, 테러 발생이 가능하다 / 테러 발생이 가능하지 않다 등). 아예 위험의 계산 공식이 없다. 이 템플릿을 사용한다면 어떤 종류의 방호 프로그램을 개발하더라도 제대로 준비될 리가 없다. 이러한 도구는 피해야 한다.

경제적인 도구 예

다음 몇 단락은 이번 장의 시작부분에 제시되었던 정보를 다시 명시하기 위해 제공한다.

이 책의 목적 중 하나는 자금난에 빠진 방호관리자로 하여금 수천 달러에 달하는 프로그램과 대등한 수준으로 세계적 수준의 위험평가 도구를 개발할 수 있도록 도움을 주기 위한 것이다. 이를 위해, 이 책은 2장에서 나열한 DHS에서 인증된 방법론을 준수하는 다양한 Microsoft Excel 템플릿을 제공한다. 종합적으로 어떤 위험평가 방법론보다도 위험평가방법의 요구사항을 충족시키는 완전히 정량적인 위험분석방법을 제시한다. 각

2) RiskWatch®의 웹사이트에서 발췌.

템플릿은 위협, 취약성, 확률 같은 위험의 구성요소를 세부사항으로 분해하여 완전한 평가를 수행할 수 있게 해 준다. 정량적 데이터에서 도출된 정성적 평가가 이 템플릿과 결합되었을 때, 종합적인 위험분석 보고서를 (이미 분석가가 Microsoft Excel이나 유사 스프레드시트 소프트웨어를 가지고 있다는 가정하에) 사실상 아무런 비용도 들이지 않고 작성할 수 있는 것이다. 템플릿은 한번 개발되면 계속해서 사용할 수 있으며 다른 프로젝트에서도 마찬가지로 우수한 결과를 낼 것이다.

이 템플릿은 분석가가 여러 단계의 위험을 정량적으로 평가할 수 있도록 도와주며 시설과 구역의 위험을 차트로 표현해 누구나 이해하기 쉽게 나타내었다. 최종 차트는 조직의 자산을 우선순위 방식으로 배열하여 어떤 자산이 제일 위험하고 조직에 제일 중요한지 한눈에 볼 수 있도록 한다. 일부 도구들은 분석가의 입장에서 분석의 여러 분야를 이해하는 데 도움이 된다. 예를 들어, 산디아 대적 순서도의 개념은 분석가에게 취약성과 확률을 이해하기 쉽게 하여 적절한 방호대책을 선택하는데도 유용하다.

이 책에서는 주요 스프레드시트 프로그램의 기본적인 사용법만 알고 있다면 누구나 자신만의 템플릿 세트를 만들어 자신이 수행할 미래의 모든 위험분석 프로젝트에 적용할 수 있도록 자세히 설명할 것이다. 위험분석의 주제와 관련된 매트릭스를 개발하는 내용은 해당 항목을 설명하는 장에서 찾아볼 수 있다.

템플릿 세트의 개발에 관심이 없는 독자들은 템플릿을 구축하는 방법을 설명하는 부분을 생략할 수 있다. 이 내용은 주로 특정 매트릭스와 관련된 각 장의 끝에 있다.

템플릿 세트의 개발에 관심이 있는 독자들은 템플릿 구축방법을 설명하는 부분을 유심히 읽고 한 번에 하나씩 매트릭스를 개발하여 전체 세트를 완성하도록 하여라. 하나의 프로젝트에 하나의 스프레드시트 파일을 열고 하단에 여러 탭을 열어 각각 별도의 매트릭스를 입력하여 주어진 프로젝트가 단 하나의 파일에 의해 완료될 수 있도록 한다.

이 방법은 상용 소프트웨어 도구에 수천 달러를 지출할 필요 없이 대등하거나 더 뛰어난 결과를 제공한다.

■ 도구 세트 A : 자산 및 피해결과 도구

- **자산목록** : 스프레드시트를 만드는 첫 번째 단계는 조직의 자산을 구성양식에 따라 네 가지 주요 범주로 구분하여 목록을 만든다. 즉, 사람, 재산, 기밀정보, 기업평판. 대부분의 도구가 사용하는 분류 범주이다. 이 도구는 5장 "자산의 특성화 및 식별"에서 설명한다. 이것은 대부분의 매트릭스들의 기초 데이터(자산 대상 목록)가 될 것이다.
- **중요도 및 피해결과 매트릭스** : 이 매트릭스는 목록화한 각 자산이 조직의 경영목표에

미치는 중요도와 아래와 같은 손실로 인한 피해결과를 정의한다.

- 인명의 손실
- 재산의 손실
- 생산성의 손실
- 기밀정보의 손실
- 사업평판의 손실

■ **도구 세트 B : 확률(가능성)평가 도구**

- **대적(adversary) · 수단(means) 매트릭스** : 이 매트릭스는 잠재적인 위협 행위자와 그들의 동기, 역량, 기록, 사용 무기, 공격 시나리오의 추정을 정의한다. 이 정보는 분석가가 위협기준을 설계할 때, 어떤 위협 행위자를 가장 고려해야 하고 어느 수준의 위협설계기준(DBT)을 수립해야 할지를 판단할 수 있게 도와준다.[3)]
- **대적 순서도(adversary sequence diagram)** : 이 순서도는 산디아 연구소에서 개발한 도구로 시설의 그림상에 위협 행위자가 목표대상을 공격하기 위해 선택할 수 있는 입구의 위치와 경로를 식별한다. 이는 위험분석가가 감지, 평가, 지연을 위한 방호대책을 배치할 위치를 파악할 수 있게 해 준다.
- **자산 목표 값 매트릭스**
  - 테러사건에 대한 역사적 자료가 너무 드물어 충분한 기록적인 통계가 존재하지 않기 때문에 발생 가능성을 예측하는 데 아무 소용이 없다. 역사적 데이터가 없으면 자산 목표 값 매트릭스의 추정치를 사용할 수 있다. 자산 목표 값 매트릭스는 매트릭스 세트를 이용하여 분석가가 테러공격의 대상이 될 가능성이 가장 높은 시설이나 목표물의 종류를 결정하는 데 도움을 준다. 자산 목표 값 매트릭스는 테러리스트들이 공격의 성공을 위해 가장 선호할 것 같은 시설이나 시설 내 위치요인을 검사한다. 자산 목표 값 매트릭스는 다양한 유형의 범죄행위가 발생할 수 있는 위치를 추정하는 데 사용할 수 있다.
  - 테러 자산 목표 값 매트릭스 : 나는 테러를 대비하기 위해 두 가지 종류의 매트릭스를 사용한다. 모든 방호산업에 광범위하게 허용되는 단일 매트릭스는 없다. 하지만 2001년 9월 11일 이후 초기에 있었던 뉴욕과 워싱턴 DC에 대한 공격이 발생한 이후에 미국 국방부의 CARVER+Shock 모델이 널리 이용되기 시작했다. 두 번째 모델은 KSM 매트릭스이다. 이 두 모델은 시설이나 시설 내 자산이 테러단체의 공격목표로 지정이 될 수 있을지를 평가한다.

    ▶ **CARVER+Shock 매트릭스** : CARVER는 다음의 약자이다.

---

3) 위협설계기준(Design Basis Threat, DBT)은 위협에 대한 보호조치가 효과적으로 설계되어 있는지에 관한 것이다. DBT를 초과하는 위협은 방호대책이 기능을 하지 못한다.

▷ Criticality(중요도)

▷ Accessibility(접근성)

▷ Recuperability(복구능력)

▷ Vulnerability(취약성)

▷ Effect(효과)

▷ Recognizability(인지 가능성)

CARVER는 오랫동안 군사적 목적으로 전 세계의 특수부대에 의해 사용되어 왔다. 이미 익숙한 CARVER 모델에 "충격(shock)"의 속성이 추가적으로 적용되어 테러에 맞게 변경되었다. CARVER 역시 여전히 널리 사용되고 있지만 큰 결함을 가지고 있다. 내가 두 개의 모델 중 하나로 이것을 사용하는 이유는 널리 이용되기 때문이다. 하지만 테러단체가 이런 모든 요소들을 (또는 이 요소들만을) 사용하여 테러대상을 선택한다는 증거가 없고 범주가 너무 광범위하기 때문에 사용하기에는 결함이 있다.

▶ **KSM Matrix** : 내가 사용하는 두 번째 매트릭스이다. KSM은 Khalid Shaikh Mohammed의 약자로서 그는 9.11 테러를 비롯한 수많은 공격의 배후로 추정되는 인물이다. KSM에 의해 선택된 테러대상들의 요소를 조사하면 주요 테러조직의 잠재적인 공격목표를 분석하는 데 유용한 패턴들이 도출된다. 요소들은 다음을 포함하고 있다.

▷ 대상이 조직의 전략적인 목표에 부합한다.

▷ 대량 살상이 가능하다.

▷ 대상이 미디어의 관심을 끌 수 있으며 보도하는 데 어려움이 없는 공간에 위치해 있다(시각적인 접근 가능).

▷ 대상이 그 자체로 경제적으로 중요하거나 경제의 중요성을 상징한다.

▷ 대상이 그 사회에서 문화적으로 중요한 것이고 테러조직이 속한 사회에서도 문화적으로 중요한 것일 수 있다.

▷ 대상이 취약성을 가지고 있다.

▷ 계획된 공격 시나리오에 의하면 성공 가능성이 높다.

▷ 대상에 대한 공격이 성공할 경우 테러조직의 성장 및 기금모금을 이끌어 낼 수 있다.

이러한 요소들은 알카에다뿐만 아니라 알카에다와 밀접한 관계를 가지고 있는 주요 테러조직들을 대비하기에 특히 유용한 매트릭스이다. 그러나 실제 매트릭스 요소들은 각 테러조직의 공격대상 기록에 의한 맥락에서 분석되어야 한다.

▶ **경제범죄 자산 목표 값 매트릭스** : 경제범죄의 확률은 역사적 기록(범죄 통계, CAP Index 보고서 등; 새로운 시설과 같이 해당 사항이 없는 경우는 경제범죄

자산 목표 값 매트릭스를 활용한 추정치를 이용)에서 얻을 수 있다.

▶ 이 대상에 대한 공격으로 경제적 이득을 얻을 수 있다.

▷ 성공할 확률이 높다.
▷ 탈출할 확률이 높다.
▷ 체포될 확률이 낮다.

▶ **폭력범죄 자산 목표 값 매트릭스** : 폭력범죄 확률도 마찬가지로 역사적 기록이나 아래와 같은 요소로부터 추정할 수 있다.

▷ 감시할 수 있는 위치가 있다.
▷ 출입증 확인이 요구되지 않는다.
▷ 강제적인 침입이 가능하다.
▷ 몰래 침입이 가능하다.
▷ 대상이 물리적 공격에 취약하다.
▷ 대상이 사회 공학적[4] 방법에 취약하다.
▷ 성공할 확률이 높다.
▷ 탈출할 확률이 높다.

▶ **체제전복 매트릭스** : 어떤 사람이나 단체가 파괴적인 방식으로 조직의 운영방침에 반하는 행위를 하는 것을 체제전복이라고 한다. 체제전복에는 의도적으로 조직의 이익에 반하는 행위와 자신들의 이익을 위해 조직의 이익을 고려하지 않는, 의도하지 않게 조직의 이익에 반하는 행위로 구분된다. 예를 들면, 첫 번째 범주에는 운동권 단체가 포함될 수 있고, 두 번째 범주에는 조직의 VIP 후원자의 사생활을 지속적으로 침해하는 직원을 포함할 수 있다. 체제전복의 요소는 다음을 포함할 수 있다.

▷ 대상이 운동권 단체나 개인의 전략적 목표에 부합한다.
▷ 대상이 출입 가능하다.
▷ 대상의 운영체계가 쉽게 파괴된다.
▷ 대상에 머물 수 있다.
▷ 체포될 경우 처벌을 감당할 수 있다.

▶ **경범죄 매트릭스** : 경범죄는 모든 사소한 범죄를 포함한다(감옥에서 1년 미만 또는 수감하지 않는 범죄). 경범죄는 관리하지 않는다면 조직의 운영이나 평판에 영향을 줄 수 있는 만성적이거나 지속적인 사소한 범죄행위를 포함할 수 있다.

---

4) 위키피디아 : 사회 공학(social engineering)은 사람들로 하여금 부정적인 어떤 작업을 수행하거나 기밀정보를 누설하도록 조종하는 행위를 말한다. 사회 공학은 범인이 방호시설에 출입하는 데에 사용될 수 있다.

일부 경범죄는 경제적 이익을 위한 것이며, 어떤 것은 사회적인 표현이다. 예를 들면,

▷ 소매치기
▷ 성매매 관련 행위
▷ 무단침입
▷ 기물파손
▷ 스토커

▶ 매트릭스의 요소는 다음을 포함할 수 있다.

▷ 별개의 범죄행위들은 공공장소에서 발생할 수 있다.
▷ 무단침입의 가능성이나 시도가 무단침입으로 간주되지 않는다.
▷ 위협 행위자가 극복할 수 있는 방호조치가 있다.
▷ 범죄행위가 나중에까지 발견되지 않을 수 있다.

■ 도구 세트 C : 취약성 평가 도구

- **자산 · 공격 매트릭스** : 이 매트릭스는 어떤 무기와 위협 시나리오의 유형이 어떤 자산에 가장 효과적인지를 결정하는 데 사용된다. 이 정보는 위험분석가가 대비계획을 세우기 위해 고려해야 할 위협 시나리오를 정하고, 어느 위치에 적용하는 것이 가장 적절할지를 결정하는 데 도움이 된다.
- **감시 기회 매트릭스** : 감시는 취약성의 요소이며 모든 종류의 범죄나 테러공격을 수행하기 위한 필수사항이다. 감시 매트릭스는 어떤 유형의 감시가 어떤 자산에 효과적으로 수행될 수 있는지를 식별한다.
- **동선 · 위협 접점** : 동선 · 위협 접점은 건물 내에서 VIP와 잠재적인 위협 행위자가 교차할 수 있는 지점을 식별한다. 이 매트릭스는 큰 프로젝트나 VIP 시설에서 사용될 수 있다.
- **동선 · 무기 접점** : 동선 · 무기 접점은 VIP의 이동경로와 여러 종류의 무기가 사용될 수 있는 장소가 자연적으로 교차하고 있는 건물 내의 지점을 식별한다. 이는 특별 위험지역을 식별하는 데 중요할 뿐만 아니라 그 지역에서 어떤 종류의 무기가 사용될 수 있는지를 결정하는 데에도 중요하다. 이 매트릭스는 큰 프로젝트나 VIP 시설에서 사용될 수 있다.
- **대적 순서도** : 침입자가 목표물에 도달하기 위해 선택할 수 있는 침입위치와 시설 내 경로를 그림으로 나타낸다.
- **취약성 매트릭스** : 취약성은 접근성, 감시 기회, 고유한 취약점을 포함한다. 이들은 자연적, 물리적, 전자적, 운영적인 방호대책과 같은 기존의 요소에 의해 완화된다.

■ 도구 세트 D : 위험분석 도구

- **정렬되지 않은 위험 매트릭스** : 이 매트릭스는 위에서 설명한 다양한 매트릭스에서 도출된 피해결과, 취약성, 다양한 자산 목표 값 등을 보여준다. 결과는 심각성에 의해 순위가 결정되지만 정렬되지 않은 채로 남아있다(여전히 자산의 목록 순으로 정렬). 나는 보통 두 가지의 정렬되지 않은 위험 매트릭스를 만드는데, 하나는 테러위험에 관한 것이고 또 다른 하나는 범죄위험에 대한 것이다.
- **정렬된 위험 매트릭스** : 이 매트릭스는 위와 같은 매트릭스이지만 피해결과 순위에 의해 정렬된다.
- **V2 매트릭스** : 이 매트릭스는 위험요인들(취약성과 자산 목표 값[확률과 동일])을 2차원적으로 제시하며 "V2"와 여기에 중요도 · 피해결과에 따른 자산의 순위를 더하여 각 자산에 대한 위험을 3차원적 그림으로 제공한다. V2 매트릭스는 위험에 대한 특별한 지식이나 기술 없이도 누구나 알아보기 쉽게 최종 데이터를 제시하는 방법을 제공한다.

이러한 도구 중 일부는 방호 프로그램의 방호대책을 개발하는 데 유용하다. 이들은 V^2 매트릭스, 감시 기회 매트릭스, 취약성 매트릭스, 대적 순서도, 동선 · 위협 접점과 동선 · 무기 접점을 포함한다. 이것들은 뒤에서 상세히 설명될 것이다.

또한 적절한 위험분석 보고서는 일반적으로 방호 프로그램에 대한 권고사항(방호대책 선별 포함)과 개략적인 예산안을 포함한다. 이것 또한 뒤에서 설명될 것이다.

요 약

위험분석에는 일곱 가지 기본 기술이 필요하다.

■ 기술#1 : 데이터 수집

- 조직의 강령(mission statement) 습득
- 조직의 프로그램(사업부서) 이해
- 유형별 자산목록
- 기존 방호대책

■ 기술#2 : 조사 및 증거수집

- 인터뷰
- 인터넷 조사
- 기록조사
- 설문조사
- 자산 분류
- 방호사건 관련 역사자료
- 중요도 및 피해결과 평가
- 전화조사

- 참고문헌 구축
- 방호대책조사

■ 기술#3 : 위험분석 절차의 비판적 사고

- 목표에 초점을 유지 – 왜 위험분석을 실시하는가? 다루고 있는 문제가 무엇인가?
- 위험분석에서 대답할 수 있는 주요 질문을 확인
- 다른 관점이 의미하는 바를 관찰하고 이해
- 위험분석에서 증거와 그것이 의미하는 바를 검토
- 증거에서 추론을 도출
- 증거에 영향을 주는 개념들
  – 문제점의 근간이 되는 이론, 정의, 원리, 법률, 원칙이나 모델은 무엇인가?
  – 증거가 신빙성이 있는가?
  – 개인적인 편견이 추론의 신뢰성에 미치는 영향은 무엇인가?
  – 임의로 가정한 사항은 무엇이며, 이것들이 위험의 결론에 미치는 영향은 무엇인가?
- 위험의 결과에서 추론을 도출하기 - 어떤 일이 있을 수 있고 어떤 일이 일어나는가?

■ 기술#4 : 정량적 분석

- 데이터 분류
- 데이터 입력
- 데이터 조각화(crunching)
- 위험분석결과의 계산

■ 기술#5 : 정성적 분석

- 정량적 분석을 정성적 분석으로 변환

■ 기술#6 : 방호대책 선택

- 방호대책 선택
- 비용편익 분석

■ 기술#7 : 보고서 작성

- 보고서 구성
- 정량적 데이터의 확장 및 설명
- 정성적 부분 작성
- 권고사항 작성
- 최종요약 작성
- 부록

도구

위험분석을 수행할 수 있는 일반적인 도구는 아래와 같다.

■ 도구 세트 A : 자산식별 도구

- 인터뷰 대상자 및 연락처 목록
- 중요도 및 피해결과 매트릭스
- 자산목록(모든 해당 자원)

■ 도구 세트 B : 확률평가 도구

- 대적 · 수단 매트릭스(위협설계기준을 개발하기 위함)
- 대적 순서도
- 범죄 통계
- 다음을 위한 자산 목표 값 매트릭스
  - 테러
- 일반범죄 도구
- 경제범죄와 폭력범죄
  - CAP Index 및 범죄 통계
  - 또는 경제 및 폭력범죄에 대한 자산 목표 값 추정
- 체제전복 행위
- 경범죄

■ 도구 세트 C : 취약성 평가 도구

- 감시 기회 매트릭스
- 동선 · 위협 접점 매트릭스
- 취약성 매트릭스
- 순서도
- 동선 · 무기 접점 매트릭스

■ 도구 세트 D : 위험분석 도구

- 비정렬위험 매트릭스
- V^2 매트릭스
- 정렬위험 매트릭스

CHAPTER 4

비판적 사고와 위험분석 과정

서 론

4장이 끝났을 때 우리는 위험분석에 대한 적용을 통해서 비판적 사고의 기본적 이해를 얻게 될 것이다. 여기에는 분석이 비판적 사고를 필요로 하는 이유, 사고과정을 구성하는 8개의 요소, 목표, 원칙, 비판적 사고의 요소들, 유사 비판적 사고와 진정한 비판적 사고 간의 차이, 비판적 사고가 일상적 사고과정의 일부가 되어야 하는 이유, 위험분석에 대한 비판적 사고의 적용, 문제의 근간 등이 포함될 것이다.

비판적 사고 개관

비판적 사고는 마치 돈을 관리할 때 경제학을 적용하는 것과 같다. 즉, 비판적 사고는 더욱 뛰어난 결론을 이끌어내고 합리적이고 설득력 있는 주장으로 자신의 결론을 입증하기 위해서 사고행위에 과학적 과정을 적용한다. 비판적 사고의 개념과 실천은 모든 관련 데이터, 증거, 관점, 가정, 편향성, 편견 등을 고려하는 한편(특히 틀에 박히지 않은 사고) 결론을 철저하게 검토하도록 보장하기 위해 사고과정에 일정한 구조를 적용한다. 그리고 비판적 사고는 이러한 결론이 거짓이거나 혹은 불완전하거나 부적절한 데이터에 기반하지 않도록 보장해 줄 뿐만 아니라 의도하지 않은 결론의 가능성에 대해서도 고려할 수 있게 해 준다.

비판적 사고는 고정된 절차가 아니라 개념과 원칙에 근거한다.[1] 이와 같은 유연성으로 인해 비판적 사고는 여러 가지 다양한 유형의 상황에 적용될 수 있고 최고의 결과를 성취할 수 있게 해 준다.

비판적 사고는 개인적 약점, 편견, 개인적인 문제 등을 결론에서 배제시키는 데 도움을 준다. 비판적 사고는 결론의 질이 매우 중요하게 여겨지는 모든 분야(특히 이러한 결론이 조직과 개인들이 함께 일하고 생활하고 교류하는 방식에 큰 영향을 미치는 경우)에서 이용될 수 있다. 비판적 사고는 다측면성을 통해서 복합적인 목표를 달성할 수 있고 문제를 해결할 수 있으며, 지적 겸손함과 전략적으로 중요한 결과를 달성할 수 있게 도움을 준다.

비판적 사고의 중요성

비판적 사고는 해당 문제에 대해서 더욱 철저하게 생각하고 직관상으로 드러나지 않을 수도 있는 여러 요인들을 고려할 수 있게 해 주기 때문에 매우 중요하다. 게다가 비판적 사고는 결론에 도달하는 과정에서 놓칠 가능성이 있는 요인들을 고려함으로써 철저하게 검토된 결론에 도달할 수 있게 해 준다.

비판적 사고는 아래와 같은 결론에 도달할 수 있게 도움을 준다.

- 결론이 모두 관련 문제에 대해서 유효성을 지닐 수 있게 보장해 준다.
- 관련 문제를 검토하고자 한 본래의 목적에 충실하다.
- 관련 이론, 정의, 공리, 법, 원칙 혹은 관련 문제의 근거가 되는 모델이 적절한 맥락에 따라 고려될 수 있게 보장해 준다.
- 개인적 편향성, 편견, 자기기만, 왜곡, 잘못된 정보 등이 결론 과정에 반영될 가능성을 낮춰준다.
- 모든 이해관계자들의 관점(이들의 관심, 목표, 목적, 원하는 결과 등을 포함해서)이 고려될 수 있도록 보장해 준다. 이러한 점은 긍정적인 이해관계자뿐만 아니라 반대 의견을 가진 이해관계자에게도 적용된다.
- 관련된(그리고 관련이 없는) 데이터와 경험을 포함해서 모든 관련 증거를 고려하고

---

1) 리차드 폴 & 린다 엘더, “The Miniature Guide to Critical Thinking Concepts and Tools”(Dillon Beach, CA : Foundation for Critical Thinking Press, 2008).

관련이 없는 증거는 배제한다.

- 어떠한 가정들이 당연시되고 있는지 규명해 주고, 이러한 가정들이 해당 문제에 대해서 관련성이 있는지의 여부에 대해 고려한다.
- 권고된 여러 방책들의 함의(implications)와 가능한 결과에 대해 고려한다.
- 앞에서 제시된 다른 모든 고려사항들을 근거로 증거를 통해 결론을 도출할 수 있게 도움을 준다.

정상적인 인간의 직관적 사고는 개인이든 사회든 상관없이 자기기만에 빠질 수 있다.[2] 우리는 많은 사람들(정보분석가와 같은 전문가들을 포함해서)이 종종 어느 문제에 대해 생각하기에 앞서 직관적으로 결론을 내린 후에, 이 결론을 입증해 주는 증거를 찾는 한편 상반되는 증거를 배제한다는 점을 경험을 통해서 알 수 있다.[3]

이와 같이 직관에 의해 결론에 도달하는 자연스러운 과정은 개인과 조직을 포함한 모두에게 재앙이 될 수 있고 큰 비용이 들 뿐만 아니라 개인의 경력에도 큰 오점이 남게 된다. 그리고 전체 프로그램이 잘못된 사고과정에 근거했을 경우, 결국 나중에 가서야 모든 이해관계자들이 이러한 잘못을 명확하게 인식하게 된다.[4]

비판적 사고는 사고의 질과 프로그램, 그리고 이러한 프로그램에 대한 지출이 사람들의 삶의 질에 영향을 미치는 경우에 매우 중요하다. 특히 불편함과 비용의 수준이 매우

---

2) Roderick Hindery, Indoctrination and Self-Deception or Free and Critical Thought? (Lewiston, NY : Edwin Mellen Press, 2001).

3) BNET, 2003년, 6월 8일, 레이몬드 휘태커 & 폴 래시마 : "WMD Fiaso : The Intelligence — Wheels fall off the 'mobile labs." "토니 블레어, 조지 부시 그리고 그 외 영국과 미국의 주요 인사들이 여러 연설이나 문건 등(콜린 파웰 미국 국무장관의 2월 유엔안전보장이사회 연설을 포함해서)을 통해서 제시한 주장들은 일련의 반대 증거들을 통해서 반박되었다. 그리고 여기에는 미국에서의 기밀문서 유출, 전직 정보국 요원의 공개발언, 정보국에서 근무 중인 동료 요원들의 비공식적 동의, 그리고 유엔 무기사찰단 위원장인 한스 블릭스의 증언 등이 포함되어 있었다."

4) LawyerBizCoach.com : "Why New Coke Failed : Knowing your Customers is Key." 2006년 6월 8일 포스팅, 크리스타. "뉴코크. 블라인드 테스트에서 사람들이 코카콜라보다 펩시콜라를 더 선호한 것으로 나타났기 때문에 뉴코크가 등장했다. 그리고 이 결과는 매우 놀라웠으며 코카콜라는 이제 펩시처럼 더 달콤한 콜라를 만들 수 있도록 포뮬러를 변경해야 할 때가 되었다는 결정을 내렸다. 수개월 간의 포뮬러 변경작업과 블라인드 테스트 그리고 포장변경 이후에 드디어 뉴코크가 시장에 출시되었다.
뉴코크는 비참하게 실패했다. 실패한 이유는 무엇일까? 코카콜라는 고객들에 대해 잘 이해하지 못했기 때문이다. 블라인드 테스트에서 사람들은 보통 한 모금 정도의 콜라를 맛보지만 실제 현실에서는 콜라를 한 컵 가득 마시게 된다. 그리고 사람들은 중간 정도의 단맛을 선호한다. 따라서 콜라 한 캔을 마시는 경우 코카콜라 고객들은 펩시의 단맛보다 당도가 상대적으로 낮은 코카콜라를 더 선호했다.
그러나 코카콜라 고객들은 새로운 포뮬러에 대해서만 반대했던 것이 아니었다. 새로운 포장과 마케팅도 역시 고객들의 등을 돌리게 했다. 고객들은 새로운 그 무엇을 원하는 것이 아니라 지금까지 즐겨왔던 과거의 코카콜라를 원했다. 이와 같이 코카콜라가 고객들을 잘 알지 못했기 때문에 뉴코크는 실패로 돌아간 것이다. 다시 이전의 포뮬러로 되돌아가서 코카콜라 클래식을 재출시했을 때 코카콜라는 더 나은 실적을 올리기 시작했다."

높고 이에 대한 완화가치에 대해서 논란의 여지가 있을 수 있는 방호문제와 관련해서 더욱 그렇다.

유감스럽게도 모든 사람들은 편향성을 지니고 있으며, 이것을 극복할 수 있는 손쉬운 방법은 존재하지 않는다. 왜냐하면 대부분의 사람들은 자기 자신이 편향성이 전혀 없거나 혹은 가지고 있다는 데 동의하는 편향성으로 인한 결과를 최소화 할 수 있다고 잘못 생각하고 있기 때문이다.[5] 편향성은 우리가 제시하는 연구결과와 권고에도 미묘하게 반영되어 있을 것이다.[6]

또한 비판적 사고는 아래와 같은 경우에도 매우 중요하다.

- 전혀 관련이 없는 문제에 이끌리는 대신에 실제로 관련된 문제를 다룰 수 있도록 보장하고자 하는 경우
- 해당 문제에서 방향이 잘못된 측면이 아니라 정확한 목적에 부합하는 측면을 조사하도록 보장하고자 하는 경우[7]
- 반대자들이 제기할 수 있는 모든 관점과 주장을 다루도록 보장하고자 하는 경우
- 지향하는 방향과는 상관없이 가능한 한 많은 증거를 확보하고 최대한 객관적으로 다루고자 하는 경우
- 잘못된 가정을 배제하고 그 외에 다른 전제와 가정을 고려하고자 하는 경우

---

5) FreeRepublic.com : 2004년 3월 17일, "Think you're not biased? Prof says you are." 노스웨스턴대학교의 심리학자인 갈렌 보덴하우젠은 진정으로 인종적 편견이 없다고 자기 자신을 분류한 24명의 백인 대학생들의 답변을 테스트했다. 첫 번째 실험에서 학생들은 컴퓨터로 생성된 얼굴이 적대적인 표정에서 행복한 표정으로 변하는 모습(그리고 다시 적대적인 표정으로)을 보여주는 동영상을 시청했다. 연구자들은 실험에 참여한 학생들에게 얼굴 표정이 변할 때 버튼을 누르라고 요청했다. 또한 학생들은 자신의 명시적인 인종적 태도와 암시적인 인종적 태도를 확인하기 위한 테스트에도 참여했다. 두 번째 실험에서는 컴퓨터로 생성된 15개의 얼굴이 인종상으로 모호한 얼굴구조, 피부톤, 헤어스타일을 포함하도록 변경되었다. 그 후에 각각의 얼굴들은 행복한 표정이나 적대적인 표정을 보여주도록 조작되었다. 첫 번째 연구에서와 마찬가지로 이번에도 "얼굴이 상대적으로 적대적인 표정을 보여주었을 때 암묵적 편견도가 높은 개인들은 이 얼굴을 흑인으로 분류하는 경향이 있었다."라고 보덴하우젠이 언급했다.

6) Columbia Law Review, Vol. 48, No. 6(1948년 9월), pp.970~972 : "Trial Examiner's Bias Evidenced by Findings as Ground for Reversing Administrative Order." "신뢰성에 대한 조사자의 편향된 조사결과는 명확하게 편향성을 입증해 주었고, 이 조사자의 보고서를 채택한 위원회의 약식 명령을 훼손시켰다. PittsburghSteamship Co. v. National Labor Relations Board 167 F.2d 126(C.C.A. 6th 1948)."

7) 몇몇 액화 천연가스(LNG) 업계의 활동가들은 LNG가 폭발할 위험이 있다고 언급했다.
http://timrileylaw.com/LNG-LiquefiedNaturalGas.htm : 잘못된 CNN 보도의 인용 : "2002년 11월 15일에 방송된 CNN 뉴스 보도에 따르면 회사는 폭발위험이 있는 천연가스 화물을 스페인의 바르셀로나에서 하적했던 선박이 물속에 있는 물체와 충돌했다.
실제로 LNG는 대기 중으로 배출될 경우 폭발하지 않는다. www.weaverscove.com/knowthefacts.html : "7-대기 중의 LNG 증기는 폭발할 수 없다. LNG 증기가 폭발하려면 공기와 혼합되고 밀폐된 공간 안에 있어야 한다(예 : 건물 내의 공간). [정상적인 파이프 가스와 마찬가지로 - 필자 추가] 따라서 가스시설이나 유조선 등에서 LNG가 유출되는 경우 폭발이 일어날 수 없을 것이다."

■ 발생할 수 있는 일을 정확하게 추론하고 실제 발생하는 일을 알아내고자 하는 경우
■ 증거를 통해서 정확한 추론을 이끌어내고자 하는 경우

비판적 사고를 요구하는 분석

어떠한 문제에 대해서 신중하게 사고하지 않는다면 이 문제를 제대로 분석할 수 없을 것이다. 그러나 방호 컨설턴트로 활동하고 있는 업계의 일부 방호담당자들의 분석은 유감스럽게도 깊이 있는 사고가 부족한 경우를 종종 확인할 수 있다. 그리고 고객의 이익에 부합하지 않는 문제의 증거를 제공하는 의견, 부족한 관찰, 과거 경험 그리고 결론 등이 제시되기도 한다.

이와 같이 문제의 어느 한 부분만을 관찰하고 이에 대한 의견을 제시하고 초점을 맞추는 것은 진정한 분석이라고 할 수 없으나, 분석으로 받아들여지고 있는 실정이다. 나는 때때로 프로젝트에 대한 준비와 관련해서 다른 컨설턴트, 계약자, 판매자 등의 분석 작업을 검토해 달라는 요청을 받는다. 그리고 이들이 수행하는 위험분석에 대해서 종종 놀라움을 금치 못하곤 한다. 고객에게 100,000달러 이상의 비용을 청구한 어느 한 사례의 경우 이에 대한 데이터나 결론을 입증해 줄 수 있는 단 하나의 참고자료도 제시되지 않았다. 이 보고서는 오로지 "경험"과 "(익명[8]) 관계자로부터 들은 것"으로만 채워져 있었고 검증할 수 있는 자료는 전혀 포함되어 있지 않았다. 이 보고서를 읽으면서 나는 불과 22개의 분석핵심만을 확인했지만, 실제로 이 보고서에 포함된 사례는 수천여 개의 관점을 필요로 했다.

이와 같이 부실한 여러 보고서들의 대표적인 예였던 이 보고서는 아래와 같은 비판적 사고의 요소들이 결여되어 있었다.

■ 위협평가가 포함되어 있긴 했지만, 이 프로젝트를 위해서 새롭게 업데이트되지 않은 것처럼 보였다.
■ 주로 기본적인 취약성에 초점이 맞춰져 있었고 환경적으로 고유한 취약성을 찾고자 했다는 증거 없이 명백한 취약성만으로 한정되었다.
■ 위험결론은 위협 주체의 유형에 대한 참고 없이 취약성으로부터 직접적으로 도출되었다.
■ 이 보고서는 전적으로 하나의 지배적인 관점으로만 쓰였다.

8) 저자 추가

- 관련 연구, 인터뷰, 사실 정보출처(따라서 제시된 사실들이 의심스럽다), 개념 등에 대한 참고자료는 거의 없었고 오직 관련법에 대해서만 한 차례 언급되었다.
- 해석에 필요한 맥락이 없다.
- 선택사항이 전혀 제시되지 않았다.
- 권고된 대책에 대해서 완화효과가 제시되지 않았다.
- 예산이 제시되지 않았다.
- 대책이나 혹은 이 대책이 일상적 운영의 효율성에 미치는 영향과 관련해서 건축 및 미학적 고려에 대한 증거가 제시되지 않았다.
- 고객과 직원의 삶의 질 효과에 대해서 권고된 대책이 미치는 영향이 전혀 고려되지 않았다.
- 컨설턴트의 자격이 확인되지 않았다.

이것은 지금까지 수없이 봐왔던 전형적인 위험평가 보고서였다. 이 보고서는 중간에 아무런 우회 없이 가정에서부터 결론까지 직선으로 이어져 있었으며 사전에 제시된 하나의 관점을 유지하고자 했다. 그러므로 인용된 모든 데이터도 역시 제시된 관점만을 입증해 주었다. 분석에 대한 어떠한 증거도 없이 "결과"에 대한 진술만이 언급되었고 이어서 곧바로 권고사항이 제시되었다. 이것은 분석이 아니며 거의 사고과정이 존재하지 않는다. 우리는 이보다 더 잘할 수 있을 것이다.

사고과정을 구성하는 8개의 요소

체계화되어 있든 그렇지 않든 상관없이 언제 어디에서든 모든 사고과정을 구성하는 8개의 기본요소들이 있다.

1. 우리는 하나의 목적을 위해서 사고한다(우리는 모종의 아이디어, 일 혹은 어느 개인에 대해 생각한다).
2. 우리는 하나의 관점으로 사고한다.
3. 우리는 사고과정에 특정한 가정들을 제시한다.
4. 우리는 사고하기 위해서 주변의 정보를 이용한다.
5. 이러한 정보에는 해석에 맥락을 제시해 줄 수 있는 사실, 경험, 데이터 등이 포함될 수 있다.
6. 우리는 우리가 생각하고 있는 것의 맥락 속에서 이 정보를 해석하고 의미를 부여

하기 위해 여러 개념, 아이디어, 이론 등을 이용한다.

7. 우리는 이 정보를 해석한 다음 추론, 함의, 결론을 도출해낸다.
8. 우리는 이 결론에 근거해서 행동할 경우 어떠한 일이 발생하게 될 것인지에 대해 사고하기 위해 이 결론을 확장시킨다.

이 과정은 반복해서 이루어지기 때문에 우리는 이 결론에 대한 우리의 생각과 본래의 데이터를 서로 비교한 후에 이 결론의 결과가 우리의 관점을 지지해 주고 우리의 가정과 일치하는지의 여부를 결정하게 된다.

이러한 과정은 매우 간단한 것처럼 보인다. 그러나 사고과정의 상당 부분은 체계화되어 있지 않고 종종 잘못된 결론으로 이어지기도 한다. 왜냐하면 우리 모두는 경험에 의해서 내적으로 편향되어 있고, 협소한 관점을 통해서 왜곡된 시선을 지니고 있으며, 우리 자신의 관점에 대해 편향되어 있고, 이미 우리가 알고 있는 것 이외의 다른 것에 대해 무지하며, 때때로 의식적으로(혹은 무의식적으로) 편견에 사로잡히기 때문이다.

만약 더 나은 사고를 하고자 한다면 우리는 사고과정을 따로 분리해낸 다음 각각의 요소들을 이해하고 이 요소들을 사용하면서 인식해야 한다(그림 4.1). 이것은 우리 자신의 사고과정에서의 통찰의 토대이자 더 나은 사고의 근원이 된다.

비판적 사고의 개념, 목표, 원칙, 요소

비판적 사고의 개념과 목표

비판적 사고는 지적 특성을 개발하기 위해서 추론의 요소들에 지성적 기준을 적용한다. 비판적 사고의 목표는 아래와 같다.

- 사고과정에서 편향성을 극복한다.
- 철저하고 정확하게 사고한다.
- 모든 관련 데이터를 고려한다.
- 우수한 결과를 보장하기 위해서 사고과정에 하나의 방법을 적용한다.
- 관련 문제의 취지에 부합하는 결과를 수립한다.
- 모든 관련 문제와 관점을 고려할 수 있는 결론과 권고사항을 수립한다.
- 참여자들에게 최적의 결과가 될 수 있는 결론을 도출해낸다.

그림 4.1 사고의 요소들

원칙

비판적 사고의 원칙[9]에는 아래와 같은 사항들이 포함된다.

- **명료성** : 우리의 사고와 권고는 이해관계자들이 쉽게 이해할 수 있도록 명확해야 한다. 설명이 요구될 경우 자세히 상술하며 여러 가지 예를 제시하고 아이디어를 보여주어야 한다.
- **진실성** : 우리의 사고와 권고는 실수와 왜곡으로부터 자유롭고 진실성이 있어야 한다. 우리의 정보는 이해관계자들이 아래와 같은 질문할 필요가 없을 정도로 완전해야 한다. 즉, 우리는 이것을 어떻게 확인할 수 있는가? 우리는 이것이 사실인지의 여부를 어떻게 확인할 수 있는가? 우리는 이것을 어떻게 검증하거나 테스트할 수 있는가?
- **정확성** : 우리의 사고와 권고는 정확하고 구체적인 내용을 제시해야 한다.
- **관련성** : 우리의 사고와 권고는 해당 문제에 대해서 완전하게 관련성을 지니고 있어야 한다. 우리는 이해관계자들에게 아래와 같은 질문을 하도록 독려해야 한다. 즉, 이것이 이 문제와 어떻게 관련되어 있는가? 이것이 이 문제와 어떻게 연관되어 있는가? 이것이 이 문제를 해결하는 데 어떻게 도움을 줄 수 있는가?

9) 출처 : www.criticalthinking.org/CTModel/CTModel1.cfm#

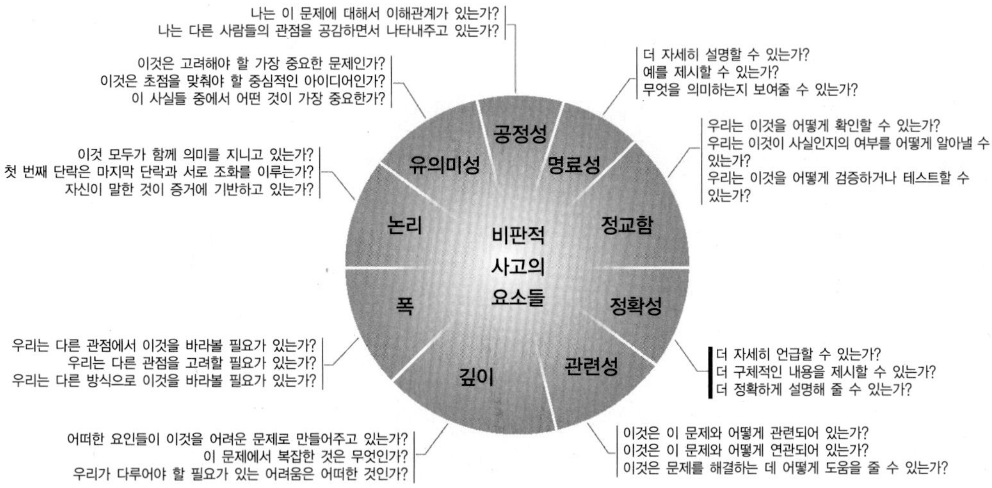

그림 4.2 비판적 사고의 요소들

- **깊이** : 우리의 사고는 모든 복잡성과 여러 상관성을 다루어야 한다. 이것은 무엇이 문제의 어려운 점을 구성하고 있는지 규정해 준다.
- **폭** : 우리의 사고는 여러 관점과 시각을 포괄해야 한다.
- **논리** : 궁극적으로 우리의 권고는 문제의 모든 측면들을 다룰 수 있고 관련 이해관계자들을 만족시켜줄 수 있는 논리적 네트워크 속으로 문제와 해결책의 여러 요소들을 통합시켜야 한다. 그리고 우리의 결론과 권고는 증거에 근거해야 한다.
- **유의미성** : 우리의 사고와 권고는 사소한 것이 아니라 중요한 것에 초점을 맞추어야 한다.
- **공정성** : 우리의 사고와 권고는 이기심이나 편향성이 아니라 공정성을 통해서 정당화되어야 한다. 우선시되는 기득권이 없어야 하고 우리의 권고는 다른 사람들의 여러 관점에 대해 공감할 수 있어야 한다.

비판적 사고의 요소들

그림 4.2는 비판적 사고의 요소들[10]을 제시해 주고 있다.

목적

우리는 사고할 때 하나의 목적과 함께 시작한다. 이것은 우리의 목표이자 목적이다.

10) 출처 : www.criticalthinking.org/CTModel/CTModel1.cfm#

이것은 우리가 성취하고자 하는 것이 될 수 있다. 또한 이 용어는 기능, 동기, 의도를 포함할 수도 있다.

예를 들어, 우리는 이유를 물어봄으로써 목적에 대해 살펴볼 수 있다.

- …을 하는 우리의 목적은 무엇인가?
- 이 과제, 업무, 일, 실험, 정책, 전략 등의 목적은 무엇인가?
- 이러한 사고방식에서 중심적인 목표는 무엇인가?
- 이러한 사고방식에 접근함으로써 무엇을 성취하고자 하는가?

모든 사고는 목적을 지니고 있다. 우리는 누구나 쉽게 이해할 수 있는 방식으로 우리의 목적을 명확하게 진술할 수 있도록 충분한 시간을 가지고 목적을 이해해야 하고 다른 관련된 목적들로부터 우리의 주요 목적을 구분할 수 있어야 한다. 그리고 우리가 여전히 목적에서 벗어나지 않도록 확인하기 위해 주기적으로 점검해야 한다. 우리는 유의미하고 현실적인 목적을 선택해야 한다.

관련 질문 : 대부분의 사고는 문제해결에 관한 것이다.

모든 논증은 무엇인가에 대한 논란이나 질문에 답하거나 혹은 문제를 해결하는 것과 같이 뭔가를 생각해 내기 위한 시도이다. 우리는 질문을 명확하고 정확히게 언급하는 것부터 시작할 수 있다.

질문의 의미를 완전하게 이해하고 규명하기 위해서 여러 가지 방식으로 질문을 표현하는 것이 가장 좋은 방법이다. 그리고 질문을 여러 구성요소들로 세분하는 것이 좋다. 이와 같이 세분화를 통해서 우리는 질문을 더 잘 이해할 수 있게 될 것이다. 그리고 명확한 답을 가진 질문과 단순한 의견이나 여러 관점을 지니고 있는 질문을 서로 구분할 수 있다. 이것을 통해서 우리는 해당 문제에 더욱 명확하게 초점을 맞출 수 있다.

이와 같이 질문은 문제를 제시해 주고 우리의 사고를 안내해준다. 질문이 명확하지 않거나 모호하면 우리의 사고는 명료함이 결여된 상태에서 진행될 것이다. 질문은 우리의 사고를 이끌어줄 수 있도록 명확하고 정확해야 한다.

문제를 목표물로 설정하고 이것에 초점을 맞출 수 있게 도움을 주는 질문은 아래와 같다.

- 이 문제에 포함된 중요한 질문은 무엇인가?
- 이 질문을 표현할 수 있는 더 좋은 방법이 있는가?
- 이 질문은 명확한가 혹은 복잡한가? 만약 복잡하다면 이 질문을 세분하거나 혹은 달

리 표현함으로써 더 명확하게 표현될 수 있는가?
■ 이 질문에 답하기 위해서 우리는 무엇을 알아야 하는가?

우리 자신의 관점과 타인의 관점에 대한 이해

많은 사람들이 가지고 있는 자신만의 관점은 유일하게 고려할 수 있는 관점이 아닐 수도 있다. 실제로 이러한 자신만의 관점은 다른 사람들의 관점들 속에서만 고려될 수 있는 가치가 있다. 즉, 모든 사람들이 우리의 관점을 가지고 있다면 문제에 대한 모든 사람들의 생각은 매우 유사하거나 동일한 것이 될 것이다. 따라서 고려할 문제조차도 존재하지 않게 될 수도 있을 것이다.

과연 다른 사람들의 관점을 살펴볼 이유가 있는가? 우리는 외부와 단절된 공간 속에서 개인으로서 살고 있는 것이 아니라 사실상 우리가 원하는 모든 것들이 다른 사람들의 참여나 협력을 필요로 하는 환경 속에서 살고 있다. 그러므로 다른 사람들의 도움과 지원을 얻기 위해서 우리는 이에 대해서 교환할 수 있는 가치를 지닌 그 무엇을 다른 사람들에게 제공해야 한다. 그리고 우리가 반대자와 맞서는 경우 반대자의 관점을 이해하는 것이 우리의 관점으로 반대자의 견해를 전환하거나 혹은 반대자의 입장을 극복하는 데 있어서 매우 중요하다.

이러한 관점들을 유효한 것으로서 중요하게 여겨야 한다. 다른 사람들의 관점은 우리가 직면하고 있는 여러 도전들과 관련되어 있다. 따라서 다른 사람들의 관점이 지닌 가치를 완전하게 이해하는 것은, 효과적으로 상호작용할 수 있는 우리의 능력에 대해서 매우 중요하다.

데이비드 T. 무어는 정보기관[11)]의 비판적 사고에 대한 연구를 통해서 케네디 대통령이 전 세계를 핵전쟁의 위기로 몰아넣었던 1962년의 쿠바 미사일 위기에 대처하기 위해 여러 관점들을 서로 비교할 수 있는 비판적 사고기술을 어떻게 활용했는지, 그리고 케네디 대통령이 이러한 중요한 원칙을 이용함으로써 어떻게 효과적으로 핵전쟁을 피할 수 있었는지를 보여주고 있다. 케네디 대통령은 여러 갈등의 요소들에 대해서 피델 카스트로, 흐루시초프, 그리고 자기 자신(케네디의)의 관점을 서로 비교했다. 관점의 여러 요소들을 성공적으로 분석하고 흐루시초프의 역량과 입장이 무엇인지 이해함으로써 케네디 대통령은 서로 간에 체면을 지킬 수 있는 합의에 도달하기 위해 러시아, 쿠바, 미국의 지도자들의 중요한 정치적 요구를 기술적으로 수용할 수 있었다.

---

11) 국방부 정보대학교, 비정기 간행물 번호 14, "Critical Thinking and Intelligence Analysis," 2007년 3월, p.20

우리는 다른 이해관계자들의 관점을 고려하지 않는 문제해결이 오히려 문제를 더 악화시킬 수 있다는 결론을 내릴 수 있을 것이다. 또한 다른 이해관계자들의 관점을 제대로 이해하지 못하고 고려하지 못한다면 다른 사람들의 입장이 더욱 공고해지고 이후에 협상이 더욱 어려워지기 때문에 문제가 더 지연되고 악화된다는 점을 이해할 필요가 있다.

가정의 수집

가정은 우리가 당연한 것으로 여기는 믿음이다. 일반적으로 가정은 잠재의식이나 무의식적인 사고수준에서 작용한다.

모든 사고와 문제해결 노력은 관련 문제를 둘러싸고 있는 주변환경에 대한 가정을 포함하고 있다. 가정에는 우리 자신의 가정과 다른 사람들의 가정이 포함되어 있다(서로 공유하는 가정과 상반되는 가정). 그리고 우리의 가정이나 상대방의 가정에 대한 이해가 부재할 경우에 많은 갈등이 발생하게 된다. 마지막에 가정이 언급되었을 때 우리는 "당신이 이 문제를 그런 식으로 바라본다는 것을 잘 몰랐습니다."라고 말할 것이다. 가정은 관점과 밀접하게 연관되어 있다. 실제로 관점은 여러 사실들에 대한 우리의 가정과 일이 진행되어야 하는 방식에 대한 우리의 가정에 근거하고 있다. 그러나 아무도 정확한 가정을 수립할 수 없다. 우리 모두는 단순히 있는 그대로를 받아들이는 것이 아니라 다른 사람들과 수변환경에 대한 우리의 입장을 일이 진행되어야 하는 방식에 대한 우리의 가정을 통해서 왜곡시키게 된다.

분노의 감정을 보여주는 행위는 일이 실제로 진행되어야 하는 방식의 실현(그리고 어느 한 아이디어, 일 혹은 어느 개인이 통제하거나 변화시킬 수 있는 우리의 능력 안에 있지 않다는 깨달음)과 관련해서 서로 다른 관점들 간의 차이에 대한 불만의 표현이다. 우리가 우리 자신과 관련되어 있는 그 무엇이 우리가 원하는 대로 통제될 수 없다는 점을 깨달았을 때 분노와 갈등이 발생할 수 있다.

모든 논증은 가정에 근거하고 있다. 자신의 가정을 명확하게 확인하고 언급한 다음 이것이 정당화 될 수 있는 이유를 설명한다. 우리의 가정이 우리의 관점을 어떻게 형성시키는지 생각해 보자. 다른 이해관계자들이 어떠한 가정을 통해서 활동을 할 수 있는지 생각해 보자. 그리고 다른 사람들의 가정이 이들의 관점을 어떻게 형성시키는지 생각해 보자. 이와 함께 아래와 같은 2개의 단계를 취한다.

1. 다른 사람들의 관점은 무엇이라고 생각하는가, 그리고 이러한 가정들이 어떻게 관점을 형성할 수 있는가?

2. 이 가정들이 우리가 잘 모를 수도 있는 다른 이해관계자의 관점을 어떻게 형성해 줄 수 있을까? 따라서 우리는 다른 이해관계자가 언급하지 않았거나 혹은 우리가 잘 몰랐던 관점을 더욱 철저하게 이해할 수 있을 것이다.

정보의 수집

모든 논증은 데이터, 정보, 증거에 근거하고 있다. 데이터를 통해서 입증되는 것으로 결론을 한정시키는 것이 매우 중요하다. 우리는 자신의 입장을 반박하는 정보와 자신의 입장을 지지해 주는 정보를 찾아야 한다. 인용된 모든 정보는 정확하고 유효하며 쉽게 이해할 수 있어야 한다. 그리고 자신의 결과를 입증해 줄 수 있을 정도의 충분한 정보를 제시해야 한다.

정보에는 사실, 인터뷰, 노트, 연구, 증거, 경험 등이 포함될 수 있다. 정보 출처는 정확하지 않을 수도 있다. 무엇보다도 중요한 점은, 정확하지 않은 것으로 확인되거나 혹은 정확성의 문제가 제기될 수 있는 모든 정보를 걸러내야 한다는 점이다.

다음은 정보수집 과정에 도움을 줄 수 있는 질문들이다.

- 이 문제의 질문에 답하려면 어떠한 정보가 필요한가?
- 어떠한 데이터가 이 문제와 관련되어 있는가?
- 더 많은 정보가 필요한가?
- 어떠한 출처를 통해서 이 정보를 얻을 수 있는가?
- 이 정보는 우리의 목적과 목표와 관련되어 있는가?
- 어떠한 경험이 관련성이 있는가?
- 이 정보, 데이터, 증거의 출처는 무엇인가?
- 여러 다양한 정보의 정확성에 대해서 어떻게 확신할 수 있는가?
- 필요한 정보가 누락되었는가?

문제가 지니고 있는 함의(implications)와 이 문제와 관련된 가능한 결과에 대한 조사

모든 추론은 모종의 함의와 결과로 이어지게 된다. 함의는 논리적으로 다른 주장이나 진실로부터 이어지는 주장이나 진실이다. 함의는 생각으로부터 이어지고 결과는 행동으로부터 이어진다.

자신의 논증으로부터 이어지는 함의와 결과를 추적해 보고 부정적인 함의와 긍정적인 함의를 찾아본다. 이러한 결과가 주변환경, 관계 등에 어떻게 영향을 미치는지, 그리고 이러한 환경의 변화가 사람과 환경, 그리고 사람들 간의 관계에 어떻게 영향을 미치는지 질문을 한다(의도치 않은 결과의 법칙을 피하기 위해서).

함의는 우리가 의식하든 의식하지 못하든 상관없이 우리의 생각 속에 내재해 있다. 가장 성공적으로 사고하는 사람들은 행동으로 옮기기 전에 어느 상황 속에서의 논리적 함의를 통해서 사고한다.

함의는 종종 어느 하나의 가능한 행위를 다른 행위와 비교할 때 확인할 수 있다. 우리가 이것을 수행하는 경우(혹은 저것을 수행하는 경우) 발생할 수 있는 일들을 서로 비교함으로써 우리는 가능한 결과들을 확인할 수 있다.

몇몇 결과들은 다른 결과들보다 더 유의미할 수 있다. 결과의 성공을 보장하기 위해서 항상 결과를 이해관계자들의 목적 및 관점과 비교하는 것이 매우 중요하다.

또한 함의는 사실들을 통해서(때로는 올바르게 그리고 때로는 잘못된 추론을 통해서) 도출할 수 있다("모든 고양이들은 불멸이 아니고 소크라테스도 불멸이 아니다. 그러므로 소크라테스는 고양이이다."). 예를 들어, "감옥에는 부자보다 가난한 사람들이 더 많이 수용되어 있다는 점은 무엇을 의미하는가?"라고 질문을 한다면 우리는 아래와 같이 결론을 내릴 수 있을 것이다.

- 가난한 사람들은 부자들보다 천성적으로 범죄행위를 범하는 성향이 더 강하다.
- 가난한 사람들은 훌륭한 변호사를 고용하지 못한다.
- 가난한 사람들은 재정적 어려움에서 벗어나기 위한 재원을 가지고 있지 않기 때문에 더 많은 위기를 맞게 되고, 이에 따라 갈등을 겪을 가능성이 더 높아지게 된다.
- 가난한 사람들은 어려울 때 도움을 얻기 위해 의지할 수 있는 개인적 대인관계 자원이 부족하기 때문에 극단적인 행동을 할 가능성이 더 높다.
- 가난한 사람들은 여러 문제에 대해 건설적으로 대처할 수 있는 능력이 없기 때문에 가난하다.
- 가난한 사람들은 문제해결에 대한 교육을 받지 못했다.
- 가난한 사람들에게 도움을 주고자 하는 것은 아무런 소용이 없다. 왜냐하면 사회는 이러한 뿌리 깊은 행위를 극복할 수 없기 때문이다.

따라서 함의가 유효한 사실이 아니라 단지 함의일 뿐이고 이러한 추론이 우리 자신의 편향성, 편견, 관점에 근거하고 있다는 점을 이해해야 한다. 그러므로 반복해서 말하면, 함의와 결과를 고려할 때조차도 다른 사람들의 관점을 고려하는 것이 매우 중요하다.

여러 가지 함의를 검토하고, 이것을 논리적 결론으로 확장시킴으로써 이해관계자들을 위한 결과를 최적화할 수 있는 권고사항을 수립할 수 있다. 우리는 지적 진실성을 지닌 논리와 논증과정을 이용해서 이러한 권고사항을 검증할 수 있다.

어떠한 개념, 이론, 정의, 공리, 법, 원칙, 모델 등이 문제에 적용될 수 있는지 확인하기

모든 논증은 개념과 아이디어를 통해서 표현되고 형성된다. 개념은 의미를 이끌어내기 위한 사고과정에서 우리가 이용하는 아이디어, 이론, 법, 원칙, 가설 등이다. 이러한 것들이 없을 경우에 우리는 결론을 이끌어낼 수 없다. 왜냐하면 이것은 발생하고 있는 일과 발생할 수 있는 일이 발생해야 할 일에 대한 우리의 아이디어와 일치하는지의 여부에 대해 확인하기 위해서 우리가 이용하는 기준이기 때문이다.

이것은 한 국가의 일반국민들의 사고과정과 국가의 지도자에게 반기를 든 테러조직의 사고과정을 서로 비교함으로써 쉽게 확인할 수 있다. 국가가 테러리스트들이 공격할 가능성이 있는 국토 전체를 파괴하는 것은 상상하기 어려울 것이다. 그러나 테러조직이 국가 전체를 없앨 수 있는 대량 살상무기(예 : 핵무기)를 얻고자 하는 것은 충분히 가능하다. 국가가 무고한 여성과 아이들을 살상하는 것은 상상하기 어려울 일이지만, 이러한 일이 실제로 발생한다면 국가 지도자들에 대한 국민들의 감정이 급변하게 될 것이다.[12] 그러나 여성, 아동, 노인을 포함한 무고한 시민들에 대한 살상은 정부에 대해서 압박을 가할 수 있다는 점 때문에 테러리스트들에 의해 변화를 이끌어내기 위한 효과적인 수단으로 여겨진다. 그리고 압박이 점점 가중되면서 정부는 때때로 개인의 자유를 제한하고 용의자들(종종 죄가 없는 무고한 시민으로 밝혀짐)에 대한 강도 높은 수사를 실시하며, 이로 인해서 정부에 대한 국민의 지지가 약화되기도 한다.

해석, 추론 그리고 결론을 이끌어내고 권고를 수립함

모든 논증은 추론이나 해석을 포함하고 있고, 이를 통해서 우리는 결론을 도출하고 데이터에 의미를 부여하게 된다. 추론은 우리가 이끌어내는 해석이나 결론이다. 추론은 무엇인가를 생각해내기 위해서 정신이 수행하는 행위이다. 추론은 관련 데이터로부터 논리적으로 흘러나와야 한다. 우리는 단지 상황 속에 함축되어 있는 것만을 추론해야 한다. 그리고 추론이 일관성이 있는지 점검하고 추론의 근거가 되는 가정을 확인한다.

12) 1968년 3월 16일에 베트남의 My Lai와 My Khe에서 504명의 무고한 민간인들(주로 여성과 아동 그리고 노인)을 살해한 2개의 미군부대의 행위가 밝혀졌을 때, 미국인들은 심적으로 큰 상처를 받았다. 이 사건은 미국인들이 베트남전에 반대하는 데 크게 기여했다.

우리는 어떠한 결론에 도달하게 될까? 추론은 논리적인가? 우리의 관점과 완전하게 일치하지 않는 다른 결론에 도달할 수도 있을까? 다른 사람들은 다른 관점으로 어떠한 추론에 이르게 될까? 우리는 이러한 결론에 어떻게 도달했는가? 어떠한 다른 대안적인 결론에 도달할 수 있을까? 우리의 논증은 편향되어 있는가? 이러한 결론이 완전하게 유의미한가, 혹은 어떠한 문제요소들이 여전히 남아 있는가, 그리고 어떠한 이해관계자들에 대해서?

권고는 우리 자신과 이해관계자들을 위해서 성공적인 결과를 수립한 이후에 제시할 수 있다. 아니면 우리는 반대자들이 해당 문제에 대해서 우리와 같은 이해관계를 가지고 있는 사람들에 대해 조치를 취할 가능성을 제한해 주는 권고사항을 제시할 수도 있다.

유사 비판적 사고13)

비판적 사고에는 명확하게 확인할 수 있는 좋은 사고와 나쁜 사고뿐만이 아니라 좋은 사고로 가장한 나쁜 사고도 있다. 중요한 결정에 이러한 사고를 이용할 경우 재앙적인 결과를 초래할 수 있다. 때때로 나쁜 사고는 매우 치밀한 방식으로 정당화되기도 한다.

유사 비판적 사고는 자기 기만으로 가장한 일종의 지적 거만함이며, 이를 통해서 큰 결함이 있는 사고는 모범적인 사고로 제시될 뿐만 아니라 많은 사람들을 사로잡을 만큼의 정교함을 지니고 있다. 아무도 바위를 모조 다이아몬드로 착각하지는 않을 것이다. 바위는 명백하게 다이아몬드가 아니다. 그러나 지르콘은 다이아몬드를 흉내 낼 수 있으며 손쉽게 다이아몬드로 여겨질 수 있기 때문에 유사 다이아몬드로 불릴 수 있다. 이와 마찬가지로 사고의 모델로 제시되는 매우 "정교하지만" 큰 결함이 사고가 존재한다.

대부분의 사람들은 자신이 나쁜 사고의 희생자라고 여기기 때문에, 자신의 생각을 이기적이고 불완전하고 불합리하거나 나쁜 것으로 인식한다는 것은 매우 어려운 일이다. 그리고 사람들은 질문과 문제를 혼동함으로써 관련된 것에서 관련이 없는 것으로 쉽게 이동하게 된다. 많은 사람들이 실제로 거의 독서를 하지 않으며, 자신이 알고 있는 어느 한 분야 이외에 다른 분야에 대해서 거의 지식을 갖추고 있지 못하다. 심지어 상당수의 사람들이 자신이 속한 분야에서조차도 최신정보로 업데이트하는 것을 소홀히 하고 있다.

비판적 사고로 여겨지는 것 중 많은 것들이 단순한 질문에 답하기 위한 논리의 이용에 불과하다. 그리고 체계적인 사고에서 논증과 지적 기준이 수행하는 역할에 대한 일관된 이해가 부족하다. 기억과 지식을 혼동하는 것, 주관적인 선호도와 논리적 판단의

---

13) 출처 : The Critical Thinking Community, Foundation for Critical Thinking (www.criticalthinking.org/articles/pseudo-ct-educ-establishment.cfm).

혼동, 불합리한 설득과 합리적인 토론의 혼동, 애매하고 모호한 용어의 사용, 그리고 무작위적인 점수 부여 등은 타당성과 신뢰성이 없는 결과로 이어지게 된다.

가장 일반적인 형태의 유사 비판적 사고 중 하나는 포괄적인 분석과정 대신에 문제를 해결하기 위한 논리를 이용하는 것이다. 논리는 분석과 비판적 사고의 일부이지만, 마치 바퀴 1개가 자동차를 대체할 수 없듯이 이것이 비판적 사고를 대체할 수는 없다.

지적 특징[14)]

성공적인 비판적 사고를 구성하고 있는 지적 특징은 아래와 같다.

- 지적 겸손함
- 지적 용기
- 지적 공감
- 지적 무결성
- 지적 인내심
- 이성에 대한 믿음
- 공정함

비판적 사고를 일상적 사고에 통합하는 것의 중요성

비판적 사고는 사실상 삶의 모든 영역에서 이용할 수 있다. 심지어 대부분의 결정들이 큰 결과로 이어지지 않는다고 해도 우리는 종종 사소한 결정이라고 생각했던 것이 큰 결과(예를 들어, 누구와 데이트를 하고 어떠한 채무를 떠안고, 사고가 났을 때 어떠한 차를 운전했는지 등)로 이어질 수 있다는 점을 깨닫곤 한다.

만약 비판적 사고를 큰 결정을 내릴 경우에만 사용한다면, 전혀 사용하지 않게 되거나 혹은 사용한다고 해도 연습의 부족으로 인해서 효과를 발휘하지 못할 수도 있을 것이다. 비판적 사고는 마치 피아노 연주, 수학, 외국어 말하기 등과 같이 연습을 필요로 한다. 우리는 외국어의 어휘와 문법에 대해서만 읽은 후에 컨퍼런스에서 외국어로 능숙하게 말할 수 없는 것처럼, 비판적 사고의 원칙에 대해 배우기만 하고 이것을 일상적으로 적용하지 않은 경우 비판적 사고를 능숙하게 사용할 수 없게 될 것이다.

비판적 사고를 자신의 분석작업에 효과적으로 통합시키려면 먼저 이것을 일상생활에 통합시켜야 한다. 이것은 아래와 같은 2단계 과정을 거친다.

---

14) 비판적 사고의 토대 “Valuable Intellectual Virtues,” 1996.

■ 1단계 : 기본 아이디어, 원칙, 이론 등을 포함해서 비판적 사고의 개념을 이해한다.

■ 2단계 : 비판적 사고의 아이디어, 원칙, 이론을 효과적으로 사용하고 일상생활에서 비판적 사고를 유의미한 것으로 만들어야 한다. 이것은 적용의 과정이다. 이 단계에서 우리는 사실상 고려될 수 있는 거의 모든 주제들에 대한 논증이 개선되는 것을 확인하게 된다. 왜냐하면 비판적 논증의 관점을 통해서 우리는 세상을 다른 시각으로 바라보게 되기 때문이다. 그리고 다른 동료들의 논증에서 오류를 발견하고 제시한 결론에서 약점을 찾아내기 시작한다. 이와 같이 비판적 논증의 관점으로 더 많이 바라볼수록 우리는 일상생활에서 비판적 사고의 가치를 점점 더 인식하게 된다.

그렇다면 비판적 사고를 어떻게 숙달할 수 있을까? 우리는 직장에서 비판적 사고 개념의 포스터를 만들어서 잘 보이는 곳에 둘 수 있을 것이다. 그리고 결정을 내릴 때마다 비판적 사고의 요소들에 대해 생각해 본다.

심지어 모든 결정에서 완전한 연구과정, 증거수집, 가정 제시, 결과 검토 등을 할 수 있는 시간이 허용되지 않는다고 해도 각각의 결정을 통해서 비판적 사고의 여러 요소들을 고려함으로써 우리는 비판적 사고의 원칙과 각각의 요소들이 뛰어난 결론에 도달하는 과정에 대해 그 중요성을 빠르게 이해할 수 있을 것이다.

비판적 사고를 능숙하게 실행하려면 매 주마다 비판적 사고의 어느 한 가지 요소에 초점을 맞추고 지속적으로 관심을 기울여야 한다. 다시 말해서 아무리 사소하다고 해도 각각의 결정에 대해서 "나는 어떠한 가정과 전제에 근거하고 있는가?"라고 질문함으로써 가정에 대해 더 잘 인식할 수 있게 될 것이다.

"이 문제에 대한 다른 견해는 무엇인가?", "나는 서로 상반되는 관점들을 이용해서 제대로 연구를 수행하고 있는가?" 등의 질문을 함으로써, 우리는 전혀 상반되는 아이디어들이 결정과정에서 가지고 있는 가치를 인식하게 되고 서로 다른 관점들을 통해서 유효성이 없는 주장들을 제외시키고 제시된 결론이 여러 상반되는 관점들에 따른 검증을 통과할 수 있도록 보장할 수 있을 것이다.

"아무것도 하지 않는 것, A, B, 혹은 C를 수행하는 것의 각각의 결과는 무엇일까?"라고 질문함으로써 우리는 여러 대안적 조치들을 고려하는 것이 매우 가치 있다는 점을 인식할 수 있게 될 것이다.

"이 증거를 통해서 무엇을 추론할 수 있을까", "이 증거는 다른 결론으로 이어질 수 있는가?"라고 질문함으로써 우리는 추론 기술을 더 발전시킬 수 있을 것이다.

위험분석에 대한 비판적 사고의 적용

위험분석 보고서는 분석의 결과이고 분석은 사고의 결과이다. 무작위적이고 체계가 없으며 편향되어 있는 불완전한 사고는, 마찬가지로 무작위적이고 체계가 없고 편향되어 있으며 불완전할 뿐만 아니라 위험이 발생하지 않았을 때 위험이 충분히 분석되었다는 인상을 줌으로써 고객에게 피해를 줄 수 있는 부정확한 결론을 제시하는 위험분석 보고서로 이어지게 될 것이다.

비판적 사고는 목적에 대한 초점을 유지하고 관련 문제에 초점을 맞추며 관련 문제나 목적과 관련이 없는 질문으로 인해 관심이 분산되지 않게 해 줄 수 있다. 비판적 사고는 정보, 데이터, 사실, 관찰, 인터뷰 결과, 경험 등을 얻을 수 있게 도움을 주고 데이터에 대한 해석과 추론을 이끌어주고 비판적 사고의 개념, 이론, 정의, 법칙, 원칙에 대한 관련성을 유지함으로써 분석을 통제할 수 있게 도움을 준다. 또한 여러 가정들을 그 자체로 규명하고 사실인지 거짓인지(혹은 관련성이 있는지 없는지)를 검증하며 함의와 결론을 도출할 수 있게 도움을 주고 여러 이해관계자들의 관련 관점들을 이해하고 고려할 수 있도록 해준다.

다시 말해 비판적 사고는 완전하고 정확한 분석을 보장할 수 있게 도움을 준다. 비판적 사고과정을 적용함으로써 분석가는 아래와 같이 수행할 수 있다.

- 특정 프로젝트의 분석목적을 이해하고 규명해 준다.
- 프로젝트의 고유한 목적을 잘 이해할 수 있다.
- 데이터에 대한 여러 다양한 이해관계자들의 해석에 영향을 미칠 수 있는 관련 가정들을 규정한다.
- 잠재적 위협행위 주체들을 포함해서 위험과 관련된 모든 이해관계자들에 대해 규정하고 인터뷰나 공개자료 참조에 근거해서 이들의 관점을 수집한다.
- 모든 유형들을 포괄하는 더욱 완전한 정보를 수집하고 잠재적 위협 행위자, 취약성, 자산 목표 값 등에 관한 정보를 포함한 이 정보가 해당 프로젝트와 완전하게 관련을 맺고 있음을 확인한다.
- 제한적인 관점을 통해서 무감정적이고 비편향적인 해석, 추론, 함의, 결과를 포함하고 있는 더욱 투명하고 지적으로 솔직하고 편향되지 않은 보고서를 작성하기 위해서 가정과 편향성에 대해 정의를 내린다.
- 분석이 관련법, 규범, 정의, 모델, 정확한 개념, 이론, 공리(axioms) 등에 근거하도록 보장한다.
- 더욱 정확한 위협평가, 예산 현실, 미적 운영적 요구, 문화적 현실 등을 고려함으로

써 더욱 정확한 결론을 이끌어낸다.

이라크의 대량 살상무기에 대한 전 세계의 여러 정보기관들의 정보분석 실패 이후에 정보분석 역할에서 비판적 사고 기술의 적용이 새롭게 강조되었다(특히 잘못된 분석에 근거해서 전쟁을 수행하는 결정을 내렸던 서구의 정부들 사이에서).

비판적 사고에 대한 추가내용

비판적 사고 기술을 개발하는 데 관심이 있는 독자들은 www.criticalthinking.org에서 더 많은 자료를 구할 수 있다.

문제의 근원[15)]

모든 문제는 우리가 원하는 목표를 향해 나아가는 길의 방해물에 대한 인식의 결과이거나 혹은 어려움을 피하고자 하는 투쟁이다. 문제는 주변환경이나 타인들에 대한 우리의 입장을 유지하거나 발전시키고자 하는 우리의 열망과 이에 대한 방해물을 극복해야 할 필요성으로부터 발생된다. 그리고 사회가 현재의 위치로부터 앞으로 나아가고자 하는 자연스러운 성향이 커졌다 줄어들기를 반복하면서 갈등이 생성된다. 이러한 움직임은 변화를 낳고 변화는 더 좋은 것이 될 수 있고 더 나쁜 것이 될 수도 있다.

이것은 가정과 관점을 이해하는 데 있어서 가장 중요한 요소이다. 변화하는 것이 더 나은 경우 이것을 수용하거나, 심지어 이에 대해 고마움을 표하기도 한다. 반면에 변화가 누군가가 차지하고 있는 위치나 이러한 위치의 개념에 대한 축소로 이어질 경우 고통이 뒤따르게 된다. 고통은 때때로 갈등으로 발전하기도 한다. 왜냐하면 사람들은 자신의 위치를 되찾거나 혹은 쉽게 통제될 수 없는 것을 통제하려고 하기 때문이다.

인지가 가장 중요하다. 사람들이 자신이 처한 상황이 동일하거나 개선되었다고 인지하는 경우 수용이 뒤따르게 된다. 그러나 자신의 위치가 손상되었거나 변화하고자 하는 노력이 가치가 없다고 인지한다면 불만족과 갈등이 발생하게 될 것이다.

모든 감정적 고통은 오로지 아래와 같은 세 가지 요소들에 근거하고 있다.

1. 하나의 아이디어, 일 혹은 개인에 대한 집착
2. 하나의 아이디어, 일 혹은 개인에 대한 거부감
3. 하나의 아이디어, 일 혹은 개인에 대한 망상

---

15) 이 책의 저자

감정적 고통으로부터 갈등이 발생하고 갈등(특히 모든 이해관계자들의 전반적인 행복을 위해서 근본적인 문제를 해결하지 못하는 갈등)은 고통을 지속시켜 준다. 우리는 있는 그대로를 받아들임으로써 고통을 최소화할 수 있다. 수용이 가능하지 않은 경우 우리는 비판적 사고의 문제해결을 이용해서 결과를 최적화할 수 있다.

또한 수많은 문제를 해결하고자 하는 시도가 실제로는 문제에 대한 자신의 감정을 해결하고자 하는 시도를 은폐시켜 준다는 점에 주목할 필요가 있다. 즉, 몇몇 문제들은 우리가 이것을 그 자체로 바라보기 때문에 문제가 되는 것이다. 이러한 문제들(우리가 바라보는 문제들)은 다른 사람들에게 문제로 여겨지지 않을 수 있다. 왜냐하면 다른 사람들은 이 문제들을 그 자체로 바라보지 않기 때문이다.16) 또한 우리의 마음속에 문제가 존재한다는 점은 우리가 그 무엇에 대해 만족하지 못한다는 점을 나타내준다.

만족에 대한 전반적인 수준은 권리 요구의 관점 대신에 고마움의 관점에서 바라볼 때 크게 높아질 수 있다. 사람들이 바꾸고 싶어 하는 것은, 이것을 있는 그대로 수용하는 사람들에게는 별 문제가 없는 것으로 여겨진다. 무엇에 대해 고마움을 느끼는 사람들에게 있어서 이것의 존재는 근심이 아니라 만족감을 가져다 준다.

요 약

비판적 사고는 사고행위에 과학적 과정을 적용함으로써 훨씬 더 뛰어난 결론을 이끌어내고 합리적이고 설득력 있는 주장으로 자신의 결론을 뒷받침할 수 있게 도움을 준다. 비판적 사고는 고정된 절차가 아니라 개념과 원칙에 근거하고 있으며17) 항상 최상의 결과를 성취할 수 있게 도움을 줄 것이다.

비판적 사고는 질적으로 결론이 중요하게 여겨지는 모든 분야(특히 이러한 결론의 적용으로 인해서 조직과 개인들이 함께 일하고 생활하고 교류하는 방식이 영향을 받을 수 있는 경우)에서 이용될 수 있으며 개인적인 약점, 편견, 개인적인 문제 등이 결론에 반영되지 못하도록 보장해 줄 수 있다. 비판적 사고는 복잡한 목적을 달성하고 다차원적인 문제를 해결하거나 또한 지적 겸손함과 전략적으로 중요한 결과를 얻는 데에도 도움을 준다.

비판적 사고는 더욱 완전하게 문제에 대해 사고하고 직관상으로는 명백하게 보이지

---

16) "수년 동안 저는 세상의 다른 모든 사람들이 어리석다고 생각했습니다. 그러던 어느 날 나도 역시 바보가 아닐까 하는 생각이 문득 들었습니다." 데이비드 레터맨

17) Richard Paul and Linda Elder, The Miniature Guide to Critical Thinking Concepts and Tools (Dillon Beach, CA : Foundation for Critical Thinking Press, 2008).

않을 수도 있는 여러 요인들을 고려할 수 있게 해 주기 때문에 매우 중요하다.

사고과정을 구성하고 있는 9개의 요소들은 아래와 같다.

1. 우리는 하나의 목적을 위해서 생각한다(즉, 우리는 모종의 아이디어, 일 혹은 어느 개인에 대해서 생각한다).
2. 우리는 하나의 관점을 생각에 부여한다.
3. 우리는 특정한 가정을 사고과정에 투여한다.
4. 우리는 정보를 이용해서 사고한다.
5. 이 정보에는 해석에 맥락을 부여해 줄 수 있는 사실, 경험, 데이터 등이 포함될 수 있다.
6. 우리는 우리가 생각하고 있는 것의 맥락 속에서 정보를 해석하고 의미를 부여하기 위해 여러 개념, 아이디어, 이론 등을 이용한다.
7. 우리는 정보를 해석한 다음 추론, 함의, 결론을 도출해낸다.
8. 우리는 이렇게 도출된 결론에 근거해서 행동할 경우 무슨 일이 일어날 것인지 생각하기 위해 이 결론을 더욱 확장시킨다.
9. 이 과정은 반복적으로 이루어지기 때문에 우리는 결론에 대한 우리의 생각과 본래의 데이터를 비교하는 한편, 이 결론의 결과가 우리의 관점에 도움이 되고 우리의 가정과 일치하는지의 여부를 확인할 수 있다.

비판적 사고의 원칙은 아래와 같다.

- 명료성
- 정확성 혹은 진실성
- 정교함
- 관련성
- 깊이
- 폭
- 논리
- 유의미성
- 공정성

비판적 사고는 지적 특징을 개발하기 위해서 지적 기준을 논증의 요소들에 적용한다. 비판적 사고의 목표는 다음과 같다.

- 사고과정에서 편향성을 극복한다.

- 철저하고 정확하게 사고한다.
- 모든 관련 데이터를 고려한다.
- 우수한 결과를 보장하기 위해서 사고과정에 하나의 방법을 적용한다.
- 관련 문제의 목적에 충실한 결과를 이끌어낸다.
- 모든 관련 문제와 관점을 고려하는 결론과 권고를 이끌어낸다.
- 참여자들에게 최적의 결과가 될 수 있는 결론을 이끌어낸다.

비판적 사고의 요소들은 아래와 같다.

- 목적에 대한 초점
- 문제에 대한 초점
- 정보수집
- 데이터에 대한 해석과 추론
- 개념, 이론, 정의, 공리, 법칙, 원칙, 모델에 대한 초점
- 가정에 대한 규명과 관련 맺기
- 함의와 결론 도출
- 이해관계자들의 다양한 관점에 대한 이해와 고려

비판적 사고의 지적 특징은 아래와 같다.

- 지적 겸손함
- 지적 용기
- 지적 공감
- 지적 무결성
- 인적 인내심
- 이성에 대한 믿음
- 공정성

문제의 근원은 아래와 같다.

모든 문제는 우리가 원하는 목표를 향해 나아가는 길의 방해물에 대한 인식의 결과이거나 혹은 어려움을 피하고자 하는 투쟁이다. 문제는 주변환경이나 타인들에 대한 우리의 입장을 유지하거나 발전시키고자 하는 열망과 이에 대한 방해물을 극복해야 할 필요성으로부터 발생한다. 인지가 가장 중요하다. 사람들은 자신이 처한 상황이

동일하거나 개선되었다고 인지하는 경우 수용이 뒤따르게 된다. 그러나 자신의 위치가 손상되었거나 변화하고자 하는 노력이 가치가 없다고 인지한다면 불만족과 갈등이 발생하게 될 것이다.

모든 감정적 고통은 오로지 아래와 같은 세 가지 요소들에 근거하고 있다.

1. 하나의 아이디어, 일 혹은 개인에 대한 집착
2. 하나의 아이디어, 일 혹은 개인에 대한 거부감
3. 하나의 아이디어, 일 혹은 개인에 대한 망상

감정적 고통으로부터 갈등이 발생하고 갈등(특히 모든 이해관계자들의 전반적인 행복을 위해서 근본적인 문제를 해결하지 못하는 갈등)은 고통을 지속시켜 준다. 우리는 있는 그대로를 받아들임으로써 고통을 최소화할 수 있다. 수용이 가능하지 않은 경우 우리는 비판적 사고의 문제해결을 이용해서 결과를 최적화할 수 있다.

몇몇 문제들은 우리가 이것을 그 자체로 바라보기 때문에 문제가 되는 것이다. 이러한 문제들(우리가 바라보는 문제들)은 다른 사람들에게 문제로 여겨지지 않을 수 있다. 왜냐하면 다른 사람들은 이 문제들을 그 자체로 바라보지 않기 때문이다. 만족(문제가 없는 것)에 대한 전반적인 수준은 권리 요구의 관점 대신에 고마움의 관점에서 바라볼 때 크게 높아질 수 있다.

CHAPTER 5

자산 특성화와 식별

서 론

이번 장에서는 좋은 분석의 기본이 되는 비판적 사고의 맥락에서 단체의 자산을 식별하고 특성화 하는 방법을 배울 것이다. 이것은 중요도와 피해결과 분석(6장), 그리고 확률분석(위협분석은 제외)과 취약성 분석, 그리고 마지막으로 앞에서 언급한 모든 세 가지 분석으로 구성되는 위험분석의 기본이다.

이 론

위험평가의 첫 단계는 위험에 노출되어 있는 자산을 이해하고, 그것이 단체의 임무에 미치는 중요도를 결정하고, 자산이 피해를 입을 경우 발생할 수 있는 피해결과를 결정한다. 간단히 말하면, 위험은 오직 자산에 한해서만 존재할 수 있다.

실 습

자산목록

당신이 작성하는 자산의 목록은 다음의 모든 단계에서 사용될 것이다.

■ 자산·공격 매트릭스 : 어느 자산이 어떤 종류의 침입방법이나 무기, 그리고 공격작전에 취약할 것인가.

■ 중요도 및 피해결과 매트릭스

■ 취약성 매트릭스 : 나열된 자산목록의 취약성을 구축

■ 감시 매트릭스 : 나열된 자산의 감시 기회를 구축(취약성의 하나의 구성요소)

■ 자산 목표 값(asset target value) 매트릭스

- 테러
- 폭력범죄
- 경범죄
- 경제범죄
- 체제전복범죄

■ 위해(hazards) 매트릭스

- 안전 위해
- 자연재해 위해
- 인위적 위해

■ 위험분석 매트릭스(취약점과 자산 표적 가치의 합성)

자산 분류

이런 모든 매트릭스 개발의 첫 단계는 자산의 종합적인 목록을 작성하고 그것들을 아래의 네 가지 유형으로 분류하는 것이다(그림 5.1). 모든 단체의 자산은 네 가지 주요 범주로 나누어진다.

1. 사람
2. 재산
3. 정보자산
4. 사업평판

그림 5.1 자산의 유형

사람 : 사람 범주에는 관리자, 직원, 협력업자, 공급업자, 방문자, 그리고 고객이 포함될 것이다. 각 단체의 종류에 따라 역시 다른 독특한 범주목록을 가질 수 있다. 사람은 테러와 폭력범죄의 주요 목표가 된다.

재산 : 재산 범주에는 부동산, 설비시설, 가구와 장비, 물자, 현금 보유분, 은행계좌 등이 있다. 재산은 경제범죄의 주요 목표가 된다.

정보자산 : 정보자산에는 종이서류, 컴퓨터 파일, 양식, 그리고 기록이 있다. 정보자산 역시 그것이 제공해 주는 정보가 범죄 혹은 테러행위를 수행하는 데 필요하기 때문에 경제범죄의 주요 목표가 된다.

사업평판 : 사업평판은 따로 설명할 필요가 없다. 단체에 대한 어느 정도의 평판으로도 발돋움할 수 있다. 그 단체가 가지게 될 평판은 그 회사에 대한 일반적인 지식이나 회사를 창립한 인물, 기업 선전, 위치, 건물의 종류 등에 대한 인상의 결과일 것이다. 그것은 사람들이 오로지 단체로부터 무엇을 기대할 수 있는지에 대해서만 인상을 받는다는 것이다. 단체가 그들이 속한 지역에서 서비스를 제공하기 시작함에 따라 그 지역 사람들이 단체와 실질적인 상호작용을 하거나 혹은 그것에 대해 듣거나 언론보도로 접하면서 새로운 느낌으로 발전되어 가면서 그 인상은 더 확고해지거나 사라진다. 만약 사업평판을 잃게 된다면 단체 전체의 중요한 자산을 파괴할 수 있다.[1)]

예를 들어, 어떤 항공사가 언론보도에서 그들이 업계에서 최고라고 발표되거나 승객들이 그 항공사를 이용해 만족스러웠다는 평판을 그들의 동료로부터 전해 듣게 되면서 두각을 나타낼 수 있다. 이것과 마찬가지로 부정적인 언론과 입소문에 업계 전체가 고난을 겪을 수도 있다. 그러나 부실한 유지보수 또는 관리 태만으로 발생한 단 한 번의 항공사고는 그 항공사에 대한 좋은 느낌들이 모두 사라지게 되고 그 사업을 한순간에 파괴할 수 있다. 한 단체의 사업평판은 그들의 상품이나 서비스를 시장에 팔기 위한 지원을 만들어 주므로 그 단체의 임무수행에 있어 필수적이다.

인터뷰

나는 보통 인터뷰로 위험분석 프로젝트를 시작한다. 인터뷰는 단체의 자산에 대한 정보의 출처이고, 이해관계자에게 프로젝트의 목적과 과정을 소개하는 것을 도우며, 당신이 그들의 참여 의지를 얻는 것을 돕는다. 보통 단체의 프로젝트 관리자로 임명되는 주요 이해관계자에게 하는 전형적인 시작 인터뷰는 그에게 위험분석 프로젝트를 소개해 주는 것이다. 주제는 다음과 같다.

---

1) www.bloggingstocks.com : Peter Cohan, "Companies that vanished : Arthur Anderson succumbs to the lure of big money," June 8, 2008. "Arthur Andersen (1913 to 2002) spent decades as a leading accounting and consulting firm. Founded in 1913, it was once a member of the 'Big 8' accounting firms, which later became the 'Big 5.' Andersen was the accountant for MCI and Worldcom.… The lesson is to resist the lure of big money to pull you away from your values. Enron's pile of cash was irresistible to Andersen's leaders. And their lack of moral fiber cost a storied and proud firm its existence."

■ 단체의 임무 상태

■ 단체가 개발해 온 프로그램과 그것들이 단체의 임무 상태와 어떻게 관련되어 있는지

■ 프로그램을 지원하기 위한 단체의 자산목록

• 물리적 자산
  - 부동산
  - 차량
  - 설비, 가구 및 장비
  - 정보기술 장비

• 사람
  - 선임 관리자
  - 관리자 및 직원
  - 협력업자 및 공급업자
  - 방문자 및 고객

• 독점정보
  - 고유한 비즈니스 프로세스
  - 고객 리스트
  - 중요한 기록
  - 전략계획

• 단체의 사업평판 - 여기서 나는 단체의 사업평판을 특성화해 줄 것을 요청했다.

■ 이 위험분석이 수행되고 있는 이유

• 분석을 유발하게 만든 결정적인 사건이 있었는가?

• 분석으로부터 나온 결과로 개발되거나 수정된 방호 프로그램이 있을 것인가?

• 이것은 보험회사의 요청인가?

■ 지난 5년 동안 각 부지 내에서 어떤 안전사건이 발생하였는가?

• 테러사건 혹은 위협

• 폭력범죄
  - 중범죄
  - 폭행
  - 강도
  - 강간
  - 살인

• 경제범죄
  - 장비 도난
  - 도둑
  - 침입
  - 약탈
  - 정보 도난
  - 차량범죄(차량으로부터 혹은 차량의 도난)

• 체제전복 행위
  - 사회운동 활동
  - 시민 혼란
  - 폭동
  - 시위

- 협박
- 방해공작
- 직장에서의 마약
- 기업 스파이

• 사소한 범죄
- 지갑 날치기
- 소매치기
- 매춘
- 책상 위 물건 훔치기
- 공공기물 파손
- 다른 사소한 범죄

이 정보의 대부분은 위험분석 프로젝트관리자 또는 안전감독이나 관리자로부터 나올 수 있다. 어느 부서든지 그 책임자를 인터뷰하는 것은 매우 유용한 일이다. 인터뷰 역시 피상적이거나 광범위해질 수 있다. 그것들은 프로젝트의 범위에 비례할 것이다. 내가 2주 (시 정부의 모든 부서) 동안 수행했던 프로젝트의 인터뷰에 2시간이 걸린(고층 빌딩의 오피스룸) 것이 있었다. 인터뷰한 사람들의 이름, 직책, 부서 그리고 연락처(전화 혹은 e-mail)를 포함한 리스트를 보관하라. 노트를 보관하라 - 나는 표준 인터뷰 양식이나 Microsoft OneNote® (프로젝트 구성과 필기도구)를 사용한다.

시설 및 자산목록

단체의 모든 자산적 측면을 평가할 이 책에 나온 모든 매트릭스를 위해 완전한 시설 및 자산목록이 요구된다. 이 목록은 종합적이고 포괄적이어야 한다. 하지만 데이터 분석 핵심의 과도한 숫자 때문에 극단적인 수준의 세부사항을 필요로 하지는 않는다. 불필요한 데이터는 피해야 한다. 예를 들어, "장비"와 "사무실 장비"를 둘 다 포함시키지 마라. 일반적으로 목록은 아래와 같은 어떤 것을 포함해야 한다(들여쓰기한 것은 명확성을 위한 예일 뿐이다.).

■ 사람
• 선임 관리자
• 협력업자
• 방문자
• 관리자 및 직원
• 공급업자
• 고객

■ 재산
• 부지
• 지하주차장 층
- 차량 입구
- 승객 엘리베이터 로비
• 타워 1

- 지하층
- 로비 층
- 비즈니스센터
- 호텔 객실 층
- 승객 엘리베이터
- 화물 엘리베이터
- 화재계단
- 하역장
- 회의 및 컨퍼런스 룸
- 레스토랑 층
- 프리미어 호텔 객실 층
- 승객 엘리베이터 로비
- 화물 엘리베이터 로비
- 유틸리티 및 기계구역

• 타워 2
- 하역장
- 임차인 사무실
- 승객 엘리베이터
- 화물 엘리베이터
- 화재계단
- 로비 층
- 무상임대 사무실 층
- 승객 엘리베이터 로비
- 화물 엘리베이터 로비
- 유틸리티 및 기계구역

• 쇼핑몰
- 하역장
- 주요 광장
- 건물 뒤 공간
- 승객 하차구역
- 이벤트 공간

• 저층건물
- 로비구역
- 사무실 층
- 선착장

■ 정보자산

• 정보공학시스템
• 음성통화시스템
• 전자방호시스템
• 종이서류

■ 사업평판

위의 것들은 어떤 종류들의 자산목록이 있는지에 대한 예일 뿐이다. 그 목록은 포괄적일 수 있도록 충분한 규모여야 하지만 비슷한 분야에서 비슷한 종류의 자산을 반복 나열하지 않도록 너무 커도 안 된다. 다수의 부지를 가진 단체를 위해, 필요할 경우 이 목록을 보강할 수 있다.

위의 자산의 각 범주(사람, 재산, 정보, 평판)는 책이 진행되고 분석 매트릭스로 들어감에 따라 세심하게 주의해야 할 것이다. 기억하라. 위험분석은 상세한 기록으로부터 얻은 텍스트 혹은 이 책에서 설명한 상세한 매트릭스를 사용한 어떤 품질의 프로그램을 사용해서 수행할 수도 있다. 나는 한 종류의 분석을 다른 것들 위에 올려놓을 생각은 없다. 모든 것은 좋은 분석가에 의해 질적으로 잘 작동될 수 있다.

우리가 이 책을 진행함에 따라 당신은 다차원적이고 많은 관점으로부터 어떻게 단체의 각 자산을 철저하게 평가하는지를 배울 것이다. 그 결과는 아주 철저한 분석이 될 것이다. 이 과정은 사무실 같은 아주 작은 프로젝트에서는 생략될 수 있지만, 분석적인 과정의 철저한 이해는 모든 프로젝트에서 성공적인 결론으로 당신을 안내할 것이다. 이런 모든 도구와 방법의 사용은 미국 국토안보부(DHS)에서 승인된 방법론과 일치한다고 확신한다.

만약 당신이 어떻게 분석을 수행하는지에 대한 예로 이 책에 나온 소프트웨어 템플릿을 사용해보려 한다면, 그런 템플릿들은 규모에 상관없이 모든 프로젝트에서 유용할 것이다.

조사

조사는 인터넷, 전화, 그리고 기록조사를 포함한다. 3장은 조사도구들의 좋은 기초를 제공한다.

설문조사

설문조사는 분석에 대한 이해를 가장 많이 도울 수 있다. 설문조사에서 아래와 같은 종류의 정보들의 부분과 전체를 발견할 수 있다.

■ 환경적인 맥락

나는 단체가 특정한 시설에 거주하는 동안 단체에 대해 환경에 의한 모든 것을 할 것이다. 이것은 물리적, 방호, 정치적, 날씨, 영업시간, 영업의 제한사항, 그리고 주변 요인을 포함한다.

- 시설이 거주하는 지역에 대한 정보 : 이것은 국가, 주, 도시, 이웃, 그리고 도로(그리고 해당하는 경우 수로와 철도)에 대한 정보를 포함해야 한다. 이것은 생소한 독자들에게는 눈에 잘 띄지 않을 요소들을 분석가나 독자들에게 더 잘 이해할 수 있도록 돕는 맥락을 제공한다. 예를 들어, 만약 오직 하나의 접근 도로만이 있고 그 건물이 강 뒤편에 위치하고 있다면, 이것은 피난로가 필수적일 수 있도록 영향을 미칠 수 있다. 윗동네에 사는 상당한 양의 독성 화학물질을 보관하고 있는 이웃에 대한 정보를 얻었다고 예를 든다면, 피난보다 대피소가 누수에 대비해 실행 가능한 유일

한 선택지가 될 수 있다.

• **정치적인 요소 :** 정치적인 요소는 종종 간과되긴 하지만, 그것은 단체의 안전에 심각한 영향을 줄 수 있다. 특히 내부적인 정세가 어지러운 국가나 그들의 이웃나라와 취약한 관계를 가지고 있는 국가에서 잘 나타난다. 예를 들어, 인도나 파키스탄의 어느 주요 도시에 있는 단체는 그곳의 정치적인 사건의 위험에 노출되어 있다. 내 친구는 시위가 커져 폭동으로 번졌을 때 파키스탄 주재 미국 대사였다. 하루가 지나 지하의 세이프 룸에서 나타난 그의 전 직원들은 대사관 전체가 타고 재만 남아 있는 것을 발견할 수 있었다.

• **사회적인 요소 :** 사회적인 요소는 단체의 방호에 영향을 끼칠 수 있다. 예를 들어, 로스앤젤레스 캘리포니아에서는 로드니 킹 재판 이후에 인종적인 갈등이 폭동으로 번져 많은 사업체와 정부시설을 포함한 도시의 대부분이 파괴되었다. 과거에 그곳에서 폭력사태가 일어났었는지의 여부에 관계없이 도시나 주, 혹은 국가의 집단끼리 약간의 사회적인 긴장이라도 있는 곳이라면, 시민혼란이 일어날지 모르는 만일의 사태에 대비해야 한다.

• **안전적인 요소 :** 이것들은 경찰의 대응시간과 과거에 일어났던 사건들을 포함한다. 과거에 일어난 중요한 사건들은 그것들의 해결책과 함께 기록해야 한다. 그 지역, 도시, 그리고 부지에서의 보편적인 안전에 대한 동향 역시 기록해야 한다.

• **날씨와 자연환경 상태 :** 이것은 혹한이나 평균적인 날씨, 강우량, 폭설 휴일, 자연재해의 가능성 등을 포함한다.

• **운영 및 영업시간 :** 운영 및 영업시간은 도둑이나 야간근무자에게 남용될 수 있는 시설의 취약성에 영향을 미친다. 만약 시설이 다른 부서와 다른 업무시간을 가지고 있다면 각각 기록하라.

• **영업제한 :** 발전의 장애물, 위험성 등을 나열하라.

• **주변요소 :** 주변 사업체가 독성 화합물을 저장하고 있다면, 해당 기업의 재해 조정계획은 무엇인가? 근처에 크거나 잠재적인 폭력시위를 일으킬 수 있는 나라의 대사관이 있는가? 안전과 방호에 영향을 끼칠 수 있는 어떠한 주변요소라도 기록하라.

■ 지형적 맥락

• **시설이 위치하고 있는 지형에 대한 정보 :** Google Maps®이나 다른 서비스를 사용해 강, 계곡, 주요 도로, 소방서, 그리고 경찰서와 같이 시설과 관련이 있는 주요 환경적인 요인들에 대한 도면을 만들어라.

• **도로, 항공, 철도, 그리고 해로의 입출 :** 부지에 접근하는 경로들을 평가하라. 유형별

접근 경로(헬기 착륙장, 수상 택시, VIP 전용도로, 선착장 등)와 취약점이 될 만한 특별한 요소를 기록하라. 교통의 정체구역, 사고위험지역 등 VIP의 도착이나 출발을 지연시키는 곳을 검토하고, 어느 길로 어떤 종류의 교통수단이 접근성이 용이한지를 기록하라.

- **펜스 동선의 접근성** : 보행자와 차량이 펜스의 어느 지역을 통해 출입하는가?
- **자연재해 대비 견고함** : 폭풍 대비 벽, 방수재 등을 기록하라.
- **인위적인 침입에 대한 견고함** : 이 옆 펜스의 동선, 종류와 높이, 유지보수 수준, 취약점, 출입구의 위치, 그리고 문 너머에 무엇이 있는지(도로, 수로, 목초지) 기록하라. 다리나 다른 구조물에 매달려 부지 내로 뛰어내릴 수 있는 접근로도 기록하라.
- **건물의 유형** : 층수와 제곱피트/미터, 그리고 부서에 할당된 공간, 기능, 수용인원을 포함한 건물의 사용유형과 건축유형의 목록을 만들어라.
- **은폐된 통로** : 약한 출입문, 맨홀, 터널, 그리고 감춰진 접근로의 목록을 만들어라.
- **접근통제 위치와 장비 · 절차 · 업무시간** : 어느 빌딩의 경계구역이 침입에 주로 이용되어 유지보수를 해야 하는지 목록을 만들어라. 고용인, 협력업자, 공급업자, 방문자의 접근을 통제할 절차를 확인하라. 어느 접근통로로 어떤 유형의 사람들이 언제까지 통행할 수 있는지 업무시간을 확인하라.

■ 조직적인 맥락

조직적인 맥락은 방호환경에 영향을 주는 단체의 운영요소를 포함한다. 이것들은 시설의 일상적인 운영에 관한 측면들을 포함한다. 이런 상호작용이 단체나 직원들을 대상으로 한 범죄의 기회를 만들어 냄으로써 여기에 일반적인 범죄손실이 발생한다.

- **기능적인 조직도** : 기능적인 조직도를 얻으라. 이것은 단체의 각 관리자들이 업무에 종사하는 부서의 계층구조를 보여주는 문서이다. 이것은 역시 각 부서나 그 인원들의 업무 현장이나 맡은 임무를 보여주거나 언급하는 문서여야 한다. 단체의 방호부서 및 그 인원의 위치가 특히 중요하다.
- **조직적인 요소** : 조직적인 요소는 어떻게 각 부서가 단체의 총체적인 임무수행을 위해 서로 협력하는지 상세히 설명한다.
- **기능적인 요소**
  - **고객** : 단체는 누구에게 서비스를 제공하는가? 각 부서는 누구에게 서비스를 제공하는가? 어떤 부서는 단체 밖의 고객에게 서비스를 제공하고 또 어떤 부서는 단체의 일부인 고객에게 서비스를 제공한다(즉, 단체의 다른 부서).
  - **서비스를 제공해 주는 협력업체** : 단체의 부서는 그들이 필요로 하는 서비스를 얻기

위해 누구에게 의존하는가? 이런 단체 밖 협력업체들이 때론 단체의 계획이나 프로젝트에 민감한 정보나 물리적 자산으로의 접근통로가 되어 주기도 한다.

- **직원의 수, 공간 배정** : 직원들에게 공간을 어떻게 배정했는가? 각 부서에 몇 명의 직원이 소속되어 있는가?
- **출입통제 요건** : 각 부서에 출입통제의 필요가 있는가? 직원, 협력업자, 공급업자 및 방문자에게 어떤 선별이 필요한가? 예를 들어, 공급업자에게 모든 부서의 방문을 허가하는 것 대신에 판매부서나 대표 담당부서를 포함한 한정된 구역만 출입할 수 있도록 하는 것이 가능한가? 적극적인 출입통제가 필요한가? 단체가 방문자를 직접 안내하거나 출입권한이 정해진 출입증을 발급해 출입통제를 하는 것이 필요한가? 이런 출입권한 통제는 방문자가 들어올 때와 나갈 때 모두 사용할 필요가 있는가?
- **기밀정보 보호 요건** : 어떤 종류의 기밀정보가 각 부서에서 보관되고 사용되고 있는가? 기밀정보가 특정 구역에 제한되어 있는가? 또는 그 정보를 많은 곳에서 접근할 수 있는가? 협력업자, 공급업자 및 방문자가 부서를 방문했을 때 기밀정보 방호에 관련된 부서 내 정책이 있는가? 기밀정보 지정이나 보관에 관한 정책이 있는가?
- **업무시간** : 각 부서의 업무시간은 얼마나 되는가? 청소, 시설 유지보수나 협력업자가 방문할 수 있는 시간은 얼마나 되는가?
- **주차** : 주차공간은 방문자, 직원, 관리자, 협력업자 및 공급업자에게 충분한가? 협력업자가 트럭을 주차하기에 충분한 공간이 있는가? 하역장에 적합한 대기열이 있는가? 다른 업무시간에 맞추어 다르게 운영되는 주차공간이 있는가?
- **차량 출입** : 주차나 정문 출입을 어떻게 통제할 것인가? 다른 크기의 차량 접근을 제한하는 것이 가능한가? 예를 들어, 영내로 들어오는 차량의 하부를 검사할 필요성 때문에 이루어졌지만, 사실 차량 아래에 설치되는 폭탄은 일반적으로 아주 작다. 그것들은 오직 차량의 소유주를 암살하기 위해 사용되는 것 이외에 차량에 아주 근접하지 않는 다른 이에게는 특별한 위협이 있다고 입증되지 않았다. 그런 폭탄은 일반적으로 시설에 총체적인 위협이 되지 않는다. 특히 큰 트럭 같은 차량을 구조적으로 튼튼한 구역에만 출입 가능하게 만드는 출입통제가 훨씬 더 중요하다.
- **하역장 배송·수송** : 위험성이 높은 시설로의 배달은 모든 배달이 확인될 수 있는 부지와 떨어진 수송전용 하역장에서 이루어지는 것이 이상적이다. 수송전용 하역장으로부터 포장을 씌운 통제된 차량으로의 배달은 미확인 차량으로부터 시설의

안전을 보장할 수 있다. 그것이 아니라면, 하역장은 정문이나 정면 유리벽으로부터 멀리 떨어진 곳에 위치해야 한다. 가능하다면, 차량은 시설로부터 약간 떨어진 거리에서 대기하고, 검사받고, 봉인되어야 한다. 위험·절도 경감 전략을 포함하여 하역장에서의 배송·수송의 물리적인 환경과 운영환경에 대한 모든 것을 기록하는 것이 중요하다. 이런 전략들이 실제로 고착되었는지 확인하기 위해 그 지역에 충분히 머무르려 노력하라.

– **우편배달실** : 하역장에서의 배송·수송과 마찬가지로, 우편배달실은 시설로 들어오는 소포를 다룬다. 이것도 가능하면 부지 밖에서 이루어지는 것이 제일 좋으나 거의 이루어지지 않는다. 우편실은 해로운 화합물이나 생물학적 유해물이 소포에서 발견되었을 때 쉽게 차단할 수 있는 장소에 위치하는 것이 중요하다. 따라서 우편실은 생물학적 유해물이 발견되었을 때 외부로부터 들어온 공기를 잡아두고 있기 위하여 음압환경으로 만들어지는 것이 이상적이다. 특히 유해 화학물 및 의심스러운 소포를 다루기 위한 정책과 우편실의 물리적인 환경, 운영환경을 기록하라.

■ 방호 맥락

- **물리적 방호 취약점** : 운영환경에 대해 완전히 이해한 후에, 이런 운영환경에서 위협 관계자에게 악용될 수 있는 물리적인 방호의 취약점을 기록하라. 이것들은 의도하지 않은 출입 장소/절도, 사기, 협박에 의한 정상적인 출입 장소의 남용/위협 관계자가 흥미를 가질 만한 유형의 자산을 포함한다.
- **협력업자, 공급업자, 그리고 방문자 신원조회** : 어떻게 이런 정기 방문자들에게 접근권한을 부여할 수 있을까? 협력업자와 방문자에게 출입증이 발급되거나 정기적이나 간헐적인 방문자들에게 안내 서비스가 제공되는가? 안내 불가능한 지역의 정기 또는 간헐적인 방문자에 관한 정책은 무엇인가?
- **조명수준** : 주차장, 격납고 및 통로의 야간조명의 수준은 어떠한가? 업무시간 외에 어느 지역에서 위협 관계자를 방지하기 위한 조명을 켜놓는가? 빌딩 근처의 조명들이 초소에서 접근 인원의 행동을 감시할 수 있을 정도로 충분한가?
- **방호구역** : 빌딩의 방호구역을 어떻게 나눌 것인가?(공공적인, 반공공적인, 통제된, 제한된 구역) 이런 구역들은 공식적인가? 비공식적인가? 그들은 출입통제시스템이나 방호요원 또는 비공식적인 수단에 의해 관리되는가? 직원, 협력업자, 그리고 방문자는 소지하고 있는 출입증으로 출입권한을 명백히 부여받고 있는가? 아니면 방호제지가 없어 누군가 길을 잃을 수 있는가?

- 방호조직의 종류
  - **방호관리자** : 단체의 방호관리자 자격수준은 어떠한가? 방호관리자는 그 역할수행을 위해 잘 훈련되고 경험이 많아야 한다. 종종 최소한의 자격을 갖춘 이들이 이런 중요한 역할을 맡곤 한다. 내가 C단계의 임원들에게 그들의 중요부서 관리자들의 자격에 대해 물어봤을 때, 그 임원들은 종종 그들이 부서의 관리자 선별에 얼마나 공을 들였는지와 그들의 주요 자격요건에 관하여 아주 자랑스럽게 얘기한다. 그 후에 같은 질문을 방호담당자에 관해서 물어보았을 때, 방호직원으로 일해본 적도 없이 어떤 교육이나 훈련도 받지 않은 채로 관계없는 부서에서 그 자리로 진급하는 경우가 종종 있다고 대답하였다.
  - **직원 · 순찰견 · 협력업체** : 직원, 협력업체, 순찰견을 포함한 방호직원의 수는 얼마인가? 그 수는 경비나 순찰을 돌거나 직원의 업무량에 맞게 충분한가?
  - **정책과 절차** : 단체의 방호정책과 절차를 검토하라. 각 부분의 구성도, 완성도, 연관성을 기록하고 시설의 기능적인 조직과 그 임무를 작성하라. 만약 정책과 절차가 지속적으로 참조되고 사용된다거나 방호담당자가 이것들을 조사해야 한다면 기록해 놓아라. 정책과 절차는 관련 법률, 코드, 기준을 참조하여 만들어져야 하고, 그것이 가능한 업계의 모범사례를 기반으로 하거나 최소한 적용된 업계의 사례를 기반으로 해야 한다.
  - **작업 및 업무시간** : 방호부서와 인원, 그리고 그 구성요소의 작업 및 업무시간은 얼마나 되는가? 방호관리, 고객 서비스, 출입증 발급, 그리고 경비나 순찰업무 시간은 얼마나 되는가?
  - 관리자 및 직원 교육
    - ▶ 신입 방호직원을 위한 교육 요구와 방호관리자나 직원을 위한 지속적인 교육 프로그램에 대한 요구
    - ▶ 방호관리자에 대한 교육은 특히 방호업무에 초점을 맞춰서 안전에 관한 모든 분야를 망라해야 한다. 단체는 방호관리자에게 특히 평생교육 단위(CEUs)를 제공하는 지속적인 훈련을 시키기 위한 예산을 편성해야 한다.
    - ▶ 모든 직원의 교육은 정책과 절차에 기반해야 한다. 이것들은 교육과 관계가 없는 것이 아닌 그 기초이다. 모든 교육은 법, 코드, 그리고 정책과 절차에서 비롯되었다.
  - 프로그램
    - ▶ **경비와 순찰** : 그곳에 몇 명의 경비가 있는가? 그리고 몇 번의 순찰을 도는가? 순찰은 걷거나 자전거, 혹은 차량을 사용하는가? 경비와 순찰을 도는 시간은

언제인가? 비디오가 순찰의 품질을 높이기 위해 활용되고 있는가? 경비는 순찰 도중 어떤 것을 발견할 수 있도록 훈련받고 있는가? 어떻게 기록을 남기고 있는가? 경비는 긴급하거나 중요한 발견을 했을 때 그것을 어떻게 전달하는가? 또 그것들을 전달받고 어떤 조치를 취하는가? 그런 조치를 위해 수정된 정책들이 있는가?

- **ID 출입증** : 대부분의 단체들은 그들의 출입통제 프로그램을 강화하거나 사용자와 그들이 출입하는 구역을 확인하기 위하여 방호 출입증을 사용한다.
- **방호교육 프로그램** : 방호교육 프로그램은 어느 단체 내에서 방호문화를 멀리 퍼트리는 데 중요한 역할을 한다. 좋은 방호교육 프로그램은 서면 및 구두요소를 포함해야 한다. 서면으로 작성된 요소는 방문자와 직원을 위한 유인물과 신문이나 새로운 신용카드 사기 방식에 대한 경고 같은, 단체에 영향을 미치는 특이사항을 경보해 주는 e-메일 프로그램을 포함한다. 이것들은 종종 단체의 직원들에게 아주 높게 평가되고 방호문화 성립에 도움을 주며, 그 단체를 구성하는 구성원들의 머릿속에서 방호단체의 자부심을 강화한다. 방문자와 직원을 위한 구두안내와 유인물로 길을 찾도록 도와주고, 새로운 직원에게 그들의 책임감과 단체의 방호정책을 이해하도록 도와준다. 그 요소들과 취약점을 검토하고 기록하라.
- **조사** : 많은 단체들은 내부 범죄를 방지하고 외부와 결탁해 단체의 이익에 반하는 행위를 하는 직원을 찾아내고 기소하기 위해 자체적으로 내부조사 프로그램을 가질 필요가 있다. 방호관리자는 조사와 심문에 훈련되어 있어야 하고, 그들의 권리와 책임에 관한 법을 모두 알아야 하며, 조사를 받을 직원이나 그 주변 인물의 권리에 대해서도 알고 있어야 한다.
- **법률 집행기관에 통보** : 좋은 방호 프로그램에서 중요하지만 때론 간과되는 것은 법 집행 통보 프로그램이다.
- **비상관리 프로그램** : 위기관리 프로그램이라고도 불리는 이 프로그램은 시민혼란, 폭동, 모든 종류의 자연재해, 폭파위협, 폭파사건, 총기사건, 긴급의료 상황 등의 우발적인 상황을 대비하는 계획을 포함한다. 그 요소들과 취약점을 검토하고 기록하라.
- **재난복구 프로그램** : 모든 단체의 중요한 계획의 일부는 위기관리 프로그램과 재난복구 프로그램을 모두 포함하고 있다. 방호부대에는 이 두 가지가 필수적이다. 그 요소들과 취약점을 검토하고 기록하라.
- **정보 프로그램** : 좋은 정보 프로그램은 위험성이 높은 시설을 위한 총체적인 안

전 프로그램의 중요한 구성요소이다. 그 프로그램은 상업적인 정보의 뉴스 공급과 미 연방수사국(FBI)의 인프라가드(Infragard)나 미국 비밀수사국의 보도 프로그램 같은 공공기관 보도를 포함해야 한다. 단체의 방호관리자는 그들의 전반적인 위기상황에 정보를 대입해 갑자기 생긴 위험에 대해 단체의 관리자에게 조언하고, 그것에 맞서 어떤 조치를 취하기 위해 정보분석의 기본적인 훈련을 받아야 한다.

－상위 관리자를 위한 방호 프로그램의 우선사항

▶ **예산** : 그들이 지켜야만 하는 자산 대비 방호단체의 예산은 얼마인가? 장비나 조직의 상태에 관해서 그 안전단체가 어떻게 보이는지 살펴보라. 이것들은 종종 예산이나 임무수행이 가능한 예산이 적용되어 있는지의 그 효율성에 대한 단서가 된다(관리수준에 대한 단서). 안전단체가 다른 부서의 시설이나 장비의 수준과 비교해 봤을 때, 비슷한 수준인지 아니면 상당히 떨어지는 수준인지를 살펴보라.

▶ **지위** : 지위는 방호담당자(지도자, 관리자, 감독관등)에게 무엇을 줄 수 있는가? 그는 CEO나 사장에게 직접 연결할 수 있는 보고체계를 갖추고 있나? 시설에서의 중요성과 그 지위가 비례하는가? 나는 모든 단체에서 사장이나 CEO에게 직접 연결되는 보고체계가 필요하다는 것을 옹호하지는 않는다. 그러나 금융기관 또는 NGO[2])와 같이 방호가 단체의 임무에 핵심적인 부분을 차지하는 곳에서는 보고의 직접 연결체계가 있는 것이 그들의 임무 달성을 위해 필수적이다.

▶ **조직** : 방호는 오직 그 부서에서만, 그것이 원래 받아야 할 관리를 중점적으로 받을 수 있다. 예를 들어, 만약 방호부대가 시설관리 부서의 통제 아래에 있다면, 방호는 청소와 공급과 유사한 상품으로 다루어질 것이고 부서의 장은 시설관리 부서가 어디서나 그러하듯이 모든 수단을 다해 비용을 절감하려 노력할 것이다.

▶ **교육 및 통신** : 부서의 관리자는 방호과제와 단체의 임무를 지켜야 하는 역할을 이해하기 위해 훈련된 방호전문가여야 한다. 규모가 큰 단체 및 높은 방호위험을 가진 단체에서의 방호기능은 사장이나 CEO에게 직접 보고할 수 있는 보고체계를 가져야 한다. 만약 아니라면, 방호관리자의 메시지가 이것을 보고하는 부서의 장에 의해 걸러지게 될 것이다. 이것은 CEO나 사장이 받게 될 메시지가 희석, 왜곡 또는 삭제될 것이 확실하며, 방호책임자는 CEO나 사장의 메시지

2) NGO는 UN(United Nations)같은 비정부 단체이다.

가 전달되는 시점에서 그 방에 있던 다른 사람들의 부주의함이나 정보가 부족한 대답에 대응하는 것조차 불가능하게 만들 것이 확실하다. 나는 실제로 부서의 장이 방호 관련 메시지를 CEO나 사장에게 보고하는 현상이 매번 일어나는 것을 보았다.

– **물리적 · 정보적 방호 프로그램 간의 인터페이스** : 방호 프로그램과 정보공학 방호 프로그램 사이에는 종종 잘못된 차이가 존재한다. 이것은 단체에 전혀 도움이 되지 않지만, 두 기능은 종종 완전히 다른 부서에서 수행되면서 파생되는 등의 분리가 발생하는 것이 자연스럽게 여겨진다. 두 프로그램들은 상호 지원해야 하며 거기에 접합점이 있다고 확신할 수 있도록 상호 개발되는 것이 이상적이다. 가능하다면, 물리적 방호담당자와 정보통신 방호담당자가 적어도 일주일에 한 번씩은 점심을 같이 하면서 걱정거리를 공유하고 서로 밀접한 업무관계를 만들어 갈 것을 추천한다.

도 구

이 책의 주요 이점 중 하나는 위험분석에 접근하는 스프레드시트를 가르치는 것이다. 당신은 아마도 발견한 것을 문서화하고 평가하고 계산을 수행하기 위해 이 접근법이나 상업적인 소프트웨어 중 하나를 사용할 것이다. 그러나 적어도 한 번은 직접 데이터베이스를 만들어 보는 것이 위험분석의 원리를 이해하는 데 유용할 것이다. 한 번 만들어 보면 어느 프로젝트의 요구에도 쉽게 맞추어 적용할 수 있다.

자산의 나열은 쉬운 일이다. 네 종류의 자산의 포괄적인 목록을 작성하라.

1. 사람
2. 재산
3. 정보자산
4. 사업평판

처음 3개의 범주에는 주요 자산을 나열하라. 예를 들면

■ **사람**

- 고위 관리자
- 관리자
- 직원
- 협력업자
- 공급업자
- 방문자
- 손님

■ 재산

- 경계
  - 메인 캠퍼스 입구 · 출구
  - 방문자센터
  - 서비스센터
  - 동쪽 펜스
  - 북쪽 펜스
- 주차 건물
- 지하층
  - 선적장
  - 냉각기 장비실
- 사무실 타워
  - 메인 로비
  - 직원 입구
  - 엘리베이터 로비
  - 임원 전용 엘리베이터
  - 빌딩관리 사무실
  - 2층부터 6층까지 회사 본사 사무실
  - 7층 금융회사 및 부동산
  - 8층 인사과
  - 9층 임원실
- 호텔
  - 캐리지 포치(porte cochere)
  - 방호 점검지점
  - 메인 로비
  - 직원 입구
  - 엘리베이터 로비
  - 저층
  - 중간층
  - 고층
  - 레스토랑 층
- 컨벤션센터
  - 메인 로비
  - 선적장
  - 행정실
  - 컨벤션 층

■ 정보자산

- 중요기록
- 비밀 공식 및 특허
- 정보기술시스템
- 방호시스템
- 통신시스템
- 서류 기록

■ 사업평판에는 부분집합이 존재하지 않는다.

위의 정보는 단지 예일 뿐이다. 특정 프로젝트에 대한 정보는 6장을 시작하면서 채워갈 것이다. 자산목록으로부터 나온 정보는 앞으로 개발된 대부분의 다른 매트릭스를 채우는 데 사용될 것이 때문에 이것은 충분히 상세히 다루어진다.

요 약

이론

위험평가의 첫 단계는 위험에 노출되어 있는 자산을 이해하고 그것들이 단체의 임무에 미치는 중요도를 결정하며, 만약 그런 자산들이 손상되는 경우 발생할 수 있는 결과를 기록하는 것이다.

연습

당신이 작성한 자산의 목록은 다음의 모든 과정에서 사용될 것이다.

- **자산 · 공격 매트릭스** : 어느 자산이 어떤 종류의 침입방법, 무기, 그리고 공격 시나리오에 취약한가?
- **중요도 및 결과 매트릭스**
- **취약점 매트릭스** : 나열된 자산의 취약점을 설정하라.
- **감시 매트릭스** : 나열된 자산의 감시 기회를 설정하라(취약점의 구성요소).
- **모든 자산 목표 값 매트릭스**
  - 테러
  - 경제범죄
  - 폭력범죄
  - 체제전복범죄
  - 사소한 범죄
- **위험 매트릭스**
  - 안전위험
  - 자연재해위험
  - 인위적 위험
- **위험분석 매트릭스(취약점 및 자산 목표 값의 합성)**

자산의 포괄적인 목록을 만들기 위한 첫 단계는 그것들을 4부문으로 분류하는 것이다.

1. 사람
2. 재산
3. 독점정보
4. 사업평판

위험분석 프로젝트는 보통 인터뷰와 함께 시작한다. 과제는 다음을 포함한다.

시설 및 자산목록

조사와 설문 모두 자산목록에 요구된다.

- 조사는 인터넷, 전화, 그리고 기록조사를 포함한다. 3장에서 조사도구의 좋은 기초를 제공한다.
- 설문조사에서 다음 종류의 모든 정보에 대한 것 이상을 발견할 것이다.
  - 환경적인 맥락
  - 재산적인 맥락
  - 조직적인 맥락
  - 방호적인 맥락

도구

당신이 발견한 것을 문서화하기 위해, 당신은 이 접근법이나 상업적인 소프트웨어 중 하나를 이용할 것이고 계산 수행에 사용할 수 있는 이 책에서 설명한 스프레드시트 같은 또 다른 도구들로 견적을 낼 것이다.

CHAPTER 6

중요도 및 피해결과 분석

서 론

이 장을 마칠 때쯤이면 중요도와 피해결과의 차이를 이해할 수 있고 중요도와 피해결과를 결정할 수 있는 방법을 알게 된다. 또한 최소한의 프로그램 비용 지출로도 최선의 결과를 얻기 위해 방호 프로그램 정보의 우선순위를 정하는 피해결과 분석의 중요성을 이해할 수 있을 것이다.

중요도와 피해결과 분석을 이해하는 것은 한정된 비용 안에서 가장 효율적인 대책에 예산을 지원할 수 있도록 하기 위함이다. 대책은 가장 중요한 자산에 최우선적으로 적용되어 안전을 제공하고, 그 다음 순서에 따라 순차적으로 적용되는 것이 필수적이다. 거기에는 대체로 아래에서 설명하는 것 같은 두 가지 접근 방법이 포함된다.

두 가지 접근방법

모든 프로젝트는 기본적인 방호 프로그램과 특정 취약점을 해결하기 위한 특정 방호 대책을 모두 수용해야 한다. 하지만 이런 프로그램들은 두 가지 접근방법 안에서 가장 중요한 자산을 가장 잘 보호할 수 있도록 설계되어 실행되도록 보장되어야 한다. 즉, 좋은 분석가는 일반적인 기본 방호 프로그램을 적용하는 것보다 가장 중요한 자산을 가장 잘 보호할 수 있는 대책에 편향되어 있는 방호 프로그램을 추천한다.

그림 6.1 피해결과

방호산업에서의 중요도와 피해결과 용어 사이에는 많은 혼란이 존재한다. 많은 방호전문가는 이 용어들을 실수로 혼용하여 사용하고 있다. 중요도는 조직의 경영목표를 달성하는 데에는 개별 자산들이 미치는 영향의 정도와 관련이 있고, 피해결과는 조직에서 그 자산이 사라졌을 때 미치는 파급효과로 정의한다(그림 6.1 참조).

중요도 및 피해결과의 우선순위는 자산 목표 값, 위험분석, 대책의 비용효율성에 대한 계산을 수행할 때 구성요소로 사용될 수 있다.

중요도

자산이 조직의 경영목표 달성에 실제로 영향을 미치는 정도인 중요도를 평가할 수 있는 단 하나의 방법이 있다. 만약 어떤 자산(사람, 재산, 정보, 기업평판 등)이 조직의 임무수행에 있어 필수적이라면 그 자산은 매우 중요하다고 할 수 있다.

기본적인 중요도는 조직의 임무수행에 대한 특정 사업부서 혹은 특정 자산의 중요성을 평가하거나 추정한 것이다. 조직의 특정 자산은 다른 자산들보다 조직의 임무수행에 중요할 것이다. 중요도는 자산에 내재되어 있거나 자산으로부터 파생된 것일 수 있다.

자산에 내재되어 있는 중요도는 특정자산이 조직의 임무수행에 직접적으로 미치는 영향의 정도이고, 자산으로부터 파생되는 중요도는 자산의 손실이 조직의 임무수행에 결과적으로 미칠 영향의 추산되는 정도이다. 예를 들어, 미수금 데이터베이스의 손실은 즉각적인 조직의 붕괴를 야기하지는 않을 것이다. 하지만, 미수금에 대한 권리를 증명할 수 없기 때문에 그에 따른 수익의 손실이 발생할 수 있고, 이것이 조직 파산의 원인이 될 수 있다. 따라서 데이터베이스는 그 자체가 중요한 구성요소는 아니지만 결과에 따라 치명적인 영향을 끼칠 수 있다.

적절한 방호대책을 수립하기 위해 모든 중요한 자산에 중요도 평가를 수행할 필요가 있다. 중요도 평가는 방호 컨설턴트에 의해 수행되기보다는 조직의 고위관리자가 수행하는 것이 제대로 된 수치를 산정해 낼 수 있다.

최소한 다음의 것들이 각 중요 자산에 대해 평가되어야 한다.:

- 일상적인 업무수행에 반드시 필요한 필수 불가결한 자산인가?
- 매우 중요하지만, 없어져도 며칠간 업무를 지속할 수 있는 자산인가?
- 중요하지만 없어져도 감소된 허용범위 내에서 업무수행을 지속할 수 있는 자산인가?
- 다소 중요하지만 업무에 심각한 영향을 미치지는 않는 자산인가?
- 중요하지 않지만 업무수행에 도움을 주는 자산인가?
- 업무수행에 전혀 중요하지 않은 자산인가?

방호 컨설턴트는 앞선 인터뷰와 설문조사를 통해 자산의 목록을 작성하고, 고위관리자와 같은 조직의 대표의 도움을 받아 상기 자산의 중요도를 작성해야 한다. 중요도 평가를 시작할 때 사전에 중요도 분석을 수행해야 하는 조직의 재난복구계획을 참조하는 것이 도움이 될 수 있다.

첫 행, 왼쪽 첫 번째 열에 "중요도(Criticalities)"라고 기입하고, 각 행들의 왼쪽에 자산의 목록을 나열한 중요도/피해결과 도표를 작성해야 한다. 중요도 평가에 다음과 같은 범위를 사용하라.

10 일상적인 업무수행에 반드시 필요한 필수 불가결한 자산
7 매우 중요하지만 없어져도 며칠간 업무를 지속할 수 있는 자산
5 중요하지만 없어져도 감소된 허용범위 내에서 업무수행을 지속할 수 있는 자산
3 다소 중요하지만 업무에 심각한 영향을 미치지 않는 자산
1 중요하지 않지만 업무수행에 도움을 주는 자산
0 업무수행에 전혀 중요하지 않은 자산

각각의 자산 목록 옆에 중요도 수준에 맞는 적절한 곳에 "X" 표시를 한다.

피해결과 분석

모든 예기치 못한 사고의 경우 피해결과 범위의 예측이 가능하고 그것들 중 대부분은 심각한 범위에 속한다. 발생 가능한 피해결과는 다음과 같다.

- 대량 인명피해
- 재산의 손실
- 생산성의 손실

■ 기밀정보의 유출
■ 환경적인 영향
■ 기업평판(대중들이 갖는 기업에 대한 신뢰도)의 손상

중요도 평가와 마찬가지로, 피해결과 평가 역시 고위관리자와 같은 조직의 대표와 공동으로 수행할 때 최선의 결과를 산정할 수 있다.

무슨 일이 일어날 것인지 예측하는 것이 아니라 어떤 일이 일어날 수 있는지 예측하는 것이 최선의 방법이다(머피의 법칙).

중요도 분석과 마찬가지로, 분석가는 주요 자산들을 행에 정리하고, 발생할 가능성 있는 사고의 피해결과를 열에 정리한 스프레드시트를 준비해야 한다. 그런 후 각 해당 상자에 피해결과에 따른 1과 10사이의 점수(10이 제일 낮음)를 넣어 없어지거나 손실이 발생할 경우 조직에 가장 심각한 피해를 입힐 수 있는 자산을 결정할 수 있다(그림 6.2 참조).

중요도는 어떤 자산이 없어졌을 때 그것을 대체하기 위해 조직이 부담하는 비용으로 평가할 수도 있다.

■ 필수 불가결한 자산 – 대체하기 위한 비용을 부담하는 것이 불가능한 자산
■ 매우 중요한 자산 – 대체하기 위해 매우 많은 비용이 들거나 생산성 손실이 큰 자산
■ 중요한 자산 – 대체하기 위해 일정한 비용이나 생산성 손실이 발생하는 자산
■ 다소 중요한 자산 – 그 비용이 다른 운영이나 계획 수립에 영향을 끼칠 수 있는 자산
■ 중요하지 않은 자산 – 쉽게 대체 가능한 자산

그림 6.2 위험요소로 인한 피해결과

자신만의 중요도/피해결과 매트릭스 구축하기

자신만의 위험분석 프로그램 스프레드시트를 구축하는 데 흥미를 갖고 있는 독자들은 계속해서 6장의 나머지 부분까지 읽어주길 바란다. 시중에서 판매하는 소프트웨어 제품을 사용할 것이거나 위험분석에 단지 흥미만 갖고 있는 독자들은 6장의 나머지 부분은 그냥 넘어가도 무방하다.

이 책은 위험분석과 방호대책을 선정하는 각 요소들을 이론, 실습, 도구의 관점에서 설명할 것이다. 이 책은 각 요소에 대해 MS Excel 스프레드시트를 만드는 방법을 상세하게 설명할 것이다. 시중에서 판매하는 소프트웨어 도구를 사용하는 것을 더 선호하는 독자들은 엑셀 스프레드시트를 구축하는 방법을 설명하는 부분은 그냥 넘어가도 된다. 자신만의 세계 최고의 위험분석 소프트웨어 도구를 구축하고 사용하는 것에 흥미가 있는 독자들을 위해 처음 두 개의 시트에서는 셀 하나하나 단위로 자세하게 구축방법을 설명하고, 그 후 나머지 시트에서는 적당한 수준으로 설명하고 있다. 이러한 설명들 중 첫 번째가 피해결과 매트릭스이다. 피해결과 매트릭스는 앞으로 구축될 대부분의 매트릭스에 포함될 자산/목표물 목록에 대한 기본 틀 역시 포함하고 있다.

중요도/피해결과 매트릭스 소개

스프레드시트들을 결합하여 제대로 작동하도록 만들기 위해 이번 장의 설명들을 면밀하게 숙독하고, 실제로 엑셀 문서를 만들어보아야 한다. 이번 장은 이 책 안에서 설명하고 있는 모든 매트릭스를 하나의 엑셀 문서로 통합하는 데 가장 유용한 장이다. 빈 엑셀 문서의 아래쪽을 살펴보면 시트1, 시트2, 시트3으로 표시된 탭을 확인할 수 있다. 탭을 우 클릭하고 이 책을 통해 개발할 매트릭스에 맞게 이름을 바꾼다. 엑셀 2003에서는 새로운 워크시트를 만들기 위해 페이지 상단의 도구 모음에서 삽입>워크시트를 클릭하여야 했지만, 엑셀 2007부터는 탭 오른쪽에 있는 아이콘을 클릭하여 새 워크시트를 생성할 수 있다.

이어질 설명에 따라 중요도/피해결과 매트릭스를 빈 워크시트 위에 작성해 볼 것이다. 당신은 열에 들어가는 값들의 평균을 내서 점수 항목을 작성하고, 목록들의 순위를 매겨 순위 열을 작성할 것이다. 행에 들어가는 목록들은 단지 예시일 뿐이다. 당신은 실제로 당신의 시설에 해당되는 자산/목표물의 목록들을 사용해야 한다.

1. 엑셀 스프레드시트의 빈 문서를 연다.
2. 문서 이름을 "피해결과(consequences)"로 저장

3. 스프레드시트 아래 쪽 탭(sheet1)에 오른쪽 클릭하여 “이름 바꾸기” 클릭
4. 탭 이름을 “피해결과(consequences)”로 바꾸기
5. 행 3, 열 C. “프로젝트 이름” 입력. 글씨를 굵게 바꾸고 폰트를 14로 설정
6. 행 4, 열 C. “피해결과 매트릭스” 입력. 글씨를 굵게 바꾸고 폰트를 14로 설정
7. 행 5, 열 C. “알림 : 중요도는 참조용으로만 사용” 입력
8. 열 C를 선택하여 셀 C3, C4, C5는 왼쪽으로 정렬하고 나머지 셀들은 오른쪽으로 정렬
9. 열 D 지정, 오른쪽 클릭>열 너비 “0.2” 입력
10. 행 6, 열 C. “목표물(targets)” 입력. 글씨를 굵게 변환
11. 행 6, 열 E. “중요도(criticlaity)” 입력. 글씨를 굵게 변환
12. E6셀로 가서 우 클릭>셀 서식>맞춤>방향>75도 입력
13. 열 F 지정, 오른쪽 클릭>열 너비 “0.2” 입력
14. E6 서식복사(서식복사 붓 아이콘을 사용)하여 Q6까지 적용
15. 행 6, 열 G. “인명피해” 입력
16. 행 6, 열 H. “재산 손실” 입력
17. 행 6, 열 I. “생산성 손실” 입력
18. 행 6, 열 J. “기밀정보 유출” 입력
19. 행 6, 열 K. “환경적인 영향” 입력
20. 행 6, 열 L. “기업평판의 손상” 입력
21. 열 M 지정, 오른쪽 클릭>열 너비 “0.2” 입력
22. 행 6, 열 N. “점수” 입력
23. 열 O지정, 오른쪽 클릭>열 너비 “0.2” 입력
24. 행 6, 열 P. “순위” 입력

25. 행 7, 열 C. “사람” 입력(텍스트 방향을 세로쓰기로 지정). 글씨를 굵게 변환
26. 행 9, 열 C. “VIP급 인사 & 방문객” 입력
27. 행 10, 열 C. “직원(employees)” 입력
28. 행 11, 열 C. “협력업자(contractors)” 입력
29. 행 12, 열 C. “방문객(visitors)” 입력
30. 행 13, 열 C. “우편배달부(delivery personnel)” 입력
31. 행 14, 열 C. “운송업자(transportation personnel)” 입력
32. 행 15, 셀 C15부터 Q15까지 범위 지정, 오른쪽 클릭>셀 서식>채우기>회색 선택
33. 행 16, 열 C. “재산(property)” 입력 (모든 재산 유형의 텍스트 방향을 세로쓰기로

지정) 글씨를 굵게 변환

34. 행 17을 지정, 오른쪽 클릭>행 높이 "2" 입력
35. 행 18, 열 C. "부지(Site)" 입력(텍스트 방향을 세로쓰기로 지정). 글씨를 굵게 바꾸고 이탤릭체로 변환
36. 행 19 지정, 오른쪽 클릭>행 높이 "2" 입력
37. 행 20, 열 C. "VIP 하차장(VIP Drop-off)" 입력
38. 행 21, 열 C. "직원 하차장(employee drop-off)" 입력
39. 행 22, 열 C. "방문객 하차장(visitors drop-off)" 입력 - 호텔(남쪽)
40. 행 23, 열 C. "남쪽 정문 출입구" 입력
41. 행 24, 열 C. "북쪽 경계 펜스" 입력
42. 행 25, 열 C. "동쪽 경계 펜스" 입력
43. 행 26, 열 C. "남쪽 경계 펜스" 입력
44. 행 27, 열 C. "서쪽 경계 펜스" 입력
45. 행 28, 열 C. "북쪽 화물 게이트(North Perimeter Freight Gate)" 입력
46. 행 29, 열 C. "동쪽 화물 게이트(East Perimeter Freight Gate)" 입력
47. 행 30, 열 C. "서쪽 화물 게이트(West Perimeter Freight Gate)" 입력
48. 행 31, 열 C. "호텔 하역장(Hotel Loading Dock Area)" 입력
49. 행 32, 열 C. "호텔 동쪽 입구(Hotel East Entrance)" 입력
50. 행 33, 열 C. "호텔 서쪽 입구(Hotel West Entrance)" 입력
51. 행 34, 열 C. "지하주차장 진입로" 입력
52. 행 35 지정, 오른쪽 클릭>행 높이 "2" 입력
53. 행 36, 열 C. "지하 시설물" 입력(텍스트 방향을 세로쓰기로 지정). 글씨를 굵게 바꾸고 이탤릭체로 변환
54. 행 37 지정, 오른쪽 클릭>행 높이 "2" 입력
55. 행 38, 열 C "지하 1층 주차장" 입력
56. 행 39, 열 C. "지하 1층 엘리베이터 로비" 입력
57. 행 40, 열 C. "지하 2층 주차장" 입력
58. 행 41, 열 C. "지하 2층 엘리베이터 로비" 입력
59. 행 42, 열 C. "지하 3층 주차장" 입력
60. 행 43, 열 C. "지하 3층 엘리베이터 로비" 입력
61. 행 44, 열 C. "지하 3층 세탁실" 입력
62. 행 45 지정, 오른쪽 클릭>행 높이 "2" 입력

63. 행 46, 열 C. "호텔 건물" 입력(텍스트 방향을 세로쓰기로 지정). 글씨를 굵게 바꾸고 이탤릭체로 변환
64. 행 47 지정, 오른쪽 클릭>행 높이 "2" 입력
65. 행 48, 열 C. "메인 로비 지역" 입력
66. 행 49, 열 C. "로비 층 프런트" 입력
67. 행 50, 열 C. "로비 층 물품 보관소" 입력
68. 행 51, 열 C. "외부 방호 검색대" 입력
69. 행 52, 열 C. "로비 층 안내 데스크" 입력
70. 행 53, 열 C. "승객용 엘리베이터 로비" 입력
71. 행 54, 열 C. "계단" 입력
72. 행 55, 열 C. "화물적재용 엘리베이터" 입력
73. 행 56, 열 C. "로비 층 세탁실" 입력
74. 행 57, 열 C. "저층(Low-Rise Levels)" 입력
75. 행 58, 열 C. "중간 층(Mid-Rise Levels)" 입력
76. 행 59, 열 C. "상위 층(High-Rise Levels)" 입력
77. 행 60, 열 C. "승객용 엘리베이터 로비들" 입력
78. 행 61, 열 C. "화물적재용 엘리베이터 로비들" 입력
79. 행 62, 열 C. "세탁실들" 입력
80. 행 63, 열 C. "기계실" 입력
81. 행 64, 열 C. "지붕" 입력
82. 행 65, 셀 C65부터 Q65까지 범위 지정, 오른쪽 클릭>셀 서식>채우기>회색 선택
83. 행 66, 열 C. "기밀정보" 입력. 글씨를 굵게 변환
84. 행 67 지정, 오른쪽 클릭>행 높이 "2" 입력
85. 행 68, 열 C. " IT시스템" 입력
86. 행 69, 열 C. "방호시스템" 입력
87. 행 70, 열 C. "무선주파수 통신시스템" 입력
88. 행 71, 열 C. "서류 문서" 입력
89. 행 72, 셀 C72부터 Q72까지 범위 지정, 오른쪽 클릭>셀 서식>채우기>회색 선택
90. 행 73, 열 C. "기업평판" 입력
91. 행 77, 열 C. "범주" 입력
92. 행 78, 열 C. "큰 피해" 입력
93. 행 79, 열 C. "중간 피해" 입력

94. 행 80, 열 C. "최소 피해" 입력
95. 행 78, 열 E. "10" 입력. 스타일>조건부 서식>새 규칙>다음을 포함하는 셀만 서식 지정
96. 조건 1, 셀 값 해당범위 0과 3.25 사이를 선택
97. 조건 1, 서식 탭을 클릭하여 녹색으로 색상을 채우기
98. 조건부 서식 창에서 새 규칙>다음을 포함하는 셀만 서식 지정
99. 조건 2, 셀 값 해당범위 3.25001과 6.55 사이를 선택
100. 조건 2, 서식 탭을 클릭하여 노란색으로 색상을 채우기
101. 조건부 서식 창에서 새 규칙>다음을 포함하는 셀만 서식 지정
102. 조건 3, 셀 값 해당범위 6.55001과 10 사이를 선택
103. 조건 3, 서식 탭을 클릭하여 빨간색으로 색상을 채우기
104. 행 78 열 E, 빨간색으로 채워지는 것을 확인
105. E78의 서식을 복사(서식복사 붓 아이콘을 사용)하여 E80까지 적용(셀에 조건부 서식을 복사)
106. 행 79, 열 E. "5" 입력. 입력과 동시에 노란색으로 채워지는 것을 확인
107. 행 80, 열 E. "1" 입력. 입력과 동시에 녹색으로 채워지는 것을 확인
108. E78의 서식을 복사(서식복사 붓 아이콘을 사용)하여 E7에서 N7까지 적용(복사와 동시에 녹색으로 색상이 채워지는 것을 확인)
109. E9에서 N14까지의 범위에 E78의 서식을 복사
110. E16에서 N16까지의 범위에 E78의 서식을 복사
111. E18에서 N18까지의 범위에 E78의 서식을 복사
112. E20에서 N34까지의 범위에 E78의 서식을 복사
113. E36에서 N36까지의 범위에 E78의 서식을 복사
114. E38에서 N44까지의 범위에 E78의 서식을 복사
115. E46에서 N46까지의 범위에 E78의 서식을 복사
116. E48에서 N64까지의 범위에 E78의 서식을 복사
117. E66에서 N66까지의 범위에 E78의 서식을 복사
118. E68에서 N71까지의 범위에 E78의 서식을 복사
119. E73에서 N73까지의 범위에 E78의 서식을 복사
120. 행 7, 열 E. "=AVERAGE(E9:E14)" 입력(E9에서 E14까지 셀 값의 평균을 계산하는 공식)
121. E7을 복사, G7에서 L7까지 범위를 지정하고 붙이기(지정된 셀에 E7의 공식을 복사)

"DIV/0!"이 나와도 당황하지 말 것. 아직 당신만의 매트릭스 값이 입력되지 않아서이다.

122. N7에 E7의 서식을 복사(N9에서 N14까지의 평균을 계산)
123. 행 9, 열 N. "=AVERAGE(G9:L9)" 입력(G9에서 L9까지의 평균을 계산)
124. N9를 복사, N10에서 N14까지 범위를 지정하고 붙이기
125. 행 16, 열 E. "=AVERAGE(E18,E36,E46)" 입력(지정된 3개 셀의 평균을 계산)
126. E16을 복사, G16에서 L16까지 범위를 지정하고 붙이기
127. E16을 복사, N16에 붙이기
128. 행 18, 열 E. "=AVERAGE(E20:E34)" 입력
129. E18을 복사, G18에서 L18까지 범위를 지정하고 붙이기
130. E18을 복사, N18에 붙이기
131. 행 20, 열 N. "=AVERAGE(G20:L20)" 입력(G20에서 L20까지의 평균을 계산)
132. N20을 복사, N21에서 N34까지 범위를 지정하고 붙이기
133. 행 36, 열 E. "=AVERAGE(E38:E44)" 입력
134. E36을 복사, G36에서 L36까지 범위를 지정하고 붙이기
135. E36을 복사, N36에 붙이기
136. 행 38, 열 N. "=AVERAGE(G38:L38)" 입력(G38에서 L38까지의 평균을 계산)
137. N38을 복사, N39에서 N44까지 범위를 지정하고 붙이기
138. 행 46, 열 E. "=AVERAGE(E48:E64)" 입력
139. E46을 복사, G46에서 L46까지 범위를 지정하고 붙이기
140. E46을 복사, N46에 붙이기
141. 행 48, 열 N. "=AVERAGE(G48:L48)" 입력(G48에서 L48까지의 평균을 계산)
142. N48을 복사, N49에서 N64까지 범위를 지정하고 붙이기
143. 행 66, 열 E. "=AVERAGE(E68:E71)" 입력
144. E66을 복사, G66에서 L66까지 범위를 지정하고 붙이기
145. E66을 복사, N66에 붙이기
146. 행 68, 열 N. "=AVERAGE(G68:L68)" 입력(G68에서 L68까지의 평균을 계산)
147. N68을 복사, N69에서 N71까지 범위를 지정하고 붙이기
148. 행 73, 열 N. "=AVERAGE(G73:L73)" 입력

다음 단계는 1부터 10까지의 범위 내에서 적절한 평가치를 셀에 입력한다. 그런 다음 셀에 기입한 점수들의 평균에 따라 순위 항목에 순서를 매긴다. 각 스프레드시트의 각

행에서 다루고 있는 안건들의 상대적인 관점을 제공하기 때문에 점수를 산출할 때 그 값들의 평균 값을 사용할 것을 제안한다. 당신이 당신만의 스프레드시트를 구축하고 그것을 사용해 일을 시작할 때, 점수를 결정하는 더 좋은 공식을 찾을 수 있을지도 모른다. 하지만 나는 평균으로 점수를 산출해 내는 방식이 간단하고 다양한 행들의 관계를 일관성 있게 보여주는 것을 발견했다. 또한 데이터에 조건부 서식을 걸어 높은 점수는 빨간색, 중간 점수는 노란색, 낮은 점수는 녹색으로 나타나도록 한다면 스프레드시트를 좀 더 유용하게 만들 수 있다는 것을 발견했다. 조건부 서식의 사용법은 엑셀의 버전에 따라 다르기 때문에 엑셀의 도움말 기능을 사용하거나 구글에서 조건부 서식의 사용법을 검색해보아야 할 것이다(엑셀의 버전이 다른 경우 대체 가능).

위에서 한 설명들은 이 책에서 소개되는 모든 매트릭스에 적용되기 때문에, 다른 스프레드시트를 준비할 때 다시 참조해야 할 것이다.

요 약

중요도와 피해결과 분석은 제한된 예산 속에서 가장 효과적인 방식의 방호대책을 수립하는 데 중요한 역할을 한다. 이 분석들은 가장 큰 피해를 입히는 취약점에 대책 예산을 사용할 수 있도록 피해결과 점수에 의한 최종적인 위험도 순위를 정하는 데 가장 유용하게 사용된다.

효과적인 방호대책을 개발하기 위해서는 피해결과에 대해 이해하는 것이 필수적이며, 중요도는 피해결과를 계산하는 데 필수적인 요소이다.

중요도는 개별 자산들이 조직의 임무수행에 있어 반드시 필요한 정도이고, 피해결과는 그 자산의 손실이 조직에게 미치는 영향이다.

중요도와 피해결과 순위는 자산 목표 값과 위험분석뿐만 아니라 보안대책의 비용효율성을 계산하는 요소로서 사용 될 수 있다.

모든 방호 프로젝트는 "기본적인 방호 프로그램"과 "특정 취약점을 해결하기 위한 특정 보안대책"을 모두 수용해야 한다. 특정 방호대책에는 대감시 프로그램이나 방호지능 프로그램들처럼 테러를 대비하거나, 시설의 산업분야나 위치 같은 시설에 존재하는 특수한 문제점들을 해결하는 프로그램 등이 있다.

중요도

기본적인 중요도 분석은 조직의 목표 달성에 있어 개별 사업부서나 자산이 갖는 중요성을 측정하거나 평가하는 것이다. 특정 자산은 조직의 목표 달성에 있어 다른 자산들보다 더 중요하다. 중요도는 본질적인 것이거나 파생적인 것일 수 있다. 본질적인 중요도는 특정 자산이 조직의 목표 달성에 직접적으로 관계되어 영향을 미치는 중요성의 정도이며, 파생적인 중요도는 자산 손실의 조직의 목표 달성에 결과적으로 미치게 되는 영향을 추정한 것이다.

피해결과 분석

피해결과는 원하지 않은 사고 모두를 포함할 수 있고, 이것들 중 대부분은 심각한 범위에 속해 있다. 발생 가능한 피해결과는 다음과 같다.

- 사망
- 부상
- 조직의 경제적 손실
- 조직 구성원의 경제적 손실
- 환경 영향
- 생산성 저하 또는 영업 손실
- 사업평판(사회 안에서의 조직에 대한 인식) 의 손상
- 자산의 손실

CHAPTER 7

위협요소 분석

서 론

위협요소는 사고발생 확률의 중요한 부분을 차지한다. 그래서 위협요소 분석은 사고발생 확률을 추정하는 과정의 핵심적인 부분이다. 사고발생 확률은 범죄 의도를 가진 위협 행위자와 자산이 갖는 취약성의 조합으로 구성된다.

사고발생 확률의 분석과정은 먼저 조직의 시설물을 공격할 가능성이 있는 위협 행위자를 정의하는 과정에서부터 시작하여, 그 후에 그들에게 공격 의도를 갖게 할 가능성이 있는 조직의 자산들을 평가하는 순서로 진행된다. 확률분석은 9장 "확률 추정"에서 자세히 논의될 것이다.

이번 장을 마치면, 당신은 위협과 위험의 차이를 포함해서, 위험요소에 대한 정보들의 출처, 위협 행위자의 유형, 위협분석 정보의 출처, 위협 분석에서 사용할 수 있는 도구에 대한 지식을 갖게 될 것이다.

이 론

위협요소 대 위험요소

많은 방호 전문가와 고객들은 위협요소와 위험요소에 대해 혼란스러워하고 있다. 위

그림 7.1 위협 VS 위험

험요소는 자연적으로 발생하는 재해 또는 인위적으로 발생하는 사고의 원인이며, 일반적으로 의도하지 않았거나 악의가 없는 것들을 의미한다. 이에 반해 위협요소는 나쁜 의도를 가지고 인위적인 사고를 발생시키는 위협 행위자를 말한다. 이번 장은 위험요소에 대한 논의에 이어 위협요소의 포괄적인 설명으로 진행된다(표 7.1).

■ **위험요소** : 위험요소는 부정적인 결과를 초래하는 인위적인 사고나 자연적인 재해가 발생하는 전제조건이다. 위험요소는 다음을 포함한다.

- 안전상의 위험
- 방호상의 위험
- 자연재해의 위험
- 해당 지역의 정치적, 군사적 배경

위험요소는 환경적인 것이나 인위적인 행동에 의한 것일 수 있다. 양쪽 모두 원하지 않은 결과를 초래할 수 있다.

■ **안전상의 위험** : 안전상의 위험을 예를 들면 도로에서 후진하기 전에 후방을 제대로 살피지 않은 당신의 이웃에게 닥친 예상치 못한 도로 장애물 같은 것이다. 안전상의 위험은 다음을 포함한다.

- 안전상의 위험으로 인해 발생한 화재
- 부주의로 인해 발생한 화재
- 사람의 실수

• 설계 미흡
• 안전규정 위반(출구 앞 장애물 등)
• 결함이 있거나 소홀히 관리된 건물, 차량, 시스템
• 제도적인 오류(안전 경시 풍조)
• 안전상의 위험에 관한 높은 사회적 관용

■ **방호상의 위험** : 방호상의 위험에 대한 예는 다음과 같다.

• 일상적인 규정 위반자(예를 들어, 휴식시간의 통행 편의를 위해 출입문을 상습적으로 열어놓고 다니는 직원과 열람권한이 없는 사람들도 볼 수 있도록 기밀서류를 책상 위에 펼쳐두고 다니는 직원)
• 환경적인 요인들
  – 예를 들어, 조직의 시설이 범죄율이 높은 지역에 위치한다면, 이것은 방호상의 위험에 속한다.
  – 방호상의 위험을 경시하는 기업문화(제도적인 오류)

■ **자연적인 재해** : 자연적인 재해는 태풍과 홍수 같은 천재지변과 장비의 평균 고장간격(MTBF) 같은 통계적인 확률의 측면에서 정량화가 가능한 다른 사고들을 포함한다. 자연적인 재해는 다음을 포함한다.

• 지진
• 토네이도
• 천둥과 번개
• 지진해일을 동반한 홍수
• 자연발화로 인한 화재
• 우박
• 강풍
• 태풍과 열대폭풍
• 우박폭풍
• 폭설
• 산사태와 이류(mudslides)
• 안개
• 폭염
• 안전상의 위험

■ **사고** : 사고는 대부분 인위적인 원인에 의해 발생하고, 부정적인 결과를 초래하며, 위험요소로 인해 야기되고 촉발되는 사건과 사태이다. 사고는 다음 두 가지 방법 중 하나로 방지할 수 있다.

1. 사고가 발생하지 못하도록 위험요소를 제거 또는 경감
2. 사고가 발생하지 못하도록 사건의 시발점이 되는 인간의 행동이나 기계, 또는 물건들을 바로잡음

두 방법 중 한 가지만 수행되어도 사고를 방지할 수 있지만, 위험 전문가는 두 방법

모두 수행하도록 노력해야 한다. 사고가 발생하기 위한 전제조건을 바로잡아 사고가 발생할 수 없도록 하기 위해서는 그곳에 전제조건들이 있을 수 있다는 것을 반드시 인식하고 그것들이 무엇인지 확인해야 한다. 방호나 안전문제에서의 비평적인 사고는 사고의 전제조건 발견의 기회를 훨씬 개선할 수 있다.

예를 들어, 내가 많은 일을 하는 중동과 아랍의 걸프의 특정한 주에서는 교통안전이란 존재하지 않는다. 사람들은 충돌 상황이 발생하면 차 안의 묶여있지 않은 물체는 튀어나가 창문에 부딪치거나 창문 밖으로 날아간다는 사실을 알고 있음에도 불구하고 몇몇 국가에서는 대부분 작은 아이들이 안전벨트 없이, 때론 방방 뛰면서 뒷좌석에 앉아서 놀거나 창문 밖으로 고개를 내밀고 있는 것을 보았다(심지어는 작은 아이들이 손을 내밀어 지나가는 차를 만지는 것도 보았다.). 이것은 아이들 인명손실의 전제조건이 된다. 그 다음에 필요한 것이 누군가의 형편없는 운전이라는(자주 발생하는) 유발 사건이다.

■ 정치적 및 경제적인 위험 : 특정 지역에서, 정치적 · 경제적 불안정성 역시 방호 상태에 영향을 끼칠 수 있다. 이것들 역시 고려되어야만 한다.

통계는 과거의 사고 발생빈도에 대한 기록 데이터를 제공하고 미래의 발생에 대한 예측 수준을 제시할 수는 있지만, 추론적 통계기법을 사용하여 특정 사건을 예측할 수는 없다. 구체적인 예로 교량에서 발생하는 교통사고와 시설에서 계단 아래로 추락하는 사고를 들 수 있다. 사고는, 정의하자면 악의적인 행위에 의해 발생하는 사건이 아닌 것이다.

방호분석가는 자신의 연구 결과 및 결론에 데이터를 인용해야만 한다. 사고발생 확률과 피해결과에 대한 정보는 다음과 같은 출처들로부터 얻을 수 있다.

■ 미국 해안 경비대
- 국가대응센터
- 해양사고 데이터베이스

■ 연방 철도청, 철도사고 데이터베이스

■ 파이프라인 및 위험물질 안전관리
- 파이프라인 사고 데이터베이스
- 유해물질 사고 데이터베이스

■ 연방 자동차 운송 안전관리, 트럭사고 데이터

■ 미국 국세조사국, 인구통계학적 데이터

■ 환경보호국
- 유해 폐기물 시설 데이터베이스
- 국가 배출목록

- 독성 배출목록
- 유해 산업폐기물제거기금 정보 시스템
- 안전한 식수정보시스템
- 시행 및 규정 준수 데이터베이스

■ 국립 해양대기청(NOAA)
- 폭풍사건 데이터베이스
- 지진해일 데이터베이스
- 가뭄정보센터

■ 미국 교통통계국
- 정치적 경계
- 교통 네트워크
- 도시지역

■ 미국 지질조사국
- 공간의 위험사건 및 소실 데이터베이스
- 산사태 발생 및 민감도 데이터
- 화산 폭발 발생 데이터
- 국가 수로 데이터베이스
- 지진위험 및 발생 데이터
- 토네이도 데이터

■ 미국 소방당국, 화재 발생 데이터

■ 연방 긴급사태 관리청(FEMA), 홍수 데이터

■ 연방 수사국, 범죄 데이터베이스

■ 지역 법 집행 데이터 및 통계

■ 경비회사, 지역 및 지방 방호 기록 데이터

■ 모든 지역에서 현재 활동 중인 테러위협 행위자들의 목록은 다음으로부터 얻을 수 있다.
- 미국 국무부－미국에 대한 위협
- Stratfor－전략적 예보
- NEFA 재단
- 영국 외무부(FCO) 홈페이지
- 남아시아 테러 포털

■ 경제적 위험
- 경제학자 연구 데이터베이스 (www.economist.com〉ResearchTools〉 CountryBriefings)
- 미국 국무부 (www.state.gov/misc/list/index.htm)

■ 정치적 위험
- 경제학자 연구 데이터베이스 (www.economist.com〉ResearchTools〉 CountryBriefings)
- 미국 국무부 (www.state.gov/misc/list/index.htm)

모든 위험요소 분석

나는 모든 위험요소를 분석하는 접근법을 이런 요소들을 모두 고려해야 하는 중요한 프로젝트에 권장한다.

2001년 9월 11일 이후로 위험분석은 테러의 위협에 초점을 맞추는 쪽으로 강한 변화의 바람이 불었다. 이 책은 테러적인 위협에 대해 대부분의 위험분석 책들보다 더욱 완벽하게 다루고 있다. 하지만 위험분석이 테러에 대한 대비로 초점이 옮겨가는 동안 방호적인 측면과 일반적인 위험요소들처럼 전통적인 위험에 대한 관심이 소홀해진 것은 큰 문제를 초래할 수 있다. 왜냐하면 대부분의 시설에서 방호와 일반적인 위험은 테러의 위험을 훨씬 능가하기 때문이다.

비록 내가 집중하는 주요 분야는 중대한 테러위험을 내포한 프로젝트(내 프로젝트 중 일부는 실제로 개인이나 시설을 향한 구체적인 테러위협이 진행 중이다.)이지만, 나는 위험분석가가 중점을 테러에(만) 맞춘다면 자신의 고객에게 끔찍한 피해를 입힐 것이라고 믿는다. 위험분석가가 더 많이 일어날 것 같은 위험을 무시하는 동안 테러의 가능성을 없애거나 경감하기 위해 많은 양의 돈을 사용한다면 고객들은 제대로 된 방호 서비스를 받지 못할 것이다.

게다가 내가 이 책을 쓰는 기간 동안에도 많은 위험분석가들에게 거의 모든 종류의 시설물에서 테러의 위험을 강조하는 것이 유행하였다. 테러는 확실히 유효한 위험 중 하나이다. 하지만 이것은 무독성 매립지에서는 유효하지 않는 위험이다(나는 무독성 매립지에서 오직 테러에 대한 위협만을 다루는 위험성 평가 보고서를 본 적이 있다.). 모든 시설이 테러의 위험에 직면해 있지는 않다. 위험분석가는 적절한 위험에 초점을 맞추되 모든 프로젝트에서 테러의 위험을 강조해서는 안 된다.

좋은 위험분석 보고서는 모든 잠재적인 위협과 위험의 종류를 보여주고 그것들의 우선순위를 매겨야 한다. 그런 후에 가장 타당한 것에 중점을 둔다. 여기에는 자연발생적인 위험, 인위적인 방호위험, 일상적으로 허용되는 범죄(ODC)[1]와 같은 의도적인 범죄 등이 있다.

모든 방호위험관리에는 공통의 목적이 있다. 원하지 않는 사건이 일어날 가능성과 그로 인한 피해결과를 줄이고, 인간의 삶과 건강을 지키며, 살아가는 환경 속에서의 삶의 질을 향상시키는 것이다. 나는 중요한 프로젝트에서는 위험요소와 위협요소를 포괄적으로 목록화하는 것이 유용하다는 것과, 프로젝트와 가장 밀접한 위험에만 중점을 두는

1) 존 모티머, 뉴욕 타임즈, 1997년 8월 24일 웹 기사, "영국 경찰은 외설적인 행위과 비상식적인 폭력과 같은 O.D.C가 주로 발생하고 있다고..."

것이 아니라 다른 위험들도 이해하게 하며 발생가능성이 높은 위험들의 우선순위를 인식하도록 하는 것이 고객들을 돕는다고 믿는다.

이제부터 위협요소에 대해 알아보자.

■ **위협요소** : 위협요소는 피해를 입힐 의도와 능력이 있는 집단 혹은 개인처럼 모두 인위적인 것이다. 위협 행위자는 시설이나 단체에 피해를 입힐 의도를 가지고 있거나, 대립하는 의견을 가진 사람들에게 본보기를 보이기 위해 공격을 가하는 개인 또는 집단을 말한다.

위협 행위자가 없다면 위험도 없다. 분석가는 반드시 잠재적인 위협 행위자를 확인한 후 그들을 방지하기 위해 어떤 방호 프로그램을 사용하고 어떤 조치를 취할 것인지를 결정하기 위해 위협 행위자의 수준을 정의해야 한다. 첫 단계는 누가 잠재적인 위협 행위자가 될 수 있는지 이해하는 것이다

• **잠재적인 위협 행위자** : 위협 행위자에는 5종류가 있다.

- 테러리스트
- 경제사범
- 테러 의도가 없는 폭력사범
- 체제전복 범죄자
- 잡범

• **테러리스트** : 테러리스트에는 5종류가 있다.

- 1등급 테러리스트 : 정부에서 훈련받은 전문가(외국 정보조직 포함)
- 2등급 테러리스트 : 종교적 극단주의자
- 3등급 테러리스트 : 급진적 혁명주의자 혹은 준종교적 극단주의자
- 4등급 테러리스트 : 게릴라/용병
- 5등급 테러리스트 : 아마추어(민간인, 교육을 받지 않은 범죄자, 민병대-자경단 단체)

• **경제 사범**

- 다국적 범죄그룹
- 범죄조직
- 수준 높은 경제사범
- 수준 낮은 경제사범
- 거리의 범죄자(갱단)

• **테러 의도가 없는 폭력사범**

- 직장 내 폭력 행위자
- 화난 방문자
- 성적 범죄자
- 강도·주차장 강도
- 폭도
- 정신이상자
- 체제전복 범죄자
- 대의명분-지향적 체제전복 범죄자
- 정치 및 산업 스파이
- 파괴공작원

－광신도/시민운동 단체
－해커
－사유지 불법침입자
－지속적인 규정 위반자

• 잡범

－기물 파손 범죄자
－소매치기
－매춘부, 포주, 뚜쟁이
－소란 유발자

■ **위협 행위자의 상세한 설명**－아래에서 설명하는 대로 5종류의 테러리스트[2])가 있다.

• **1등급 테러리스트**－정부에서 훈련받은 전문가(외국 정보조직 포함)

정부에서 훈련받은 전문가는 일반적으로 아주 잘 훈련되고 장비를 잘 갖추고 있으며, 그들을 지원하는 정부의 정보기관으로부터 지원을 받기 때문에 그들이 임무를 수행하는 국가 안에서 잘 통합된 충분한 지원시스템을 가지고 있는 경우가 많다. 이런 테러리스트들은 비밀리에 임무를 수행하도록 훈련받으며, 높은 수준의 훈련과 신중한 후보자 선별은 그들의 임무수행 중 실수가 거의 없도록 만든다.

1단계 테러리스트들은 보통 핵심정당 직원들, 충성스러운 군인, 비밀경찰, 정보부서에서 모집된다. 이런 테러리스트들은 공식적(영사관 직원 등) 또는 사업가, 학생, 상인, 이민자, 혹은 적대 단체의 가입 지원자 등으로 위장하고 비공식적으로 활동한다.

정부에서 훈련받은 전문 테러리스트의 좋은 예는 1972년 뮌헨 올림픽에서 11명의 이스라엘 운동선수를 살해한 보복으로 팔레스타인의 검은 9월 테러단을 표적 암살한 이스라엘 모사드 요원들을 들 수 있다.

1972년 9월, 팔레스타인 알-파타 조직에서 분리된 검은 9월단의 테러리스트들은 이스라엘 운동선수들의 숙소를 공격하여 11명의 이스라엘 운동선수들을 살해하였다. 학살 이후, 이스라엘은 팔레스타인 해방기구의 검은 9월단의 지도자를 암살하기 위해 체계적인 군사작전을 실시했다. 이스라엘의 골다 총리는 그 노력을 인정하여 테러리스트들의 암살을 승인했다.[3])

1등급 테러리스트들의 공격은 전형적으로 다른 나라의 정권 또는 정책을 목표로 삼고 때때로 뮌헨 올림픽 선수단 숙소 테러의 보복 같은 대외적으로 보여주기 위한 작전을 계획한다.

• **2등급 테러리스트**－종교적 극단주의자

---

2) 출처 : 말콤 낸스, 테러 인식 핸드북, 제2판(보카 라톤, 플로리다 : CRC 출판사, 2008).
3) 데이비드 호프만, "이스라엘은 1년에 걸친 조사 끝에 뮌헨 학살의 암살범들을 확인하였다." TV 인터뷰에서 메이어 보좌관의 발언(워싱턴 포스트, 1993년 11월 24일)

2등급 테러리스트들은 극단적인 성향의 종교조직에 충성을 맹세한 종교적 극단주의자이다. 이들은 다른 책무와 직업 없이 테러만 수행하며 테러리스트로 살아가는 민간인이다. 고급 전투기술과 고급 이데올로기 교육을 받으며 더 많은 임금과 그들의 가족에게 돌아가는 혜택을 위해 임무를 수행한다.

2등급 테러리스트들의 특징은 그들이 전문적으로 훈련받았고, 경험이 풍부하고, 순교·자살의 지원자가 될 수 있고, 숨겨져 있으며, 자신들의 실수로부터 배우고, 적의 성공으로부터 배운다는 것이다.

가장 잘 알려진 2등급 테러리스트 조직은 알 카에다이다. 이 그룹은 소규모이고 가장 주목을 받은 테러로 잘 알려진 2001년 9월 11일의 공격을 주도했다.

- **3등급 테러리스트－급진적 혁명주의자 혹은 준종교적 극단주의자**

급진적 혁명주의 테러리스트들은 1960년대와 1970년대의 유럽과 라틴의 급진적 혁명주의 테러리스트들의 전통적인 모델에 부합한다. 미국에서 신문사의 상속녀 패트리샤 허스트를 납치했던 Symbianese 해방군(SLA)은 소규모 3등급 테러리스트 조직의 특징을 잘 보여주고 있다.[4]

3등급 급진적 혁명주의 테러조직의 다른 예로 스페인 바스크 분리주의 조직(ETA)[5], 전 아일랜드 공화국 군(IRA)[6], 스리랑카의 타밀 타이거가 있다.[7]

3등급 테러리스트들은 일반적으로 소규모에서부터 중규모의 것들이 많으나 ETA와 같이 광범위하고 잘 조직된 것도 있다. 요원들은 일반적으로 조직 안에서 훈련을 하고 있다. 활성화된 많은 조직들의 구성원은 과격 민족주의자들이다. 일반적으로 소규모 공격이고 강도가 약해 몇몇의 시민들만 다치거나 사망하지만, 벨파스트에서 한 시간 동안 20번의 폭탄이 폭발하여 9명이 죽고 30명이 다쳤던 IRA의 1972년 7월 21일의 "피의 금요일"과 같이 주목을 끈 공격도 있었다.[8]

- **4등급 테러리스트－게릴라·용병**

4등급 테러리스트는 일반적으로 가장 예측할 수 있는 테러리스트들이다. 왜냐하면 그들이 받았던 기초 군사훈련과 그들이 군대나 준군사조직의 시절에 사용했던 장비에 의존하고 있기 때문이다.

4등급 테러리스트들은 일반적으로 약간의 교육을 받고 군대 또는 방위군이 그들

---

4) 출처 : 브라이언 M. 젠킨스, "테러와 납치," p-5255 (랜드 코퍼레이션 1974), 1.
5) The Economist, "평화토론 ; 스페인과 ETA," 2006년 7월 8일
6) 크리스천 사이언스 모니터, "아일랜드 공화국 군(IRA)을 해산을 촉구하는," 2005년 3월 17일.
7) The Economist, "스리랑카 호랑이가 은신처에서 나오다.(타밀 타이거가 말하는 평화)," 2002년 4월 13일
8) AP 통신, "사망자 수와 피해에 있어 IRA의 35년 내 최악의 공격" 2005년 7월 28일.

의 임무수행을 위해 고용해왔던 전직 군인들이다.

• 5등급 테러리스트－아마추어(민간인, 교육을 받지 않은 범죄자, 혹은 민병대-자경단 조직)

이런 조직에는 수많은 사람들이 있지만 그들은 초보적인 경험을 가진 테러리스트들이다. 일부는 민병대 조직을 구성하고 서로 연합하여 상당한 수준으로 구성될 수 있다. 미국의 KKK단이 5등급 테러집단의 예이다.[9] 그리고 티모시 맥베이, 시어 도어 카진스키, 에릭 로버트 루돌프 같은 개인들이 개인(외로운 늑대) 단위의 5등급 테러리스트들이다. 티모시 맥베이는 오클라호마 시티의 연방 건물에 폭탄테러를 수행하였고, 시어도어(테드) 카친스키는 "연쇄 소포 폭탄테러범[10]"으로 알려져 있으며, 에릭 로버트 루돌프는 올림픽 게임 동안 올림픽 공원을 폭파시켰다.

비록 5단계 테러리스트들이 덜 조직적이고, 덜 교육받았으며, 덜 무장되어 있지만, 그럼에도 불구하고 그들이 목표로 하는 시설에 중대한 위해를 가할 수 있는 위협요소이다.

■ 테러방지 참고 가이드 및 자료

• 말콤 W. 낸스의 기본서, 테러리스트 인식 핸드북은 만약 테러위협을 이해하고자 하는 경우 방호 컨설턴트가 가질 수 있는 가장 중요한 책이다. 이것은 테러위협 행위자를 포함하는 위험분석 보고서를 쓰려는 모든 분석가들의 필수적인 장서이다.

• 대테러 및 방호전문가를 위한 국제교류협회(www.antiterrorism.org)

• 군사방어 전시회 및 시연회(FPED)

■ 경제사범

• 다국적 범죄조직 : 다국적 범죄조직은 국가와 국가의 경계에서 활동하는 범죄집단의 연합체로 구성되어 있다. 컴퓨터 범죄집단, 마피아, 마약 및 무기밀매상이 이런 조직의 좋은 예이다.

다국적 범죄조직은 그들의 주력사업뿐만 아니라 그들의 조직적이고 광범위한 규모로도 유명하다. 다국적 범죄기업은 마약시장의 경우처럼 때로는 폭력적이기도 하지만, 일반적으로 법 집행기관으로부터 너무 많은 주목을 끌지 않기 위해 윤곽을 드러내지 않는 것을 선호한다.

다국적 범죄조직은 특정 단체를 위협하거나 그들의 목적을 파괴하고 그 단체를

9) Pantagraph(블루밍턴, 일리노이), 2006년 4월 23일 "KKK의 역사는 오늘날에 대한 경고를 제공한다."
10) 출처 : 알 스턴 체이스, Harvard and the Unabomber : 테러에 대한 교육 (뉴욕 : WW 노턴, 2003).

범죄기업의 목적을 위해 봉사하도록 강탈하거나 협박하기도 한다.

- **범죄조직** : 범죄조직은 다국적 범죄조직의 하위 단계이고 동일한 특성, 기술, 방법, 전술을 가지고 있다. 다국적 범죄기업처럼 그들의 목표는 자신들의 범죄사업을 수행하기 위해 능력 있는 범죄자를 이용하는 것이다.

  일류 범죄조직은 지역에서 지방으로, 그리고 때로는 국가 전체에 퍼져 있다. 대부분의 마피아 조직은 그들의 한정된 범위 때문에 다국적 범죄조직에 맞서 조직을 구성한다.

  범죄조직은 마약 밀매, 매춘, 고리대금, 갈취에 관여할 뿐만 아니라 민간인과 정부 같은 공공기관까지 훼손한다.

  범죄조직은 아주 조직적으로 구성되어 있어 능력 있는 범죄자를 끌어올 수 있고, 그들의 목표를 효율적으로 수행하기 위해 필요한 장비를 구할 수 있다. 이런 조직들은 고액 연봉의 내부 정보원을 고용할 수 있는 효율적이고 계층적인 구조로 구성되어 있다. 이런 범죄조직들에게 노려지는 시설이나 조직은 많은 양의 자금과 장비, 그리고 그들이 사용하는 특정 기기들에 대비하고 처리해야 하는 높은 위험성을 내포하고 있다.

- **수준 높은 경제사범** : 수준 높은 경제사범은 범죄계획을 세우고 실행하는 데 비평적인 사고기법을 적용할 수 있는 개인, 갱단, 조직을 말한다.

  수준 높은 경제사범은 특히 보석상점, 특수 소매점, 금고, 은행, 영화관을 대상으로 하는 절도에 특화되어 있는 전문가들이다. 이런 범죄자의 대부분은 개인적으로 활동하거나 아주 작은 갱단에 속해 있다. 수준 높은 범죄자들은 목표로 하는 대상을 몇 달 동안 감시하고, 그것에 대해 조사하는 데 많은 시간을 할애한다. 수준 높은 범죄자들은 범죄의 여러 측면을 고려하고 적발될 가능성을 최소화하기 위해 위험에 대해 신중하게 계산한다.

  일부는 암살이나 범죄조직을 지원하는 업무에 특화되어 있지만 수준 높은 경제사범들의 일반적인 목표는 대부분 자산을 훔치는 것이다. 수준 높은 경제사범들은 대부분 범죄조직의 일원이지만 적발과 체포를 피하기 위해 개인적으로 일을 하는 경우도 있다.

  수준 있는 범죄자들은 특정 무기 및 도구의 사용에 능숙하고, 능률적이고, 체계적으로 활동한다. 그들은 공격에 대한 계획을 세우고 정교한 장비와 그것을 사용할 수 있는 기술적인 능력을 갖추었다. 또한 종종 내부 정보원으로부터 지원을 받는다. 그들은 가치가 높지만 상대적으로 취급과 처리에 위험성이 적은 자산을 목표로 삼고 대량으로 훔친다.

- **수준 낮은 경제사범** : 수준 낮은 경제사범은 무기와 장비의 사용에 미숙하고 공식적인 조직에 속해 있지 않다. 그들의 목표는 마약, 돈 그리고 쉽게 훔칠 수 있는 물건같이 그들의 즉흥적인 욕구를 충족시키는 항목이다. 이들은 위험이 적거나 없는 적당한 목표에 관심을 가진다. 무단침입 또는 진열장을 깨고 물건을 훔치는 기술이 일반적이며, 내부자에 의한 도난도 이 범주에 포함된다.
- **거리의 갱단과 거리의 범죄자** : 거리의 범죄자 또는 거리의 갱단은 주로 마약이나 성매매에 집중하지만 때로는 극단적인 폭력과 연관되기도 한다.

  갱단은 히스패닉 갱 / 크립스와 블러드(the Crips and Bloods) / 국민과 민족국가(People Nation and Folk Nation) / 자메이카 민병대 / 아시아 · 남양 제도 갱 / 콜롬비아 갱 / 쿠바 마리엘리토 / 오토바이 갱 / 인종적, 민족적 또는 종교적 지향 갱 / 교도소 갱 등이 있다.

  갱단은 그들의 멤버에게 규율에 대한 복종을 강요하고, 주로 나이가 어리고 쉽게 조종할 수 있는 사람을 모집한다. 갱단은 지역사회와 상권을 낙서 / 민간인을 향한 호전적인 행동 / 민간인과 기업에 대한 갈취 / 매춘 및 알선 / 마약 문화 등을 통해 파괴한다.
- **나홀로 범죄자에 대한 참고사항** : 나홀로 범죄자는 정보의 지원이나 다른 사람의 도움 없이 범죄를 저지르는 개인을 말한다. 나홀로 범죄자에는 해커, 수준 높은 범죄자, 그리고 수준 낮은 범죄자 등이 있다. 나홀로 범죄자는 매우 뛰어난 전문가이거나 언제나 잡힐 수 있는 전형적인 잡범일 수 있다.

  나홀로 범죄자에는 연쇄 소포 폭탄테러범(시어도어 카친스키), 에릭 루돌프, 2001년 탄저병 테러범으로 추정되는 브루스 아이빈스 등이 있다. 다른 유형의 나홀로 범죄자에는 기밀정보나 회사의 자산을 노리는 내부자가 있다.

■ **테러 의도가 없는 직장 내 폭력범죄자 · 폭력위협 행위자** : 이 유형의 범죄자는 두 가지 등급으로 구분된다.

- **사내폭력범죄자** : 직장 내 폭력범죄가 미국을 포함한 전 세계에서 폭력범죄의 대부분을 차지하고 있다. 사내폭력범죄자는 그 단체의 동료들과 불안정한 인간관계를 가지고 직장 내 동료를 공격한 개인들이다. 이런 폭력범죄에서 발생 가능한 피해자를 조기에 발견하고 신속한 중재를 제공하기 위해 이런 종류의 직장 내 폭력은 점점 더 인적 자원 업계의 주목을 받고 있다. 이것은 폭력을 당한 피해자 한 명만을 보호하려는 것이 아니라 언젠가 의도적이거나 무분별한 폭력의 대상이 될 수 있는 직장 내 무고한 직원들을 보호하고자 하는 것이다.

이러한 공격자에 의한 공격은 갑작스럽고 매우 폭력적이며 종종 총기 사용을 포함하기도 한다.

- **불만을 품은 직원이나 전직 직원** : 동료와 전직 직원에 의해 가해지는 폭력은 싸움, 위협행위, 폭행, 괴롭힘, 스토킹 등을 포함할 수 있다.

폭력 가해자의 이런 유형은 그의 현재 혹은 전 관리자나 그에게 잘못을 했거나 험담을 한 동료 같은 특정한 개인을 목표로 한다. 불만을 품은 폭력적인 직원들은 거의 대부분 남성이며 그들이 노리는 피해자를 공격하기 위해 칼 또는 총 같은 흉기를 사용하기도 하며, 강한 산이나 가연성 화학물질 역시 종종 사용되어 왔다.

- **화가 난 방문자** : 화가 난 방문자들은 그들의 불합리한(때로는 합리적인) 요구가 받아들여지지 않았을 때 폭력을 휘두를 수 있다. 그들이 원하는 결과를 달성할 수 없게 되면서 좌절감에 빠지게 되고, 상호 간의 갈등이 점차 고조되면서, 결국 그들은 폭력에 의존하게 된다.
- **성적 범죄자** : 성적 범죄자는 일반적으로 취약한 환경에 놓인 여성과 아이들을 노리며 단독이나 그룹으로 활동할 수 있다. 성적 범죄자들은 그들의 머릿속에서 공상을 실행할 것이다. 연구는 그들이 그것을 행동으로 표출하기 전에 그들이 성적 공상으로 인한 폭행을 경험했을 수도 있다는 것을 나타낸다. 미국의학협회(AMA)에 따르면, 성폭행은 미국에서 가장 빠르게 성장하는 범죄이다. 국립피해자센터는 매년 700,000명 이상의 여성이 강간을 당하거나 성적인 폭행을 당하고 있다고 보고한다.
- **강도 · 주차장 폭력 · 어긋난 절도**
  - **강도 · 주차장 폭력** : 강도와 주차장 폭력은 거리범죄가 퍼질 수 있는 모든 공동체에서 문제가 될 수 있다.
  - **어긋난 절도** : 일부 직장에서의 폭력사건은 절도와 관련이 있다. 이것은 특히 택시, 편의점, 주유소, 기타 가설 상점시설에서 그러하다.

  한 유명한 사건의 경우, 무장괴한이 새크라멘토, 캘리포니아에 있는 대형 전자제품 매장에서 30명의 인질극을 벌였다. 그 사건은, 무장괴한이 일렬로 줄을 세워놓은 인질에게 총격을 가하기 시작한 후 경찰이 가게를 급습하여 8시간만에 종료되었다.

  다른 예로는, 중화기로 무장하고 바디아머(body-armor)를 착용한 2명의 은행강도가 노스할리우드 은행을 털다가 출동한 경찰과 대치하면서 경찰과 총격전을 벌인 사건이었다. 그 사건은 경찰에게 치안 상황에서 고성능 무기의 사용에 대한 생각을 재정립하게 만들었다. 이 사건은 미국의 법 집행 역사에 가장 유혈이 낭자한 날 중의 하나로 남아있다.

• **정신이상자와 스토커** : 정신이상이나 정신질환이 있는 사람들은 예고 없이 폭력을 휘두르며 달려들 수 있다. 폭력은 알코올중독, 약물 남용 및 특정 유형의 정신질환, 특히 편집증 정신분열증과 동반할 수 있다.

• **스토커** : 유명 인사인 존 레논, 질 단도, 레베카 쉐퍼는 각각 그들의 스토커인 마크 데이비드 채프먼, 배리 조지, 로버트 존 바르도에 의해 살해되었다. 유명 인사나 부유층에게 서비스하는 기업은 유명 인사가 스토커로부터 그들의 회원들이 직면하고 있는 위험을 지속적으로 알고 있어야만 한다. 더 많은 일반 시민들이 스토커에 의해서 공격당하고 신체를 훼손당하고 살해되었다. 책 『Blind-Sided』에서 저자 그레고리 K. 모펫(Gregory K. Moffatt)이 다음과 같이 말하였다.

> 조사에 의하면, 스토커가 스토킹을 시작하기 전에 일반적으로 그들의 피해자를 이미 알고 있는 것으로 나타났다. 스토킹에 대한 한 연구는 거의 모든 스토커가 그들의 피해자를 알고 있었다는 것을 입증한다. 57%의 피해자는 그들의 스토커와 관계를 가지고 있었고, 다른 34%의 피해자는 스토킹이 시작되기 전에 적어도 아는 사람이었다. 오직 6%만 그들의 스토커에 대해 알지 못했다.

■ 체제전복 범죄자 및 파괴공작원

• **사상 지향적 체제전복 범죄자** : 사상 지향적 체제전복 범죄자로 정부, 종교, 사상, 업계에 반하는 의제를 가진 운동권 단체 등이 있다. 동물해방전선(ALF), 환경해방전선(ALF)과 유사한 다른 단체들이 여기에 포함된다.

• **비동맹 체제전복 범죄자** : 기타 체제전복 행위는 시위나 시민폭동과 관련된 시민혼란 사건을 포함할 수 있다. 예를 들어, 1992년 로스엔젤레스 캘리포니아의 도시는 로스엔젤레스 경찰관(LAPD)에 의해 구타당한 흑인 오토바이 운전자 로드니 킹 재판에 따른 시민혼란과 폭동에 휩싸여 있었다. 이 구타 장면은 카메라에 잡혔고 지역 텔레비전 뉴스에서 방송되었다. 많은 기업들이 뒤따른 폭동에 피해를 입었다.

• **정치·산업 스파이** : 조직은 점점 정치와 산업 스파이의 표적이 되고 있다. 어느 기사에서는 산업 스파이가 세계무역기구(WTO) 회담의 무대 뒤에서 매우 큰 역할을 한다는 것을 지적했다.[11] 크고 작은 단체의 비밀정보를 훔치는 산업적·정치적 스파이에는 여러 유형이 있다.

• **해커** : 해커는 웹사이트를 손상시키고, 네트워크에 피해를 입히며, 중요한 정보를 빼

11) Les Blumenthal and Michael Doyle, "스파이가 세계무역기구(WTO) 협상의 테이블에 교섭 비밀을 가지고," Star Tribune (Minneapolis, MN), 1999년 11월 27일.

내는 스파이로 활동한다. 최근의 경우를 살펴보면, 해커들이 인터넷을 통해 군사협력업자의 컴퓨터에서 미국 국방부의 최신 제트 전투기, 합동 타격 전투기에 대한 매우 민감한 데이터를 훔쳤다.

- **개인정보침해 위협 행위자** : 개인정보를 침해하는 파파라치와 스토커는 유명 인사의 골칫거리이다. 부유층과 유명 인사에게 서비스를 하는 기업은 종종 자신들의 목적을 위해 고객들의 사적인 순간을 방해하고 기업의 이익창출을 저해하는 사람들과 마주한다.
- **상습적인 규정 위반자** : 이들은 직원이나 방문자의 자격으로 단체의 시설을 출입하면서, 단체의 자산임에도 불구하고 그들의 것인 양 사용하거나 마음껏 낭비를 일삼는 개인들이다. 비록 이에 따른 경고가 내려지더라도, 그들은 규정을 지속적으로 위반한다. 이러한 개인들은 단체에 여러 유형의 문제를 일으킨다.
  - 다른 이들에게 나쁜 본보기가 된다.
  - 그들의 요청사항 또는 행동을 수용하기 위해 특별한 주의가 필요하다.
  - 부상으로 이어지거나 큰 문제를 일으킬 수 있는 행동의 전례를 만들어낸다. (한 사람이 행동으로 옮기면, 그것을 본 사람들이 그 사람의 행동을 따라하는 것이 일반적이다.)
  - 질서를 어지럽힌다.
  - 불법행위, 인종차별, 성추행의 경우와 같이 그 행위를 줄이지 못하면 단체를 고소의 위험에 놓이게 만들어 사업평판에 영향을 미칠 수 있다(예를 들어, 관리자가 직원에게 권력을 남용하는 경우).
  - 주차권한을 남용하거나 줄을 새치기를 하고, 특별한 대우를 요구하거나 혹은 직원에게 난폭하게 행동하는 사람들은 단체에 부정적인 영향을 끼친다.

비록 단체들은 이런 개인들과 거래를 하고 싶어하지 않지만, 그들은 특수한 부류이다. 이런 개인들은 그들만의 이기주의와 호전성을 통해 자기 생각대로 행동하고, 세상이 그들의 관점을 수용할 것을 요구한다. 이런 사람이 위협 행위자이다.

■ 경범죄

- **정의** : 경범죄는 중범죄보다는 죄질이 가볍고 보통 벌금이나 형벌, 재산 몰수, 그리고 교도소보다는 구치소 시설에 투옥(경범죄)되는 범죄이다.
- **기물파손 범죄자** : 기물파손 범죄자는 자산을 훼손함으로써 그 가치를 파괴한다. 기물파손 범죄자는 재산상에 수백만 달러의 피해를 입힐 수 있고, 단체의 사업 기회에 영향을 미친다.

- **소매치기** : 소매치기들은 호텔, 레스토랑, 쇼핑몰, 주차장, 엘리베이터 로비처럼 말 그대로 두 사람 이상 모이거나 특히 주의가 산만해지는 공공장소에서 부지런히 활동하고 있다. 이런 환경을 제공하는 기업은 안전한 환경에 대한 그들의 평판에 타격을 받음으로써 피해를 입을 수 있다.
- 매춘부, 포주, 뚜쟁이 : 매춘은 호텔, 쇼핑몰, 기타 공공장소에 영향을 줄 수 있으며, 사업의 평판에 손상을 줄 수 있다.
- 기타 경범죄에는 치안 방해, 공공장소에서의 소란 및 음주 등이 있다.

위협기준 설계(Design Basis Threat)

위험분석은 반드시 대책 수립을 위한 기준으로 사용될 위협기준 설계(DBT)를 해야만 한다. DBT는 대책이 효율적으로 해결할 수 있는 위협 행위자의 수준이다.

여기에는 실제로 두 가지 유형의 DBT가 있다. 첫 번째 DBT는 보호하기 위한 목적으로 고안된 방호 프로그램이고, 두 번째는 저지하거나 경감하기 위한 목적으로 고안된 방호 프로그램이다. 어떤 방호 프로그램은 상업적인 측면에서 테러공격을 완전히 방지해 줄 수도 있지만 그것은 보호하는 것에 비해 상대적으로 많은 비용이 발생한다. 하지만 단체는 이런 방호 프로그램을 사용하여 테러공격으로부터 입을 피해의 가능성을 어느 정도 경감시킬 수 있다.

예를 들어, 2008년 9월 21일에 이슬라마바드에 있는 메리어트 호텔에 대한 알 카에다의 공격에서, 1t의 폭발물을 적재하고 빌딩으로 돌진하던 트럭이 유압장벽에 가로막혀 빌딩으로부터 20m 떨어진 곳에서 폭발한 사건을 들 수 있다. 53명의 사람들이 그 공격으로 인하여 사망하였다. 그 트럭의 폭발물은 알루미늄 분말(폭발의 가속)과 포탄들(파편의 증가)로 둘러싸여 있었기 때문에, 만약 트럭이 호텔의 정문에 좀 더 다가갈 수 있었더라면 더 많은 사람들이 죽었을 것이다.

그러나 단체는 일반적인 보통의 범죄(ODC)를 방지하기 위해서 많은 일을 할 수 있다. ODC에는 경제범죄, 테러의도가 없는 폭력범죄, 체제전복 범죄, 경범죄 등이 있다. 이것들은 모두 방호 프로그램의 기준으로 해결될 수 있다.

그림 7.2는 테러리스트와 다양한 유형의 위협 행위자의 특성으로 각 유형이 매우 다른 특성을 가지고 있음을 보여준다.

실 습

- 효과적으로 위협을 평가
  - 잠재적인 위협 관계자를 확인
  - 그들의 동기, 역량, 그리고 역사(그래서 그들의 의도나 기술, 무기 및 전술과 과거에 어떤 종류의 상대방을 노렸었는지)를 확인
  - 단체의 자산목록을 개발하고, 어떤 무기와 전술이 단체를 공격하는 데 가장 많이 사용될 것 같은지 결정

표 7.1 범죄자 특성

범죄자 특성					
특성	테러리스트	경제사범	폭력범죄자	체제전복 범죄자	경범죄자
폭력의 정도					
대량 사상자 발생	X				
소수의 사상자 발생	X		X		
1명의 사상자 발생	X	X	X	X	
부상자 발생	X	X	X	X	X
재산피해					
재산의 파괴	X	X	X	X	
재산의 도난		X	X	X	X
재산의 손상	X	X	X	X	X
기밀정보 유출					
정보의 손실	X	X		X	X
정보의 도난	X	X		X	X
정보의 손상	X	X		X	X
평판 손상					
사업평판의 손상	X	X	X	X	X
공격방법					
드러난 상태로 공격	X	X	X		
드러나지 않은 상태로 공격		X		X	X
공격의 중단 여부					
방해시 공격중단 가능	X	X	X	X	X
무력 대응					
무력대응 발생	X				
무력대응 발생 가능	X	X	X	X	

- 보호될 수 있는 단체의 자산에 대한 정보 데이터를 비교하고, 어느 위협 관계자가 단체에 가장 위협적일 수 있는지를 결정

■ **잠재적인 위협 관계자를 확인** : 분석가는 잠재적인 위협 관계자를 두 단계로 확인할 수 있다. 첫 단계로, 위에서 분류한 위협 관계자의 다섯 가지 유형을 나열한다. 그 후에 잠재적인 개별단체와 개인의 등급이 위협 관계자의 5유형 중에 어디에 속하는지 확인한다.

예를 들어, 잠재적인 테러위협 관계자에 관하여는 위에서 나열된 5종류가 있다. 지방 법 집행기구는 기구가 운영되는 지역에서 활동하는 잠재적인 위협 관계자에 관한 목록을 위의 다섯 가지 유형에 맞게 구분해 가지고 있어야 한다. 미국 내 프로젝트의 경우, 이 정보의 좋은 출처는 미 연방수사국(FBI)의 현지 테러기동부대이다. 다른 나라에서는 그들의 지방 법 집행기관 내에 유사한 정보의 출처를 가지고 있다.

■ **출처를 참고하라** : 인터넷 조사를 포함하여 다른 출처들 역시 가치가 있다. 이것은 3장, "위험분석 기술과 도구"에서 상세히 다루어진다. 평판이 있는 많은 조직들은 테러 및 ODC 범죄 활동과 그룹에 대해 양쪽 모두 훌륭한 참고자료가 존재하거나 가지고 있다.

■ **그들의 동기, 역량, 그리고 역사**(그래서 그들의 의도나 기술, 무기 및 전술과 과거에 어떤 종류의 상대방을 노렸었는지)**를 확인** : 비록 이것들은 지속적으로 변화하고 있지만, 분석가는 새로운 것들을 따르고 참고문헌을 만들 수 있다. 더 나은 컨설턴트는 이것을 진행 중인 방식으로 수행할 수 있다. 이것 역시 3장, "위험분석 기술과 도구"에서 상세히 논의된다. 여기에 나열된 책과 문서들은 테러리스트와 모든 종류의 범죄자들에 의해 사용되는 방식과 전술, 그리고 그러한 방식과 전술이 그들이 공격한 단체에 끼치는 영향에 관한 풍부한 출처들로 구성된다.

■ **테러리스트 목표 선별**(Terrorist targeteering screen) : 각 항목의 잠재적 위협 관계자들의 목표 설정 목록(targeteering list)을 개발하라. 다양한 국가의 국방 부서들은 임무의 훌륭한 수행을 위해 이런 목록들을 수용한다. 좋은 목표 설정 정보의 출처는 말콤 낸스의『테러 인식 핸드북』을 포함한다. 낸스는 테러 목표 설정에 관한 세계 최고의 전문가 중 하나이며 군사 내·외적으로 많은 기사나 논문에서 참조된다(그림 7.2 참조).

엘리시아 L. 웰치의 2007 해군대학원 학교 논문 "초동조치를 위한 예방전략으로 테러 인식과 교육"에서 그녀는 낸스를 인용하였다.

그림 7.2 테러리스트 목표

목표 설정가는 구체적인 목표를 정하는 데 있어 최대의 극적인 효과를 달성하기 위해 고안된 세 가지 기본적인 전술활동을 사용한다.

- 속도 – 목표물은 공포의 효과를 향상시키기 위해 신속하게 공격해야 한다.
- 놀람 – 피해자가 완벽하게 인식하지 못하도록 해야만 하며, 확실하지 않은 위협을 제외하고는 임박한 작업에 전달되지 않아야 한다.
- 행동의 폭력성 – 이 사건은 테러를 타격해야만 하며, 절대적이고 끔찍한 폭력을 통해 그 피해자의 마음에 공포를 심어 주어야 한다.

그녀의 논문에서 그녀는 낸스의 업무와 발표를 확장시켰다.

목표 설정의 세 가지 요소는 동기, 기회, 그리고 수단을 포함한다(MOM).
동기 : 테러리스트 단체가 목표를 선택하는 이유가 있는가? 그 단체는 그들의 적을 공격해 의미 있고 효과적으로 영향을 미칠 기회가 있는가? 목표 설정가는 그것을 창출하기 위한 우선순위로 만들거나 또는 적당한 시기, 환경, 그리고 타격할 수 있는 주변 환경 등을 기다린다.

수단 : 그 단체는 그 임무를 수행할 수 있는 자원, 인력, 비밀유지 및 지원을 가지고 있는가?

이 책에서 테러 매트릭스를 위한 KSM-자산 목표 값은 좀 더 구체적인 자료가 없었을 때 테러리스트 목표 선별의 결정을 위한 훌륭한 대안이다. 테러 매트릭스를 위한 KSM-자산 목표 값은 알카에다와 동맹을 맺은 단체를 목표로 선별하기 위해 저자에 의해 개발되었다(칼리드 셰이크 모하메드[KSM]의 표적이 된 많은 단체). 그것은 수많은 알카에다 공격과 공통으로 가지고 있는 요소의 평가에서 기인한다.

마찬가지로, 경제 및 폭력범죄를 위한 자산 목표 값 매트릭스가 나타나고, 이런 까닭으로 그런 종류의 범죄들의 목표 설정 정보를 설립하는 데 유용하다.

- **자산 · 공격 매트릭스** : 단체의 자산에 관한 목록을 개발하고 단체를 공격하는 데 어떤 무기와 전술들이 가장 많이 사용될 것 같은지를 결정하라.

5장에서 단체의 주요 자산의 목록을 어떻게 개발하는지를 설명하고 있다. 자산 · 공격 매트릭스(8장에서 설명, "취약성 평가")를 사용하여 어느 종류의 무기와 전술이 단체를 공격하는 데 가장 많이 사용될 것 같은지를 결정하게 될 것이다.

비록 자산 · 공격 매트릭스가 취약한 도구이지만, 이것의 사용은 기본 위협 설계를 정의하는 것을 도와주는 데 필수적이다. 왜냐하면 자산 · 공격 매트릭스는 어느 종류의 무기와 공격 시나리오가 단체의 시설에 가장 성공적인지를 정의하기 때문이다. 이 정보를 위협 관계자에 대한 목표 설정 정보에 맞추어 봄으로써, 당신은 이 단체 시설에 어떤 위협 관계자가 가장 관심을 가지고 있는지를 좀 더 쉽게 확인할 수 있을 것이다.

테러공격 전술 및 적절한 전술적인 대책의 전체목록은 낸스의 『2008 테러리스트 인식 핸드북』에서 찾을 수 있다. 그런 대책들의 일부는 대게릴라전 환경에 적합하다. 정부, 비정부단체(NGOs), 그리고 상업적인 환경에 적합한 적절한 테러방지대책은 이 책의 16장에서 찾아볼 수 있다.

경제범죄, 테러 의도가 없는 폭력범죄, 체제전복범죄, 그리고 사소한 범죄를 해결하기 위한 방호 프로그램 대책 기준의 포괄적인 목록 역시 이 책의 16장에서 찾을 수 있다.

- 그 데이터를 보호되어야 할 단체의 자산에 대한 정보와 비교하고 어느 잠재적 위협 관계자가 단체에 가장 효과적일지를 결정하라.

분석가는 그 단체의 취약성을 노리는 그 방식과 전술을 맞추어 보면서 가장 단체에 위협을 가할 것 같은 그들의 잠재적인 위협 관계자를 확인할 수 있다. 위협기준 설계 워크시트는 이 작업을 완수하기 위해 이번 장에서 다루어진다.

도 구

이 책은 위협분석을 지원하는 두 가지 소프트웨어 도구를 보여준다.

- **상대방 · 수단 매트릭스** : 상대방 · 수단 매트릭스는 분석가가 다양한 유형의 위협 관계자가 사용하는 무기의 종류, 침입방법, 그리고 공격 시나리오들을 확인할 수 있게 도와준다.
- **자산 · 공격 매트릭스** : 자산 · 공격 매트릭스는 분석가가 어떤 유형의 무기, 침입방법, 그리고 공격 시나리오가 단체의 다양한 자산에 가장 효과적인지 확인할 수 있도록 도와준다.

이런 도구들의 목적은 아래와 같다.

- **상대방 · 수단 매트릭스** : 분석가는, 단체의 취약점을 정립하고 행동을 개시하기 전에 다양한 잠재적 위협 관계자에 의해 사용될 특성, 침입방법, 공격 시나리오를 이해하고, 이러한 취약점을 악용하는 것을 확인할 수 있는 능력을 가져야 한다. 예를 들어, 감옥은 대부분의 통상적인 침입방식이 감옥을 상대로는 소용이 없기 때문에 창고보다 본질적으로 침입에 덜 취약하다.

- **자산 · 공격 매트릭스** : 자산 · 공격 매트릭스는 단체의 시설 및 자산의 독특한 속성 때문에 어느 유형의 침입방법과 공격 시나리오가 제거될 수 있는지 확인하는 분석가의 위협기준 설계를 돕는다. 가장 취약한 자산들과 그것이 어느 유형의 무기나 공격 시나리오에 가장 취약한지 확인하는 것을 도움으로써, 분석가로 하여금 그런 취약점을 경감시킬 수 있는 대책의 위험경감 제안에 집중하도록 돕는다.

상대방 · 수단 매트릭스

- **목적** : 상대방 · 수단 매트릭스는 분석가들로 하여금 다양한 잠재적인 위협 관계자와 단체에 문제를 일으킬 수 있는 그들의 가능성을 정의하도록 돕는다.

- **기능** : 상대방 · 수단 매트릭스는 다음의 모든 사항을 수용해야 한다.
  - 잠재적인 위협 관계자를 유형과 어디에 가능성이 있는지, 단체의 이름에 의해서 목

록화 하고 분류하라. 어느 것은 오로지 유형에 의해서만 확인될 수 있다(예 : 수준 높은 범죄자).

- 그들의 동기, 능력, 그리고 역사/작전수행을 포함한 훈련수준과 스파이 지식/감시능력/계획 수립 기술, 그리고 단체 및 지원을 포함한 그들의 전문성의 수준을 확인하라.
- 잠재적인 위협 관계자가 접근할 수 있는 무기의 종류를 기록하라.
- 만약 이런 침입방식이 가능하다면 이런 위협 관계자가 사용할 것이라는 것을 기록하라.
- 어느 종류의 무기들을 위협 관계자가 알고 있거나 혹은 사용될 것으로 의심되는지 기록하라.
- 전형적으로 예상되는 공격 시나리오를 기록하라.

■ **속성** : 상대방·수단 매트릭스는 SVA-Pro 같은 기성 소프트웨어 도구 또는 마이크로소프트 엑셀이나 MS워드 같은 셀프제작 소프트웨어 템플릿을 사용해서 만들어질 수 있다. 각각의 경우, 위에서 나열된 정보가 포함되어야 한다. 다른 사람들은 수적(mumeric)인 등급을 선호하는 반면, 일부 분석가들은 더 많은 텍스트 중심의 접근방식을 선호한다. 텍스트 기반의 접근방식은 더 많은 정보를 제공하지만, 역시 더 어렵고 전체적인 데이터를 읽고 평가하는 데 시간이 더 많이 소요된다. SVA-Pro 같은 특정한 도구는 텍스트와 수적인 등급을 함께 결합하여 분석에 의문을 제기할 때 도표(수적인)와 함께 참고내용을 제공한다. 마이크로소프트 Access와 같이 자체 개발된 데이터베이스 접근방법 역시 이것을 할 수 있다.

■ **예시** : 이번 절에서는 작은 것에서부터 시작해 세계적인 것까지 어떤 크기의 프로젝트 분석을 수행하는 것을 도울 수 있는 엑셀 위험분석 템플릿을 사용하길 바라는 독자를 위한 것이며, 역시 위험분석 보고서의 논의점을 설명하기 위해 삽입되어 사용될 수 있다. 비록 다른 도구들도 위에서 언급한 내용들을 가지고 있으나, 이 접근법은 아주 낮은 비용(당신의 시간을 제외)으로 가장 비싼 소프트웨어 도구에서나 가능한 결과 이상을 제공한다.

처음 두 예에서 마스터 템플릿은 책의 나머지 부분에 걸쳐 다른 템플릿들을 위해 설치될 것이다. 그래서 이것들이 다음에 나오는 다른 모든 것들에 기본으로 사용되기 때문에 이것들을 취합하는 시간이 이 책의 다른 것들보다 좀 더 길어질 것이다. 이 두 개가 포맷 및 프로그램 되면 다른 모든 것들이 짧은 명령으로 구성될 수 있다.

그 첫 번째 도구는 상대방·수단 매트릭스이다. 그 두 번째 도구는 자산·공격 매

표 7.2 상대방/수단 매트릭스

메가 타워 상대방/수단 매트릭스	동기	역량	범죄 기록	훈련 수준	감시 수준	계획 수준	조직 & 지원	출입문 절단기	위조 신분증	사회 공학	차량 이용	무단 침입	칼날류	소형 화기	중화기	휴대용 로켓포	박격포	수류탄	사제 폭발물	자살 테러	폭탄 트럭	폭탄 차량	소형 선박	대형 선박	방사능 폭탄			화학 물질	생화학 물질	기타 수단	사이버 테러	점수	순위
	특성							침입방식					공격방식																				
상대방													소형무기						폭발물/소이탄									기타				평균순위	
테러리스트																																	
1등급 테러리스트: 정부에서 훈련받은 전문가	10	10	10	10	10	10	10	5	10	10	10	10	10	10	5	10	10	10	10	10	10	10	10	10	10	10	10	5	5	10	10	9.4	1
2등급 테러리스트: 종교적 극단주의자	10	10	10	9	9	10	10	4	10	10	10	10	10	10	5	10	10	10	10	10	10	10	10	10	10	10	10	4	4	10	10	9.2	2
3등급 테러리스트: 급진적 혁명주의자/준종교적 극단주의자	10	9	9	9	8	8	8	5	10	10	10	10	10	10	5	10	10	10	10	10	10	10	10	10	10	10	10	3	3	10	10	8.9	3
4등급 테러리스트: 게릴라/용병	7	7	7	7	7	7	7	5	10	10	10	10	10	10	5	10	10	10	10	10	10	10	10	10	10	10	10	3	1	10	10	8.5	4
5등급 테러리스트: 아마추어	7	5	5	5	5	5	5	2	10	10	10	10	10	10	5	10	10	10	10	10	10	10	10	10	10	10	10	3	1	10	10	8.0	5
경제사범																																	
다국적 범죄그룹	8	8	8	8	8	8	8	8	10	10	10	10	10	10	2	1	1	1	5	3	2	3	2	1	2	1	1	1	1	5	10	5.4	6
범죄조직	8	8	8	8	8	8	8	8	10	10	10	10	10	10	2	1	1	1	5	3	2	3	2	1	2	1	1	1	1	5	10	5.4	6
수준 높은 경제사범	7	7	7	7	7	7	7	8	10	10	10	10	10	10	2	0	0	0	2	0	0	3	1	1	1	0	1	1	1	3	10	4.6	9
수준 낮은 경제사범	4	3	3	3	3	3	3	1	2	5	5	10	10	10	1	0	0	0	0	0	0	3	1	0	1	0	1	0	0	0	10	2.6	21
거리의 범죄자	3	3	3	3	3	3	3	0	2	2	0	0	0	0	0	0	0	0	0	0	0	0	0	0	0	0	0	0	0	0	0	0.8	27
테러 의도가 없는 폭력사범																																	
직장 내 폭력 행위자	7	6	6	6	6	6	6	1	10	10	5	10	8	10	0	0	0	2	5	2	5	5	1	1	1	0	1	1	1	1	10	4.3	10
화난 방문자	5	5	5	5	5	5	5	0	10	10	5	7	8	8	0	0	0	0	2	0	0	0	0	0	0	0	0	0	0	1	10	3.1	19
성적 범죄자	7	5	5	5	5	5	5	0	10	10	5	10	10	10	0	0	0	0	1	0	0	0	0	0	0	0	0	0	0	1	10	3.4	18
강도/주차장 강도	7	10	10	10	10	10	10	0	2	10	5	10	10	10	0	0	0	0	1	0	0	0	0	0	0	0	0	0	0	1	10	4.1	11
폭도	8	8	8	8	8	8	8	0	3	10	5	10	2	7	0	0	0	2	2	7	7	7	1	1	1	0	5	3	3	3	10	4.7	8
정신이상자	7	10	10	10	10	10	10	0	2	10	5	10	10	10	0	0	0	0	1	0	0	0	0	0	0	0	0	0	0	1	10	4.1	11
체제 전복 범죄자																																	
사상 지향적 체제전복 범죄자	7	6	6	6	6	6	6	0	10	10	5	7	2	2	0	0	0	0	0	0	0	0	0	0	0	0	0	0	0	0	10	2.9	20
정치 및 산업 스파이	8	10	10	10	10	10	10	3	10	10	5	3	2	2	0	0	0	0	0	0	0	0	0	0	0	0	0	0	0	0	10	3.6	14
파괴공작원	8	7	7	7	7	7	7	3	10	10	5	5	5	5	0	0	0	0	3	0	0	0	0	0	0	0	1	0	0	0	10	3.5	17
광신도/시민운동 단체	10	8	8	8	8	8	8	3	10	10	5	5	4	2	0	0	0	0	0	1	0	0	0	0	0	0	0	0	0	0	10	3.5	16
해커	7	10	10	10	10	10	10	1	10	10	5	3	2	1	0	0	0	0	0	0	0	0	0	0	0	0	0	0	0	0	10	3.5	15
사유지 불법침입자	10	8	8	8	8	8	8	1	10	10	5	5	4	4	2	0	0	2	3	0	0	0	0	0	0	0	1	0	0	0	10	3.7	13
지속적인 규정 위반자	5	5	5	5	5	5	5	0	10	10	5	2	1	1	0	0	0	0	0	0	0	0	0	0	0	0	0	0	0	0	10	2.4	22
경범죄자																																	
기물 파손 범죄자	5	2	2	2	2	2	2	0	4	10	4	5	2	2	0	0	0	0	0	0	0	0	0	0	0	0	0	0	0	0	10	1.7	26
소매치기	3	5	5	5	5	5	5	0	1	10	4	1	5	1	0	0	0	0	0	0	0	0	0	0	0	0	0	0	0	0	0	1.8	25
매춘부, 포주, 뚜쟁이	7	5	5	5	5	5	5	0	5	10	8	1	3	1	0	0	0	0	0	0	0	0	0	0	0	0	0	0	0	0	4	2.2	23
기타 경범죄	7	5	5	5	5	5	5	0	2	10	4	1	1	1	0	0	0	0	0	0	0	0	0	0	0	0	0	0	0	0	2	1.9	24
평균								1.4	6.0	8.0	4.8	5.4	4.8	4.7	0.5	0.4	0.4	0.7	1.5	1.0	1.0	1.3	0.7	0.6	0.7	0.4	0.8	0.4	0.3	1.1	7.3		
순위								9	3	1	5	4	6	7	19	20	20	15	8	12	12	10	15	18	15	20	14	23	24	11	2		

등급:
높은 기록 10
중간 기록 5
낮은 기록 1

트릭스이다. 이것들 모두 위협분석과 위협기준 설계를 개발하는 데 사용된다.

- 상대방 · 수단 매트릭스는 분석가로 하여금 단체에게 위험(테러 및 ODC)을 끼칠 수 있는 위협 관계자의 종류를 확인하여 위협기준 설계를 확인하도록 도와준다.
- 자산 · 공격 매트릭스는 분석가가 조직에서 가장 신경 쓰는 무기의 유형 및 공격 시나리오에 의한 위협기준 설계를 확인할 수 있게 돕는다.

양자의 결과를 조합함으로써, 먼저 어느 유형의 무기와 공격 시나리오가 최대의 걱정거리인지와 어느 유형의 공격자가 그런 무기와 공격 시나리오를 활용할 것인지가 명백해진다.

자산 목표 값의 조사결과와 관련해(어느 유형의 시설물이 어느 유형의 공격자에게 가장 관심이 높을까), 테러(및 어떤 유형) 혹은 ODC에 따른 위협기준 설계를 설립하는 것인지가 명백해질 수 있다.

어떤 경우든, 모든 단체는 내가 기준 방호 프로그램이라고 부르는 것을 필요로 한다. 모든 시설은 역시 기준 방호 프로그램에 더해져 해결되어야 할 고유의 취약성을 나타내고, 그리고 어떤(전부가 아닌) 시설은 테러의 목표가 되는 역사적인 특성을 나타낸다. 그런 시설들의 경우 테러는 DBT되어야 한다. DBT는 그 후에 효과적으로 방지하거나 DBT에 대응하는 데 반드시 사용되는 대책의 종류를 추론한다.

마이크로소프트의 엑셀 템플릿은 정량분석을 수행한다. 앞 절에서 언급한 어느 도구든 실전에서 바로 사용할 수 있다. 표 7.2에 나온 예는 잠재적인 테러리스트와 위협 관계자를 다루는 대형 프로젝트를 위한 상대방 · 수단 매트릭스의 전형적인 시트뷰(sheet view)를 나타낸다.

이는 텍스트(정성적)와 수적(정량적) 데이터를 모두 입력하는 방법은 텍스트 또는 수적 데이터 하나만 단독으로 사용하는 것보다 우수하다는 것을 주목해야 한다. 저자는 작품의 보고서상에서 정량적 분석결과를 정성적 분석결과로 변환한다.

SVA-Pro 같은 소프트웨어 도구는 데이터 입력 과정에서 정성적 · 정량적인 데이터를 모두 수용하지만, 확실하게 이 데이터를 소화하고 처리하기에 훨씬 더 어려워졌다. 분석가는 역시 데이터베이스 응용 프로그램이나 병렬문서 작성(하나의 문서에 텍스트를, 다른 하나에는 데이터를 입력하는 방식)으로 동시에 정성적 · 정량적 입력을 달성할 수 있다. 이런 식으로 출처 데이터를 동시에 입력함과 동시에 보고서를 작성할 수 있다. 비록 당신이 데이터 동시 입력의 우수함을 주장할 수 있지만, 그럼에도 불구하고 만약 상상도 할 수 없이 지루하다면 나는 순서대로(내 개인 취향에 따라) 그것을 처리한다. 내 생각에 이상적인 데이터 요소의 수는 다른 단점을 보충하는 것보다 이 접근법을 고려하는 것이다.

어떤 경우이든, 비평적인 사고원리는 위험수준과 어떠한 종류의 대책이 적절할지 결정하는 것을 돕기 위해 보고서 작성 전 분석부분에 적용되어야 한다. 비록 여기에 기재된 워크시트가 분석을 위해 분쇄된 데이터를 제공하지만, 그들은 실제 분석을 수행하지 않는다. 분석가가 수행하기 때문이다.

■ **전문성** : 전문성은 다른 무엇보다도 위협 관계자에 대한 영역이다. 더 전문적인 위협 관계자일수록 더 위험하다. 더 수준 높은 대책이 반드시 그 위협 관계자를 해결하기 위해 사용되어야 한다. 예를 들어, 알카에다는 단단한 경계를 깨트리기 위해서 리드 차량에는 파손장치를 장비하고, 두 번째 차량은 바로 그 뒤에 따라 붙는 일렬종대의 대형 트럭을 사용해 왔다. 이런 종류의 침입으로부터 시설을 보호하기 위하여 더 강력한 장벽이 필요하다. 전문성에 고려해야 할 요소는 아래와 같다.

- 동기 부여
- 능력
- 역사
- 교육수준
- 감시능력
- 계획수립 기술
- 조직 및 지원

■ **무기의 종류에 대한 접근** : 무기에 대한 접근범위 역시 위협기준 설계를 수립하는 요인이다. 위협 관계자가 더 많은 무기를 접하고 더 많은 무기의 사용법을 교육받는다면, 그 위협 관계자는 더욱 위험해진다. 다른 절과 마찬가지로, 다음에 나오는 것들은 예일 뿐이고, 이것들은 환경, 시설의 종류 등에 따라 수정되어야 한다. 무기의 범주는 아래와 같다.

- 칼날류 무기
- 소형 화기
- 중화기
- 바주카포(로켓 추진 소화탄 등)
- 박격포
- 수류탄
- 폭발물질
- 화학물질
- 차량
- 선박
- 항공기
- 자살 지원자
- 컴퓨터 및 해킹 기술

■ **침입방법** : 위협 관계자로부터의 접근이 없다면 위험은 없다, 그래서 접근통제는 방호의 핵심개념이다. 침입방법은 시설의 종류에 따라 달라질 수 있다. 다음 목록은 단지 예일 뿐이다. 위협 관계자에 의해 사용되는 전형적인 침입방법은 아래와 같다.

- 출입증 위조
- 위협에 의한 침입
- 무단침입
- 해킹
- 사회공학
- 강제침입
- 내부자

■ **위협 시나리오를 사용** : 위협 관계자의 각 유형마다 다른 공격 시나리오를 사용하고, 각각 다른 결과와 그에 따른 범주를 가지고 있다. 위협 시나리오는 자산의 종류와 고려 중인 시설의 종류에 따라 달라질 수 있다.
다음은 예일 뿐이며, 전형적인 위협 시나리오는 다음과 같다.

- 테러공격 시나리오
  - 사제폭탄(IEDs)
  - 차량을 매개로 한 폭탄테러(VBIED)
  - 선박을 매개로 한 폭탄테러
  - 핵무기
  - 컴퓨터테러
  - 자살폭탄테러
  - 수송기를 매개로 한 폭탄테러
  - 방사능폭탄
  - 화학적 · 생물학적 · 방사선 · 핵무기
- 경제적 범죄
  - 강도
  - 내부자 절도
  - 단체의 사업평판에 대한 범죄
  - 도난
  - 기밀정보 절도
  - 컴퓨터범죄
- 폭력범죄 공격 시나리오
  - 직원에 대한 폭력
  - 칼날류 무기
  - 사용가능한 무기
  - 단체의 부지 내 대중에 대한 폭력
  - 권총
- 체제전복 활동
  - 시민혼란
  - 시위
  - 직장 내 마약
  - 기업 스파이
  - 폭동
  - 공갈
  - 파괴공작 행위
- 사소한 범죄
  - 지갑 날치기 · 소매치기
  - 매춘, 포주 및 뚜쟁이
  - 공공기물 파손
  - 다른 사소한 범죄

■ **매트릭스를 설정하는 방법** : 이 책은 위험분석의 각 요소와 그것들의 이론, 실습, 그리

고 도구의 관점에서 대책을 설명한다. 이 책은 또한 각 요소에 대해 MS 엑셀 스프레드시트를 어떻게 구성하는지 적절하게 상세히 설명하고 있다. 상업적인 소프트웨어 도구의 사용을 선호하는 독자들은 엑셀 스프레드시트를 어떻게 구성하는지 설명하는 부분은 생략하고 싶어 할 것이다.

그들 고유의 세계 최고수준의 위험분석 소프트웨어 도구를 구성하고 사용하는 것에 관심 있는 사람들을 위하여, 엑셀 워크북의 처음 두 개의 탭에서는 한 셀 한 셀 상세히 설명되어 있고 그 후에는 적절한 수준으로 남은 시트를 구성하는 방법을 설명하였다. 이것들의 첫 번째는 결과적 매트릭스이고, 두 번째는 상대방 · 수단 매트릭스이다. 결과적 매트릭스는 다른 대부분의 매트릭스를 구성하는 기본 매트릭스를 구축한다(자산의 목록). 상대방 · 수단 매트릭스는 위협 관계자의 목록으로 구성되어 있다.

엑셀에 이 매트릭스를 설정하는 방법에 대한 지침은 아래와 같다. 이것들은 기본적인 지침이고 결과를 계산하고 순위를 매기는 수행 가능한 매트릭스를 결과로 내놓았으며, 이 매트릭스의 처음을 설정하는 명령이 상세하게 설명되어 있다. 독자가 매트릭스의 처음이 어떻게 구성되고, 그것이 어떻게 작동하는지에 대해 이해하게 되면 나머지 설명은 더 간단해질 것이다. 따라서 처음 상대방 · 수단 매트릭스에 대한 상세한 설명에 대해 인내로 기다리면, 모든 매트릭스가 정확하게 설정되는 것을 보장할 것이다.

새 워크시트에 엑셀을 열어라. 그림에 표시되고 아래에 작성된 데이터를 입력하라.

1. 셀 2B로 가서, 프로젝트명을 입력. **굵은 글씨**. 폰트는 14로 설정
2. 셀 3B에 "상대방 · 수단 매트릭스"를 입력. **굵은 글씨**. 폰트는 14로 설정
3. 셀 7B에 "상대방"을 입력. **굵은 글씨**
4. 셀 8B에 "테러리스트"를 입력. **굵은 글씨**
5. 셀 9B에 "1등급 - 국가의 지원을 받는 테러리스트" 입력
6. 셀 10B에 "2등급 - 종교적 극단주의 테러리스트" 입력
7. 셀 11B에 "3등급 - 급진적 혁명주의자 · 준-종교적" 입력
8. 셀 12B에 "4등급 - 게릴라 · 용병" 입력
9. 셀 13B에 "5등급 - 아마추어 테러리스트" 입력
10. 셀 14B에 "경제적인 범죄자" 입력. **굵은 글씨**
11. 셀 15B에 "다국적 범죄집단" 입력
12. 셀 16B에 "조직범죄 그룹" 입력
13. 셀 17B에 "수준 높은 경제사범" 입력

14. 셀 18B에 “수준 낮은 경제사범” 입력
15. 셀 19B에 “좀도둑질” 입력
16. 셀 20B에 “폭력사범” 입력. **굵은 글씨**
17. 셀 21B에 “직장 내 폭력 위협 관계자” 입력
18. 셀 22B에 “화난 방문자” 입력
19. 셀 23B에 “주차장 폭력사범” 입력
20. 셀 24B에 “강간범 · 강도” 입력
21. 셀 25B에 “시민혼란 사건 폭력” 입력
22. 셀 26B에 “체제전복 범죄자” 입력. **굵은 글씨**
23. 셀 27B에 “시위자 · 비폭력 시민혼란” 입력.
24. 셀 28B에 “정치적 및 산업적 스파이” 입력
25. 셀 29B에 “파괴공작원” 입력
26. 셀 30B에 “컬트” 입력
27. 셀 31B에 “해커” 입력
28. 셀 32B에 “외로운 늑대” 입력
29. 셀 33B에 “준군사적 단체” 입력
30. 셀 34B에 “지속적인 규칙 위반자” 입력
31. 셀 35B에 “잡범” 입력. 굵은 글씨
32. 셀 36B에 “기물 파손 범죄자” 입력
33. 셀 37B에 “소매치기와 지갑 날치기” 입력
34. 셀 38B에 “매춘” 입력
35. 셀 39B에 “다른 사소한 범죄자” 입력
36. 셀 40B에 “평균” 입력. **굵은 글씨**
37. 셀 41B에 “순위” 입력. **굵은 글씨**
38. 셀 42B는 비워둘 것(빈 셀).
39. 셀 43B에 “평가순위” 입력. **굵은 글씨**
40. 셀 44B에 “높은 지표” 입력
41. 셀 45B에 “중간 지표” 입력
42. 셀 46B에 “낮은 지표” 입력
43. B열을 선택하고, B2, B3을 제외한 나머지 셀들을 오른쪽으로 정렬, B2, B3은 왼쪽으로 정렬된 것을 유지
44. 셀 44C에 “10” 입력. 서식으로 이동 > 조건부 서식

45. 조건 1에서, 선택 셀 값은 0과 3.25 사이이다.
46. 조건 1에서, 서식 탭을 클릭하고 난 후 패턴 탭을 클릭하고 녹색으로 색상을 선택
47. 여전히 조건부 서식 창에서 추가 > 탭을 클릭
48. 조건 2에서, 선택 셀 값은 3.25001과 6.55 사이이다.
49. 조건 2에서, 서식 탭을 클릭하고 난 후 패턴 탭을 클릭하고 노란색으로 색상을 선택
50. 여전히 조건부 서식 창에서, 추가 > 탭을 클릭
51. 조건 3에서, 선택 셀 값은 6.55001과 10 사이이다.
52. 조건 3에서, 서식 탭을 클릭하고 난 후 패턴 탭을 클릭하고 빨간색으로 색상을 변경. "OK"를 클릭
53. 셀 44C는 즉시 빨간색으로 채워져야 한다.
54. C44부터 C47까지(이 셀에 조건부 서식을 복사) 서식 복사(복사 서식의 붓을 사용)
55. 셀 45C에 "5" 입력. 셀은 즉시 노란색으로 채워져야 한다.
56. 셀 46C에 "1" 입력. 셀은 즉시 녹색으로 채워져야 한다.
57. 셀 C5로 이동, 우 클릭 > 셀 서식 > 정렬 > 방향 > 75도 입력
58. 셀 C5에 "동기부여" 입력
59. 셀 C5부터 BR5까지(모든 셀들을 75도 기울임) 서식 복사(복사 서식의 붓을 사용)
60. 셀 D5에 "능력" 입력
61. 셀 E5에 "역사" 입력
62. 셀 F5에 "교육수준" 입력
63. 셀 G5에 "감시능력" 입력
64. 셀 H5에 "계획수립 기술" 입력
65. 셀 I5에 "조직 및 지원" 입력
66. C열부터 I열까지 선택, 우 클릭하여 열 넓이를 3으로 변경
67. 셀 J5는 비워둘 것(공란) - 이것은 "침입방법"의 시작이다.
68. J열을 선택, 우 클릭 후 열 넓이를 0.2로 변경
69. 셀 K5에 "절단 토치 · 발화 봉" 입력
70. 셀 L5에 "출입증 위조" 입력
71. 셀 M5에 "사회공학" 입력
72. 셀 N5에 "차량" 입력
73. 셀 O5에 "강제침입" 입력
74. K열부터 O열까지 선택, 우 클릭하여 열 넓이를 3으로 변경

75. 셀 P5는 비워둘 것(공란) - 이것은 "공격방법"의 시작이다.
76. P열을 선택, 우 클릭하여 열 넓이는 0.2로 변경
77. 셀 Q5에 "칼날류 무기" 입력
78. 셀 R5에 "소형 화기" 입력
79. 셀 S5에 "중화기" 입력
80. 셀 T5에 "바주카포(RPG)" 입력
81. 셀 U5에 "박격포" 입력
82. 셀 V5에 "수류탄" 입력
83. Q열부터 V열까지 선택, 우 클릭하여 열 넓이를 3으로 변경
84. 셀 W5는 비워둘 것(공란) - 이것은 "폭발물 · 소이탄"의 시작이다.
85. W열을 선택, 우 클릭 후 열 넓이를 0.2로 변경
86. 셀 X5에 "사제폭탄 장치(IED)" 입력
87. 셀 Y5에 "자살폭파범" 입력
88. 셀 Z5에 "트럭폭탄" 입력
89. 셀 AA5에 "자동차폭탄" 입력
90. 셀 AB5에 "소형 선박폭탄" 입력
91. 셀 AC5에 "대형 선박폭탄" 입력
92. 셀 AD5에 "소형 항공기" 입력
93. 셀 AE5에 "대형 항공기" 입력
94. 셀 AF5에 "방사능 폭탄" 입력
95. X열부터 AF열까지 선택, 우 클릭 후 열 넓이를 3으로 변경
96. 셀 AG5는 비워둘 것(공란) - 이것은 "기타"의 시작이다.
97. AG열 선택, 우 클릭 후 열 넓이를 0.2로 변경
98. 셀 AH5에 "화학약품" 입력
99. 셀 AI5에 "생물학 작용제" 입력
100. 셀 AJ5에 "다른 수단" 입력
101. 셀 AK5에 "사이버 공격" 입력
102. AH열부터 AK열까지 선택, 우 클릭 후 열 넓이를 3으로 변경
103. 셀 AL3은 비워둘 것(공란)
104. AL열 선택, 우 클릭 후 열 넓이를 0.2로 변경
105. 셀 AM5에 "점수" 입력
106. 셀 AN5에 "순위" 입력

107. AM열부터 AO열까지 선택, 우 클릭 후 열 넓이를 6으로 변경
108. 셀 C6에 "전문성" 입력. **굵은 글씨**
109. 셀 C6부터 I6까지 그룹으로 묶은 뒤 셀 병합. 이 섹션에서는 단어를 가운데로 맞춤
110. 셀 K6에 "침입방법" 입력. **굵은 글씨**
111. 셀 K6부터 셀 O6까지 그룹으로 묶은 뒤 셀 병합
112. 셀 Q6에 "공격방법" 입력. **굵은 글씨**
113. 셀 Q6부터 AK6까지 그룹으로 묶은 뒤 셀 병합
114. 셀 Q7에 "소형 무기" 입력. **굵은 글씨**
115. 셀 Q7부터 V7까지 그룹으로 묶은 뒤 셀 병합
116. 셀 X7에 "폭발물 · 소이탄" 입력. **굵은 글씨**
117. 셀 X7부터 셀 AF7까지 그룹으로 묶은 뒤 셀 병합
118. 셀 AH7에 "기타" 입력. **굵은 글씨**
119. 셀 AH7부터 셀 AK7까지 그룹으로 묶은 뒤 셀 병합
120. 셀 AM7에 "평균" 입력. **굵은 글씨**
121. 셀 AN7에 "순위" 입력. **굵은 글씨**
122. 셀 C44부터 셀 C9까지 아래로 셀 AM13까지(녹색으로 셀을 채운다.) 서식 복사 (복사 서식 붓을 사용)
123. 셀 C15부터 아래로 셀 AM19까지에서 위의 122단계를 반복
124. 셀 C21부터 아래로 셀 AM25까지에서 위의 122단계를 반복
125. 셀 C27부터 아래로 셀 AM34까지에서 위의 122단계를 반복
126. 셀 C36부터 아래로 셀 AM39까지에서 위의 122단계를 반복
127. 셀 K40부터 아래로 셀 AK40까지에서 위의 122단계를 반복
128. 셀 C8부터 셀 AN8까지 선택. 우 클릭 > 셀 서식 > 정렬 > 회백색 선택
129. 셀 C14부터 셀 AN14까지 위의 127단계를 반복
130. 셀 C20부터 셀 AN20까지 위의 127단계를 반복
131. 셀 C26부터 셀 AN26까지 위의 127단계를 반복
132. 셀 C35부터 셀 AN35까지 위의 127단계를 반복
133.
134. 셀 AM9에 "=AVERAGE(C9 : AK9)" 입력(이 수식은 대상 셀의 평균을 계산한다.) 만약 당신이 "#DIV/0!"의 값을 얻더라도 당황하지 말라. 이것은 당신의 매트릭스가 아직 작성되지 않았기 때문이다.

135. 셀 AM9를 복사해서 셀 AM10부터 셀 AM13까지 선택한 후 그 공식을 붙여넣기
136. 셀 AM15부터 셀 AM19까지 위의 134단계를 반복
137. 셀 AM21부터 셀 AM25까지 위의 134단계를 반복
138. 셀 AM27부터 셀 AM34까지 위의 134단계를 반복
139. 셀 AM36부터 셀 AM39까지 위의 134단계를 반복
140. 셀 K40에 "=AVERAGE(K9 : K39)" 입력
141. 셀 K40을 복사해서, 셀 L40부터 셀 O40까지 선택한 후 그 공식을 붙여넣기
142. 셀 Q40부터 셀 V40까지 위의 140단계를 반복
143. 셀 X40부터 셀 AF40까지 위의 140단계를 반복
144. 셀 AH40부터 셀 AK40까지 위의 140단계를 반복

이 과정을 따라하면, 1부터 10 사이의 적절한 크기의 추정치가 셀에 표시된다. 그런 후에 점수열의 평균 및 순위열 결과의 순위가 표시된다. 나는 점수를 만들기 위해 행의 평균을 사용할 것을 제안한다. 왜냐하면 이것은 각 스프레드시트의 각 행이 다루는 문제의 상대적인 관점을 제공해 주기 때문이다. 당신이 당신의 고유한 스프레드시트를 구축하고 그것으로 작업을 시작함에 따라, 당신은 당신이 점수를 결정하는 또 다른 공식을 선호하는 것을 알 수 있지만, 나는 평균이 간단하고 다양한 행의 관계를 지속적으로 의미 있게 나타내는 결과라는 것을 발견했다.

만약 당신이 데이터에 조건부 서식을 적용하여 점수 셀들을 높은 점수는 빨간색, 낮은 점수는 녹색, 중간은 노란색으로 나타낸다면 그 스프레드시트는 훨씬 더 유용할 수 있다. 조건부 서식은 엑셀의 다양한 버전에 따라 다르게 적용된다. 그래서 도움말 파일을 사용하거나 구글에서 "2003 엑셀 조건부 서식"을 찾아보는 것이 좋다(만약 다른 경우 당신의 엑셀 버전을 대체).

요 약

위협은 가능성의 핵심이다. 그래서 위협분석은 확률분석의 핵심이다.

위협 대 위험 : 위험은 자연적이거나 인위적일 수 있고, 일반적으로 의도하지 않았거나 악의가 없는 것이다.; 위협은 항상 인위적이고 의도적이며 악의가 포함되어 있는 것이다.

위험은 사고의 전제조건이거나 과실을 포함하는 부정적인 결과를 가져오는 자연현상이다. 위험은 다음을 포함한다.

■ 안전위험
■ 방호위험
■ 자연재해위험
■ 지역 또는 지방의 정치적 · 군사적 위험
■ 과실행위

위험은 주위 환경이나 행동에 달려 있으며, 둘 다 원하지 않는 결과의 전제조건을 구성할 수 있다. 위험은 부상, 사망, 혹은 재산피해와 같은 위협행위의 결과와 아주 유사한 결과를 만들어낼 수 있는 안전위험, 방호위험, 자연위험, 사고, 그리고 과실행위 또한 포함할 수 있다.

위협은 모두 인위적인 것이다. 위협 관계자는 사람들에게 피해를 끼칠 능력이나 의도가 있거나 시설이나 단체 혹은 대립하는 의견을 가진 사람들에게 본보기로 공격을 가하는 개인 또는 그룹이다. 위협활동은 범죄 또는 테러가 될 수 있다.

위협 관계자 없이는 위험도 없다. 분석가는 반드시 잠재적인 위협 관계자를 확인하고 난 후, 어느 수준의 위협 관계자 방호 프로그램을 저지하기 위해 시도하는지, 그리고 그것을 보호하기 위해 꼭 시도되어야 하는지를 (사명감을 가지고) 결정해야 한다. 첫 단계는 누가 잠재적인 위협 관계자가 될 수 있는지 이해하는 것이다. 여기에는 5종류의 잠재적 위협 관계자가 있다.

1. 경제사범
2. 테러 의도가 없는 폭력사범
3. 체제전복 범죄자
4. 잡범
5. 테러리스트
    • 여기에는 5종류의 테러리스트가 있다.
    - 1등급 테러리스트 : 정부에서 훈련받은 전문가(해외 정보위협 포함)
    - 2등급 테러리스트 : 종교적 극단주의 전문가
    - 3등급 테러리스트 : 급진적 혁명주의자 혹은 준종교적 극단주의자
    - 4등급 테러리스트 : 게릴라 · 용병
    - 5등급 테러리스트 : 아마추어(민간인, 교육을 받지 않은 범죄자, 혹은 민병대-자경단 단체)

■ 경제사범

- 다국적 범죄집단
- 조직범죄 그룹
- 수준 높은 경제사범
- 수준 낮은 경제사범
- 거리의 범죄자

■ 테러 의도가 없는 폭력사범

- 직장 내 폭력위협 관계자
- 화난 방문자
- 성적 범죄자
- 강도 · 주차장 폭력사범
- 시민혼란 사건 폭력
- 정신이상자

■ 체제전복 범죄자

- 대의명분-지향적 체제전복 범죄자
- 정치 및 산업 스파이
- 파괴공작원
- 컬트 · 헌신적인 운동가 집단
- 해커
- 사유지 침입위협 관계자
- 지속적인 규칙 위반자

■ 잡범

- 기물파손 범죄자
- 소매치기
- 매춘부, 포주, 뚜쟁이
- 소란 유발자

위협 관계자의 또 다른 측면은 그들의 공격이 방해받을 때나 대응전력과 마주했을 때 그들이 어떻게 행동할 것인가이다.

위협기준 설계

위험분석은 반드시 대책의 기준으로 사용될 위협기준 설계(DBT)를 결정해야만 한다. DBT는 대책이 타당한 효율성을 가지고 해결할 수 있어야 한다.

여기에는 실제로 두 가지 DBT가 있다. 첫 번째 DBT는 그것으로부터 보호하기 위해 고안된 방호 프로그램이고, 두 번째는 그것을 그만두게 하거나 경감하기 위해 고안된 방호 프로그램이다. 이 위협들은 일반적인 보통의 범죄(ODC), 혹은 방호부서에서 일상적으로 매일 마주치는 과제들로 알려져 있다. 두 번째는 방호부서가 자주 접하지 못하는(혹은 한 번도 접한 적 없지만, 발생 가능한 영역 내에 존재하고, 그 결과가 너무 심각하여 대비계획과 능력이 수용되어야만 하는) 예외적인 위협이다.

예를 들어, 어느 것은 상업적인 측면에서 테러공격을 완전히 없애줄 수도 있지만, 그것으로부터 보호하는 것에 비해 상대적으로 비용이 많이 든다. 하지만 단체는 테러공격으로부터 입을 피해의 가능성을 어느 정도 경감시킬 수 있다.

그러나 단체는 일반적인 보통의 범죄(ODC)를 방지하기 위해 많은 일을 할 수 있다. ODC는 경제범죄, 테러 의도가 없는 폭력범죄, 체제전복범죄 활동과 잡다한 범죄를 포함한다. 이것들은 모두 방호 프로그램의 기준에서 해결될 수 있다.

테러나 고유한 위협은 특수 위협에 대한 특별대책을 사용하여 가능한 한 완화할 수 있다.

연습

위협은 다음 네 단계를 통해 효과적으로 평가할 수 있다.

1. 잠재적인 위협 관계자를 확인
2. 그들의 동기, 역량, 그리고 역사(그래서 그들의 의도나 기술, 무기 및 전술과 과거에 어떤 종류의 목표물을 노렸었는지)를 확인
3. 단체의 자산목록을 개발하고, 어떤 무기와 전술이 단체를 공격하는 데 가장 많이 사용될 것 같은지 결정
4. 보호될 수 있는 단체의 자산에 대한 정보 데이터를 비교하고, 어느 위협 관계자가 단체에 가장 위협적이 될 수 있는지를 결정

도구

이 책은 위협분석을 돕기 위해 몇 가지 소프트웨어 도구를 보여준다.

1. **상대방 · 수단 매트릭스** : 상대방 · 수단 매트릭스는 분석가가 다양한 유형의 위협 관계자가 사용하는 무기의 종류, 침입방법, 그리고 공격 시나리오들을 확인할 수 있게 도와준다.
2. **자산 · 공격 매트릭스** : 자산 · 공격 매트릭스는 분석가가 어떤 유형의 무기, 침입방법, 그리고 공격 시나리오가 단체의 다양한 자산에 가장 효과적인지 확인할 수 있도록 도와준다.
3. **상대방 연속 다이어그램** : 상대방이 중요한 자산에 도달하기 위해서 반드시 들어와야 하거나 빠져나가기 위해 필요한 경로를 확인하라.
4. **자산 · 위협 연계 매트릭스** : 가치가 높은 개인이 잠재적인 위협 관계자와 어디서 마주치는지를 확인하라(로버트 케네디와 시란을 상상하라 – 엠배서더 호텔 부엌의 시

란 혹은 VIP 주차장 입구의 유명 CEO).

5. **자산·무기 연계 매트릭스 :** 어떤 유형의 무기가 자산·위협 연계 매트릭스에 의해 확인된 그 분야에서 사용될 수 있는지 확인하라.

CHAPTER 8

취약성 평가

서 론

이번 장을 마치면, 당신은 취약성 평가 모델에 익숙해질 것이고, 시나리오를 정의하고 특정 결과를 평가할 수 있으며, 어느 시설의 자산이 어떤 종류의 공격 시나리오의 대상이 되는지를 결정하기 위한 자산·공격 매트릭스를 어떻게 사용하는지 배울 수 있을 것이다. 시설 내 어딘가에서 높이 평가된 개인들이 잠재적인 위협 행위자와 마주칠 가능성이 있을 것인지를 확인하는 위협·목표 결합 매트릭스를 이해할 수 있으며, 위협·목표 결합 매트릭스에 의해 확인된 결합점에서 어떤 종류의 무기를 사용할 수 있을 것인지 확인하는 위협·무기 매트릭스 역시 이해할 수 있을 것이다.

어떻게 위협 행위자가 시설 안으로 침입하는지를 평가하는 상대방 경로 다이어그램은 그것이 어떻게 취약성 진단평가에 영향을 주는지를 검토하고, 감시가 취약성에 어떤 영향을 주고 어떻게 감시 기회를 진단·평가하는지를 배운다. 마지막으로 이번 장에서는 취약성을 구성하는 이런 모든 요인을 진단·평가하는 데 도움을 줄 매트릭스를 어떻게 개발하는지 가르친다(그림 8.1).

취약성 진단평가 모델의 검토

취약성 진단평가는 위협이 일반적인 보통의 범죄에 한정되어 있을 때 쉽게 사용되었다. 하지만 테러가 가능한 환경에서의 범죄 취약성 진단평가는 매우 부적절하다. 이번 장에서 설명된 방법들은 범죄나 테러 양쪽 모두 효과적이거나 범죄진단평가 방식의 사용만으로는 완벽하게 주목될 수 없으므로 테러리스트들에게 쉽게 악용될 수 있는 취약점에 대해 더 많이 밝혀 본다.

- 시나리오를 정의하고 특정결과를 평가
- 기존 방호조치의 효과를 평가
- 취약성을 확인하고 취약한 정도를 추정

이번 장은 이 책 전체에서 취약성 학습에 중점을 두고 있음을 독자들에게 알려주고 싶다. 이 주제는 이것만으로 책이 나올 수 있고, 내 의견으로는 메리 린 가르시아(산디아 국립연구소)의 책[1]은 취약성 진단평가에 관한 준완성판(penultimate book)이다. 나는 이 책의 모든 독자들이 그것을 소장하기를 추천한다.

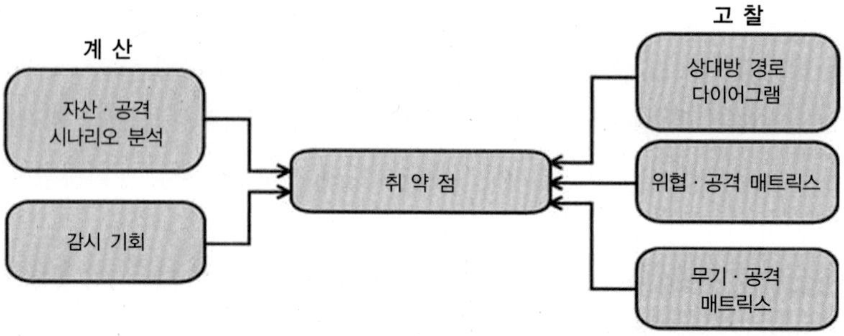

그림 8.1 취약성

시나리오 정의와 특정결과 평가

범죄자나 테러리스트가 공격을 수행하기 위해서 공격자에 의해 반드시 일어나는 두 가지 행동을 이해할 필요가 있다. 첫째, 공격자는 반드시 시설에 침투할 수 있어야 하

1) Mary Lynn Garcia, Vulnerability Assessment of Physical Protection Systems (Burlington, MA : Butterworth Heinemann, 2006).

고, 둘째로 공격자는 성공적인 공격을 수행할 수 있어야 한다. 일반적인 범죄자들에게는 세 번째 요소 - (가능하다면 들키지 않고) 시설을 탈출하는 능력이 존재한다. 범죄나 테러 방지를 위한 모든 대책은 이러한 모든 목적의 성공확률을 감소시키는 것에 집중되어야 한다. 테러에 대한 취약성 진단평가는 일반 범죄보다 더 도전적이다. 왜냐하면 테러리스트들은 일반인들이 쉽게 상상하기 어려운 독특한 간단한 방법과 전술(시나리오)을 사용하고, 테러리스트들이 쉽게 발견하고 악용할 보호시스템의 취약성을 간과하기 쉽기 때문이다. 그 도전은 범죄자의 공격에 대한 취약성뿐만 아니라 지금 존재하고 있으며 발생 가능한 테러리스트의 공격에 대한 것까지 검토하는 것이다. 이것은 상상력과 모든 발생 가능한 테러리스트 방법론을 고려할 수 있도록 보장하는 데 도움이 되는 과정을 채용한다.

이것은 말하는 것은 쉽지만, 어떻게 그 일을 수행할 수 있을 것인가? 그 해답은 테러리스트들과 같은 방법으로 취약성을 평가하는 것이다. 알카에다, 살라피스트, 라슈카르-에-타이바(LeT)와 칼리드 셰이크 모하메드(KSM)를 포함한 다른 무장요원 및 관리자를 대상으로 한 특성평가에서 어떻게 테러조직이 대상을 선택하고, 공격계획을 세우며, 시나리오를 테스트하고, 최후에 공격을 실행하는지 분명해진다. 추가적으로는 2000년 영국 맨체스터의 알카에다 후원자의 집에서 당국에 의해 발견된 "폭군에 대항하는 지하드의 군사학"이라는 제목의 180페이지의 설명서에서 통찰할 수 있다.

이것은 또한 이 저자의 책에서 상세하게 설명되어 있어 테러 모델에 대한 KSM-자산 목표 값을 확인할 수 있다. 테러방법과 전술은 상대적으로 안정적인 의제를 가지지만 끊임없는 진화의 과정이다. 이 책에서 기록된 바와 같이, 뭄바이에서 타지마할 호텔, 오베로이, 기차역 및 다른 위치에서 공격이 진행되었다. 이 공격은 테러공격에 대한 방어를 계획하는 모든 곳의 위험분석가들을 위한 교훈이다. 2008년 12월 28일의 인도 타임스 기사에서 로한 군나라트나는 이에 대해 정확하게 핵심을 찾아냈다.

> 미리 지정된 다섯 곳의 목표인 알카에다, 글로벌 지하드의 주요 지지자의 영향을 받은 뭄바이 대학살의 주도자와 범인들이 있는가? 향후, 아대륙(亜大陸, subcontinent)의 테러리스트들이 "인도 정부와 힌두교" 목표와 반대로 글로벌 지하드에 의해 목표로 정해진 "십자군과 유대인"을 공격하는 것을 선호할 것인가? 뭄바이 공격은 목표 선택에 있어서 전례가 없는 것이었다.
>
> 인도의 목표 선택이 미국과 이스라엘과의 동맹에 영향을 받았는가? 그 작전방법은 고전적인 알카에다 스타일이었다. - 높은 주목도 및 상징성을 가진 목표에 대량 사상자를 가하기 위한 협공적이고, 거의 동시다발적 공격.

> 유일한 차이점은 이것은 LeT의 고전적인 수법인 fidayeen[2)]공격이라는 것이다. … 조직들은 … 지방의 의제로 시작하여 지역 및 국제의 의제를 가진 조직으로 변환되었다. … 뭄바이는 인도와 파키스탄 각자가 아닌 모두가 직면하고 있는 저명한 안보 과제인 테러를 보여주고 있다.

그 교훈은 명확하다. 즉, 테러는 모든 곳의 모든 테러리스트들의 총체적인 역량 강화를 위해 최고의 조직력과 최고의 훈련을 받은 조직이 덜 훈련되고 창의적인 조직과 합작하여 같이 일하는 것이 가능해지면서 점차 가맹 사업화되고 있다. 지역 및 국제적인 테러전략의 핵심요소는 다음 요소들을 포함한다(저자의 분석). 이러한 요소들은 아프가니스탄, 인도, 파키스탄, 레바논, 시리아, 팔레스타인, 이스라엘, 인도네시아, 태국, 체첸공화국, 콜롬비아, 과테말라, 이집트, 요르단, 사우디아라비아, 북아일랜드 및 영국 등 많은 지역과 국가의 일반적인 전략적 스레드(thread)로 사용되어 왔다. 시간이 흐름에 따라 그것들이 멕시코, 미국 및 중국에서 사용되는 것을 볼 수 있을 것으로 예상된다.

- 특히 민간인을 목표로, 일반적인 취약성을 악용하는 사건을 만든다.
- 공격 시나 공격 후에 공격자에 도움이 되는 미디어를 사용하고, 미디어상에서 공격을 가능한 한 오랫동안 연장시킨다.
- 두려움을 증폭하고 조직 및 테러리스트들의 기술을 강조하기 위해 동시다발적인 공격법을 활용한다.
- 시민들을 보호하기 위한 지역 경찰과 대테러병력의 기량 부족을 강조한다.
- 테러를 찾거나 억제하기 위한 정부의 노력을 무력화하고 무고한 시민이 휘말리도록 정부가 억압적인 조치를 취하도록 장려한다.
- 특히 선거주기 동안 보복하도록 대중을 선동한다.
- 정부를 교란시킨다.
- 호전적인 정당의 세력 상승을 장려한다.
- 가능한 위치의 이웃국가의 요소들을 포함한다.
- 국가 간의 국제적 무력충돌에 대한 조건을 만든다.
- 테러교육과 작전수행을 위한 발판으로 사용될 수 있는 모든 나약한 정권을 교란한다.
- 서방 정부에 친화적인 정부를 전복한다.
- 위의 결과들을 얻을 때까지 계속 압력을 가한다.
- 서방에 친화적인 정부의 전복이라는 결코 흔들림 없는 장기적인 계획을 위해 공격,

2) Fidayeen : A suicide tactic used by terrorists.

후퇴, 재편성 같은 전략들을 사용한다.

■ 마지막으로 모든 이슬람 국가나 가능한 한 많은 다른 나라에 존재하는 정부 안에 샤리아 법(이슬람법) 왕조를 설립한다.

이 전략은 테러리스트들에 의해서 확인되었고, 그 족적은 위에서 확인된 모든 국가에서 볼 수 있다. 그래서 우리는 실행 가능한 위협 시나리오와 결과들을 확인하기 위한 테러방지 취약성 진단평가의 핵심을 되찾다. 대부분의 방호의 취약성을 다룬 책들의 주요 단점 중 하나는 이 중요한 문제를 해결하지 않는다는 것이다. 내가 경력을 쌓는 동안 시설의 침투·보호의 고리·창문, 관목, 펜스 등의 점검에 대해 이야기하는 수많은 책들을 읽어 왔지만, 그들은 어느 종류의 공격이 실제로 발생할 수 있는지에 초점을 맞추고 있지 않았다. 이것은 미국의 거의 유일한 현상의 결과였다. - 즉, 시설의 그 입구 지점은 견고하고 보호되어 있지만 그 외에 다른 모든 곳은 매우 취약하다. 예를 들어, 시설 주위에 하나의 철책선만을 두른 위험성이 높은 시설들을 미국에서는 흔히 찾아볼 수 있는 것이다. 다른 나라에서는 이중 철책선 사이의 감시소를 찾아볼 수 있다. 서양의 위험분석가들은 일반적으로 심리적인 장벽을 실제 장벽처럼 인식한다. 즉, 철책선 또는 창문이나 석고벽이 장벽이라는 것이다. 이런 것들은 보호한다기보다는 공격자의 전진(前進)을 잠깐 불편하게 만들 뿐이다.

취약성 진단평가의 효율적인 과정은 반드시 다음의 단계들을 포함해야 한다.

■ 어떤 등급의 위협 행위자에게 가장 많이 사용될 것 같은 공격 시나리오를 식별하는 자산·공격 매트릭스를 활용한다.
■ 위협 행위자가 그들의 작업수행을 위해 가장 많이 사용할 것 같은 지역을 식별하는 위협·목표 결합 매트릭스를 활용한다.
■ 각 위협·목표 위치에서 가장 많이 사용될 것 같은 무기의 종류를 식별하는 무기·목표 결합 매트릭스를 활용한다.
■ 고려 중인 각 주요 자산에 대한 감시 기회를 검토한다.
■ 위의 모든 정보의 가벼운 취약성을 모은다.

자산·공격 매트릭스

자산·공격 매트릭스는 어떤 등급의 위협 행위자에게 가장 많이 사용될 것 같은 공격 시나리오를 식별한다(표 8.1 참조). 이 매트릭스는 2차원적이다(자산과 위협 시나리오.).

이 책에서 언급된 다른 모든 매트릭스처럼, 이 매트릭스는 SVA-Pro 같은 전문적인 프

표 8.1 자산/공격 매트릭스

메가 타워																											
자산/공격 매트릭스																											
	도구	출입문절단기	위조신분증	사회공학	차량이용	무단침입	칼날류	소형화기	중화기	휴대용 로켓포	박격포	수류탄	소이탄	사제폭발물	자살테러	폭탄트럭	폭탄버스	폭탄차량	소형 선박	대형 선박	소형 항공기	대형 항공기	방사능폭탄	화학물질	생화학물질	사이버테러	점수	순위
	침입방법						공격 시나리오																	기타				
목표물							무기						방화 및 폭발물															
사람	6	6	3	3	4	3	7	8	8	8	8	8	8	9	8	8	8	8	7	7	7	7	7	7	7	6	7	2
VIP 경영자 및 VIP 방문객	2	2	5	5	7	6	6	10	8	8	8	8	7	10	10	10	10	10	10	10	10	10	8	8	8	8	8	4
직원	8	8	6	6	6	5	8	10	10	10	10	10	10	10	10	10	10	10	10	10	10	10	10	8	8	8	9	1
협력업자	6	6	2	2	5	5	5	7	7	7	7	7	7	7	7	7	7	7	7	7	7	7	7	7	7	7	6	39
방문객	6	6	1	2	2	1	8	8	8	8	8	8	8	8	8	8	8	8	8	8	8	8	8	8	8	8	7	23
배달업자	8	8	1	1	1	1	7	7	6	8	6	8	7	8	6	6	6	6	4	4	4	3	4	4	4	2	5	51
운송업자	8	8	1	1	1	1	7	7	6		6	8	7	8	8	8	8	8	4	4	4	3	7	7	7	2	6	50
자산	6	6	3	5	6	8	5	7	9	10	9	10	8	10	10	8	8	8	4	4	7	8	7	6	6	1	7	1
부지	*5*	*5*	*3*	*4*	*6*	*7*	*4*	*4*	*8*	*10*	*8*	*10*	*7*	*10*	*10*	*10*	*10*	*10*	*4*	*4*	*9*	*9*	*8*	*3*	*3*	*2*	*7*	*31*
VIP 하차장	3	3	1	6	8	8	8	8	8	10	8	10	10	10	10	10	10	10	8	8	8	8	7	7	7	5	8	10
직원 하차장	3	3	1	6	8	8	8	8	8	10	8	10	10	10	10	10	10	10	8	8	8	8	7	10	10	1	8	5
방문객 하차장 – 호텔(남쪽)	2	2	1	6	6	6	8	8	8	10	7	10	10	10	10	10	10	10	8	8	8	8	7	10	10	1	7	12
남쪽 주 출입구 지역	2	2	8	8	6	6	8	8	8	10	7	10		10	10	10	10	10	8	8	8	8	7	7	7	5	8	5
북쪽 경계 펜스	8	8	1	1	6	7	2	2	8	10	8	10	5	10	10	10	10	10	1	1	10	10	8	1	1	1	6	42
동쪽 경계 펜스	8	8	1	1	6	7	2	2	8	10	8	10	5	10	10	10	10	10	1	1	10	10	8	1	1	1	6	42
남쪽 경계 펜스	8	8	1	1	6	7	2	2	8	10	8	10	5	40	10	10	10	10	1	1	10	10	8	1	1	1	6	42

로그램 혹은 마이크로소프트 엑셀 같은 스프레드시트 프로그램을 사용해서 개발될 수 있다. 자산·공격 매트릭스를 개발하는 데에는 두 가지 단계가 있다. 첫 번째는 제 5장 "자산 특성화와 식별"에서 개발된 주요 자산의 목록이다. 두 번째는 제 7장 "위협분석"에서 개발된 발생 가능한 위협 시나리오의 목록이다(상대방·수단 매트릭스).

이 위협분석 섹션에 나열된 위협 시나리오들이 모든 유형의 공격을 확실히 포함하고 있는지 검토하기 좋은 시간이다. 예를 들어, 많은 위협 시나리오 목록은 2008년 타지

(Taj) 및 오베로이 호텔에서 뭄바이 공격이 있기 전에는 "이동 사수(moving shooter)"의 공격을 포함하지 않았다. 이런 유형의 공격은 사수가 고정되어 있지 않고 시설 전반에 걸쳐 이동하며, 그가 이동한 곳에서 저격할 자리를 잡고 화기(火器)를 밖에서 조립하여 피해자를 공격한 후 건물 내의 새로운 위치로 이동하는 것으로 다른 유형의 탄도 공격과는 다르다. 뭄바이 공격에서 저격수들은 빌딩 내를 지그재그로 움직이며 건물 꼭대기 층으로 향했고, 그들이 지나간 자리에 많은 사상자를 남겼다. 이 공격 시나리오에 대한 효과적인 대책이 있지만, 그것들은 시나리오의 다른 어떤 유형들과는 상이한 것으로서 건물 내에 장벽을 배치하여 저격수의 움직임을 제한하고 스페셜 포스 팀에 의해 쉽게 체포될 수 있는 장소에 그를 가두는 것을 포함한다. 이에 대한 대책은 사상자를 오직 봉쇄구역 내로만 제한하는 것이다.

위협 시나리오는 현재의 공격 모델의 추세를 따르기 위해 반드시 지속적인 업데이트를 해야 한다. 왼쪽 행의 자산들과 오른쪽 열의 위협 시나리오로, 분석가는 공격 시나리오가 단체의 주요 자산에 주는 피해의 심각도를 추정할 수 있다. 예를 들어, 사람에 대한 공격은 정보기술 시스템에는 영향을 덜 미칠 수 있지만 단체의 사업평판에는 극적인 영향을 미칠 수 있다.

위협 · 목표 결합 매트릭스

위협 · 목표 결합 매트릭스(순환경로 · 위협 결합 매트릭스)는 위협 행위자가 그들의 작업수행을 위해 가장 많이 사용할 것 같은 지역을 식별한다(표 8.2). 위협 · 목표 결합 매트릭스는 SVA-Pro 같은 전문적인 프로그램이나 마이크로소프트 엑셀 같은 스프레드시트를 사용하는 프로그램을 사용해서 개발할 수 있다. 여기에서는 누구든 적절한 매트릭스를 개발하는 데 사용할 수 있는 마이크로소프트 엑셀을 예로 들고 있다. 그 위협 · 목표 결합 매트릭스는 그 지역과 가능한 목표 사이에 연결수단을 만든다(테러공격의 대상이 될 수 있는 사람).

여기에는 자산 · 공격 매트릭스와 같이 자산 중심 매트릭스가 아닌 다른 목록을 사용한다. 위협 · 목표 결합 매트릭스의 경우, 우리는 가능한 피해자에 대한 차량과 보행자 순환경로를 조사하길 원한다.

다른 목표(발생 가능한 피해자)와 다른 유형의 공격자가 다른 구역을 사용하고, 이 구역의 경로가 교차하는 곳에서 공격이 발생할 수 있다. 예를 들어, 만약 전용공간 하나가 제공된다면 VIP들은 대부분 VIP용 출입구로 입장할 것이다. 따라서 VIP 출입구역으로의 차량 및 보행자가 접근한다는 것은 VIP들에 대한 공격의 중요한 결합지점이 된다.

표 8.2 위협/목표물 결합 매트릭스

호텔 및 컨벤션센터의 이동경로와 위협 행위자와의 접점 포인트										
경로/대상	부지 내 대상								인접 구역	
	VIP	직원	대중	협력업자	음식배달원	고객	운송차량	전시회 스태프	대중교통	인근 옥상
부지 내										
VIP 출입구역	X								X	X
직원 출입구역		X						X	X	X
공공장소			X	*		X			X	X
수송구역	*	X	X	X		X	X	*	X	X
지하층										
VIP주차장	X									
공공주차장			X	X		X				
화물선착장		X		X	X	X	X	X		
컨벤션센터										
고객 동선		X	X	X						
전시회/컨벤션 관람객 동선	*	X	X	X	X	X		X		
직원 동선		X		X		X				
서비스 구역		X		X	X	X				
음식 서비스 동선		X		X	X	X				
지붕판										
지붕판	X	*	X		X					

기호	
X	만날 가능성 높음
*	만날 가능성 있음
(검정)	위험도 높음
(회색)	위험도 중간

VIP들은 일반 방문자와는 다른 방법으로 건물을 통해 순환한다. 로스앤젤레스 앰배서더 호텔의 주방공간에서 로버트 케네디를 향한 공격은 시르한 시르한이 VIP의 순환경로를 이해하고, 이처럼 그의 목표를 그를 추종하는 대중들로부터 고립시키고 그를 좀 더 취약한 공간으로 몰아넣음으로써 어떻게 이득을 취했는지 보여주는 예이다. 마찬가지로, 리 하비 오스월드에 대한 잭 루비의 공격에서 그는 자신의 목표에 가까이 다가갈 수 있는 기회를 만들기 위해 순환경로에 대한 지식을 사용했다. 사례는 많이 있다. 2005년 2월 레바논 베이루트에서 라픽 알 하리리에 대한 공격 시 그의 교통습관을 파악한 공격자의 지혜를 보여준다. 대부분의 납치사건은 이동경로로부터 피해자를 격리시키기 위해 그들의 특성에 의해 선택된 위치에서 발생한다. 그리고 우수한 위험분석가는 순환경로가 목표 획득에 어떻게 중요한 역할을 하는지를 이해하며, 더 뛰어난 분석가는 어디에 공격이 발생할 것인지를 결정하기 위한 순환경로를 식별하고 평가할 수 있다.

내가 수행했던 한 프로젝트는 "레드 카펫" 영역에 관련되어 있다. 이것은 미디어의 모든 관심이 집중된 가운데 많은 수의 공공의 사상자가 생기기를 바라는 테러리스트들을 위한 명백한 결합지점이다. 건물의 메인 로비, 사원 입구, 식품 유통경로, 시설관리 경로 및 배달경로는 위협 행위자에게 잠재적인 희생자와의 교차경로를 악용할 수 있는 기회를 만들어 준다(어떤 유형의 피해자들이 위협 행위자에게 선호되는지 나타내는). 피해자 연구 분석표(victimology profile)가 한 번 이해되면, 위험분석가는 잠재적인 공격자에게 목표물을 노출시키는 시설의 구역을 쉽게 파악할 수 있다.

무기 · 목표 결합 매트릭스

무기 · 목표 결합 매트릭스(순환경로 · 무기 결합 매트릭스)는 각 위협 · 목표의 위치에서 가장 많이 사용될 것 같은 무기의 종류를 식별한다(표 8.3).

무기 · 위협 결합 매트릭스는 SVA-Pro 같은 전문적인 프로그램이나 마이크로소프트 엑셀 같은 스프레드시트 프로그램을 사용해서 개발될 수 있다. 여기에서는 누구든 적절한 매트릭스를 개발하는 데 사용할 수 있는 마이크로소프트 엑셀을 예로 들고 있다. 위협 · 목표 결합 매트릭스와 유사하게, 무기 · 목표 결합 매트릭스는 위험분석가로 하여금 어떤 종류의 무기가 위협 · 목표 결합 매트릭스로부터 확인된 각 순환경로 결합점의 잠재적인 위협 행위자에게 유용할 수 있는지를 이해할 수 있도록 돕는다.

모든 무기가 모든 지역에서 사용될 수는 없다. 예를 들어, 바주카포(RPGs)는 사용하기 위한 거리가 필요하기 때문에 뭄바이의 이동사수 위협 행위자에게는 그들이 들고 다니는 소형 화기보다 덜 유용할 것이다. 그러나 수류탄은 건물 안에서, 특히 방어병력이 무장을 했을 때 그들로부터 실내를 정리하거나 한 번의 공격으로 희생자를 내는 데 매우 유용하다. 위협 행위자가 잠재적인 피해자에게 더 가까이 접근할수록 더 작은 무기를 선호하게 될 것이다.

AK-47은 그가 무기를 사용하기도 전에 공격자를 식별해버리기 때문에 로버트 케네디의 암살에는 쓸모가 없었을 것이다. 그는 대신 필요할 때까지 감추기 쉬운 권총을 선택했다.

칼럼바인 고등학교 공격에서 위협 행위자는 제대로 폭발한다면 수백 명의 사상자를 낼 수 있는 프로판폭탄을 선택했다. 이러한 폭탄은 인명피해를 만들기에는 적합하지만, 또한 공격 장소까지 운반하는 데 문제가 생기고, 공격자를 둔화시키며, 그들의 잠재적인 피해자들에게 어떤 경고를 줄 수도 있다. 마찬가지로, 칼럼바인 공격자 에릭 데이비드 해리스는 좋은 은신처를 발견한 것과 활용할 수 있는 어두운 조명구역을 일기에 기록해 두었다. 그 공격은 정확하게 해리스가 카페테리아에 사람이 가장 많이 모이는 시간으로

표 8.3 무기 · 목표 결합 매트릭스

호텔 및 컨벤션센터의 이동경로와 사용 무기의 결합 포인트																				
	도구	출입문 절단기	위조신분증	사회공학	차량이용	소형 화기	중화기	휴대용 로켓포	박격포	수류탄	소이탄	사제폭발물	재래식 폭탄	폭탄차량	방사능폭탄	자살폭탄테러	화학물질	생화학물질	기타 수단	사이버테러
	침입방법					공격방법														
경로/무기						소형 무기						폭발물					기타			
부지 내																				
VIP 출입구역		X	X	X	X	X	X	X	X	X	X	X	X	X	X	X	X	X	X	
직원 출입구역	X	X	X	X	X	X	X	X	X	X	X	X	X	X	X	X	X	X	X	
공공장소				X	X	X	X	X	X	X	X	X	X	X	X	X	X	X	X	
수송구역		X	X	X	X	X	X	X	X	X	X	X	X	X	X	X	X	X	X	
지하층																				
VIP주차장		X	X	X	X	X	X			X	X	X	X	X	X	X	X	X	X	
공공주차장				X	X	X	X			X	X	X	X	X	X	X	X	X	X	
화물선착장		X	X	X	X	X	X			X	X	X	X	X	X	X	X	X	X	
컨벤션센터																				
고객 동선					X	X	X	X		X	X	X	X	X	X	X	X	X	X	
전시회/컨벤션 관람객 동선		X	X		X	X	X	X		X	X	X	X	X	X	X	X	X	X	
직원 동선		X	X		X	X	X	X		X	X	X	X	X	X	X	X	X	X	
서비스 구역		X	X		X	X	X	X		X	X	X	X	X	X	X	X	X	X	
음식 서비스 동선		X	X		X	X	X	X		X	X	X	X	X	X	X	X	X	X	
지붕판																				
지붕판		X	X		X	X				X						X	X	X	X	

기호	
X	만날 가능성 높음
*	만날 가능성 있음
(검정)	위험도 높음
(회색)	위험도 중간

계산해 두었던 11시 17분에 시작되었다. 여기서 얻을 수 있는 교훈은 장소뿐만 아니라 위협 행위자와 피해자 사이에 언제 접촉기회가 생길지도 염두에 두어야 한다는 것이다.

무기 · 목표 결합은 고려되는 각각의 구역에 대해 위험분석가가 우려해야 하는 무기의 유형을 설명하고 있다. 이것은 또한 이런 구역에서 일어날 법한 위험 시나리오의 수를 제한할 것이다.

상대방 연속(sequence) 다이어그램 경로분석

상대방 연속 다이어그램(ASD) 경로분석(역시 7장 "위협분석"에서 자세한 설명 참조)

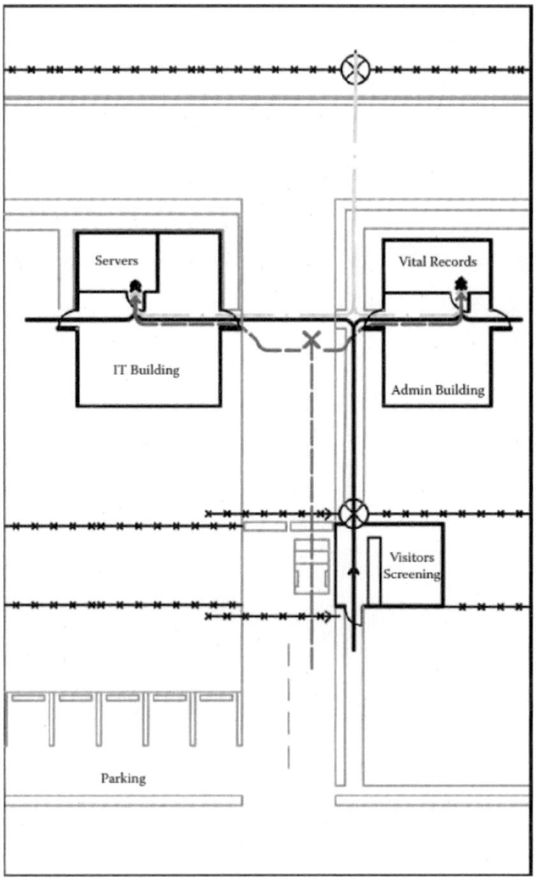

그림 8.2 상대방 연속 다이어그램

은 잠재적인 공격자가 목표물을 미행할 수 있는 경계 주변으로부터 목표까지의 경로를 식별한다(그림 8.1).

ASD 경로분석은 다음 두 가지 방법 중 하나로 수행될 수 있다.

1. 순서도
2. 그래프

상대방 연속 다이어그램 경로분석을 준비하기 위해 건물 안의 모든 귀중한 자산의 위치를 먼저 파악해야 한다. 그 후에 정문, 측문, 후문/지하출입구(수도, 가스배관시설) 및 인접건물로부터 넘어올 수 있는 경로/헬리콥터로부터의 낙하 등의 시설로 들어오는 모든 출입구를 검사해야 한다. 경계 안으로 들어오면, 분석가는 그곳에서부터 건물 안의 귀중한 자산이 위치한 곳으로 통하는 모든 경로를 평가해야 한다. 다이어그램은 귀중한 자산의 위치와 건물 경계의 출입구 사이의 결합을 모든 타당한 경로가 해결될 때까지 계속적으로 나타낼 것이다. 마지막으로 분석가는 발견, 평가, 그리고 지연이 발생할 수 있는 그것들의 경로에 따라 위치를 식별해야 한다.

감시 기회 매트릭스

감시 기회 매트릭스는 감시 기회를 식별한다(표 8.4). 감시 기회 매트릭스는 SVA-Pro 같은 전문적인 프로그램이나 마이크로소프트 엑셀 같은 스프레드시트 프로그램을 사용하여 개발될 수 있다. 여기서는 누구나 적절한 매트릭스를 만드는 데 사용할 수 있는 마이크로소프트 엑셀을 예로 들었다.

어느 테러리스트의 공격이나 범죄자의 공격이 수행되기 전에 어떤 종류의 감시를 수행하는 것은 공격자에게는 필수적인 일이다. 이것은 위협 행위자가 어느 자산을 공격할 수 있을지 이해할 수 있고, 어떤 취약성을 이용할 수 있는지 이해할 수 있으며, 그 구역을 통제를 확보할 수 있으며, 침입과 철수를 포함한 공격을 성공시키는 데 필수적인 다른 요소들 중에 엄폐 및 은폐 장소를 찾는 데 유용하다.

의도하는 행위자가 범죄자인지 테러리스트인지에 관계없이 감시가 요구된다. 임무에 대한 성공이 더욱 중요해지고 공격 위치가 더 복잡해질수록 감시의 수행이 더욱 중요한 역할을 차지한다.

감시의 수행은 여느 단체에게도 역시 계획단계에 들어와 있는 공격을 방지하기 위한 최고의 기회를 만들 수 있다. 감시는 다른 여타 작업과 같은 작업이다. 이와 같이 감시 활동을 확인하는 것은 특정 단계에서 반드시 수행되어야 한다. 잠재적인 목표를 감시하는 위협 행위자는 위험분석가를 제외한 다른 사람들과는 다른 것을 찾으려 한다. 감시자와 위험분석가들은 악용할 수 있는 취약성을 찾는다. 나는 실제로 공항에서 감시하는 것처럼 보이는 내 행동 때문에 기민한 방호관리자들에게 여러 번 검문을 당해 왔다. 내 자격인증서를 방호관리자에게 보여준 후에야 업계에 기반을 둔 방호조항을 주목하기 위한 것이며 공격계획을 수립하기 위한 관심이 아니라는 나의 의도를 이해해 주었다.

감시에는 많은 가능한 구성물이 있는데, 그중에서 일부만이 공격계획을 수립하는 것을 지원하는 데 사용된다. 이것들은 다음을 포함할 것이다.

- 고정영상 감시
- 이동보행자 감시
- 전자 감시
- 정보나 문서의 감청
- 이동차량 감시
- 청각 도청
- 정보기술 감시(다중 모드)

5장 "자산의 특성화 및 식별"에서 개발된 자산목록을 사용하여, 위험분석가는 좌측의

표 8.4 감시기회 매트릭스

메가 타워									
감시기회 결합 매트릭스									
목표물	고정식 영상 감시	부지 밖 이동식 영상 감시	음향 감시	음향 도청 감시	IT 시스템 감시	정보/문서 감시	점수	순위	
사람	8		4	3	4	6	6	1	
VIP 경영자 및 VIP 방문객	7	6	2	2	4	6	5	39	
직원	10	7	7	5	7	7	7	6	
협력업자	8	7	3	5	5	5	6	23	
방문객	8	7	7	4	3	5	6	20	
배달업자	8	10	2	2	2	7	5	33	
운송업자	8	10	2	2	2	7	5	33	
자산	8	7	5	7	2	2	5	3	
부지	*9*	*8*	*6*		*3*	*3*	*6*	*16*	
VIP 하차장	10	10	2	6	5	6	7	8	
직원 하차장	10	8	8	6	6	6	7	3	
방문객 하차장 - 호텔(남쪽)	10	8	8	6	3	1	6	14	
남쪽 메인 출입구 지역	10	8	2	7	1	5	6	23	
북쪽경계 펜스	8	8	6	7	1	2	5	27	
동쪽경계 펜스	8	8	6	7	1	2	5	27	
남쪽경계 펜스	8	8	6	7	1	2	5	27	

행(자산의 군별로 분할 - 사람, 재산, 정보자산, 그리고 사업평판)과 위에서 식별된 감시 종류를 포함한 열로부터 자산의 목록을 식별하는 적절한 스프레드시트를 개발할 것이다.

이 매트릭스는 위험분석가로 하여금 어느 자산이 어떤 종류의 위협에 취약한지 결정할 수 있도록 하고 감시에 가장 취약한 그들의 자산 순위를 매기는 것을 도울 수 있다. 이 매트릭스의 이런 결과들은 자산 목표 값과 위험 계산을 위한 구성물이다.

취약성 평가

현재 진행 중인 방호대책의 효율성을 결정하는 데 있어 기존의 시설과 새로운 시설이 다르게 이루어진다.

기존 시설의 경우는 방호 설문조사가 필요하며, 이것이 새로운 시설에 적용하기 어렵기 때문에 취약성을 추정하여 건축도면이나 렌더링에서 할 수 있다. 새로운 시설의 경우 그 과정은 아래에서 자세히 설명되고 있는 다음의 단계를 포함한다.

- 감시 기회를 결정
- 접근성을 결정
- 고유의 취약성을 식별
- 자연적 대책
- 물리적 대책
- 전자적 대책
- 운영적 대책

기존 시설의 경우 전체적 취약성을 조사하는 것이 좋다. 취약성 조사는 다음의 요소들을 포함하고 있어야 한다.

- 시설의 물리적 특성을 결정(학교, 건물, 주변, 등)
- 시설의 운영적 특성을 결정(병원, 공장, 사무실, 군사기지, 등)
- 시설의 기능적인 운영요소를 결정(관리, 인적 자원, 마케팅, 연구개발, 등 - 모두 나열)
- 시설 전체에 기능적인 운영요소 분배를 결정[마케팅(4층), 인적 자원(5층), 중역실(6층), 등]
- 기능적인 운영요소를 통해 분류되는 사람의 숫자와 종류를 결정[직원(모든 층), 관리자(모든 층), 임원(6층) 및 임원 엘리베이터, 배달직원(하역장 및 우편실), 방문자(로비, 1층 회의실 및 임원 층) 등]
- 이를 바탕으로 새로운 시설을 위해 설명된 단계에 따라 시설을 검토. 기존 시설의 경우, 이것은 포괄적인 업무관련 지식을 가진 방호 대표자와 함께 가장 잘 수행될 수 있다. 방호담당자와 방호관리자의 조합이 권장된다. 방호담당자는 전략적 초점을 유지하는 데 도움이 될 것이며 관리자는 시설의 근본적인 세부사항을 잘 알고 있을 가능성이 높다.

설문조사 핵심

방호조직의 임무에 대한 관리노력은 주목할 필요가 있으며, 여기에서 설문조사는 관찰, 질문, 검증, 탐사 및 평가를 포함한다. 모든 설문조사는 방호관리자를 포함한 핵심관리자의 현장 인터뷰로 시작해야 한다. 과거의 방호사건은 유용하게 다루어져야 하며 다양한 위협 시나리오의 추정과 식별에 중점적으로 사용되어야 할 것이다. 시설에서의 그것들의 위치와 조직의 위성활동(satellite activities), 조직에 중요한 외부 서비스와 함께 각 사업부서의 기능에 대한 설명을 하고 있는 조직의 차트를 얻어라. 문서, 금융 및 정보기술시스템을 통해 조직의 정보 흐름에 관한 정보에 대한 접근권한을 얻어라. 관리자는 이것들이 보고서 앞과 중간에 나오도록 인터뷰 초기에 윤곽이 드러난 문제의 초점을 유지하라. 문제를 해결하기 위한 장소에 배치된 절차에 대해 질문하고 초점을 맞춰라.

이런 절차들이 문제를 해결하는지 혹은 어떤 문제가 여전히 남아 있는지를 질문하라. 상품, 정보, 돈, 재정 기록, 그리고 서비스 흐름의 관점에서 사업 운영 흐름도를 만들어라. 다음에서 설명하는 정량적 분석처럼 그 결과의 정보는 취약성 매트릭스에 입력될 수 있다. 거기서부터 분석과정은 다음에 설명되는 기존 및 신규가 동일하다.

정량적 분석 매트릭스

위에 설명된 감시 기회를 고려하라.

접근성 결정

접근성은 어떤 위협행동을 하기에 문제가 없다. 접근할 수 없는 자산은 공격자로부터 안전하다. 따라서 접근성의 정도는 취약성 면에서 직접적이고 가장 중요한 기능이다. 접근할 수 없다면 공격은 가능하지 않으며 접근할 수 있는 기회가 많다면 더 높은 공격의 기회를 갖는다. 어떤 종류의 공격을 위해서는 모든 것을 접근하게 될 것이다. 전 파키스탄 총리 베나지르 부토의 암살이 그 예이다. 공격자가 필요로 했던 것은 많은 군중들 사이에서 부토 부인에게 10미터 이내로 접근하는 것이었다. 자살폭탄 테러범은 대략의 접근만 필요하며, 배낭폭탄을 놔두고 가는 테러의 경우는 오로지 대중에 대한 접근만이 필요하다. 길거리 폭파범은 폭탄을 설치할 것이고, 적절한 대상이 지나가길 기다린 후에 그의 방아쇠를 당길 것이다. 대부분의 목표물을 노리는 행위(targeting)는 총탄 공격, RPG 공격 등으로 직선의 가시영역이 요구된다. 더 접근하기 쉬운 잠재적인 목표는 더 쉽게 공격을 수행할 수가 있다. 접근의 기회가 많다는 것은 그만큼 확률이 높다는 것이다.

본질적 취약성 식별

본질적 취약성을 이해하는 것은 중요하지만 종종 간과되곤 한다. 그들은 아주 직관적이어서 아주 자주 사실로 구성된 것으로 여겨지지 않고 오직 본질적 취약성과 다른 대책들의 집합의 일부로 여겨진다. 이것은 환경이 변화할 수 있기 때문에 이해하는 것이 중요하며, 그렇게 되었을 때 취약성 등식을 수행한다. 본질적 취약성이란 자산이 다른 어떤 대책이 없는 상태에서 가지고 있는 취약성들이다. 즉, 만약 자산이 사방이 열린 평지에 어떤 건물이나 다른 보호장치도 없이 놓여 있다면, 어떤 종류의 공격이 그것에 대해 수행될 수 있는가? 다른 자산은 다른 본질적 취약성들을 가진다.

예를 들어, 사람들은 탄환공격, 폭탄, 화재 및 무장강도의 목표가 되지만, 종이서류는 탄환공격에 덜 취약하나 여전히 폭탄이나 화재, 그리고 무장강도에는 취약하다(대상이 서류일 때 무장강도가 발생하는 것은 드물다.). 사이버 공격은 사람이나 재산을 직접적으로 공격하지는 않지만 정보기술시스템을 목표로 한다. 각 자산은 자신의 본질적 취약성에 1부터 5까지 혹은 1부터 10까지의 점수를 얻을 것이다.

자연적 대책

본질적 취약성을 고려하고 나면, 우리는 자연적 대책이 취약성에 대해 가지고 있는 효과에 대해서 고려하기 시작할 것이다. 자연적 대책의 예들은 다음을 포함한다.

- 폭풍 턱(storm berm, 직경 21피트, 7미터 높이의 폭풍이 밀려드는 것을 방지하는 턱)을 갖춘 땅으로 둘러싸여 있는 액화 천연가스(LNG)터미널은 또한 기존 차량에 대비한 자연적 대책을 가지고 있다.
- 오직 나루터로만 접근할 수 있는 작은 섬은 위협 행위자가 반드시 오가면서 통과해야 하는 관문(choke point)을 만듦으로써 접근과 도주를 좀 더 어렵게 만든다. 수로에 위치한 모든 시설은 측면에서 선박으로만 접근할 수 있다.
- 언덕 절벽에 있는 시설은 측면으로부터의 접근성이 매우 제한되어 있다.

대부분의 경우, 자연적 대책은 자산에 대한 접근에 영향을 미친다. 자연적 대책의 억제 혹은 접근 속성은 자산의 본질적 취약성으로부터 차감되어야 한다.

기존 방호조치의 효과 평가

기존에 만들어진 방호대책 역시 취약하여 제한되어 있으며, 인공적인 대책 또한 본질적 취약성에서 제외되어야 한다. 인공적인 대책은 다음을 포함할 것이다.

- 물리적 대책
- 전자적 대책
- 운영적 대책

인간이 만든 대책은 종종 자연적 대책과 중첩되고, 때때로 그들은 서로를 보완한다. 예를 들어, LNG터미널 폭풍턱 상단에 있는 펜스는 폭풍턱을 오를 수 없는 차량들을 막는 역할을 하지 않는다. 펜스가 차량의 접근을 완화시키는 효과는 미미하지만 사람들은 폭풍턱을 차량보다 더 쉽게 오를 수 있기 때문에 보행자 제한효과로는 중요할 것이다. 여기에는 세 종류의 인공적인 대책이 있다.

1. **물리적 대책** : 물리적 대책은 잠금장치, 문, 출입구, 조명, 간판, 펜스, 벽, 그리고 고

정되고 배치할 수 있는 장벽을 포함한다.

2. **전자적 대책** : 전자적 대책은 경보시스템 / 접근통제시스템 / 비디오시스템 및 전자간판, 전화기, 공공주소시스템, 양방향 라디오를 포함하는 통신시스템을 포함한다. 전자적 대책은 장거리 음향 무기류, 가시광선 무기류, 전파방해 장비, 그리고 정보기술 위협대책 역시 포함한다.
3. **운영적 대책** : 운영적 대책은 방호인력(보초, 순찰, 예비 직원)의 모든 사용, 방호견, 방호정책과 절차, 대감시 프로그램, 조사, 그리고 방호정보 프로그램을 포함한다.

이들 모두는 동일한 자산에 대한 대책의 중복 및 보완효과에 주의를 기울이고 있는 본질적 취약성에서 제외되어야 한다,

취약성 계산 스프레드시트

이 취약성 계산은 위협 시나리오에 기반을 두고 위협, 목표 결합 위치와 무기, 목표 결합 위치를 모두 검토하여 가장 공격이 일어날 것 같은 위치를 식별한다. 일단, 어떤 종류의 위협행위가 발생할 것인지, 이것들 각각에 대해 가장 발생 가능한 것의 위치를 알게 되면, 우리는 시설 전체뿐만 아니라 특히 각 유형의 위협 행위자에 의해 각 유형의 공격이 가장 잘 발생할 것 같은 곳의 취약성에 초점을 맞출 수가 있다. 많은 방호분석가들에게 이 정도 수준의 단위 및 정확성은 얻기 어려운 것으로 여겨지지만, 우리는 어떻게 그것을 정확히 달성할 것인가를 검토할 것이다. 이 취약성 계산 스프레드시트에 감시 및 본질적 취약성은 추가하고 물리적, 전자적, 그리고 운영적 대책을 포함하는 자연적 · 인공적 대책의 경감효과를 차감한다. 자산 · 결과 스프레드시트를 기준으로 사용하여 새로운 스프레드시트 탭을 만들어라. 스프레드시트의 이름을 취약성 계산으로 하라. 아래와 같은 열을 포함하라.

- 목표 목록(자산)
- 접근 기회
- 감시 기회(감시 기회 매트릭스로부터 참조)
- 본질적 취약성
- 기존 자연적 대책
- 기존 인공적 대책
  - 첨단기술
  - 저차원적 기술
  - 기술 없음

표 8.5 취약성 매트릭스

메가 타워 취약성 매트릭스 / 목표물	접근성	감시 기회	본질적 취약성	자연적 대책	물리적 대책	전자 통신 대책	운영 대책	점수	순위
사람	8	7	3	8	3	1	6	5	3
VIP 경영자 및 VIP 방문객	5	2	1	7	6	1	8	4	44
직원	8	10	4	10	5	1	8	7	18
협력업자	8	3	4	5	5	1	3	4	51
방문객	8	10	4	10	1	1	8	6	22
배달업자	8	7	2	8	1	1	3	4	44
운송업자	8	7	2	8	1	1	3	4	44
자산	8	7	5	7	6	5	4	6	1
부지	8	8	6	6	5	5	4	6	24
VIP 하차장	7	6	6	8	5	5	5	6	22
직원 하차장	10	0	7	10	7	8	7	8	2
방문객 하차장 – 호텔(남쪽)	10	10	7	10	8	8	7	9	1
남쪽 주 출입구 지역	8	8	7	10	8	8	7	8	4
북쪽경계 펜스	8	8	4	2	3	3	2	4	44
동쪽경계 펜스	8	8	4	2	3	3	2	4	44
남쪽경계 펜스	8	8	4	2	3	3	2	4	44
서쪽경계 펜스	8	8	4	2	3	3	2	4	44
북쪽경계 화물 출입구	8	8	4	6	5	3	2	5	35
동쪽경계 비상문	8	6	6	6	5	3	2	5	35
서쪽경계 비상문	8	6	6	6	5	3	2	5	35
호텔 선착장	7	8	6	6	4	3	2	5	35
호텔 동쪽 출입구	7	8	7	10		8	7	8	5
호텔 서쪽 출입구	7	8	7	10		8	7	8	5
지하주차장 출입구	7	3	4	6	4	3	6	5	41
지하시설	7	7	5	8	4	3	3	5	34
지하 1층 주차장	7	7	6	8	4	3	3	5	27
지하 1층 엘리베이터 로비	7	7	5	8	4	3	3	5	30
지하 2층 주차장	7	7	6	8	4	3	3	5	27
지하 2층 엘리베이터 로비	7	7	5	8	4	3	3	5	30
지하 3층 주차장	7	7	6	8	4	3	3	5	27
지하 3층 엘리베이터 로비	7	7	5	8	4	3	3	5	30
지하 3층 배관실	6	6	3	8	4	3	3	5	41
호텔 건물	9	6	5	8	8	6	5	7	17
메인 로비	10	10	6	8	8	6	6	8	7
로비층 안내데스크	10	7	6	10	10	10	6	8	2
로비층 프런트 및 물품 보관소	8	6	6	8	8	6	6	7	14
외부 방호 검색대	10	7	3	4	3	3	3	5	41
로비층 안내소	10	6	3	8	8	8	8	7	13
고객용 엘리베이터 로비	10	6	6	8	8	8	6	7	9
계단	10	5	3	8	8	8	6	7	14
화물용 엘리베이터	7	3	3	8	8	6	4	6	25
로비층 배관실	7	2	3	8	8	3	3	5	40
저층 구역	10	7	7	8	8	6	6	7	9
중간층 구역	10	7	7	8	8	6	6	7	9
고층 구역	10	7	7	8	8	6	6	7	9
승객용 엘리베이터 로비	10	7	4	8	8	8	8	8	8
화물용 엘리베이터 로비	7	5	4	8	8	3	4	6	25
배관실	8	4	3	8	8	3	3	5	30
기계실	7	4	3	8	8	3	3	5	35
지붕	6	6	7	8	7	6	6	7	18
정보 자산	6	6	5	6	7	3	7	5	2
IT시스템	8	8	3	10	10	1	6	7	18
방호시스템	8	8	7	6	10	1	8	7	14
라디오 통신시스템	7	7	7	5	5	6	7	6	21
서류문서	1	1	1	1	1	4	5	2	52
사업평판	2	6	2	2	2	6	5	4	4

기호	
큰 영향	10
중간 영향	5
작은 영향	1

감시, 접근, 그리고 본질적 취약성을 추가하라(각각 1부터 10까지). 기존, 첨단기술, 저차원적 기술, 그리고 기술이 없는 대책을 제외하라(각각 1부터 10까지). 그 결과는 각 자산의 1부터 10까지의 취약성이다(표 8.5).

정성적 분석 부문

인터뷰, 기록 수집, 설문조사 및 정량적 분석 후에, 정보를 정성적 분석 안에 응축시키는 것은 중요하다. 정량적 분석 정보는 과정의 단계를 통과하거나 인터뷰, 기록, 설문조사 및 정량적 분석에서 뽑은 중요한 정보를 포함하는 각 단계의 중요한 요소를 기록하는 것으로 쉽게 줄어들 수 있다. 이것은 단지 원 데이터를 논리적 흐름의 방식으로 가공된 단어들에 포함시키는 과정이다.

취약성 상세 스프레드시트

마지막으로, 위험분석가는 해결해야 할 모든 취약성을 위한 취약성 계산으로부터 포괄적인 목록을 만들어야 한다. 이것은 매우 간단하고, 이것의 가치는 우리가 18장, "방호효과 매트릭스"를 진행할 때쯤 명백해질 것이다. 자산의 범주(사람, 재산, 독점정보, 기업평판)로 분류된 자산의 목록으로 시작하고, 그것들이 그 하위의 범주로 분류되는 과정이다(자산 > 하위-경계 > 하위-북쪽 경계, 동쪽 경계, 남쪽 경계, 서쪽 경계, 경계 입구 > 하위-주요 공공 입구, 서비스 입구, 직원 입구, VIP 입구, 등; 본관 > 하위-지층 > 하위-정문, 로비, 엘리베이터 로비, 등). 이제 위에서 설명된 바와 같이 스프레드시트 안에서, 왼쪽 행에 나열된 자산목록과 함께 자산 옆의 새로운 열의 각 자산 행에서 찾은 취약성을 기록하라.

취약성 상세 매트릭스

취약성 상세 매트릭스는 가능한 취약성을 식별한다(표 8.6). 취약성 매트릭스는 SVA-Pro 같은 전문적인 프로그램이나 마이크로소프트 엑셀 같은 스프레드시트 프로그램을 사용하여 개발될 수 있다. 여기서는 누구나 적절한 매트릭스를 개발하는 데 사용할 수 있는 엑셀을 예로 사용하였다. 게다가 자산목록과 취약성 목록 사이에 침입 취약성 또는 공격 취약성으로 표시된 두 가지의 새로운 열을 만들었다. "X"로 하나 또는 둘 모두에서 취약성을 적절하게 분류하라. 마지막으로, 중요도 및 결과 순위에 대한 열을 포함하는지 확인하라. 지금 당신은 열에 의해 다음을 나열하는 스프레드시트를 가지고 있어야 한다.

■ 일반 등급에 의한 자산
■ 각 일반 등급에서 자산의 하위 등급
■ 각 자산에 대한 중요도 순위(결과 매트릭스로부터)
■ 각 자산에 대한 결과 순위(결과 매트릭스로부터)
■ 침입 · 공격 취약성 열
■ 취약성 매트릭스로부터 취약성 순위
■ 취약성의 서면 설명

이 매트릭스는 18장의 대책 효율성 매트릭스와 19장에서 비용효율성 매트릭스를 위한 기초로 사용될 것이다.

요 약

취약성 진단평가 모델의 검토

일반적으로 위협이 보통의 범죄자에 한정되었을 때 쉽게 사용되는 취약성 진단평가이다. 하지만 테러가 가능한 환경에서의 범죄 취약성 평가의 사용은 매우 부적절하다. 품질 취약성 진단평가 모델의 축약판은 다음을 포함한다.

■ 시나리오를 정의하고 특정 결과를 평가한다.
■ 기존 방호조치의 효과를 평가한다.
■ 취약성을 식별하고, 취약성의 정도를 추정한다.

시나리오를 정의하고 특정 결과를 평가

알 카에다, 살라피스트, 라슈카르-에-타이바(LeT) 및 칼리드 셰이크 모하메드(KSM)를 포함하는 다른 무장요원 및 관리자와의 인터뷰와 심문에서 어떻게 테러조직들이 목표 선택, 공격계획 수립, 시나리오 테스트, 그리고 마지막으로 공격을 수행하는지 명백해진다. 취약성 진단평가의 효율적인 과정은 반드시 다음의 단계들을 포함해야 한다.

■ 어떤 등급의 위협 행위자에 의해, 어떠한 공격 시나리오가 가장 많이 사용될 것 같은지 식별하는 자산 · 공격 매트릭스를 활용한다.
■ 어느 지역이 그들의 행위를 수행하려는 위협 행위자에 의해서 가장 많이 사용될 것 같은지 식별하는 위협 · 목표 결합 매트릭스를 활용한다.
■ 각 위협 · 목표 위치에서 어떤 종류의 무기가 가장 많이 사용될 것 같은지 식별하는

표 8.6 취약성 상세 매트릭스

메가 타워 감시기회 결합 매트릭스 목표물	고정식 영상감시	부지 밖 이동식 영상감시	음향 도청 감시	IT 시스템 감시	정보/문서 감시	점수	순위		
사람	8	7	3	8	3	1	6	5	3
VIP 경영자 및 VIP 방문객	5	2	1	7	6	1	8	4	44
직원	8	10	4	10	5	1	8	7	18
협력업자	8	3	4	5	5	1	3	4	51
방문객	8	10	4	10	1	1	8	6	22
배달업자	8	7	2	8	1	1	3	4	44
운송업자	8	7	2	8	1	1	3	4	44
자산	8	7	5	7	6	5	4	6	1
부지	*8*	*8*	*6*	*6*	*5*	*5*	*4*	*6*	*24*
VIP 하차장	7	6	6	8	5		5	6	22
직원 하차장	10	10	7	10	7	8	7	8	2
방문객 하차장 – 호텔(남쪽)	10	10	7	10	8	8	7	9	1
남쪽 주 출입구 지역	8	8	7	10	8	8	7	8	4
북쪽경계 펜스	8	8	4	2	3	3	2	4	44
동쪽경계 펜스	8	8	4	2	3	3	2	4	44
남쪽경계 펜스	8	8	4	2	3	3	2	4	44

무기 · 목표 결합 매트릭스를 활용한다.

- 고려 중인 각 주요 자산에 대한 감시 기회를 검토한다.
- 위의 모든 정보에 비추어 취약성을 검토한다.

감시에는 여러 가지의 많은 구성물이 있는데, 그중 오직 일부만이 공격계획 수립의 지원에 사용될 것이며 다음을 포함할 수 있다.

- 고정영상 감시
- 이동보행자 감시
- 전자적 감시
- 정보 또는 문서의 감청
- 이동차량 감시
- 청각적 도청
- 정보기술 감시(다중모드)

취약성 평가

기존 방호조치의 효과를 결정하는 데에는 기존의 시설과 신규 시설에 따라 다르게 수행된다. 방호 설문조사는 기존 시설에서는 필요하지만, 새로운 시설을 위한 취약성 평가 시에는 건축도면 및 렌더링을 통해 만들어질 수 있다. 신규 시설을 위한 과정들은 다음의 단계들을 포함한다.

- 접근성을 결정
- 본질적 취약성을 식별
- 자연적 대책
- 물리적 대책
- 전자적 대책
- 운영적 대책

기존 시설의 경우 취약성 전체를 설문조사하는 것이 좋다. 취약성 설문조사는 아래와 같은 요소를 포함해야 한다.

- 시설의 물리적 특성을 결정(학교, 건물, 주변, 등)
- 시설의 운영적 특성을 결정(병원, 공장, 사무실, 군사기지, 등)
- 시설의 기능적인 운영요소를 결정(관리, 인적 자원, 마케팅, 연구개발, 등 –모두 나열)
- 시설 전체에 기능적인 운영요소 분배를 결정(마케팅–4층, 인적 자원–5층, 중역실–6층, 등)
- 기능적인 운영요소를 통해 분류되는 사람의 숫자와 종류를 결정(직원-모든 층, 관리자-모든 층, 임원-6층 및 임원 엘리베이터, 배달직원-하역장 및 우편실, 방문자-로비, 1층 회의실 및 임원 층, 등)
- 그 다음에는 새로운 시설을 위해 설명된 단계에 따라 시설을 검토하는데, 이것은 기존 시설의 경우 포괄적인 업무관련 지식을 가진 방호 대표자와 함께라면 가장 잘 수행할 수 있다. 방호담당자와 방호관리자의 협력이 권장된다. 방호담당자는 전략적 초점을 유지하는 데 도움이 될 것이며, 관리자는 시설의 근본적인 세부사항을 잘 알고 있을 가능성이 높다.

취약성 계산

이 취약성 계산에 감시 및 본질적인 취약성은 추가하고 물리적, 전자적, 그리고 운영적 대책을 포함하는 자연적 · 인공적 대책의 경감효과를 차감한다.

정성적 분석 부문

인터뷰, 기록 수집, 설문조사 및 정량적 분석 후에 정보를 정성적 분석 안에 응축시키는 것은 중요하다. 정량적 분석 정보는 과정의 단계를 통과하거나 인터뷰, 기록, 설문조사, 및 정량적 분석에서 뽑은 중요한 정보를 포함하는 각 단계의 중요한 요소를 기록하는 것으로 쉽게 줄어들 수 있다. 이것은 단지 원 데이터를 논리적 흐름의 방식으로 가공된 단어들에 포함시키는 과정이다.

침입 및 공격 취약성

마지막으로, 위험분석가는 해결해야 할 모든 취약성을 위한 취약성 계산으로부터 포괄적인 목록을 만들어야 한다. 스프레드시트 안에서, 왼쪽 행에 나열된 자산목록과 함께 자산 옆의 새로운 열의 각 자산 행에서 찾은 취약성을 기록하라. 그런 후에 침입 취약성 혹은 공격 취약성으로 새로운 12개를 만들어라. 지금 침입 취약성 혹은 공격 취약성의 아래 열 적절한 곳에 "X"를 놓아라.

CHAPTER 9

확률 추정

서 론

이번 장을 마치면, 당신은 모든 종류의 위협행위에 대한 확률문제, 범죄행위 확률에 대한 통계적 자료를 얻는 방법, 테러, 경제범죄, 폭력범죄, 체제전복범죄 및 경범죄의 확률을 예측하는 방법을 이해하게 될 것이다(위험요소는 그림 9.1 참조).

기본 위험 공식

위험=확률×취약점×피해결과

또는

위험(확률+취약점+피해결과)/3

미국 국토안보부에서 승인된 모든 방법론을 포함한 고전적인 위험분석 방법론은 위협행위자의 존재 곱하기 확률 곱하기 취약점으로 위험을 가정한다(이 계산은 세 변수의 합과 그 피해결과의 평균으로 역시 그 값을 구할 수 있다.).

가능성

위협 행위자의 존재는 당연히 있을 것이며(위협 행위자 없이는 위협행위도 없음), 취약점은 직접 데이터에서 추정이 가능하다. 물론 우리가 이 장에서 가능성을 계산하는 방식에 대해 논의하겠지만, 테러행위에 대한 확률 또는 가능성을 계산하는 것은 실제로 불가능하다.

대부분의 공동체에서 데이터는 중범죄와 경범죄를 포함한 폭력 및 비폭력범죄의 위험분석 추정을 돕는 신뢰할 수 있는 정보(자료)에서 사용가능하다(이 장의 뒷부분에 그에 대한 자세한 설명을 한다.).

그러나 테러의 경우에는 사정이 다르다. 테러를 다룰 경우의 과제는 사건의 확률 또는 가능성을 결정하는 것이다. 이것은 불가능한 모든 실용적인 목적을 위한 것이지만 여전히 합법적인 테러방지 지출을 만들기 위해 반드시 추정되어야 한다. 그러나 이것은 불가능하다. 왜냐하면 통계적 확증으로 문제의 시설에 대해 사고확률을 추정할 수 있게 해 주는 확실한 데이터베이스를 구축하기에 충분한 발생건수가 있는 범죄사고와는 달리, 테러가 발생할 확률을 결정하는 단 하나의 확실한 방법은 특정 시설을 목표로 계획된 공격에 대해 명확하게 표출된 지식을 얻어야 하기 때문이다. 이런 종류의 지식은 거의 발생하지 않겠지만, 만약 발생한다면 방어대책을 세우기 시작하는 것보다 공격계획을 붕괴시키는 것이 더 분명한 방법이다.

비록 범죄공격의 가능성을 결정하기 위해 통계적인 데이터를 사용할 수 있지만, 테러공격에 대해서는 그것이 불가능하다. 그것은 간단하게 유용한 예측 데이터베이스를 만들기 위한 테러공격의 횟수가 불충분하기 때문이다. 하지만 테러는 발생하기 마련이고, 발생했을 때 조직에 재앙이 될 것이다. 인명, 사업 연속성, 시설, 사업평판의 손실은 비극이며 반드시 피해야 할 것이다. 공격이 없다는 것이, 앞으로도 공격이 없을 것이라는 것을 의미하지 않는다. 이것은 역시 공격이 발생할 것이라는 것을 의미하지도 않는다. 그러나 당신의 회사를 목표로 삼을 수도 있겠다고 추정되는 의제를 가진 테러조직의 지속적인 존재는 위험관리계획에 대한 필요성을 강조한다.

게다가 테러는 획일적인 것이 아니다. 정확히 같은 의제를 가진 테러조직은 존재하지 않는다. 같은 목표 선호도를 가진 테러조직들도 존재하지 않는다. 정확히 같은 방식이나 전술의 조합을 사용하는 곳도 없다. 같은 목표를 설정하거나 같은 방법으로 공격을 수행하는 테러조직은 더더욱 없다. 그래서 가장 고려해야 할 것 같은 테러조직을 이해하는 것이 역시 필요하다.

테러확률 예측 및 대안

그렇다면 어떻게 테러확률의 위험분석을 통해 추정이 가능할까? 위험분석가가 테러

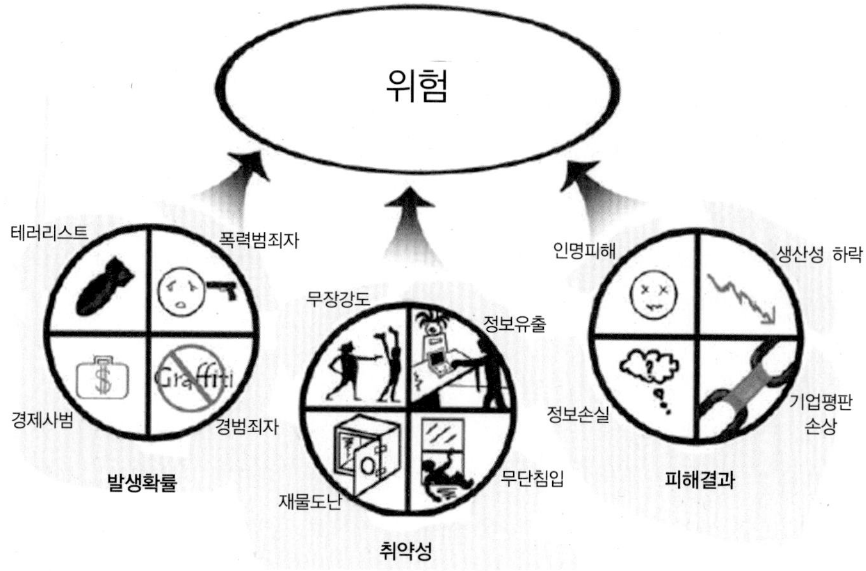

그림 9.1 위험요인

공격의 확률을 1과 같이, 그것이 발생할 수치로 간단히 나타내는 것은 드문 일이 아니다. 하지만 이것이 어떠한 테러를 방지하기 위해 자원을 가장 많이 써야 하는지에 대한 대답은 아니다. 한 줄에 100,000달러가 넘는 장벽이 두 줄 들어가는 K12 장벽, 수십만 달러의 비용이 들어가는 방탄유리, 역시 수십만 달러의 설치비용이 들어가는 펜스 시설들이 조직을 보호하기 위해 모두 똑같이 적용되어야 하는가? 아니면 가장 공격 가능성이 높은 테러조직에게 어떤 자산이 가장 흥미를 끌 수 있는지 이해하는 것이 더 나을까? 나는 후자라 생각한다. 이것은 위험분석가로 하여금 조직의 대책이나 속성을 고려하여 공격이 가장 잘 발생할 것 같은 자원으로의 공격을 저지하는 대책을 제안하는 데 초점을 맞추도록 해 준다.

가능성을 위한 자원

가능한 위협 행위자의 범위 제시

위에서 설명한 대로, 다양한 종류의 위협 행위자가 존재하며, 각각은 조직에 대해 갖는 관심이 다르다. 이것은 중요한 문제로, 자살폭탄 테러범에게는 선호되는 점이 소매치기범이나 정보기술 범죄자에게는 선호되지 않을 수 있다. 준군사적인 테러조직이 중점을 두고 있는 것들이 불만 가득한 직원에게는 관심이 없을 수도 있다. 국경을 초월해 조직된 조직범죄 집단들은 그들에게 상납하는 하부조직의 운영과 갈등이 생기는 것을 원하지 않는다. 매춘부들은 로비나 출입구보다는 호텔 레스토랑이나 바를 더 선호한다.

반드시 지켜야 할 것들을 이해하기 위해서는 위협 행위자와 그들의 관심 대상에 대해 이해하는 것이다. 위험분석가로서 당신의 업무는 무엇보다도 범죄자나 테러리스트들에게 매력이 없는 활동무대가 되는 조직이 되도록 만드는 대책을 제안하는 것이다. 범죄자나 테러리스트들이 조직의 무엇에 매력을 느끼는지 그 의도를 파악하지 못한다면 당신은 그 업무를 수행할 수 없을 것이다.

■ 테러위협 행위자(제 7장 참조)

- **테러 등급** : 모든 테러리스트는 동일하지 않다. 그들은 각자 다른 이유의 동기를 가지고 활동을 하고, 각자 다른 목적을 가지고 있다. 이러한 차이점이 그들이 어떤 시설을 목표로 삼기를 원하고 그곳을 어떤 방법으로 공격할 것인지를 결정한다.

  테러리스트 5등급 구성 :

  −**1등급 테러리스트** : 정부 훈련전문가(해외 정보위협 포함)

  −**2등급 테러리스트** : 종교적 극단주의 전문가

  −**3등급 테러리스트** : 급진적 혁명주의자 또는 준종교적 극단주의자

  −**4등급 테러리스트** : 게릴라 · 용병

  −**5등급 테러리스트** : 아마추어(민간, 비훈련 범죄자, 민병대-자경단 그룹)

- **1등급 테러리스트** : 정부의 훈련을 받은 전문가(해외 정보위협을 포함)는 암살, 정교한 폭탄테러 및 납치에 대한 가장 강력한 위협 행위자 중 하나이다. 그들은 일반적으로 국제나 국내 무대에서 활동을 한다. 교육, 장비, 훈련도 매우 높은 수준이며 지원체계 또한 훌륭하다. 계획 수립 및 실행은 매우 전문적이다. 그들을 지원하기 위한 정보자원도 기민하다. 1등급 테러리스트의 예로는 스코틀랜드 로커비(lockerby) 상공에서 팬암 103 항공기 폭파를 수행한 테러리스트들을 들 수 있다.

  1등급 테러리스트의 서브 그룹은 준정부기관이나 합법적인 정부의 관리하에서 훈련을 받은 사람들을 포함한다. 이러한 예로는 1972년 야세르 아라파트 팔레스타인 해방기구에 의해 훈련을 받은 검은 9월단과 파키스탄 정보부(ISI) 관리하의 파키스탄에서 훈련을 받은 라슈카르-에-타이바(LET)에 의해 자행된 뮌헨 학살을 들 수 있다.

- **2등급 테러리스트** : 종교적 극단주의자는 사상자 수의 측면에서 보면 분명히 가장 위험하다. 종교적 극단주의자들은 종교의 이름으로 극단적인 동기의 헌신을 맹세하고 그들의 극단적인 종교의 사상을 공유하지 않는 다른 사람을 파괴하기 위해 전념하는 조직에 충성을 맹세한다. 이것은 그들의 종교에 대한 급진적인 해석을 공유하지

않는 종파나 다른 종교를 가진 자신들의 정부나 다른 국가의 정부를 포함한다. 그리고 그들이 이교도로 보는 다른 인종 그룹 역시 포함될 수 있다. 2등급 테러리스트의 예로는 알카에다, 헤즈볼라, 하마스, LeT가 있다.

- 3등급 테러리스트 : 급진적 혁명주의자 또는 준종교적 극단주의자 – 예로는 적군 파벌, 바스크 분리주의자, 국토운동(ETA), "...이갈 아미르, 그는 정통적인 우익 유대인으로 오슬로 협정 서명을 반대하였고 그가 그의 나라를 끔찍한 운명으로부터 구했다고 믿었다." 아미르는 1995년 11월 4일 이스라엘 총리 이츠하크 라빈을 암살하였다.
- 4등급 테러리스트 : 게릴라 · 용병 – 예로는 라이벌인 투치족과 유목 아랍어를 구사하는 아프리카 부족에서 유래한 수단 잔자위드를 학살한 후투족 게릴라가 있다. 전하는 바에 따르면, 잔자위드는 수단 정부의 명령을 받고 다르 푸르(Darfur)의 정주 인구와 반군 그룹 수십만을 학살, 강간, 고문해 왔다. 다른 예로는 코트디부아르의 소년병, 콜롬비아의 FARC, 아부 사야프 그룹(필리핀)이 있다. 또한 초국가적 조직으로 "마약테러(narcoterrorism)"를 수행한 파블로 에스코바르 조직 역시 여기에 포함된다. 이러한 개인이나 단체는 정치적 영향력이 있는 인물을 위해 일을 하고, 그들 보스의 대의명분을 증진하기 위해 잔학행위를 수행한다. 이러한 단체들은 일반적으로 군사 무기를 사용하여 작거나 큰 단체를 공격한다.
- 5등급 테러리스트 : 아마추어(민간인, 비훈련 범죄자, 민병대 –자경단 단체) – 아마추어 테러리스트들로는 오클라호마, 오클라호마 시티의 알프레드 P. 뮤러 연방정부청사를 폭파한 티모시 맥베이와 테리 니콜스(급진적 반정부 테러리스트) 및 올림픽 공원 폭파범으로 알려진 에릭 로버트 루돌프(백인 우월주의 기독교 신원운동과 관련된 급진적 기독교 테러리스트)를 포함한다. 전 세계적으로 민병대 단체와 급진적인 성향을 가진 개인들은 자신의 증오의 상징을 공격한다. 이러한 개인과 단체들은 일반적으로 소형 폭발물과 총기를 사용한다.
- 위험분석가는 자신의 운영 분야 내 모든 등급의 테러위협에 대해서 지속적으로 정통(familiarization)해야 한다. 위험분석가는 사전에 테러리스트들의 의제, 크기, 힘, 선호 무기, 방법, 전술에 대해서 모두 알고 있어야 한다. 자신이 컨설팅을 맡고 있는 분야에서 활동하는 여러 종류의 테러리스트 단체들의 의제나 선호하는 목표물에 대해 알고 있는 것은 중요하다. 시설물이 존재하는 영역 내에서 활동하는 테러단체의 목록으로부터 위험분석가는 반드시 다음의 두 가지 사항을 결정해야 한다.

  1. 이들 중 어떤 테러단체들이 관리 중인 시설물에 흥미를 갖는가?
  2. 이런 테러단체들이 목표물을 공격할 때 어떤 방법과 전술을 사용하는가?

• 우리가 자산 목표 값 매트릭스를 탐구하기 시작할 때, 문제의 시설물에 가장 관심 있는 테러리스트 단체가 명백해질 것이다.

• 2번 사항은 자산·공격 매트릭스에 정확한 공격 시나리오가 사용되도록 만들어 주므로 중요하다.

• 또한 테러리스트 조직이 때때로 목표물의 모델과 공격방법을 변경하는 것 역시 주목되어야 한다. 그 예로는 라슈카르-에-타이바(LeT)의 2008년 뭄바이 공격을 들 수 있다. 이 공격은 기존의 LeT의 공격에 비하여 목표물과 수행방법 모두 급격히 변화되었다. 그렇다 하더라도, 만약 아래에 설명된 테러의 자산가치(KSM 모델)를 통해 LeT의 공격이 수행된다면, LeT 공격의 모든 목표물에 대한 높은 확률이 LeT의 테러 의제로부터 나온다는 것을 알 수 있을 것이다. 그래서 비록 전술이 변경될 경우에도 그들의 의제는 변경되지 않고 오직 전술만 변경되기 때문에 모델은 작동할 것이다.

■ 범죄 위협 행위자

• 경제 범죄자 : 경제 범죄자 역시 테러리스트처럼 많은 종류로 구성

– 다국적 범죄조직 : 이런 조직들은 국가의 경계를 넘어 활동하는 조직범죄의 상위집합이다. 명백한 예로 메델린과 마약 카르텔이 있다. 다국적 범죄 기업은 핵 밀수, 마약밀매, 인신매매, 지적재산(IP) 범죄, 자금세탁에 관여한다.

– 조직범죄 : 조직범죄 단체는 국가의 경계 내에서 활동하고, 국가보다는 지역에 더 기반을 두는 범죄 사업에 초점을 맞춘다. 조직범죄 단체는 다국적 범죄조직과 관계를 가지고 있을 수 있지만, 그들을 돈 세탁을 제공하거나 조직이 위치한 국가 밖에서의 활동을 유용하게 해 주는 정도로 취급한다. 조직범죄의 예로는 미국과 유럽의 다양한 마피아 단체들을 들 수 있다. 일반적인 활동으로는 화물트럭 납치, 제품 강탈, 밀수, 담합 입찰, 화폐 및 상품 위조, 도박, 매춘, 마약 거래, 총기 밀수, 살인 청부, 인신매매를 포함한 강탈, 절도, 사기의 방식으로 운영되는 사업들이 있다.

– 정교한 경제 범죄자들은 개인이나 밀접하게 구성된 소규모 그룹으로 경제범죄를 수행하기 위해 감시와 계획단계를 사용한다. 예로는 1963년 대열차 강도사건 범죄자, 소비자의 정보를 수집하고 판매하는 인터넷 범죄자, 부동산 범죄자, 수표 위조 범죄자, 피라미드 사기 범죄자, 보석 강도 등이 있다.

– 기회주의적 범죄자들로 알려진 단순한 경제 범죄자들은 그들의 범죄를 수행하는 데 간단한 계획과 정교함을 이용한다. 예로는 일반적인 강도, 소매치기, 깡패, 사기꾼 등을 들 수 있다.

- **정보기술(IT) 범죄자** : IT 범죄자들은 경제적 범죄자일 수도 있고 그렇지 않을 수도 있다. IT 범죄자들은 다른 컴퓨터에 침입하여 데이터를 훔치고 활성화된 네트워크 통신을 방해하고 가짜 웹사이트를 설계하여 사용자의 개인정보를 훔쳐내고 데이터를 파괴하는 등의 범죄를 수행하기 위해 컴퓨터와 인터넷을 사용한다.
- **테러 의도가 없는 폭력범죄자** : 비록 모든 테러리스트들이 폭력을 사용하지만, 모든 폭력사건이 테러는 아니다. 거의 모든 사람이 즉흥적인 폭력행동을 할 수 있지만, 충동을 조절하는 능력이 약한 이들에게서 폭력행동이 더 자주 발생할 수 있다. 폭력범죄자들은 계획적이거나 즉흥적으로 폭력을 행동으로 옮길 수 있다. 폭력은 범죄가 수행되는 도중이나 그것이 완료되는 동안에 범죄를 제어하는 수단으로 사용될 수 있다.
- **체제전복 범죄자** : 체제전복 범죄자는 조직의 이해에 반하여 활동하는 개인이다. 이런 개인들에는 정치 또는 산업 스파이, 소동 유발자(시민들의 소요 포함), 지속적인 규칙 위반자들이 있다.
- **경범죄자** : 경범죄자는 경제적 범죄자가 될 수도 있고 그렇지 않을 수도 있는 단순한 범죄자 등급이다. 이들은 공공기물 파괴자, 소매치기, 창녀와 포주를 포함한다.

각 등급의 범죄자는 자신들의 등급에 비교적 일치하는 목표물을 설정한다. 따라서 추정 규칙에 따라 테러리스트 등급 특성을 사용하여 자산 목표 값을 통해 잠재적인 목표물을 예측할 수 있다.

범죄자 대 테러 가능성 자원

자원의 일반적인 비교

위에서 서술한 바와 같이, 잠재적인 테러리스트들에게 흥미를 끌 수 있는 문제시설의 테러 가능성을 예측하기 위한 유용한 데이터베이스는 존재하지 않는다. 이것은 테러위험분석을 위한 핵심질문이다. 즉, 특정 시설은 주어진 테러조직의 관심을 끌 가능성이 있는가?

테러 자산 목표 값 예측

2001년 9월 11일 이후 초기에 정부의 위험분석가들은 테러조직이 시설의 특정 등급에 관심을 가질 수 있는지 여부를 확인하는 데 도움이 될 수 있는 공식을 조사하였다.

■ CARVER+Shock

- 정부에서 해 왔던 것처럼, 목표물 선정에 대해 배우기 위해 군으로 방향을 돌렸다. 군대도 마찬가지로, 규칙에 따라 목표물을 설정하기 위해 시도했던 그들 고유의 확실한 방법에 의존했었다. 몇 년 동안, 미국 특수부대는 목표물 선택의 CARVER 방식을 사용했다. "CARVER는 모든 군사 서비스 및 정보기관에서 광범위하게 사용되는 국가의 인증을 받은 목표물분석 및 취약점 평가방법론이다." CARVER는 중요도(criticality), 접근성(accessibility), 복구력(recuperability), 취약성(vulnerability), 영향력(effect on population), 식별력(recognizability)의 약자이다.
- CARVER는 원래 군 공격자의 목표 값을 결정하기 위해 미국 특전부대에 의해 고안된 목표물 선택 방법론이다. CARVER의 목표물 선택요소는 장애지역과 심각한 피해지역을 식별하는 계획자와 운영자를 지원한다.
- 9/11 사태 이후, 군대는 "… 공격이 미치는 신체적, 경제적, 심리적인 영향이 결합되거나 혹은 목표물의 충격 속성" 평가에 도움이 되는 일곱 번째 도구를 추가했다.
- CARVER 혹은 CARVER+SHOCK를 사용하기 위하여 7속성을 사용하는 시설 구성요소를 평가하고 각 구성요소를 1에서 10까지의 크기로 등급을 매기고, 그 후에 각 구성요소 예측 값의 합들의 평균을 구한다. 이것은 분석가에게 시설의 어떤 구성요소가 군사적 목적을 위한 목표물로서 최선의 선택이 될 수 있는지를 보여준다.
- CARVER 및 CARVER+SHOCK 모두에 대한 문제는 그것들이 미국 특전부대에 의해 만들어지고 그들을 위해서 만들어졌다는 것이다. 그리고 둘 다 군사작전 시(즉, 가능한 한 시설물을 오랫동안 운영하지 못하게 하기 위한 제거작전을 위해) 어떤 목표물이 좋은지를 결정하는 데 아주 훌륭한 역할을 수행한다. 하지만 CARVER 및 CARVER+SHOCK 방식은 테러리스트들이 시설물을 제거하는 것보다는 폭력 사용을 통해 커뮤니케이션을 하는 것에 더 관심이 있기 때문에, 만약 특정 테러단체에서 목표물에 관심을 둔다면 위험분석가들에게는 전혀 도움이 되지 않는다.
- 테러리스트들은 폭력으로 대화를 시도한다. 폭력의 언어는 테러리스트들의 행위에 대한 것뿐만 아니라 그들의 행위의 동기와 그 행위에 의해서 이루어질 수 있는 것에 대한 대중적인 토론을 야기할 수 있다. 테러리스트들은 폭력을 통해 국가의 통제를 넘어 대중들에게 직접적으로 자신들의 생각을 표현할 수 있다. 폭력의 언어는 마드리드 열차폭파사건 후의 2004년 스페인에서처럼 선거에도 영향을 미칠 수 있고, "테러리스트들은 파키스탄이 불안정해지길 바란다.…"는 파키스탄 대통령 아시프 알리 자르다리의 연설에 의해 입증되듯이 정부의 안정성에도 영향을 줄 수 있다. 테러리스트들은 외국인과 외국인 노동자를 자신의 나라에서 쫓아내고 싶어 할 수도 있다.

• 만약 위험분석가들이 시설물을 가능한 한 오랫동안 제거하기 위해 공격하는 시설물의 구성물을 알고 싶어 한다면 CARVER 및 CARVER+Shock 방식은 좋은 도구가 될 것이다. 그러나 만약에 테러단체가 이 시설물에 관심을 가질지를 알고자 한다면 CARVER 및 CARVER+Shock 방식은 매우 부적절할 것이다.

■ **KSM-자산 목표 값 모델** : 이런 부적절함에 대응하기 위해서, 나는 9/11 테러의 주요 계획자였던 칼리드 셰이크 모하메드의 이름을 딴 KSM-자산 목표 값 모델을 개발하였다. KSM은 2001년 9월 11일에 이루어진 공격뿐만 아니라 1993년 세계무역센터 공격, 보징카 작전, 실패했던 2002년 로스앤젤레스의 미국 뱅크타워 공격, 발리 폭탄테러, 실패한 아메리칸 항공 63기 폭파테러, 밀레니엄 계획, 다니엘 펄의 살인사건에서도 역시 공격대상 선별을 주도하거나 영향을 미치는 역할을 하였다. KSM은 목표물을 결정하는 알카에다의 모델을 잘 알고 있고, 그의 심문 보고서에는 빈 라덴과 목표물 설정을 논의했던 첫 회의에서 그가 한 말들이 기록되어 있다. 논의에는 경제적, 정치적, 군사적 목표물이 포함되어 있었다. KSM의 심문에는 알카에다의 작전 수행방법이나 목표물을 선별하는 방법 등에 풍부한 정보가 들어 있다. 알카에다의 구체적인 목표물 선별방법은 다음의 목록들을 포함한다.

• 목표물은 알카에다의 전략적 목표에 부합하는가?
• 대량 사상자를 발생시킬 수 있는가?
• 특히 공격 그 자체로 장기간 미디어의 주목을 받는 것이 가능한가?
• 경제적으로 중요한 목표물인가?
• 희생자가 속해 있는 공동체나 알카에다가 속해 있는 공동체, 혹은 두 공동체 모두에게 문화적으로 중요한 목표물인가?
• 목표물이 공격에 매우 취약한가?
• 공격의 성공 확률은 얼마나 되는가?
• 이 공격이 알카에다의 단원 모집과 기금 모금에 도움을 줄 수 있는가?

이 모델을 사용하여 과거 알카에다가 계획 수립에 기여하고 수행했던 과거의 모든 공격방법과 KSM 목표물 선별 모델에 적합한 단체를 손쉽게 살펴볼 수 있다. 예를 들어, 2008년 철도, 극장, 호텔, 병원, 유대인 센터를 노린 뭄바이 공격은 이러한 모든 기준에 부합한다. 2001년 세계무역센터 공격은 세계의 텔레비전 카메라가 두 번째 비행기가 건물에 충돌할 때 생방송으로 그 광경을 중계하도록 하여, 미디어를 통해 사고 후에도 지속적으로 충격과 영향력을 야기하는 방식으로 계획되어졌다.

알카에다는 명백한 취약점을 악용하는 데 전문가였다. 몇몇 위험분석가들은 2001년

9월 11일 전에 비행기에 의한 고층건물 공격을 심각하게 고려했었다. 그러나 돌이켜 보면, 공격방식은 이전에 그것을 거부했던 모든 분석가들에게는 분명했다.

KSM 목표물 설정 모델을 사용하려 한다면 스프레드시트 왼쪽 줄 칸에 시설물과 그것의 주요 자산목록을 작성하라. 그런 다음 각각의 목표물 설정기준 위에 열을 만들어라. 각 셀 안에 1부터 10까지의 점수를 부여하고, 각 자산의 열에 기입된 값을 더한 후에 그 평균을 구하라. 그런 다음 단일자산 및 자산등급에 의한 피해결과의 순위를 정하라(사람, 재산, 정보, 사업평판). KSM 목표물 설정 모델의 증명은 알카에다 및 알카에다 관련 단체에 의해 공격당한 목표물 평가 속에서 찾을 수 있다. 유일하게 그들의 모든 목표물은 이 모델에 부합한다.

각 테러단체에 대한 유사한 모델 역시 그들의 공식 성명이나 조직의 의제나 목표물 선별 선호도를 가진 고위지도자의 심문 보고서 분석을 통해 개발될 수 있다. 따라서 사용하기에 정확한 각 조직의 모델을 작성할 수 있다. 테러조직은 그들의 목표물 선별 선호도에 관해 놀라울 정도로 오픈되어 있으나, 위험분석가들은 반드시 전략적인 기준에서 이런 공식 성명을 해석해야 한다. 시설에 대한 공격으로 인근 시설물들에게 파괴적인 영향을 미칠 수 있는 프로젝트 근처의 시설물에 KSM 모델을 사용하라.

범죄사고 가능성 예측

범죄기준 예측을 위한 두 가지(범죄 통계 및 자산 목표 값 예측) 주요 자원이 있다.

범죄 통계

가장 좋은 정보(자료)는 언제나 가능할 때 사용되는 실제 범죄의 통계이다. 범죄 통계는 적어도 5년 이전의 자료들을 포함하고 있어야 하고 다음 종류의 범죄들을 다루어야 한다.

■ 주요 범죄
- 살인
- 강간
- 폭행
- 주요 경제범죄

■ 경범죄
- 차량범죄
- 비행

몇몇 지방자치단체는 위험분석가가 쉽게 사용할 수 있는 방식으로 기록들을 유지하고, 유효성에 문제가 있는 어떤 경찰 기록들은 연방정부의 높은 자금 지원을 받기 위해 위조되었을 수 있다. 지방자치단체로부터 얻는 범죄 통계의 완전함, 구성도, 신뢰도에서 유효성을 얻는 데 실패한 많은 위험분석가들은 CAP Index 주식회사 같은 사설 정보(자료)를 사용할 수 있다. 이러한 자료는 구성이 잘되어 있고 시각적으로 탁월하게 표현되어 위험분석가에게 유용한 데이터를 제공한다. 만일 사용할 수 있는 데이터가 없는 경우 분석가들은 테러에서 사용된 것과 유사한 자산 목표 값 예측을 사용할 수 있다.

경제적인 범죄 자산 목표 값 예측

경제적인 범죄 자산 목표 값 예측은 다음과 같다.

- 경제적인 이득을 위한 기회가 있는가?
- 성공 확률은 얼마인가?
- 탈출 확률은 얼마인가?
- 이후에 검거될 일 없이 탈출할 수 있는 확률은 얼마인가?

이것은 취약점 분석보다는 핵심자산이 경제적 범죄자들에게 얼마나 매력이 있는지 예측하는 것이라는 걸 기억하라. 취약점은 작업시간, 접근성, 경계수준을 포함한 다른 요인들과 함께 성공 확률에 영향을 미치는 요인이 될 수 있다. 경제범죄의 유형에 따라 범죄를 계획하는 조직의 크기, 범죄의 정교함, 문제의 자산이 다를 수 있고, 어떤 유형의 경제범죄자에게는 성공 확률이 낮은 것이 다른 범죄자에게는 성공 확률이 높을 수 있다. 분석가는 조직과 가장 관련이 깊은 경제범죄의 유형을 고려해야 하고 그것을 예측의 기본으로 사용해야 한다. 경제적인 범죄 자산 목표 값 모델을 사용하려면 스프레드시트 왼쪽 줄 칸에 시설물과 그것의 주요 자산들을 작성하라. 그런 다음 각 목표물 선별기준들을 위쪽 열에 작성한 후에 1에서 10까지 수치를 기입하고, 각 자산 열의 값들의 합을 구하고, 그 합의 평균값을 구하라. 그런 후에 단일자산이나 자산등급에 의한 피해결과들의 순위를 정하라(사람, 재산, 정보, 사업평판).

테러 의도가 없는 폭력범죄 자산 목표 값 예측

위에서 나타나듯이, 테러리스트들은 폭력을 사용하지만 모든 폭력범죄가 테러에 포함되지는 않는다. 폭력범죄에는 계획적이거나 우발적인 살인, 강간, 항공기 납치, 아동학대, 노인학대, 유괴, 무작위 폭력(happy slapping), 경찰의 만행 등이 있다. 폭력범죄는 종종 부족한 충동조절능력을 가진 사람들에 의해 나타난다. 이러한 사람들은 종종 그들 자신의 삶을 통제하는 것에 어려움을 느끼고, 그래서 그들 주변사람들을 통제하려고 시도하는 이들이다. 이런 사람들이 통제를 유지하는 것을 실패했을 때, 그들은 "넘기는 것" 대신에 폭력에 의존하게 된다.

이 같은 이들로 크리스마스이브에 산타 복장을 하고 그의 전 친인척의 집 현관문 앞에 도착한 데이비드 파르도를 들 수 있다. 그 문은 그가 얼굴에 총을 발사한 8살짜리 여자아이에 의해 열렸다. 그런 다음 그는 집 안으로 들어가 명절 때문에 방문한 25명의 친인척들 가운데 그의 전 처와 그녀의 부모를 포함하여 총 9명을 사살하였다. 그런 후에 그는 사제 소이탄을 사용하여 집에 불을 붙이고 잿더미로 만들었다. 비록 파르도의 강박관념의 범위가 일반적인 것은 아니지만, 많은 배우자가 그들의 삶이 잘못되어 갈 때 폭력에 의존하는 것은 일반적으로 널리 알려져 있는 일이다.

폭력적인 행동의 다른 단서는 음주, 급성 우울증, 정신분열증, 반사회적 성격장애, 뇌손상, 뇌의 화학적 · 유전적 요인에 의한 손상 등이 있고, 그들이 범죄를 저지르는 동안에 그들의 피해자를 제어하기 위하여 폭력을 사용하는 가택침입 강도 같은 범죄자가 있다. 원인이 무엇이든 간에, 거의 모든 폭력범죄자는 그들의 범죄수행 중에 어떤 결정을 하게 된다.

예외가 있다면, 그것은 근처의 누구라도 결과에 상관없이 공격할 수 있는 분노 중독자이다. 분노 중독자란 때때로 현실감각에서 너무 동떨어지는 편집증 정신분열환자로서 전형적으로 높은 정신적 장애가 있는 이들이다. 대부분이 자신이 저지르는 행위를 잘 알고 있는 폭력범죄자들의 경우 폭력적인 공격을 수행하기 위해 특정기준을 사용한다. 이것들은 아래와 같다.

- 최종적으로 목표물을 선택하기 전에 정찰 가능한 감시 위치가 존재하는가?
- 입장하기 전에 출입증 확인이 요구되는가? (어떤 폭력범죄자든 확인이 되기를 원하지 않는다. 그래서 카메라와 ID 검사를 포함하는 어떤 확인절차도 폭력범죄에 대한 강력한 억제력이 있다.)
- 불법침입이 가능한가?
- 몰래 침입 가능한 입구나 출구, 혹은 둘 다가 존재하는가?
- 직접적인 물리공격이나 힘의 사용을 통한 위협에 취약한 자산이나 목표물이 존재하는가?
- 사회공학을 통해 입장할 수 있는가? ("안녕하세요. 제가 실수로 당신 차에 손상을 입혔는데요. 제 보험 정보를 드릴 수 있게 문 좀 열어주시겠어요?")
- 물리적 공격이 성공할 확률은 얼마인가? (피해자를 힘으로 압도할 것 같은가? 아니면

내가 '척 노리스'를 막 공격하려는 참인가?)

- 탈출 확률은 얼마인가? (그래, 나는 아마 할머니의 지갑을 빼앗기 위해 그녀를 때려 눕힐 수 있을 거야. 하지만 그것을 목격한 50명의 축제에 참여한 사람들은 어떻게 하지?)

폭력범죄 자산 목표 값 모델을 사용하려면 스프레드시트 왼쪽 줄에 시설이나 그것의 주요 자산목록을 작성하라. 그런 다음 열의 위쪽에 각각의 목표물 선별기준을 작성하라. 각 셀마다 1부터 10까지의 점수를 매기고 각 자산 열의 값을 더하고, 그 합의 평균을 구하라. 그런 다음 단일자산이나 자산등급의 순위를 정하라(사람, 재산, 정보, 사업평판).

경범죄 자산 목표 값 예측

호텔, 컨벤션 센터, 소매 쇼핑몰 등과 같은 특히 대중접객시설에서 경범죄는 지속적인 우려 대상이다. 심지어 공장이나 유통센터 등과 같은 시설에서조차 끊임없는 기물파손 및 낙서는 사업을 운영하는 데 방해가 될 수 있다. 이러한 설비의 경우, 경범죄 자산 목표 값을 고려하는 것이 유용하다. 한 유형에서 다른 유형으로 기준이 변경될 수 있기 때문에 자산 목표 값 매트릭스는 일정하지 않을 것이다. 예를 들어, 호텔은 매춘부와 포주를 끌어들이는 경향이 있고 소매 쇼핑몰은 소매치기와 지갑 날치기로 인한 문제가 생길 수 있다. 위험분석가는 시설이 직면할 수 있는 경범죄 유형에 초점을 맞춘 자산 목표 값 매트릭스를 개발해야 할 것이다.

요 약

위험 공식의 가장 일반적인 두 가지 버전은 아래와 같다.

위험 = [확률 × 취약점 × 피해결과(consequence)]

혹은

위험 = [확률 + 취약점 + 피해결과(consequence)]/3

두 가지 버전 모두 비례적으로 비슷한 피해결과를 얻을 수 있다.

가능성

위협 행위자의 존재는 당연히 있을 것이며(위협 행위자가 없으면 위협행위도 없음)

취약점에 대해서는 직접 데이터에서 추정이 가능지만, 확률이나 가능성에 대한 테러행위를 예측하는 것은 실제로 불가능하다. 범죄행위에 대한 확률 추정은 더 간단하다. 대부분의 사회에서, 위험분석가는 폭력 및 비폭력범죄를 추정하게끔 도와주는 경찰 범죄통계 또는 CAP Index의 중범죄 및 경범죄 항목 같은 믿을 만한 데이터의 정보(자료) 사용이 가능하다.

■ 테러위협 행위자

- 5등급 테러리스트 구성
  - 1등급 테러리스트 : 정부 훈련전문가(해외 정보위협 포함)
  - 2등급 테러리스트 : 종교적 극단주의 전문가
  - 3등급 테러리스트 : 급진적 혁명주의자 또는 준종교적 극단주의자
  - 4등급 테러리스트 : 게릴라 · 용병
  - 5등급 테러리스트 : 아마추어(민간, 비훈련 범죄자, 민병대-자경단 그룹)
- 위험분석가는 그들이 속한 운영영역 내의 모든 등급의 테러리스트에 대해 지속적으로 정통(familiarization)해야 한다. 테러조직에 대한 의제(議題), 크기, 힘, 선호 무기, 테러 수행방법 및 사용 전술들은 사전에 위험분석가에게 반드시 모두 알려야 한다. 특히 중요한 점은 테러조직의 의제와 위험분석가가 상담을 수행하는 영역 내에서 활동하는 각 테러조직들이 선호하는 목표물을 이해하는 것이다. 분석대상 시설물뿐만 아니라 주변에 매력이 있는 모든 시설물에 중점을 두고 있어야 한다는 것을 기억하라. 주변의 목표물을 향한 공격은 인근 시설에도 파괴적인 결과를 가져올 수 있다. 만약 신뢰할 수 있는 범죄 통계를 사용할 수 없는 경우, 위험분석가는 범죄통계 값 대용으로 자산 목표 값을 사용할 수 있다. 이러한 경우, 범죄위협 행위자의 특성 또한 반드시 이해되어야 한다.

■ 범죄위협 행위자

- 경제적인 범죄자 : 경제사범 역시 테러리스트처럼 여러 유형으로 구분된다.
  - 초국가적 범죄조직
  - 조직범죄
  - 정교한 경제사범
  - 간단한 계획을 사용하는 기회주의적 범죄자로 알려진 단순한 경제사범
- 정보기술(IT) 범죄자
- 테러 의도가 없는 폭력범죄자
- 경범죄자

테러 자산 목표 값 예측

일반적인 테러에 대한 자산 목표 값 예측 도구는 아래와 같다.

- CARVER+Shock
- KSM 자산 목표 값 모델(시설물 및 근처의 매력적인 목표물에서 사용되는)
  - 목표물이 알카에다의 전략적인 목적에 부합되는가?
  - 대량살상이 가능한가?
  - 공격이 특히 공격 그 자체로 장기간 미디어 노출을 발생시키는가?
  - 경제적인 중요성이 있는 목표물인가?
  - 피해자의 지역사회나 알카에다가 속해 있는 지역사회에서 문화적인 중요성이 있는 목표물인가? 혹은 둘 다인가?
  - 목표물이 공격에 매우 취약한가?
  - 공격을 성공할 확률은 얼마인가?
  - 그 공격이 알카에다의 단원 모집과 기금 모금에 도움을 줄 수 있는가?

범죄사건 가능성 예측

범죄기준 예측을 위한 두 가지(범죄 통계 및 자산 목표 값 예측) 주요 자료가 있다.

범죄 통계

가장 좋은 자료는 어디서든지 사용이 가능한 실제 범죄 통계이다. 범죄 통계는 적어도 5년 이전의 자료들을 포함하고 있어야 하고 다음 종류의 범죄들을 다루어야 한다.

- 주요 범죄
  - 살인
  - 강간
  - 폭행
  - 주요 경제범죄
- 경범죄
  - 차량범죄
  - 비행

지방자치단체로부터 얻는 범죄 통계의 완전함, 구성도, 신뢰도에서 유효성을 얻는 데 실패한 많은 위험분석가들은 CAP Index 주식회사 같은 사설 자료를 사용할 수 있다. 만약 사용할 수 있는 데이터가 없는 경우에 분석가들은 테러에서 사용된 것과 유사한 자산 목표 값 예측을 사용할 수 있다.

경제적인 범죄 자산 목표 값 예측

경제적인 범죄 자산 목표 값 예측은 다음을 포함한다.

- 경제적인 이득을 위한 기회가 있는가?
- 성공 확률은 얼마인가?
- 탈출 확률은 얼마인가?
- 이후에 검거될 일 없이 탈출할 수 있는 확률은 얼마인가?

테러 의도가 없는 폭력범죄 자산 목표 값 예측

폭력적인 공격수행 여부와 그 시기를 결정할 때 대부분의 폭력범죄자들은 다음의 기준을 사용하는 것으로 보인다.

- 최종적으로 목표물을 선택하기 전에 정찰 가능한 감시 위치가 존재하는가?
- 입장하기 전에 출입증 확인이 요구되는가?
- 불법침입이 가능한가?
- 몰래 침입이 가능한 입구나 출구, 혹은 둘 다 존재하는가?
- 직접적인 물리공격이나 힘의 사용을 통한 위협에 취약한 자산이나 목표물이 존재하는가?
- 사회공학을 통해 입장할 수 있는가?
- 물리적 공격이 성공할 확률은 얼마인가?
- 탈출 확률은 얼마인가?

경범죄 자산 목표 값 예측

호텔, 컨벤션 센터, 소매 쇼핑몰 등과 같은 특히 대중접객시설에서의 경범죄는 지속적인 우려 대상이다. 끊임없는 기물파손 및 낙서는 어느 상업적인 시설에서든 사업을 운영하는 데 있어 방해가 될 수 있다.

경범죄 자산 목표 값 연구는 어느 시설에서건 계몽적이 될 수 있다. 한 유형에서 다른 유형으로 기준이 변경될 수 있기 때문에 자산 목표 값 매트릭스는 일정하지 않을 것이다. 예를 들어, 호텔은 매춘부와 포주를 끌어들이는 경향이 있고, 소매 쇼핑몰은 소매치기와 지갑 날치기로 인한 문제가 생길 수 있다. 위험분석가는 시설이 직면할 수 있는 경범죄 유형에 중점을 둔 자산 목표 값 매트릭스를 개발해야 할 것이다.

CHAPTER 10

위험분석 절차

서 론

제 2장에서 제시된 바와 같이, 미국 국토안보부(DHS)의 승인을 받은 위험평가 방법론에서 사용되는 공식은 크게 변화하였다. 가장 완성된 두 개의 방법론은 미국석유협회·국가석유화학 및 정유협회(API/NPRA) 방법론, 산디아 방법론이다(모두 같은 공식을 사용한다.). 하지만 모든 면에서 더 나은 DHS 승인된 방법론은 두 가지의 공통점이 있다.

1. 그것들은 모두 확률, 취약성, 결과의 요소를 사용한다.
2. 그것들은 비록 공식과 접근방식의 차이를 고려했음에도 불구하고 비교적 유사한 결과를 도출한다.

국토안보부의 승인을 받은 방법론의 핵심은 공식의 결과가 정확히 같은 숫자가 아니더라도 위험순위가 유사하게 나타나는 것이다. *수학적 결과가 아닌 수학적 관계가 중요하다.* 이것은 또한 API/NPRA 방법론이 공식에서보다 (실제 수학적 결과가 아닌) 표에서의 위치에 의해 그 결과들의 순위를 정하는 표에서 해석될 수 있다는 사실에 의해 설명된다. 결국, 목표는 대책 선택 결정을 위한 증거의 제공에 관한 모든 것이다. 따라서 공식 값이 아닌 순위가 더 낫다.

위험분석을 하기 위한 산디아 모델과 접근방법은 매우 인정을 받고 있다. 그러나 대부분의 상업, 정부, 산업의 중요한 기반시설 사업에서는 주제 관련 전문가들로 구성된 최고의 팀이 투입되는 산디아 스타일 분석의 비용을 감당해 낼 수가 없다. 대부분의 조직에서 유능한 위험분석가 혹은 전문가들로 구성된 작은 팀이 산디아 공식이나 API/NPRA 모델을 사용하여 정말 저렴한 동일한 일반적인 결과를 얻을 수 있다. 우리는 간단한 스프레드시트 프로그램을 사용하여 그 결과를 달성하는 방법을 살펴볼 것이다.

목 표

실제로 사용된 공식은 변동성의 관계들이 그대로 유지되는 동안은 문제없다는 것을 기억하라. 산디아 및 API/NPRA 공식의 다양한 버전을 같은 위험 값 추정 공식과 대체할 수 있고, 위험의 관계는 항상 동일하게 유지된다(산디아 및 API/NPRA 공식의 비교는 표 10.1을 참조).

표 10.1 산디아 공식과 미국석유협회/국가석유화학 및 정유협회(API/NPRA) 방법론의 비교

산디아 API/NPRA 비교(0~1)			
위험(risk)	확률(probability)	취약점(vulnerability)	결과(consequence)
산디아 R=P×(1 − V)×C		(1 − V)	
0.42	1	0.6	0.7
0.25	0.7	0.6	0.6
0.08	0.5	0.4	0.4
0.04	0.4	0.3	0.3
API/NPRA			
R=P×V×C 공식 사용			
0.49	1	0.7	0.7
0.25	0.7	0.6	0.6
0.08	0.5	0.4	0.4
0.04	0.4	0.3	0.3
R=(P+V+C)/3 공식 사용			
0.80	1	0.7	0.7
0.63	0.7	0.6	0.6
0.43	0.5	0.4	0.4
0.33	0.4	0.3	0.3

사례

더구나 0에서 1 사이의 숫자를 써야만 하는 산디아 모델을 제외한 API/NPRA 및 다른 유사 모델들에서는 0에서 1; 0에서 10; 0에서 100; 0에서 1,000,000 같은 모든 숫자의 범위를 사용할 수 있다. 그리고 위험의 관계는 항상 유지될 것이다. 산디아 모델은 구성번호가 1의 분수이고 그것의 세 가지 변수를 사용하는 것이 역수의 관계가 나오기 때문에 역시 V 대신에 (1-V) 사용하는 것을 주목하라(취약점 상승에 따라서 위험은 줄이기 위해 나타날 것이다.). API/NPRA에서 모든 가정된 공식은 1에서 5; 1에서 10 등을 사용한다. 만약 API/NPRA에서 0에서 1의 범위를 사용하기 위해서는 공식에서 V 대신에 (1-V)를 사용해야만 한다.

표 10.2~10.4까지 나타난 모든 예들은 상대적으로 유사한 위험순위의 결과가 나온다. 비록 실제 위험결과는 약간 다르지만, 그 위험 관계는 항상 같게 유지된다.

이 책의 균형은 단순화를 위해 API/NPRA 방법론 공식을 사용할 것이다. 이 책의 나머지 부분을 통해 산디아와 API/NPRA를 비교하는 것은 혼란스러울 것이다. 하지만 나머지 부분은 여기에서 가르친 이론에서 이 두 공식을 사용하여 동일하게 구할 수 있다는 것을 보증한다. 사실, 위험성을 구성하는 확률, 취약점, 결과를 결합하는 다른 어떤 방법론을 이용하여 위의 두 공식과 동일하게 잘 구할 수 있다(다른 어떤 접근법이라도 타당한 위험결과를 도출하지 못한다.).

표 10.2 0~10을 구성 숫자로 사용한 공식의 비교

산디아 API/NPRA 비교(0에서 10)			
위험(Risk)	확률(probability)	취약점(vulnerability)	결과(consequence)
산디아 R=P×(1 − V)×C		(1 − V)	
0.42	1	0.6	0.7
0.25	0.7	0.6	0.6
0.08	0.5	0.4	0.4
0.04	0.4	0.3	0.3
API/NPRA			
R=P×V×C 공식 사용			
490	10	7	7
252	7	6	6
80	5	4	4
36	4	3	3
R=(P+V+C)/3 공식 사용			
8.00	10	7	7
6.33	7	6	6
4.33	5	4	4
3.33	4	3	3

위험 공식 결과의 표시

API/NPRA 방법론에서, 그 공식은 확률 및 취약점 매트릭스(두 면)에 따라 표현되고, 그런 다음에 결과에 의해 나중에 순위가 매겨진다.

나는 항상 그것이 약간은 추상적이라 생각했고, 그래서 하나의 스프레드시트에 세 면을 모두 표현하는 방법을 개발했다. 나는 그것을 **굵은 글씨**=high, *이탤릭체=medium,* 기본서체=low로 작성하는 3단계로 결과를 구분하여 보여주는 방법을 사용하였다(V^2 요약 매트릭스의 발표를 위한 표 10.5를 참조).

이 책에서 가르치는 스프레드시트는 3면 모두를 보여줄 수 있는 능력이 있다. 그렇지 않으면 위의 목록이나 집합체에 따라 보인 어떤 공식을 사용하여 이것들은 감소될 수 있다.

표 10.3 0~100까지 요소 수를 이용하여 비교

산디아 API/NPRA 비교(0에서 100)			
위험(risk)	확률(probability)	취약점(vulnerability)	결과(consequence)
산디아 R=P×(1 − V)×C		(1 − V)	
0.42	1	0.6	0.7
0.25	0.7	0.6	0.6
0.08	0.5	0.4	0.4
0.04	0.4	0.3	0.3
API/NPRA			
R=P×V×C 공식 사용			
490000	100	70	70
252000	70	60	60
80000	50	40	40
36000	40	30	30
R=(P+V+C)/3 공식 사용			
80.00	100	70	70
63.33	70	60	60
43.33	50	40	40
33.33	40	30	30

완벽한 위험분석 과정

지금까지 우리는 최고의 위험분석 방법론을 비교하였고, 그 결과들이 비슷하다는 것을 발견하였다. API/NPRA는 어떻게 위험이 계산되고 항상 비슷한 결과를 도출하는지에

표 10.4 다른 구성 숫자를 사용한 비교

산디아 API/NPRA 비교(0에서 1)			
위험(risk)	확률(probability)	취약점(vulnerability)	결과(consequence)
산디아 R=P×(1 − V)×C		(1 − V)	
0.30	1	0.6	0.5
0.35	1	0.7	0.5
0.40	1	0.8	0.5
0.45	1	0.9	0.5
API/NPRA			
R=P×V×C 공식 사용			
0.30	1	0.6	0.5
0.35	1	0.7	0.5
0.40	1	0.8	0.5
0.45	1	0.9	0.5
R=(P+V+C)/3 공식 사용			
0.70	1	0.6	0.5
0.73	1	0.7	0.5
0.77	1	0.8	0.5
0.80	1	0.9	0.5

대한 폭넓은 범위를 제공했다. 그와 같이, 나는 대부분의 위험분석 프로젝트를 위한 API/NPRA 방법론을 전형적으로 활용하였고, 이것은 대부분의 DHS가 지원하는 프로젝트의 요구에 적합하였다. 여기서 보인 단계는 대부분의 상업적인 지원보다 너무 과도한 깊이를 가진 산디아를 제외한 모든 위험분석 방법론을 만족하고 초과한다.

성취될 결과는 다음을 포함한다.

- 위험결과를 향한 스프레드시트 단계별 과정
- 그 결과는 숫자 혹은 도표로 표현될 수 있다.
- 위험결과의 우선순위는 11장에서 보일 것이다.

지금부터는 집적된 자원과 그것들이 어떻게 위험분석 계산에 기여하는지가 검토될 것이다. 이것들은 각각 전체 위험 계산에 중요한 역할을 한다.

우리는 먼저 어떤 유형의 위협 행위자가 문제의 시설에 위협으로 여겨지는지를 결정하는 것으로 계산을 시작한다. 그 후에 그 확률이 검토된다(다른 위협 행위자들에게 목표물로 여겨질 것 같은 시설의 요소들).

표 10.5 V^2-요약 매트릭스 [ATV는 자산 목표 값(asset target value)의 약자]

시설 이름			
	자산 목표 값(확률)		
취약점	높음	중간	낮음
높음	***피해결과가 큰 자산은 굵은 글씨/이탤릭체*** *중간 피해결과 자산은 이탤릭체로 보인다.* 피해결과가 적은 자산은 기본 서체로 보인다.	중간 자산 목표 값 및 높은 취약점	낮은 자산 목표 값 및 높은 취약점
중간	높은 자산 목표 값 및 중간 취약점	중간 자산 목표 값 및 중간 취약점	낮은 자산 목표 값 및 중간 취약점
낮음	높은 자산 목표 값 및 낮은 취약점	중간 자산 목표 값 및 낮은 취약점	낮은 자산 목표 값 및 낮은 취약점

시설의 취약점은 다음에 검토된다(위협 행위자에 의해 악용될 수 있는 시설의 요소).

마지막으로, 그 결과가 검토되었다. 만약 거기에 행동을 위한 결과가 있다면 오직 위험만 발생한다. 더 구체적인 결과가 있다면 위험이 더 커진다. 위험은 역시 결과에 의해 우선순위화 될 것이다.

확률 요소

- 위협 고려사항
  - 테러리스트 조직 목표물 설정[1)]
  - 상대방 · 수단 매트릭스[2)]
- 자산 목표 값 고려사항
  - 범죄 통계[3)]
  - CAP Index 보고서
  - CARVER+Shock 매트릭스[4)]
  - 테러 매트릭스에 대한 KSM-자산 목표 값[5)]

---

1) 시설이 위치한 지역에서 어떤 테러조직이 활동을 하고 있으며 그들이 이런 유형의 시설물에 관심을 보여 왔는지에 대한 확인
2) 잠재적인 테러위협 행위자 및 그들의 상대적인 역량을 가시화
3) 범죄 통계 및 CAP Index 보고서는 순위적인 위치만을 제공해 줄 뿐 개인적인 자산의 현 위치를 제공하지 못한다.
4) 기본적인 테러 계산
5) 발전된 테러 계산

- 순환경로 · 위협 결합 매트릭스[6)]
- 순환경로 · 무기 결합 매트릭스[7)]
- 경제적 범죄 매트릭스[8)]
- 폭력범죄 매트릭스[9)]
- 경범죄 매트릭스[10)]

취약점 요소

- 자산 · 공격 매트릭스
- 순환경로 · 위협 결합 매트릭스
- 순환경로 · 무기 결합 매트릭스
- 공격경로 분석
- 감시 매트릭스
- 취약점 매트릭스

결과 요소

중요도 및 결과 매트릭스를 사용한 결과 요소분석

위험분석 과정

기본적인 위험 공식으로 돌아와, 타당한 위험 공식의 다양한 형태를 기억하라, 가장 간단한 공식의 형태는 아래와 같다.

$$R = (P + V + C)/3$$

위험(Risk) = (확률 + 취약점 + 결과)/3

지금부터 결과를 구하기 위한 요소들을 구성해 보자.

---

6) 어디서 높은 가치를 갖는 개인들과 위협 행위자들이 마주칠 수 있는지를 결정
7) 높은 가치를 갖는 개인들이 위협 행위자들과 마주칠 수 있는 장소에서 어떤 종류의 무기가 사용될 수 있는지를 결정
8) 다른 유형의 경제적 범죄위협 행위자에 대한 다양한 자산 · 위치의 매력적 요인을 결정
9) 다른 유형의 폭력범죄자에 대한 다양한 자산 · 위치의 매력적 요인을 결정
10) 다른 유형의 경범죄자들에 대한 다양한 자산 · 위치의 매력적 요인을 결정

확률요소

■ 확률에는 문제의 시설을 공격할 능력이 있는 위협 행위자와 의도가 있는 위협 행위자를 포함한다. 위험의 첫 번째 요소는 위협에 대한 확인이다. 거기에는 여러 가지 유형의 위협 행위자가 있기 때문에, 첫 단계는 방어하기 위해 설계된 방호 프로그램에 대응하는 기본적인 위협의 설계를 고려하기 위함이다.

■ 가장 심각한 위협 행위자는 테러리스트들이다. 5종류의 테러리스트들 중에서 모든 종류의 테러리스트들이 문제의 시설에 관심을 갖지는 않을 것이다. 그래서 첫 번째 질문은 어떤 그룹의 테러리스트들이 문제의 시설을 목표물로 삼는 데 관심을 가질 것인가이다. 이런 정보는 테러조직이 목표물을 정해 온 역사로부터 도출될 수 있다. 목표물 설정은 다음의 두 가지 주요 요소들을 포함한다.

1. 테러조직의 활동영역(AO)
2. 테러조직의 의제에 마주하는 시설의 특성

■ **활동영역 정보** : 소수의 테러조직들만이 전 세계적으로 활동하고 있다. 대부분의 테러조직은 주요 영역이나 활성화된 영역에서 활동하고 있다. 세계의 각 지역에서 활동영역(AO)은 다를 것이다. 이것은 시시각각 변화할 것이다. 문제의 시설이 위치한 지역에서 어떤 테러조직이 활동하는지에 대한 최고의 정보조직은 아래와 같다.

- 제인의 세계 내전과 테러 서비스(Jane's World Insurgency and Terrorism Service)
- 9/11 해답 찾기(NEFA) 재단(The Nine Eleven Finding Answers(NEFA) Foundation)
- 방위 정보에 대한 테러센터(Terrorism Center for Defense Information)
- 라만의 테러분석(Raman's Terrorism Analysis)
- 미 국가외교방호 서비스부(The U.S. Department of State Diplomatic Security Services, US-DOS-DSS)
- 영국 외무부(British Foreign and Commonwealth Office, FCO)

■ **목표물 설정 정보** : 목표물은 테러조직 또는 위협 행위자의 목표물 유형 및 공격 시나리오의 기본설정 사항이다. 이 정보는 더 복잡하고 간단한 활동영역(AO) 정보보다 짐작하기기가 다소 어렵다. 일반적으로 더 크고 더 활동적인 테러조직이라 해도 어떤 목표물을 타격했는지에 대한 이력을 가지고 있고, 많은 시설물 또한 어떤 테러조직에 의해 공격받았는지에 대한 기록을 가지고 있지만, 덜 활동적이거나 신생 테러단체들은 활용할 수 있는 정보가 적다. 아직 활동한 적이 없는 신생 테러위협 행위자들 역시 고려되어야 한다. 이것들은 그들의 활동이 적기 때문에 정보를 얻기가 가장

어렵다. 목표물 설정 정보는 새로운 기사나 공식 보고서에서 거의 논의되지 않는다. 어느 공공의 보고서에서도 특정 테러리스트에 대한 정확한 목표물 설정 정보 같은 것은 찾을 수 없다. 그러나 현재 활동 중인 테러조직의 목표물 설정 정보는 과거 공격으로부터 도출할 수 있다.

- **테러단체의 공격 시나리오** : 각 테러조직은 그들이 선호하는 고유의 공격 시나리오를 가지고 있다. 아부 사야프(필리핀)의 경우 납치를 선호하고, 이슬라믹 지하드(Gaza)의 경우 자살폭탄 테러를 선호한다. 비록 특정 유형의 공격 시나리오가 특정 지리적인 지역에서 그동안 사용되지 않았더라도, 그 공격 시나리오는 다른 지역의 그 테러단체에 의해 그동안 사용되어 왔기 때문에 주목할 필요가 있다. 이런 경우에는 위험분석가들이 이 지역에서는 한 번도 사용되지 않았던 가능한 공격 시나리오상의 시나리오를 포함하여 조언해야 할 것이다. 추가적으로, 테러조직들은 기술과 자원을 개발하기 위해 종종 함께 활동하기도 한다. 예를 들어, 알카에다는 그들의 공격 시나리오를 세밀하게 개발하고 강화하기 위해 탈리반과 파키스탄의 라쉬카르-에-타이바(LeT)와 함께 활동하였다. 비록 이 두 조직 모두 사전에 합동공격이나 자살폭탄테러를 수행하지는 않았지만, 이러한 전술들은 사용되기 이전에 퍼졌던 이런 단체들의 동맹에 대한 새로운 보고서에 의해 예상할 수 있다. 마지막으로, NEFA 같은 테러관련 뉴스 블로그나 주목할 만한 새로운 테러단체의 출현과 목표물 설정에 대한 정보를 암시하고 있는 그들의 의제를 기록한 일간 조사보고서를 살펴보는 것 역시 유용하다.

- 다른 유형의 위협 행위자는 다음을 포함한다.
  - 경제범죄자들
  - 폭력범죄자들
  - 체제전복자들
  - 경범죄자들

이런 각각의 위협 행위자들에 대한 통계는 역사적인 데이터(범죄 통계 등) 혹은 자산 목표 값으로부터 결정될 수 있다. 자산 목표 값은 특정 유형의 위협 행위자에게 조직의 자산을 매력적인 것으로 만드는 요소에 따른 평가 수치이다.

모든 등급의 범죄위협 행위자들에 대한 자산 목표 값 매트릭스가 개발되어 왔고, 이번 장에서 다루어진다. 자산 목표 값 매트릭스는 KSM 자산 목표 값 모델, 그리고 더 적은 범위에는 CARVER+Shock 자산 목표 값 모델을 사용하여 테러리스트에도 적용할 수 있다.

범죄 통계의 요지는 범죄의 예측이다. 우리는 그것을 피하기 위해 과거에 바람직하지 않았던 결과에 대해 미리 학습한다. 같은 철로 위로 다시 돌아올 것이 분명한 화물기차를 철로에서 벗어남으로써 피하는 것처럼. 과거에는 기차가 어떻게 왔었는지에 대한 학습에 의해 그 소리를 들을 수 있고, 트랙으로 전해지는 그 진동을 느낄 수 있고, 그 길에서 피할 수 있다. 이것이 범죄 형태로 발생하면 역사는 그 자체로 반복된다. 특정 유형의 범죄자들은 어떤 예측 가능한 방법으로 반복해서 목표물을 정해 왔다.

역사적 데이터는 범죄 통계 또는 CAP 인덱스 보고서를 사용하여 모을 수 있다. 범죄 통계는 지역 법 집행기관으로부터 다양한 결과로 얻을 수 있다. 어떤 관할권은 세심한 기록과 아주 정제된 조사를 수행할 수 있게끔 해 주는 정보가 포함된 데이터들을 보관하고 있다. 또 다른 관할권에서는 어떤 분석가도 당혹스러워할 정도의 데이터를 제공한다. 만약 그 데이터가 시설의 유형 및 위치와 범죄의 유형처럼 조사와 결합될 수 없다면, 그것들은 실질적인 효용성은 적을 것이다.

CAP 인덱스는 데이터를 도표화 시키는 획일화된 방식으로 제공하는 인터넷에서 사용 가능한 범죄 통계 상품이다. 이것은 특히 사용 가능한 지역 법 집행기관의 데이터가 취약할 때 매우 유용한 상품이다. CAP 인덱스는 www.CAPIndex.com 에서 사용할 수 있다.

도표분석

- 대적 순서도(ASD) 및 경로분석을 통해 잠재적인 공격자가 시설 내의 목표 자산을 노릴 때 반드시 지나가게 되는 부지경계로부터 목표물까지의 경로를 확인한다. 이러한 취약점은 연구되어야 하며, 공격자를 발견, 평가, 지연시킬 수 있는 시설 내의 위치를 확인하도록 도와준다.
- 순환경로·위협 결합 매트릭스는 중요인물이 잠재적인 위협 행위자와 마주칠 수 있는 시설 내 위치를 확인한다.
- 순환경로·무기 결합 매트릭스는 위협 행위자가 중요인물과 마주친 장소에서 사용 가능한 무기를 확인한다.
- 순환경로·위협 결합 및 순환경로·무기 결합 분석은 도표를 사용해서 시각적으로 수행되거나 매트릭스로 수행될 수 있다. 이 분석을 시각적으로 수행하기 위해서는 중요인물과 잠재적인 위협 행위자 모두의 경로가 표시된 그림과 도표를 평가해야 할 것이다. 이 분석을 위협 결합 매트릭스 안에서 정의하기 위해서는, 반드시 행(가로줄, rows)을 따라 결합지점을 나타내고 중요인물과 다른 등급의 개인 모두를 열(세로줄, columns)을 따라 나타낸 매트릭스를 만들어야 한다. 또한 무기 결합 매트릭스에 대해, 결합지점은 행으로 무기의 유형을 열로 나타내는 매트릭스를 만들어야 한다. 그

런 후에 위협 결합 매트릭스에 대해 중요인물을 발견할 수 있는 경로와 다른 유형의 개인들이 중요인물의 경로와 교차할 수 있는 각 지점에 'X' 표시를 한다. 무기 매트릭스에 대해서는, 그 위치에서 사용 가능한 무기의 유형에 대한 각 결합지점에 'X'를 표시한다. 이 매트릭스는 VIP가 잠재적인 위협 행위자를 만나는 위치뿐만 아니라, 그 위치에서 어떤 종류의 무기가 사용될 수 있는지도 확인한다.

자산 목표 값 매트릭스

통계를 위한 유용한 역사적 데이터 사용이 불가능할 때, 자산 목표 값 매트릭스로부터 확률을 추정할 수 있다. 자산 목표 값 분석은 정량적 분석에 적합하다.

추가적으로 더 중요한 점은, 자산 목표 값 분석은 정량적 분석에는 매우 적합하지만 도표적인 절차 및 목표물 선택에는 그렇지 않다. 따라서 나는 도표적인 절차, 범죄 통계, CAP 인덱스, 목표물 선택 정보를 자산 목표 값 연구수행을 위한 선도적 예비 연구로 사용한다. 이런 방법들을 함께 사용하는 것이 더 철저한 확률 추정 접근법을 구성한다.

위협 행위자의 각 유형에 대해서는 위협 설계기준에서 분리된 자산 목표 값 매트릭스를 사용해야 한다. 나는 오직 테러리스트나 테러의 위협, 그리고 많은 경제적 위협에 대해서만 분석하는 분석가들을 알고 있다. 하지만 어떠한 방호 프로그램이든 테러 혹은 주요 경제범죄만 다루면 임무를 성공적으로 수행할 수 없다. 방호 프로그램 관리자는 시설에서 일어나는 넓은 범위의 범죄와 사회전복활동에 대처해야만 할 것이다. 그리고 위험분석가는 예상되는 모든 유형의 범죄활동을 포함하여 모든 유형의 위협 행위자의 위협 프로파일을 준비함으로써 방호 프로그램 관리자를 도와야 할 것이다. 많은 사람들이 위협 설계기준을 방호 프로그램이 반드시 대응해야만 하는 최악의 위협만을 대비한 것이라고 잘못 인식하고 있다. 하지만 만약 시설이 직면할 수 있는 모든 유형의 위협 행위자에 대한 대응을 준비하고 있지 않다면 어떠한 방호 프로그램도 효과적으로 임무를 수행할 수 없다. 사실, 지금까지 위협 범위의 위협 설계기준에는 방호 프로그램이 반드시 대응해야만 하는 최악의 위협뿐만 아니라 일부 미숙한 위험분석가들이나 발생 가능하다고 보는 위협까지도 포함한다.

각 자산 목표 값 매트릭스에 대해, 분석가는 모든 자산을 포함하고 논리적인 그룹화에 의해 분류된 방호 결합지점을 행으로, 자산 목표 값의 특징을 열로 나타낸 스프레드시트 매트릭스를 준비해야 한다. 가장 오른쪽의 두 열에는 다음의 예처럼 점수와 순위가 들어가야 한다.

■ 자산 목표 값 매트릭스 : 다양한 유형의 각 매트릭스를 위한 자산 목표 값 범주는 아래와 같다.

- CARVER+Shock Matrix
  - 중요도
  - 접근성
  - 회복성
  - 취약성
  - 영향성
  - 인지 가능성
  - 충격
- 테러 매트릭스에 대한 KSM 자산 목표 값
  - 테러리스트 조직의 전략적인 목적에 적합
  - 발생 가능한 대량 살상
  - 발생 가능한 미디어 사고
  - 목표물의 경제적인 중요성
  - 목표물의 문화적인 중요성
  - 취약성
  - 성공 확률
  - 목표물의 인원 모집과 기금조성 성공의 가치
- 경제적 범죄 매트릭스
  - 얻을 수 있는 경제적인 이득
  - 성공의 확률
  - 탈출의 확률

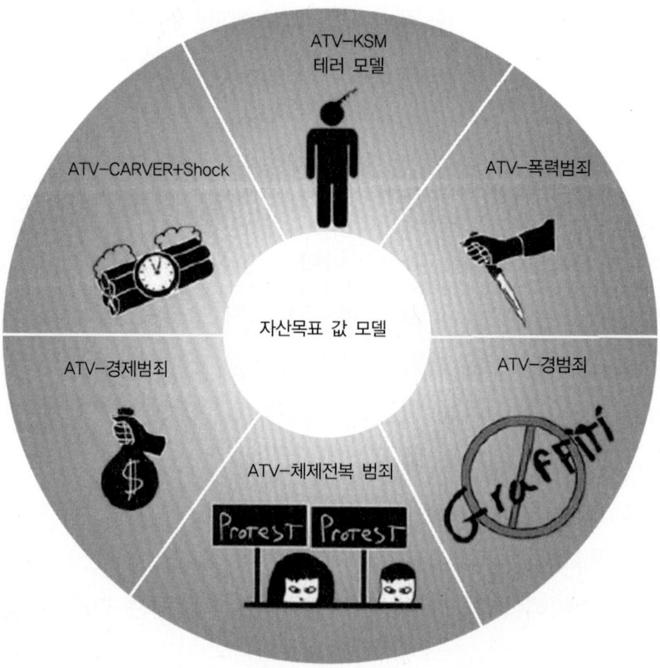

그림 10.1 전형적인 자산 목표 값 카테고리

－범죄 이후 발견되지 않고 탈출하는 확률

• 폭력범죄 매트릭스

－수행 가능한 감시
－요구되는 출입자 신분 확인
－실행 가능한 강제적인 침입
－침입 가능한 비밀통로
－물리적인 공격에 취약한 목표물
－사회공학(social engineering)에 취약한 목표물
－성공 확률
－탈출 확률

• 체제전복 및 경범죄 매트릭스

－부당하게 이용하기 유용한 환경
－일시적인 점유지 수립 가능성
－크게 주목받지 않을 가능성
－내 범죄를 해결하기 위해 적용되는 최소한의 자원
－적발에 허용되는 페널티

확률 요약 매트릭스

모든 개인적인 자산 목표 값 매트릭스의 결과는 확률 요약 매트릭스에서 함께 요약되어져야 한다. 대부분의 다른 매트릭스처럼 모든 자산(목표물, 대중, VIP/위협 행위자 결합 핵심)을 행으로, 모든 자산 목표 값 매트릭스를 열로 나열해야 한다. 확률 요약 매트릭스는 다음의 확률 매트릭스들로부터 얻은 최종 점수를 나타내는 열을 포함할 것이다.

- CARVER+Shock 매트릭스
- 테러 매트릭스에 대한 KSM 자산 목표 값
- 경제적 범죄 자산 목표 값 매트릭스
- 폭력범죄 자산 목표 값 매트릭스
- 체제전복 및 경범죄 자산 목표 값 매트릭스

예를 들어, CARVER+Shock 매트릭스의 결과 셀(점수)은 확률 요약 매트릭스의 CARVER+Shock 열을 참조해야 한다. 테러 매트릭스에 대한 KSM-자산 목표 값의 결과 셀(점수)은 확률 요약 매트릭스 등을 참조해야 하고, 모든 구성 확률 매트릭스의 결과까지 확률 요약 매트릭스 안에 나타난다. 확률 요약 매트릭스의 예는 표 10.6과 같다.

취약성 구성요소

위험분석가들이 취약성 순위를 날조하는 것을 보는 것은 슬픈 일이다. 이러한 일은 업계의 대부분의 사람들이 그럴 것이라고 생각하는 것보다 훨씬 자주 일어난다. 그러나 사실은 정반대이다. 위험에 대한 다른 모든 것들처럼, 취약성은 많은 요소들의 구성물이다. 저런 모든 요소들에 대한 고려 없이 취약성을 추정할 수 없다.

확률의 요소 중 일부는 또한 취약성을 고려하는 데 유용하다. 이것은 같은 목적상에서 단지 다른 관점들을 나타내는 것과 같아 보기 드문 일이 아니다. 비록 이런 것들이 전에는 확률적으로 고려되어 왔지만, 취약점의 관점에서 다시 고려해 보는 것도 가치 있는 일이다. 핵심요소들은 아래와 같다.

■ 취약성을 검토하는 중에 고려해야 할 점

- 어떤 종류의 공격에 자산이 취약할 수 있는가?
- 시설 내 어느 위치에서 중요인물이 잠재적인 위협 행위자와 마주칠 수 있는가?
- 어떤 종류의 무기가 중요인물이 잠재적인 위협 행위자와 마주칠 수 있는 장소에서 사용될 수 있는가?

표 10.6 확률 요약 매트릭스

메가 타워					
취약성 워크시트(worksheet)					
목표물	범죄위협	테러위협	점수	순위	
사람	7	6	7	1	
VIP 경영자 및 VIP 방문자	6	7	6	10	
직원	8	9	8	1	
하청업자	8	5	6	9	
방문자	8	6	7	6	
배송직원	7	5	6	19	
수송직원	7	5	6	19	
재산	5	5	5	4	
부지	5	5	5	28	
VIP 하차장소(Drop-off)	6	7	7	7	
직원 하차장소	7	8	8	2	
방문자 하차장소-호텔(남쪽)	7	7	7	5	
남쪽 정문 입구 구역	7	6	6	14	
북쪽 경계 펜스	4	5	4	45	

- 적들이 외부경계로부터 시설 내의 자산까지 도달하는 데 반드시 지나야 하는 경로는 어디인가?

■ 취약성 구성요소
- 각 자산에 대한 어떤 감시 기회가 존재하는가?
- 마지막으로, 취약성의 모든 구성요소들을 고려할 때 위에서 언급한 모든 요소들 외에도 다음 요소들도 함께 고려한다.
  - 접근성
  - 내재적 취약성
  - 물리적인 대책
  - 운영적인 대책
  - (위로부터의) 감시
  - 자연 발생적 대책
  - 전자적인 대책

취약성 도구

■ 자산 · 공격 매트릭스는 시설의 모든 자산과 대적 · 수단 매트릭스에서 고려되는 것과 같은 위협 시나리오 리스트를 작성한다. 대적 · 수단 매트릭스는 다양한 위협 행위자가 사용할 수 있는 위협 시나리오의 유형에 대한 통찰력을 갖도록 해 주고, 자산 · 공격 매트릭스는 각 자산들이 취약한 위협 시나리오의 유형에 대해 유사한 통찰력을 갖도록 해 준다.

■ 순환경로 · 위협 결합 매트릭스는 시설 내의 높은 가치를 가지는 개인(중요인물, VIP)에 대한 공격의 가능성을 알아내기 위한 확률 고려사항으로 사용되었다. 또한 이 매트릭스는 그렇지 않았으면 간과되었을 시설 내의 취약한 지역에 대한 통찰력을 가지게 한다.

■ 순환경로 · 무기 결합 매트릭스는 중요인물이 잠재적인 위협 행위자와 마주칠 수 있는 구역에서 사용 가능한 무기의 유형을 이해하기 위한 확률 고려사항으로 사용되었다. 지금까지 이야기한 것과 대조적인 측면은 그런 접촉이 존재할 수 있다는 취약점이다. 시설 내의 어떠한 자산이 위험에 처해 있는지 뿐만 아니라, 어디에서 어떤 위협 시나리오가 일어날 수 있는지까지 고려하는 것이 중요하다.

■ 대적 순서도 분석은 위협 행위자가 시설의 경계로부터 시설 내의 자산에 도달하기까지 반드시 통과하는 경로를 보여준다. 이것은 단지 공격자가 이곳을 지나가는 확률에 대한 이해뿐만 아니라 침투경로를 따라 반드시 다루어져야 하는 시설 내 취약점에 대한 이해 역시 제공한다. 대적 순서도는 위협 행위자의 감지, 평가, 지연을 위해 사용될 수 있는 잠재적인 대책을 고려할 때도 유용하다.

위의 모든 요소들이 취약성을 계산하는 데 직접적으로 기여하지는 않지만 취약성 분석의 정량적 계산을 위한 준비단계이다. 다음의 두 가지 요소들은 정량적 분석을 수행하는 데 사용된다.

■ 감시는 취약성의 기본적인 요소이다. 감시는 모든 위협 행위자에 의한 모든 위협행동의 전제조건이다. 위험에 대한 감시와 그것의 대책요소들을 충분히 고려하지 않은 어떤 방호 프로그램도 효과적일 수 없다. 아직까지 나는 신중하게 고려되고 있는 감시를 거의 발견하지 못했으며 감시에 대해 전혀 언급이 없는 셀 수 없이 많은 대책 프로그램을 검토해 왔다. 감시에 대한 이해는 특히 테러리스트 활동예방을 위해 중요하다.

감시 매트릭스는 이전의 매트릭스들과 열(columns) 안에 들어가는 아래와 같은 다양한 감시요소들로부터 범주화된 자산목록을 작성한다.

• 고정된 시각적 감시 기회
• 부지 밖 이동식 시각감시 기회
• 음향도청 기회
• 전자적 감시 기회
• 정보통신(IT)시스템 감시 기회
• 서류 및 정보의 도청 기회

■ 취약성 매트릭스는 감시 매트릭스의 결과와 전체적인 목표물(자산) 취약성의 합성그림(composite picture)을 만들기 위해 위에서 나열된 다른 요소들을 결합시킨다. 이 매트릭스의 결과들은 CARVER+Shock 매트릭스, 테러사건에 대한 KSM 자산 목표 값 매트릭스, 위험 요약 매트릭스에서도 사용된다. 이것은 취약성 매트릭스의 "점수(score)" 셀 값이 비슷한 매트릭스들의 취약성 셀 참조에 의해서 이루어진다. 이런 식으로, 취약성 데이터는 다른 매트릭스들 안에서 자동적으로 산출된다.

피해결과 구성요소

위험의 세 주축은 확률(probability), 취약성(vulnerability), 피해결과(consequences)로 구성되어 있다. 그러나 보통 피해결과는 충분히 연구되고 있지 않다. 거기에는 우리가 연구했던 다른 요소들처럼 피해결과에 대한 몇몇의 관점이 존재한다. 피해결과 요소는 중요도 및 피해결과 매트릭스 사용에 의해 추정된다. 그 요소들은 아래에 나열된 것과 같다.

■ **사업 운영의 중요도** : 조직의 임무수행을 위해 문제의 자산이 얼마나 중요한가? 그 자산이 그 자체로 정말로 중요한가? 아니면 부분 또는 전체가 다른 자원으로 대체될 수 있는 지원의 역할을 수행하고 있는가? 1부터 10까지 점수를 매겨라. 10은 그 자

산이 없다면 조직의 임무수행이 불가능할 정도로 절대적으로 중요한 자산이다.

- **사상자** : 공격의 결과로 사상자가 발생할 수 있는가? 만약 그렇다면, 사상자 발생의 심각성은 어느 정도인가? 공격의 결과가 대량살상으로 이어질 수 있는가? 아니면 단지 개인의 부상으로 그치고 말 것인가? 심각성을 1부터 10까지 점수를 매겨라. 10은 많은 수의 대량사상자를 유발하는 것이고 1은 개인의 부상에 그치는 것이다.
- **재산의 손실** : 이런 자산에 대한 공격으로 재산이 손실될 수 있는가? 만약 그렇다면, 재산손실의 심각성은 어느 정도인가? 그 심각성이 (2001년에 월드트레이드센터에 가해진 공격처럼) 전체 시설물의 손실만큼 커질 수 있는가? 아니면 단지 컴퓨터 단말기(workstation) 같은 단일자산의 손실로 그칠 수 있는가? 심각성을 1부터 10까지 점수를 매겨라. 10은 많은 수의 건물을 잃거나 가치가 매우 높은 재산의 손실을 의미한다.
- **생산량의 손실** : 공격의 결과로 생산량의 손실이나 조직의 임무 지원활동의 손실이 발생할 수 있는가? 만약 그렇다면, 그 손실의 심각성은 어느 정도인가? 1부터 10까지 점수를 매겨라. 10은 조직의 영구적인 붕괴로 시설의 운영이 완전히 복구 불가능한 손실을 입은 최악의 경우이고 1은 며칠 동안처럼 짧은 기간 동안의 경미한 혼란을 의미한다.
- **기밀정보의 손실** : 공격의 결과로 기밀정보의 손실이 발생할 수 있는가? 만약 그렇다면, 그 손실의 심각성은 어느 정도인가? 1부터 10까지 점수를 매겨라. 10은 경쟁사로 하여금 큰 이익을 얻을 수 있도록 해 주는 전략상품개발 정보처럼 중요한 사업 정보의 전면적 노출 같은 최악의 상황을 의미한다.
- **사업평판의 손실** : 공격의 결과, 만약 그 내용이 노출되었을 경우 돌이킬 수 없는 사업평판의 손실을 가져올 (금융기관의 모든 고객들의 전적으로 개인적인 재정 데이터 같은) 매우 민감한 정보의 손실이나 노출이 발생할 수 있는가? 아니면 다른 방식으로 조직의 좋은 사업평판에 피해를 줄 수 있는가? 1부터 10까지 점수를 매겨라. 10이 최악의 상황이다.

위험 공식

위험 계산은 2단계 과정이다. 기본 공식은 순위가 정해지지 않은 위험을 알아내기 위해서 확률, 취약성, 피해결과를 결합한다. 즉, 여기에는 사고가 발생할 확률이 매우 높은데다가 상대적으로 높은 취약성을 가졌지만 피해결과는 매우 낮은 자산이 있을 수 있다. 이런 자산은 위험에 대해 높은 점수가 나올 수 있고 전체위험에 대해 그릇된 설명을 내놓을 가능성이 있다.

이런 잘못된 결과를 줄이기 위해 피해결과의 순서에 의해 최종 위험의 순위를 정하는 두 번째 단계를 사용하라. 이것은 최종 위험순위가 피해결과와 관련되어 정해지는 것을 보장하여 대책에 대한 예산을 확률이나 취약성보다 피해결과에 의해서 배정될 수 있도록 한다. 특정 프로젝트에 적합한 다른 위험 계산방법들은 11장에서 다루어진다.

(순위가 정해지지 않은) 위험 결과

마침내, 위험을 계산할 단계에 이르렀다. 위험 계산 매트릭스는 앞에서 언급한 대부분의 매트릭스들의 형태를 따른다. 즉, 모든 관련된 자산(목표물 및 VIP/위협 행위자 결합 위치)은 행에 나열하고 열에는 세 가지 다른 매트릭스의 점수를 나열한다.

1. 취약성 매트릭스
2. 확률 요약 매트릭스
3. 피해결과 매트릭스

표 10.7 순위가 정해지지 않은 위험결과

메가 타워					
위험 계산 워크시트(미분류)					
목표물	확률	취약성	피해결과	점수	순위
사람	7	5	4	5	3
VIP 경영진 및 VIP 방문자	6	4	4	5	24
직원	8	7	6	7	2
하청업자	6	4	4	5	29
방문자	7	6	5	6	12
배송직원	6	4	2	4	39
수송직원	6	4	2	4	39
재산	5	6	3	5	4
부지	5	6	4	5	21
VIP 하차장소	7	6	5	6	10
직원 하차장소	8	8	7	8	1
방문자 하차장소-호텔(남쪽)	7	9	5	7	4
남쪽 정문 입구 구역	6	8	3	6	9
북쪽 경계 펜스	4	4	3	4	46
동쪽 경계 펜스	4	4	3	4	43
남쪽 경계 펜스	4	4	3	4	43

순위가 정해지지 않은 위험 매트릭스(표 10.7)의 점수를 매기기 위해 확률과 취약성, 피해결과를 곱하여 점수를 구하거나 "(확률+취약성+피해결과)/3"의 공식으로 점수를 구할 수 있다. 두 공식 모두 대략 유사한 결과를 내놓는다. 사용된 공식에 상관없이, 일반적으로 피해결과에 의한 최종 위험순위는 예산대책 할당을 위해 정확하게 나누어진 결과를 보장할 것이다.

보통 순위가 정해지지 않은 2개의 위험결과 모델(하나는 테러에 대한 것, 다른 하나는 범죄위험에 관한 것)을 만드는 것이 유용하나, 이 책에서는 삽화(illustration)의 단순화를 위해 결합하여 표현하였다.

다음 장에서는 좀 더 의미 있는 평가를 위한 위험결과 순위를 정하는 방법과 특히 의사결정자에게 위험을 보여주기 좋은 도구인 V^2 매트릭스를 만드는 방법에 대해서 살펴볼 것이다. V^2 매트릭스는 의사결정자가 조직을 보호하기 위한 최선의 예산 편성방법의 합의점에 이르도록 돕는 가장 가치 있는 도구 중 하나이다.

요 약

더 나은 DHS 승인 방법론들은 두 가지 공통점을 가지고 있다.

1. 그것들은 모두 확률, 취약성, 피해결과의 요소를 사용한다.
2. 그것들은 비록 공식과 접근법의 차이를 고려하더라도, 모두 비교적 유사한 결과물을 내놓는다.

DHS의 승인을 받는 비결은 위험의 순위가 유사하게 도출되고 공식의 결과가 정확하게 같은 숫자로 나타나지 않는 것이다. 방법론의 중요한 점은 수학적인 결과(results)가 아닌 수학적인 관계(relationship)이다. 이것이 중요한 점이다.

위험 공식 결과 표시

API/NPRA 방법론에서 공식은 확률 및 취약점의 매트릭스(2면)로 표현되고, 그 후에 피해결과에 의해 순위가 정해진다. 이것은 추상적이지 않은 방법을 통해 하나의 스프레드시트 위에 제시될 수 있다. 확률을 열로, 취약점을 행으로, 3단계의 피해결과를 **굵은 글씨=높음**, *이탤릭=중간*, 기본체=낮음의 다른 글씨체로 보여줌으로써 모든 요소들이 하나의 간단한 스프레드시트 안에서 제시될 수 있다.

전체 위험분석 절차

여기에서 보여주는 단계들은 대부분의 상업적인 프로젝트에 적용하기에는 너무 과도하게 심화된 산디아 모델을 제외한 모든 위험분석 방법론의 요구를 충족하거나 넘어서고 있다.

달성될 결과는 아래와 같다.

- 위험결과를 위한 단계별 스프레드시트 절차
- 숫자 혹은 도표를 통해 제시 가능한 결과
- 11장에서 보여줄 위험결과의 우선순위화

그 절차는 아래와 같다.

- 먼저 어떤 유형의 위협 행위자가 문제의 시설에 대해 위협을 구성하는지를 계산을 통해 알아내는 단계
- 확률 검토(다른 위협 행위자의 목표가 될 가능성이 있는 시설의 측면)
- 시설의 취약성 검토(위협 행위자에 의해 악용될 수 있는 시설의 측면)
- 마지막으로 피해결과를 검토한다. 위험은 오직 위협행동에 의한 피해결과가 있을 때만 발생하고, 피해결과가 더 중요할수록 위험도 더 커져간다. 위험은 역시 피해결과에 의해 우선순위가 정해져야 한다.
- 피해결과에 의한 위험의 순위화

CHAPTER 11

위험의 우선순위 정하기

서 론

모든 조직은 그들의 방호 예산을 편성하는 데 있어 우선순위를 정해야 한다. 이것을 수행하는 정확한 방법을 결정하는 일은 방호책임자, 관리자, C 레벨 경영자에게 방호에 관한 다른 어떤 것보다 더 큰 고민을 안겨주었다. 다른 이해관계자들은 자신들의 안건을 내세우기 위해 다툼과 같은 논쟁을 하게 된다. 그리고 그런 안건들은 매우 많기 마련이다. 다양한 부서에서 자신들의 이해관계로 인해 종종 방호담당 부서와 같은 예산을 놓고 다투기도 한다.

먼저, 우선순위를 정하는 것은 예산을 편성하고 실행을 위한 일정을 정하는 것이다. 이런 주제가 논의될 때, 우선순위를 정하는 목적이 첫 번째 단계임을 기억하라. 두 번째 단계는 예산 배정을 약속 받고 실행을 위한 일정을 짜는 것이다. 첫 번째 단계는 두 번째 단계를 위한 필요조건이고, 두 번째 단계는 첫 번째 단계 없이는 성공적으로 수행될 수 없을 것이다.

다음 두 가지 기술은 무엇보다 중요하다.

1. 위험의 우선순위를 정하는 기술
2. 관리자들의 지원을 얻기 위해 그들과 우선사항에 대해서 효과적으로 의사소통하는 기술

이번 장에서 배울 점

- 피해결과에 의해 우선순위를 정하는 최고의 실행방법을 포함하는 위험의 우선순위화의 다섯 가지 공통된 방법을 배운다.
- 예산 우선순위에 관해 의견일치를 얻기 위한 주장을 펼치는 방법을 배운다.

우선순위화 기준

위험의 우선순위를 정하는 다섯 가지의 잠재적인 방법들이 있다. 동료들의 요청에 의해서 다섯 가지 방법 모두 이 책에서 다루어졌지만, 내 의견으로는 위험의 우선순위를 정하는 단 하나의 정확한 방법은 피해결과에 기반을 둔 기본적인 위험분석을 분류하는 것이다. 접근법의 완전한 목록은 아래와 같다.

1. 자연스러운(natural) 우선순위화(공식에 의한 우선순위 정하기)
2. 확률에 의한 우선순위화
3. 피해결과에 의한 우선순위화
4. 중요도에 의한 우선순위화
5. 비용에 의한 우선순위화(권장되지 않는다.)

자연스러운 우선순위화(공식에 의한 우선순위 정하기)

산디아 공식과 미국석유협회/국립석유화학 및 정유협회(API/NPRA) 공식은 본질적인 우선순위화를 용이하게 한다. 산디아 공식은 : 위험=확률×(1-취약성)×피해결과이다. API/NPRA 공식은 : 위험=확률×취약성×피해결과 혹은 (확률+취약성+피해결과)/3이다.

이런 공식들은 완벽하게 실행 가능한 결과들을 만들어낼 것이다. 그러나 이런 공식이 때로는 매우 높은 취약성과 매우 높은 확률을 가졌지만 매우 낮은 피해결과를 가진 항목을 위험 도표의 맨 꼭대기에 올려놓을 수 있다. 분석가는 수행절차에 더욱 집중하고 안내하기 위해 결과에 대한 우선순위화를 수행할 수 있다. 조직들은 각 요소에 서로 다른 주안점을 두고 있다. 예를 들어, 좋은 방호 프로그램은 두 가지 주요 요소들로 구성되어 있다.

1. 기준(baseline) 방호 프로그램(일상적인 위험에 초점을 맞추고 좋은 행동을 강화)
2. 특이한 취약점을 다루기 위한 특수대책(보통 테러에 초점을 맞추거나 혹은 특정

지역, 산업, 시설 특유의 범죄문제)

기준 방호 프로그램은 주로 전체적인 위험발생 확률을 줄이려는 의도를 가진 억제, 감지, 지연, 대응 및 증거수집에 관한 요소들의 종합적인 프로그램이다. 이런 프로그램들은 최첨단 기술의 대책, 저차원적 기술의 대책, 기술이 전혀 들어가지 않은 대책을 포함하여 완전히 보완한다. 이런 대책들을 엮어서 모든 일상적인 위험과 알려진 범죄위험(경제범죄, 폭력범죄, 경범죄)을 다루는 종합적인 방호 프로그램을 만든다. 조직의 회계 프로그램, 마케팅 프로그램, 연구개발 프로그램과 유사하게 기준 방호 프로그램은 개발되어야 한다.

특수 대책들은 테러나 특정 지역, 재산, 산업 특유의 범죄활동에 대한 위협을 처리하는 데 초점이 맞춰져 있다. 특히 수송이나 창고회사 같은 특정 산업에서는 자신들의 특유의 위험에 대해 인식해 왔다[수송-납치(hijacking), 창고-밀수(smuggling)], 그리고 어떤 지역이나 재산들은 그것들만의 특이한 지역적인 문제를 가지고 있을 수 있다(공공기물 파손(vandalism), 갱단의 활동, 동떨어지고 어두운 주차장 등) (13장에서 특수 대책들의 예를 참조).

기준 방호 프로그램과 특이한 취약점을 다루기 위한 특수대책의 범위는 확률, 피해결과, 중요도 또는 비용에 의해 움직인다.

위험의 우선순위화

조직들은 종종 자신들의 환경에 따라 우선순위화에 다른 주안점을 둔다. 예를 들어, 직면한 테러의 위험은 적지만 범죄발생률이 높은 구역에 위치하고 있는 조직들은 보통 확률에 의해 자신들의 위험순위를 정하기를 원하는 반면에, 중요 기반시설에서는 피해결과에 의해 위험을 다뤄야 한다.

위험의 우선순위를 정하는 다른 두 가지 방법은 중요도와 비용에 의한 것이다. 이 두 가지 방법들은 권장되지 않는다. 왜냐하면 중요도는 불완전하고 피해결과의 열악한 대용품에 불과한 것이고, 비용은 확률 또는 피해결과의 우선순위가 다루어진 후에야 검토되어야 하는 것이기 때문이다. 비용을 주된 우선사항으로 다루는 조직들은 완전히 이 업무의 핵심을 놓치고 있는 것이다. 방호 프로그램은 예산이라는 상자 속에 갇혀 있지만, 위협 행위자는 그렇지 않을 것이다. 그러므로 예산을 최우선 사항으로 하여 만들어진 방호 프로그램은 그 시작부터 실패할 운명인 것이다.

중요도(criticality)에 의해 우선순위가 정해진 방호 프로그램 역시 핵심을 놓치고 있다. 중요도와 피해결과가 반드시 관련되어 있는 것은 아니다. 어떤 프로그램은 조직의 운영에는 중요할 수 있으나 피해결과가 작은 위험을 초래할 수 있다. 예를 들어, 회계 프로그램(중요한 자산)은 아주 쉽게 백업될 수 있어서 이것이 중요도 목록에서 매우 높은 위치를 차지하는 자산이지만, 손실은 거의 발생하지 않는다. 따라서 회계 프로그램 정보를 더욱 보호하기 위한 대책을 우선순위로 정하는 일은 돈을 낭비하는 것이다. 하지만 위락단지(entertainment complex)의 "레드카펫 구역"은 낮은 중요도를 가지고 있지만, 레드카펫 행사 도중 정치적인 성명발표와 함께 벌어진 자살폭탄테러의 피해결과는 조직의 사업평판에 극단적인 결과를 초래할 수 있다.

확률에 의한 우선순위 정하기

확률에 의한 위험의 우선순위를 정하기 위해, 먼저 공식에 의해 위험을 구성하고, 그런 후에 확률에 의해 위험을 분류한다. 여기에서 다루어진 스프레드시트 모델을 사용하여 전체 집합의 분류를 위해 간단하게 위험분석 매트릭스의 확률 열을 사용할 수 있다. 이것은 확률에 의해 분류된 목표물에 대한 종합적인 위험목록을 결과로 내놓을 것이다.

피해결과에 의한 우선순위 정하기

피해결과에 의한 위험의 우선순위를 정하기 위해, 먼저 공식에 의해 위험을 구성하고, 그런 후에 피해결과의 순위에 의해 위험을 분류한다. 여기에서 다루어진 스프레드시트 모델을 사용하여 전체 집합의 분류를 위해 간단하게 위험분석 매트릭스의 피해결과 열을 사용할 수 있다. 이것은 피해결과에 의해 분류된 목표물에 대한 종합적인 위험목록을 결과로 내놓을 것이다.

중요도에 의한 우선순위 정하기

중요도에 의한 위험의 우선순위를 정하기 위해, 먼저 공식에 의해 위험을 구성하고, 그런 후에 중요도에 의해 위험을 분류한다. 가공하지 않은 위험분석 스프레드시트를 템플릿으로 사용하고 중요도 및 피해결과 매트릭스로부터 중요도 열을 더해서 새로운 스프레드시트를 만들어 이것을 수행할 수 있다. 그런 후에 전체 집합을 중요도에 의해 분류하라.

비용에 의한 우선순위 정하기

비용에 의한 우선순위를 구하기 위한 두 가지 방법이 있다. 하나는 간단하고 직접적이며 다른 하나는 더 과학적이다.

1. **간단한 비용 우선순위화** : 간단한 방법으로 비용에 의한 우선순위를 정하기 위해서 공식에 의한 위험을 개발하고 방호대책의 목록을 개발한다. 대책의 전체목록에 대한 예산을 편성한 후에, 그런 대책들이 얼마나 높은 위험들과 연관되어 있는지에 근거한 비용절감의 목표 값을 고려한다. 즉, 예를 들어 각 부서에 개별 출입구를 설치하는 것보다 전체 부서에 출입통제 리더기를 설치하는 것을 고려할지도 모른다. 두 접근법 모두 원하지 않는 방문자로부터의 위험을 다루지만, 한 접근법이 훨씬 비용이 감소한다.
2. **절차 중심(process-driven) 비용 우선순위화** : 비용에 의한 위험의 우선순위를 정하기 위한 더 절차 중심적인 접근법에서는 먼저 공식에 의한 위험을 구성하고 위협 시나리오와 연관된 각 위험을 행에 넣고 열에는 취약성을 추가한다. 각 취약성에 대해서, 그 취약성을 다루는 대책의 목록을 개발한다. 대책으로는 접근통제, 감지, 평가, 지연, 대응의 지원, 증거수집 등이 있다. 이런 각각의 대책들은 대책과 관련된 비용 및 효과성에 대한 순위를 가지고 있다. 18장과 19장에서는 방호효과성 매트릭스 및 비용효과성 매트릭스 사용의 절차에 대해서 설명할 것이다.

효과적인 의사소통을 위한 우선사항

정당성 입증

실제로 모든 조직은 재정적인 문제를 안고 있다. 방호 프로그램 관리자는 많은 프로그램 책임자들이 한정된 예산을 배정받기 위해 방호 프로그램의 정당성을 명확히 입증하는 일에 고군분투하고 있다는 것을 이해해야 한다.

나는 자주 회계와 방호 프로그램은 많은 공통점을 가지고 있다고 이야기하곤 한다. 그 둘은 모두 규칙(code), 규정(regulation)의 준수를 요구하고 조직이 위험에 노출되는 것을 제한한다(사례 1 : 재정적 위험, 사례 : 방호위험).

그러나 회계조직들이 대부분의 방호조직들보다 자신들의 프로그램의 필요성과 성공에 대한 정당성을 훨씬 더 잘 입증해 낸다. 우리가 그것을 바꿀 수 있다. 종합적인 위험분석을 개발하는 바로 그 과정이 정당성을 입증하는 데 크게 도움이 된다. 비록 많은 사람들이 경영 요약서(executive summary) 이상은 잘 읽지 않겠지만, 각 부문을 요약하는 단락과 위험을 요약하여 나타내는 그래픽들을 포함하고 있어야 한다. 제안된 예산대책안은 실행단계를 수용하기 위해서 조정될 수도 있다는 경고와 함께 종합적인 해결책에 근거를 두고 있어야 한다.

■ 의견의 발달

- 관리자의 우선사항을 알아내라 : 이것은 간단하지만 종종 간과되는 항목으로 예산편성 의견에 목표 관리자의 이해관계를 반영해야 한다. 우선사항은 조직의 연차 보고서, 관리자로부터 직원들에게 전달되는 메모, 경영진이 이메일을 통해 직접적으로 요청한 다음 회계연도의 우선사항에 대한 윤곽 등에 의해 결정될 수 있다. 그들은 당신의 관심에 고마워할 것이다.
- 이해관계자의 관점을 확인하고 그들을 인정하라 : 전체 예산에서 방호 프로그램을 위한 예산을 할당받기 위해, 당신은 자신들만의 우선사항과 안건을 가지고 있는 다른 조직의 이해관계자들과 논쟁을 벌여야 할 것이다. 이것을 이해함으로써, 이런 모든 경쟁적인 안건들의 맥락 속에서 방호 프로그램 대책을 위한 정당성을 입증할 수 있을 것이다. 이런 맥락에서 논의를 준비하고 경영진의 관심이 필요한 모든 관점을 인정함으로써, 논의가 이런 정보의 부재 속에서 만들어진 것보다 더 성공할 가능성이 높다. 이것은 전체조직의 요구 맥락에서 경영진이 방호 프로그램을 배치 관리하는 데 도움이 되며, 성공적인 프레젠테이션을 위해 가장 중요한 요소 중 하나이다.
- 피해결과의 목록을 제공하라 : 방호 프로그램을 갖는 유일한 이유는 방호 프로그램이 없을 때의 원치 않은 피해결과를 예방하기 위해서이다. 이것은 위험분석에 대한 모든 것이다. 모든 위험과 피해결과를 확인함으로써 경영진은 조직의 예산편성의 우선사항을 개발할 수 있다. 이것은 피해결과의 종합적인 목록을 만들고 어떤 피해결과가 허용 가능한 손실인지에 대한 의문을 경영진에게 제기하기 위해 유용하다. 이것은 반문적 의문(rhetorical question)이거나 관리자를 화나게 하려는 의도는 아니다. 이것은 예산편성의 우선순위를 정하는 것과 직접적으로 관련된 논리적인 질문이다. 모든 위험들은 여러 가지 방법으로 다루어질 수 있다는 것을 기억하라.
  - 당신은 손실을 받아들일 수 있다.
  - 당신은 자산을 복제할 수 있다.
  - 당신은 자산에 보험을 들 수 있다.(위험의 전이)
  - 당신은 자산을 보호할 수 있다.

  경영진은 모든 자산들에 대해 이런 결정들을 내릴 필요가 있고, 이 목록이 그렇게 할 수 있는 도구들을 제공한다.

- 해결책 대비(versus)단계별 예산대책을 제공하라 : 17장–"대책 선택 및 예산편성 도구", 18장–"방호효과성 매트릭스", 19장–"비용효과성 매트릭스"에서 운용 가능한 단계별 계획의 준비를 도울 것이다. 단계별 계획은 예산 대비 달성이 가능한 목표를 제시해야 하고 지연 예산(deferred budget)에 대해 (어떤 위험이 용인될 것이고) 무엇이 달성될 수 없는지를 명확히 설명해야 한다. 18장은 다양한 예산 선택사항에 따라 무엇을 할 수 있고, 무엇이 달성될 수 없는지에 대한 제시를 돕는 (의사결정 매트릭스) 스프레드시트 도구를 설명하고 있다. 관리자들은 예산편성을 연기하거나 아예 하지 않기로 결정한 프로그램 요소들로 인해 용인해야 할 어떤 위험들에 대해 이해할 필요가 있다.
- 관리자로 하여금 그들 스스로의 결론을 도출하게 하라.
- 의사결정 매트릭스를 사용하라 : 특정 접근법의 선택에 대해 어떤 동의도 없을 때, 위원회가 의견일치에 도달할 수 있도록 돕기 위해 의사결정 매트릭스를 사용하라. 17장에서 의사결정 매트릭스의 사용법을 설명하고 보여준다.

위험결과의 순위를 정하는 최고의 연습

최종적인 위험의 순위를 정하기 위해서, 우리는 간단하게 미분류된 위험 요약 매트릭스를 복사하고, 그 피해결과 열의 분류를 수행하여 그 결과를 목표물에 가장 높은 피해결과부터 가장 낮은 피해결과까지로 나눈다.

결국, 우리는 대책의 배분(allocation)에 근거로 삼을 수 있는 매우 의미 있는 결과를 갖게 된다. 하지만 여기에는 분석을 완료하기 위한 최후의 단계가 남아 있다. 우리는 의사결정자들을 위해 프레젠테이션을 준비할 것이다. 대부분의 의사결정자들은 위험에 대한 기본적인 이해만을 가지고 있다. 하지만 특히 여러 건물들로 구성된 커다란 시설에서의 적절한 위험분석은 10,000개 이상의 개별 분석요점(매트릭스상의 개별 셀)을 쉽게 발생시킬 수 있다. 이것은 고려하기에는 너무 막대한 양의 데이터가 될 수 있다. 내가 완료했던 어떤 프로젝트의 순위화된 위험분석 매트릭스조차 1,200개 이상의 믿기 어려운 분석요점이 들어 있고, 심지어 그리 대단하지 않은 프로젝트조차 300개 이상의 분석요점을 가진 순위화된 위험분석 매트릭스를 결과로 내놓을 수 있다. 이것은 의사결정자가 빠른 결정을 내리기에는 너무 많은 양의 데이터이다. 이 결과는 "데이터를 완전히 고려할 수 있을 때까지 결정을 연기한다."는 방침아래 매우 열악한 의사결정을 자주 이끌어내기 때문에 더 파악하기 쉬운 데이터의 형태로 가공할 필요가 있다. 이것이 V^2 매트릭스가 고안된 이유이다.

시각적인 그래픽으로 순위화된 결과를 표현(displaying)

가장 간단한 형태의 V^2 매트릭스는 순위화된 위험결과로부터 데이터를 수집하여 비전문가인 의사결정자들이 쉽게 파악할 수 있는 컬러-코드의 그래픽 형태로 나타낸다(표 11.1 참조). V^2 매트릭스의 가장 복잡한 형태는 의사결정자에게 정보를 "뚫고 내려갈" 수 있는 능력을 부여해 주어 권장하는 숨은 이면을 상세하게 살필 수 있게 해준다.

V^2 매트릭스는 일반적으로 요약 매트릭스(건물에 의한 위험순위 매트릭스)와 상세 매트릭스(개별 건물 또는 지역에 대한 매트릭스)를 포함한다.

요약 매트릭스를 만들기 위해, 분류되지 않은 위험 매트릭스로 돌아가 그 매트릭스의 큰 범주의 헤더(major header)를 선택한다. 이것들에는 사람, 재산, 기밀정보, 사업평판이 포함된다. 타워1, 타워2, 호텔, 주차장, 부지 등과 같은 시설 내 재산들의 각 영역에 대한 작은 범주의 머리말 역시 포함하라.

표 11.1 분류된 위험결과

메가 타워					
위험이 분류된 워크시트					
목표물	확률	취약성	피해결과	점수	순위
사람	7	5	4	5	3
직원	8	7	6	7	2
방문자	7	6	5	6	12
VIP 경영진 및 VIP 방문자	6	4	4	5	24
하청업자	6	4	4	5	29
배송직원	6	4	2	4	39
수송직원	6	4	2	4	39
재산	5	6	3	5	4
부지	5	6	4	5	21
직원 하차장소	8	8	7	8	1
VIP 하차장소	7	6	5	6	10
방문자 하차장소-호텔(남쪽)	7	9	5	7	4
호텔 동쪽 입구	6	8	5	6	6
호텔 서쪽 입구	6	8	5	6	6
북쪽 경계 화물 펜스	6	5	5	5	20

표 11.2 V²-요약 매트릭스[ATV는 자산 목표 값(Asset Target Value)의 약자]

시설 이름			
	자산 목표 값(확률)		
취약점	높음	중간	낮음
높음	*피해결과가 큰 자산은 굵은글씨/이탤릭체* *중간 피해결과 자산은 이탤릭체로 보인다.* 피해결과가 적은 자산은 기본 서체로 보인다.	중간 자산 목표 값 및 높은 취약점	낮은 자산 목표 값 및 높은 취약점
중간	높은 자산 목표 값 및 중간 취약점	중간 자산 목표 값 및 중간 취약점	낮은 자산 목표 값 및 중간 취약점
낮음	높은 자산 목표 값 및 낮은 취약점	중간 자산 목표 값 및 낮은 취약점	낮은 자산 목표 값 및 낮은 취약점

이런 정보들로부터 분류되지 않은 위험 매트릭스와 비어 있는 V^2 매트릭스를 검토하여, 그 색에 기반을 두고 첫 번째 머리말(사람)을 그것의 취약성 및 확률 점수와 연관된 셀 안에 넣어라. 만약 확률이 중간이고 취약성이 높으면 중간 확률/높은 취약성 셀에 사람을 넣어라. 그런 후에 "사람"의 글자 폰트를 그것의 피해결과 순위가 낮음, 중간, 높음에 따라 "보통서체", "*이탤릭체*", "**굵은 글씨**"로 바꾼다. 이 작업을 각각의 머리말에 수행하면, 당신은 3면으로 된 정보를 나열한 시각적인 배열을 가지게 될 것이다. 확률은 X행, 취약성은 Y열, 피해결과는 다른 글씨체로 나타난다. 이 표는 전체적인 위험 순위에 대해 아주 파악하기 쉽게 요약하여 제공한다.

비록 V^2 요약 매트릭스(표 11.2)가 전체 프로젝트에 대한 총체적인 위험의 그림을 제시하기에는 좋은 도구이지만, 이것에 의존하여 예산 결정을 내리기에는 세부적인 면이 부족하다. 때문에 아래와 같은 각각의 하위 범주에 대한 분리된 V^2 매트릭스를 만들 필요가 있다.

- 사람
- 개별 자산 구역(건물, 건물 밖 공간 등)
- 기밀정보
- 사업평판

이런 각 하위 범주에 대한 V^2 매트릭스들이 검토자로 하여금 위험순위를 꿰뚫어 보는 시각을 제공한다. 따라서 타워1은 V^2 요약 매트릭스에서 나열되어야 하고, 또한 타워1이라고 표를 붙인 개별 V^2 매트릭스에서도 그것의 영역이 배치된 것과 함께 나열되어야 한다. 시설의 모든 자산들에 이와 같은 과정을 수행해야 한다.

이런 접근법은 종합적인 분석을 제공하고 유난히 이해하기 쉬운 요약을 결과로 내놓는다.

요 약

모든 조직은 그들의 방호 예산에 우선순위를 둔다. 우선순위를 정하는 것은 예산을 책정하고 실행할 일정을 결정하는 것으로서 두 가지 기술이 가장 중요하다.

1. 위험의 우선순위 정하기
2. 관리자의 지원을 얻기 위해 효과적으로 우선순위에 대해 의사소통하기

우선순위화 기준

위험의 우선순위를 정하는 것이 가능한 다섯 가지의 방법이 있다. 하지만 위험의 우선순위를 정하는 최고의 방법은 피해결과를 토대로 근본적인 위험분석 값을 분류하는 것이다.

자연적인 우선순위화(공식에 의한 우선순위 정하기)

산디아 공식과 API/NPRA 공식은 모두 내재적인 우선순위화를 용이하게 한다. 산디아 공식은 위험=확률×(1-취약성)×피해결과, 위험+확률×취약점×결과 또는 (확률+취약성+피해결과)/3이다.

이 세 공식 모두 그 자체로 완벽하게 유용한 결과를 내놓을 것이다. 하지만 이런 공식들은 때때로 매우 높은 취약성과 매우 높은 확률을 갖고 있지만 피해결과가 매우 낮아지는 항목을 위험 차트의 상위에 올려놓을 수 있을 것이다. 서로 다른 조직들은 개별 요소들에 각기 다르게 중점을 두고 있다.

좋은 방호 프로그램은 두 가지 주요 요소로 구성된다.

1. 기준(baseline) 방호 프로그램(일상적인 위험에 초점을 맞추고 좋은 행동을 강화)
2. 특이한 취약점을 다루기 위한 특수대책(보통 테러에 초점을 맞추거나 혹은 특정 지역, 산업, 시설 특유의 범죄문제)

기준 방호 프로그램과 특이한 취약점을 다루기 위한 특수대책의 범위는 확률, 피해결과, 중요도 또는 비용에 의해 움직인다.

효과적인 우선순위 의사소통

정당성 입증하기

실제로 모든 조직은 재정적인 문제를 안고 있다. 방호 프로그램 관리자는 많은 프로그램 책임자들이 한정된 예산을 배정받기 위해 방호 프로그램의 정당성을 명확히 입증하는 일에 고군분투하고 있다는 것을 이해해야 한다.

■ 논의의 전개

- 관리자의 우선사항을 알아내라.
- 이해관계자의 관점을 확인하고 그들을 인정하라.
- 피해결과의 목록을 제공하라.
- 해결책 대비(versus)단계별 예산대책을 제공하라.
- 관리자로 하여금 그들 스스로의 결론을 도출하게 하라.
- 의사결정 매트릭스를 사용하라 : 특정 접근법의 선택에 대해 어떤 동의도 없을 때 위원회가 의견일치에 도달할 수 있도록 돕기 위해 의사결정 매트릭스를 사용하라.

위험결과 순위를 정하는 최고의 연습

최종적인 위험순위를 정하기 위해서, 우리는 간단하게 미분류된 위험 요약 매트릭스를 복사하고, 그 피해결과 열의 분류를 수행하여 그 결과를 목표물의 가장 높은 피해결과부터 가장 낮은 피해결과까지로 나눈다.

시각적인 그래픽으로 순위화된 결과를 표현

V^2 매트릭스는 순위화된 위험결과로부터 데이터를 수집하여 비전문가인 의사결정자들이 쉽게 파악할 수 있는 컬러-코드의 그래픽 형태로 나타낸다. 각 시설에 V^2 매트릭스를 사용하고 그것을 전체 프로젝트에 덧붙이는 것은 의사결정자에게 정보를 "뚫고 내려갈" 수 있는 능력을 부여해 권장하는 숨은 이면을 상세하게 살필 수 있게 해준다.

V^2 매트릭스는 일반적으로 요약 매트릭스(건물에 의한 위험순위 매트릭스)와 상세 매트릭스(개별 건물 또는 지역에 대한 매트릭스)를 포함한다.

요약 매트릭스는 분류되지 않은 위험 매트릭스와 그 매트릭스의 머리말(사람, 재산, 기밀정보, 사업평판)들을 사용해 만들어진다. 이 매트릭스에는 타워1, 타워2, 호텔, 주차장, 부지 등의 시설 내 재산의 개별적인 영역에 대한 하부 헤더도 역시 포함된다.

V^2 매트릭스 만들기

분류되지 않은 위험 매트릭스와 비어 있는 V^2 매트릭스를 검토하여, 그 색상에 기반을 두고 첫 번째 헤더(사람)를 그것의 취약성 및 확률 점수와 연관된 셀 안에 넣어라. 만약 확률이 중간이고 취약성이 높으면 중간 확률 · 높은 취약성 셀에 사람을 포함하라. 그런 후에 "사람"의 글자 폰트를 그것의 피해결과 순위가 낮음, 중간, 높음에 따라 "보통서체", " 이*탤릭체*", "**굵은 글씨**"로 바꾼다. 이 작업을 각각의 헤더에 수행하면, 당신은 3면으로 된 정보를 나열한 시각적인 배열을 가지게 될 것이다. 확률은 X행, 취약성은 Y열, 피해결과는 다른 글씨체로 나타난다. 이 표는 전체적인 위험순위에 대해 파악하기 쉬운 요약을 제공한다.

비록 V^2 요약 매트릭스(표 11.2)가 전체 프로젝트에 대한 총체적인 위험의 그림을 제시하기에는 좋은 도구이지만, 이것에 의존하여 예산 결정을 내리기에는 세부적인 면이 부족하다. 때문에 아래와 같은 각각의 하위 범주에 대한 분리된 V^2 매트릭스를 만들 필요가 있다.

- 사람
- 개별 자산 구역(건물, 건물 밖 공간 등)
- 기밀정보
- 사업평판

이런 각 하위 범주에 대한 V^2 매트릭스들을 함께 제공하면 검토자가 위험순위를 꿰뚫어보는 시각을 가지게 된다. 따라서 타워1은 V^2 요약 매트릭스에서 나열되어야 하고, 또한 타워1이라고 표를 붙인 개별 V^2 매트릭스에서도 그것의 영역이 배치된 것과 함께 나열되어야 한다. 시설의 모든 자산들에 이와 같은 과정을 수행해야 한다. 이런 접근법은 종합적인 분석을 제공하고 이해하기 쉬운 요약을 결과로 내놓는다.

Section 2

Policy Development Before Countermeasures

대책수립 전의 정책 개발

CHAPTER 12 방호정책 소개

13 방호정책과 방호대책 목표

14 효과적인 방호정책 개발

CHAPTER 12

방호정책 소개

서 론

이 장을 마치면, 모든 방호 프로그램 측면의 개발에 있어 방호정책이 갖는 역할과 정책, 기준, 지침, 절차가 가지는 차이점은 무엇인지, 그리고 방호정책이 기타 대책에 대해 최종적으로 결정되기 전에 개발되어야 하는 이유에 대해서 이해하게 될 것이다. 이번 장은 전체적인 방호 프로그램에서 방호정책 역할의 중요성을 강조하고, 방호정책만을 전적으로 다루는 3장 중 첫 번째 장이다.

방호 프로그램 개발의 체계

수년 전에, 나는 방호기술 매거진에 "나쁜 방호 프로그램의 계획, 설계, 실행방법"이라는 제목의 기사를 낸 적이 있다. 그 기사의 요점은 대부분의 방호시스템이 실제로 어떤 일련의 방호정책으로 뒷받침되는 일관된 목적 없이 산재된 카메라, 카드 리더기, 경보만으로 설계되었다는 것이다.

나쁜 방호 프로그램을 만드는 것은 쉬운 일이다. 이것에는 어떤 계획도 필요 없다. 사실, 계획수립의 부족은 실제로 나쁜 방호 프로그램임에 확실하다. 여기에는, 만약 수행할 경우 실제로 좋은 방호 프로그램을 보장하는 몇몇의 단계들도 있다. 이런 단계들은 아래와 같다.

■ 능숙한 위험평가를 수행하라.

- 위협 확인
- 취약성 확인
- 피해결과 확인
- 위험을 계산하고 우선순위화

■ 적절한 대책을 확인하라.

- 방호정책의 (목표 및 목적) 개요 서술
- 반드시 다음을 포함하여 방호계획을 개발하라.
  - 기준(baseline) 방호 프로그램
    - ▶ 상세한 방호정책 및 절차
    - ▶ 정책과 절차로부터 도출된 모든 기타 대책
  - 특이한 취약성을 다루기 위한 특수대책

■ 방호정책에 적합한 대책을 적용하라.

■ 방호정책과 비교하여 방호 프로그램의 성과를 측정하라(방호 매트릭스).

그림 12.1 정책은 문제해결을 위한 기초를 구성

정책, 기준, 지침, 절차가 무엇인가?[1)]

정책은 조직의 보편적인 신념, 목표, 목적 및 특정 주제 분야에 허용되는 절차를 명시하는 매우 간략한 높은 수준의 성명서이다(그림 12.1). 정책은 문제 또는 목적을 명시하고 문제를 경감시키기 위한 조치계획의 개요를 서술하고 있어야 한다.
정책 속성들은 다음을 포함한다.

- 준수할 것이 요구된다(의무적으로).
- 준수의 불이행은 징계조치를 가져온다.
- 초점은 실행의 수단이 아닌 원하는 목적에 있다.
- 정책은 기준과 지침에 의해 자세히 정의된다.

정책은 요구되는 조치를 명시하고 기준 및 지침의 지표를 포함한다.

- **정책은 준수할 것을 요구한다(의무적으로)** : 이것은 정책과 지침의 가장 기본적인 차이점이다. 지침은 사실상 보편적인 것이고 지침을 해석하는 사람에 의해 정해질 수 있는 예외를 제공한다. 즉, 사람은 자신이 지침을 따를 수 있는 상태인지 아닌지를 스스로 판단할 수 있지만, 정책에 대해서는 이 같은 판단이 이루어질 수 없다. 정책은 개인적인 판단의 예외를 허용하지 않는다.
- **정책의 미준수는 징계조치를 야기한다** : 정책은 단지 의무적인 것만이 아니라, 그것이 지켜지지 않았을 때 따르는 징계조치에 대한 조항이기도 하다. 각각의 정책은 징계조치를 명시하고 있어야 한다(해고, 강등, 감봉, 주차권리 상실, 인사평가에 부정적인 평가 등). 그 성명이 정책인지 결정하는 가장 쉬운 방법은 그 정책에 상응하는 징계조치를 물어보는 것이다.
- **정책은 실행의 수단이 아닌 원하는 목적에 초점을 맞추어야 한다** : 개별 방호정책은 문제점과 원하는 결과를 명시해야 한다. 기술적인 해결책, 신호체계, 건축학적·조경적인 해결책 및 절차를 포함하는 실행의 수단은 대책단계에 맡겨야 한다.
- **정책은 기준과 지침에 의해 더욱 정의될 수 있다** : 기준과 지침은 정책을 증폭시켜 그것들을 더 명확하고 이해하기 쉽게 만든다. 예를 들어, 기준은 정책을 더 잘 설명하기 위해 그것의 일면을 확장하고 그것을 구성요소로 나눌 수 있다. 지침은 실행을 위한 프레임워크를 줄 수 있고 사용자로 하여금 정책을 수행하는 방법을 더 잘 이해하게

1) 소개 부문 및 다른 부분 SANS Institute 및 Cisco 시스템으로부터 제공되었다. (www.sans.org/resources/policies/policy_primer.pdf)

끔 해야 한다.

대부분의 정책들은 절차에 의해 지원을 받는다. 절차는 정책을 "어떻게" 수행하는지를 정의한다. 절차는 방호부서 또는 조직의 사용자들의 직접적인 행동에 대한 규칙이 될 수 있으며, 사용자의 해석을 허용하는 지침보다 더 구체적이다. 또한 사람들에게 정책을 준수하기 위해 무엇을 해야 하는지를 정의해 준다. 절차는 지침에 따라 수행될 수도 있다.

기타 중요 서류

기준(standards), 지침(guidelines), 절차(procedures), 성명서(position papers), 안내원칙은 전체적인 방호 프로그램 정의 안에서 역할을 수행한다. 이 서류들의 간략한 설명은 아래와 같다.

■ 기준

- 기준은 특정 정책을 지원 및 수행하기 위해 설계된 의무적인 조치 또는 규칙이다.
- 기준은 정책을 더 의미 있고 효과적으로 만들어야 한다.
- 기준은 하드웨어, 소프트웨어, 행동에 대해 하나 이상의 적용된 사양을 반드시 포함해야 한다.

■ 지침

- 지침은 절차수행 프레임워크의 제공을 통해 정책의 목적을 달성하기 위해 고안된 일반적인 성명, 권고안 또는 관리상의 지시이다.
- 지침은 주변 환경의 필요에 따라 변화할 수 있으므로 기준과 정책보다 더 자주 검토해야 한다.
- 지침은 의무적인 것이 아니라 최선의 실행을 위한 제안 같은 것이다. 이런 이유로, "지침"과 "최선의 실행"은 어떤 점에서 상호 대체가 가능하다.
- 지침은 "최선의 실행"을 사용자에게 전달하는 것을 돕는다.
- 지침은 아직 요구되지는 않았지만 사용자로 하여금 조직의 방호태세를 높이는 행동을 하도록 안내하는 의도이다.
- 지침은 정책에 따른 지표를 도입하기 전에 "시책(trial balloon)"으로 사용될 수 있다.

■ 절차

- 절차는 사용자로 하여금 정책의 수행을 보장하기 위하여 요구되는 행동의 서술이다.

- 절차는 정책을 "어떻게" 수행하는지를 정의하거나 정책을 강화하기 위한 메커니즘이다.
- 절차는 한 지점의 오류에 대한 문제를 제거하는 데 도움을 준다(직원이 갑자기 떠나거나 가장 필요할 때 업무수행을 할 수 없을 경우).
- 절차는 지침과는 달리 의무적이다.
- 절차는 정책과 같이 중요하다. 예를 들어, 신분증 사용(badging) 정책은 시설에 사진이 부착된 신분증의 사용을 요구할 수도 있다. 신분증 사용 절차는 사진이 부착된 신분증을 만드는 것과 그것을 나누어주고 유지하며 직원이나 하청업자가 조직을 떠날 때 그것을 회수하는 과정을 서술한다.
- 정책과 절차 사이에 항상 일대일 관계가 성립되지는 않는다.

■ 성명서

- 성명서는 최근 생겨난 쟁점과 기술에 대한 방호부서 관리자의 위치를 서술한 것이다.
- 성명서는 보통 정책의 선도격인 역할을 수행한다.
- 성명서는 정책이 절대 개발될 수 없는 곳에서 사용될 수 있다.
- 성명서는 정책과 지침의 간격을 메울 수 있다.

■ 안내원칙

- 안내원칙은 조직의 철학, 지향점 또는 신념에 대한 진술이다.
- 안내원칙은 사람들에게 조직의 이해관계 속에서 바른 결정을 내리게끔 다음을 포함한 "안내"를 제공한다.
  - 필요한 정책과 기준
  - 적절한 기술
  - 목표를 달성하는 방법
- 안내원칙은 정책은 아니지만 관리자로 하여금 세심하고 종합적인 방호정책 및 절차를 구성하도록 도움을 제공한다.
- 최고 수준의 안내원칙
  - 방호부서는 완전성을 구현할 것이다.
  - 방호부서는 필요할 때 사용 가능할 것이다.
  - 특히 부서 관리자를 포함한 모든 사람은 방호에 대한 책임이 있다.
  - 오직 허가받은 사람으로 시설에 대한 접근을 제한한다.
  - 비용효과적 위험경감을 통해 시설에 대한 위험을 제한한다.
  - 방호 측정은 선행적으로 수행되어야 한다.

－방호는 방호 인식을 통해 추진되어야 한다.

－정보기술 방호와 물리적인 방호는 사람, 재산, 기밀정보, 조직의 사업평판에 더 안전한 환경을 만들기 위해 함께 작동해야 한다.

－접근통제 요청에 의한 사용자와의 직접적인 상호작용이 있는 곳을 제외한 어느 곳에서라도, 방호부서는 직원에 의한 접근 승인보다는 기술적인 접근 승인방법을 사용해야 한다(차량, 무기 및 폭발물 선별, 방문자 및 직원 신분증 확인 등).

전체 방호 프로그램 속에서 정책의 주요 역할

정책은 모든 기타 대책을 정의

일련의 좋은 정책들은 모든 방호 프로그램 대책들을 정의할 것이다. 방호정책에 의해 뒷받침되지 않는 어떤 대책이든 다음 중 하나를 암시(indication)한다.

- 형편없이 계획된 대책
- 정책의 누락

첫 번째 경우, 그렇게 형편없이 계획된 대책은 조직보다는 오히려 그것의 존재가 조직의 좋은 방호 목표에 유해할 수 있다. 어떤 대책들은 일시적인 문제들을 다루기 위해 실시되었다가 뜻하지 않게 영속적이게 된다.

두 번째 경우, 대책에 대한 사례가 명백하고 그것을 뒷받침하는 정책이 없으면, 이것은 정책이 충분히 고려되지 않은 것이므로 이 대책에 대한 사례를 포함하도록 개정되어야 한다.

모든 상황 하의 모든 대책은 근본이 되는 방호정책에 의해 뒷받침되어야 한다. 이것은 아래와 같은 이유들을 위해 중요하다.

- 법적인 반발(challenges)에 대한 방어
- 사용자의 반발에 대한 방어

법적인 반발

법적 소송의 경우, 고소인의 변호사는 방호대책과 그것의 법적 근거 또는 방호정책을 검사하는 것이 일반적이다. 조직의 시설 중 어떤 지역에서 발생한 방호사고를 완화시킬 수 있는 대책이 시설 내 다른 곳에 존재하는 경우, 숙련된 변호사는 그 대책을 사용하는 것이 고소인의 부상을 줄일 수 있었고, 시설 내 한 부분에 적용된 방호대책 사례를 통해 조직이 그 대책의 필요성을 인지하고 있었다고 몰아갈 것이다. 그리고 그 대책이 시설 안에 일관성 있게 적용되어 있지 않은 사실이 조직의 그 지역에 대한 관리 부주의를 보여준다고 할 것이다. 따라서 대책에 대한 방호정책의 부재는 조직이 쉽게 고소당할 수 있는 상태로 만들고, 방호사고가 발생한 다른 곳에 그 사고를 경감시킬 수 있는 대책이 존재하였음에도 적용되지 않은 것은 정책의 누락이 있었기 때문이다.

사용자의 반발

사용자들이 방호절차와 카메라 같은 기술적인 대책의 적용에 반발하는 것은 일반적인 일이다. 절차나 대책을 바탕으로 한 방호정책을 인용하는 능력은 방호절차 또는 대책에 대한 어떤 불평사항이든 미리 방지하게 된다. 지속적으로 불평하는 사람들에 대해, 방호담당자는 정책뿐만 아니라 정책을 준수하지 않으면 이에 따른 징계조치도 인용할 줄 알아야 한다. 이것은 규정을 준수하게 만드는 효과적인 수단이다. 그러므로 가끔 불평을 하는 사람들은 불평가와 방호담당자 사이에 일어난 일을 알고 있는 주변사람들로부터 규정의 준수를 강요받을 수 있을 것이다.

이런 접근법은 다른 사용자들 앞에서 방호절차에 대해 공개적으로 불평하는 조직관리자와 같이 유달리 다루기 어려운 불평가들을 처리하는 데 특히 효과적이다. 이런 불평가들은 방호담당자를 위협할 수 있고, 바로 그게 그가 원하는 것이다. 그런 이들은 폭발물 차량(VBIEDs)에 의한 공격 우려가 있는 장소이든 폭발물 가방을 검사하는 장소이든 간에 상관없이 주차 허가를 받으려 하는 것처럼, 방호정책에 자신만을 위한 특별한 예외를 만들고자 한다. 이런 시끄러운 관리자는 방호담당자뿐만 아니라 방호관리자, 그리고 조직의 방호 임무에 대한 직접적인 도전이다. 이런 도전은 반드시 효과적으로 처리되어야 한다. 방호관리자의 구체적인 정책 번호와 그 내용으로 방호정책을 인용하는 능력은 이런 도전들을 효과적으로 진압할 수 있게 해 준다. 모든 방호담당자들은 방호정책에 대해 문서를 참조하지 않고도 알 수 있을 때까지 파고 들어야 한다. 이것은 기본적인 훈련부분이다. 방호담당자가 방호정책을 인용한 후에도 관리자가 계속 반발하는 경우에는, 그 내용이 방호부서의 장(chief)에게 거론되어야 한다.

그 관리자가 검문소에서 방호담당자와 나누었던 대화에 대해 방호담장자의 품행에 문제가 있었다고 날조된 주장을 하는 것은 드문 일이 아니다. 따라서 방호정책에 대한 도전자들이 방호담당자의 품행에 문제를 제기하는 것이 일반적이므로, 방호담당자의 적절한 행위를 지원하는 증거를 제공하기 위해 모든 검문소는 비디오와 오디오 양쪽을 통해 관찰하고 기록하는 것을 추천한다. 관리자가 방호담당자의 품행에 문제가 있다고 주장한 후에 관리자의 거만한 행동이 오디오나 비디오에 녹화된 그의 그릇된 행동을 통해

드러나면, 관리자의 주장은 흔적도 없이 사라질 뿐만 아니라, 그가 나중에 주장하는 것들 역시 의혹을 받게 될 것이다. 그 관리자는 갑작스럽게 정당하다고 여겨지는 위치에서 자신의 용서받지 못할 행위를 변호해야만 하는 위치로 바뀔 것이다. 이 같은 비디오는 관리자의 모습을 통해 그의 거만함을 가장 잘 나타내므로 그가 자신의 행위가 찍힌 증거를 마주했을 때 그의 신용이 확실하게 떨어지는 효과가 나타날 것이다. 이 같은 사건이 한 번 발생한 후 방호검문소에서의 이 같은 행동은 자신들의 경력에 역효과를 가져온다는 소문들이 다른 관리자들에게로 퍼질 것이다.

적절한 정책을 갖는 이점

잘 정의된 방호정책에는 상당한 이점이 있다. 아래의 목록은 그것의 주요 원인에 대한 요약이다.

- 정책은 사용자와 방호직원을 포함하는 전체에 대한 행동의 획일적인 기준을 지시한다. 누구도 예외가 아니다. – 방문자, 관리자, 보통의 사용자, 방호직원
- 정책은 집행을 위한 기초를 제공한다. 만약 어떤 행동을 금지하는 정책이 없다면 나쁜 행동도 없을 것이다. 조직은 오직 정책에 의해 금지된 행동들만 금지할 수 있다.
- 정책은 방호에 대한 조직의 약속(commitment)의 전형적인 예이다. 조직이 방호에 관한 정책을 만들기 위해 시간과 노력을 기울인다는 사실은 방호에 대한 조직관리의 위치를 보여준다. 그것은 조직이 방호를 진지하게 수행하고 있고 방호에 대한 정책을 숙고하고 있는지에 관한 것이다.
- 정책은 대책(그리고 방호관리 매트릭스의 근거)에 대한 기준점을 제공해 준다. 정책은 방호와 관련된 모든 행동들을 비교하는 근거이다. 게다가, 방호정책은 방호조직과 그 조직관리의 효과성에 대한 판단(judging)의 기초를 제공한다. 정책에 대한 준수(compliance)를 달성하지 못한 방호조직은 어떤 대책에도 효과적일 수 없다.
- 정책은 사업부서와 시설들 전체에 걸친 일관성을 제공하고 방호직원에 의한 해석의 차이를 제거하는 것을 돕는다. 어떤 방호 프로그램이든 가장 중요한 것 중 하나는 방호정책을 모든 사업부서와 시설들 전체에 걸쳐 일관성 있게 적용하는 능력이다. 이와 동일하게 관리자, 직원, 하청업자, 공급업자, 방문객에 대해서도 방호정책이 동일하게 적용되어야 한다. 일관성 있는 방호정책은 일관성 있는 준수를 보장한다. 이것은 방호와 사업 생산성을 개선하는데, 가장 중요한 것은 시설들과 사업부서들 사이의 일관성 없는 방호원칙의 적용에 기인한 소송의 위험을 줄여준다.
- 정책은 방호직원의 관리업무를 지원한다. 정책은 최고 경영진의 승인을 확정받는 과

정으로부터 나오기 때문에, 각각의 정책은 조직의 최고 경영진의 지원을 의미한다.

- 훈련에 대한 기반을 제공한다. 방호관리자, 감독관, 담당자들은 모두 그들의 기량을 분명히 하고 끊임없이 개선하기 위해 기본적이고 지속적인 훈련을 필요로 한다. 방호정책은 이런 모든 훈련에 대한 기반을 제공한다.
- 정책은 방호담당자의 업무수행에 관한 상담을 위한 기반을 제공한다. 방호담당자의 업무는 그들이 도덕적, 윤리적, 전문적인 행동을 수행할 수 있도록 훈련되었고, 그에 따라 방호정책이 집행되었는지에 의해 평가될 수 있다.

통제요소

- 기업문화는 반드시 방호정책의 개발에 주된 역할을 수행해야 한다. 조직의 기업문화를 고려하지 않은 어떤 방호 프로그램도 결국은 실패하게 되어 있다. 사용자들은 불평하고 반발하며, 그들의 기업문화의 이해와 적합하지 않은 방호정책들을 피해 가려할 것이다.
- 방호정책은 반드시 사업 생산성과 방호통제의 균형을 맞추어야 한다. 방호정책 실패의 주요 원인 중 하나는 방호정책이 사업 생산성에 대한 고려가 부족함에서 구상되었기 때문이다. 사용자들은 그들의 업무능력을 저해하거나 업무수행을 위해 오고 가는 것을 방해하는 방호정책들은 언제나 회피하려고 들 것이다. 모든 방호정책에서 사업 운영의 효율성을 그들의 첫 번째 고려사항의 하나로 반영해야 한다.
- 너무 제한적인 정책은 사람들이 기피하게 될 것이므로 정책의 의도와 효과가 없어질 것이다. 위와 같이 너무 제한적인 정책은 전체 방호 프로그램의 기반을 약화시킬 것이다. 사용자들이 하나의 정책을 회피하는 데 성공하면, 그 밖의 다른 모든 정책들도 피해를 받는다. 방호조직이 하나의 정책을 집행하는 데 실패한다면, 사용자들은 그들이 다른 정책을 준수하도록 강요받지 말아야 하는 이유로 그 사례를 쉽게 인용한다. 이런 이유로, 지속적인 방호정책의 준수를 검토하고, 너무 엄격하여 시행할 수 없거나 일상적인 사업수행을 방해하거나 조직의 기업문화에 반하는 정책들은 변경하는 것이 중요하다. 때로는 좋은 의도를 가진 정책들이 너무 엄격하여 시행될 수 없다는 이유로 반드시 수정되어야 하거나 폐지되어야만 하는 애물단지(white elephants)로 밝혀진다.
- 기술적인 통제는 항상 가능한 것이 아니다. 그 때문에 효과적인 훈련을 받은 방호인력의 투입이 반드시 계획되고 시행되어야 한다. 일반적으로 기술적인 통제는 방호직원에 의존하는 통제보다 다음의 이유에서 더 우수하다.

- 특히 많은 통제지점이 필요할 때, 기술적인 통제가 운영비용이 적게 든다.
- 기술적 통제는 사용자들의 서로 다른 선호도 혹은 편견에 영향을 받지 않는다.
- 기술적 통제는 사용자들이 카드 리더기, 장벽 출입구(barrier gate), 전자식 회전문, 회전문과 논쟁을 벌여봤자 성과가 없음을 이해하고 있기 때문에 일반적으로 잘 받아들여진다.

길 안내, 판단절차, 신체검사, 방문자를 명부에 기록하고 "얼굴"을 보여주어야 하는 필요성 때문에, 방호직원의 배치는 필수적인 곳에서 통제지점을 계획하고 실행하며, 통제지점의 성공적인 임무수행을 보장할 수 있도록 그곳에 배치할 방호직원을 충분히 교육하는 것이 중요하다.

요 약

방호 프로그램 개발의 체계

실제로 이런 단계들이 좋은 방호 프로그램의 개발을 보장한다.

■ 능숙한 위험평가를 수행하라.
- 위협 확인
- 취약성 확인
- 위험을 확인하고 우선순위화

■ 적절한 대책을 확인하라.
- 방호정책의 개요 서술
- 기준(baseline) 방호 프로그램
  - 상세한 방호정책 및 절차
  - 정책과 절차로부터 도출된 모든 기타 대책
- 특이한 취약성을 다루기 위한 특수대책

■ 방호정책에 적합한 대책을 적용하라.
■ 방호정책과 비교하여 방호 프로그램의 성과를 측정하라.

정책, 기준, 지침, 절차[2)]

정책은 조직의 보편적인 신념, 목표, 목적 및 특정 주제 분야에 허용되는 절차를 명시하는 매우 간략한 높은 수준의 성명서이다. 정책은 문제 또는 목적을 명시하고 문제를 경감시키기 위한 조치계획의 개요를 서술하고 있어야 한다. 정책은 항상 요구되는 조치를 명시하고 기준 및 지침의 지표를 포함한다. 기준(standards), 지침(guidelines), 절차(procedures), 성명서(position papers), 안내원칙, 모두 전체적인 방호 프로그램의 정의 안에서 역할을 수행한다.

전체 방호 프로그램 속에서 정책의 주요 역할

정책은 모든 기타 대책을 정의한다. 좋은 일련의 정책들은 모든 방호 프로그램 대책들을 정의할 것이다. 모든 상황 하의 모든 대책은 법적인 반발(challenges)에 대한 방어와 사용자의 반발에 대한 방어를 위해 근본이 되는 방호정책에 의해 뒷받침되어야 한다. 잘 정의된 방호정책이 갖는 이점은 아래와 같다.

- 정책은 사용자와 방호직원을 포함하는 전체에 대한 행동의 획일적인 기준을 지시한다.
- 정책은 집행을 위한 기초를 제공한다.
- 정책은 방호에 대한 조직의 약속(commitment)의 전형적인 예이다.
- 정책은 대책(그리고 방호관리 매트릭스의 근거)에 대한 기준점을 제공해 준다.
- 정책은 사업부서와 시설들 전체에 걸친 일관성을 제공하고 방호직원에 의한 해석의 차이를 제거하는 것을 돕는다.
- 정책은 방호직원의 관리업무를 지원한다.
- 훈련에 대한 기반을 제공한다.
- 정책은 방호담당자의 업무수행에 관한 상담을 위한 기반을 제공한다.

통제요소

- 기업문화는 반드시 방호정책의 개발에 주된 역할을 수행해야 한다.
- 방호정책은 반드시 사업 생산성과 방호통제의 균형을 맞추어야 한다.
- 너무 제한적인 정책은 사람들에게 회피될 것이므로 정책의 의도와 효과가 없어질 것이다.
- 기술적인 통제는 항상 가능한 것이 아니다. 그 때문에 효과적인 훈련을 받은 방호인력의 투입이 반드시 계획되고 시행되어야 한다.

---

2) 서론 부문과 그 외의 다른 부분 일부는 'Sans Institute and Cisco Systems'으로부터 자료를 제공 받았다. (www.sans.org/resources/policies/policy_primer.pdf).

CHAPTER 13

방호정책과 방호대책 목표

서 론

이번 장을 마치면, 당신은 방호정책에 기반을 두고 있지 않은 방호 프로그램이 실패하기 쉬운 이유와 방호 프로그램에서의 정책과 대책의 역할, 방호대책의 유형, 정책이 대책 이전에 개발되어야 하는 이유, 방호정책과 대책의 목표, 대부분의 시설에서 방호계획에 반드시 포함해야 하는 핵심 정책들의 목록을 이해하게 될 것이다.

이 론

나는 어떤 위험평가도 수행되지 않았거나 원하지 않았고, 조직 내에서 문제의 시설을 위한 어떤 방호정책도 개발되어 있지 않은 셀 수 없이 많은 방호시스템의 컨설팅 업무 제안을 요청받아 왔다.

나는 보통 이런 일들은 거절하였다.

이것은 내가 사업하는 것을 싫어하거나 일을 즐기지 않기 때문이 아니라, 이런 프로젝트들은 거의 항상 실패로 끝나게 되어 있고, 나는 내 이름이 이런 실패와 연관되거나 이런 실패로부터 파생될 수 있는 어떤 법적 소송에도 연루되는 것을 원하지 않기 때문이다.

그림 13.1 자동차 구입

많은 방호 컨설턴트들과 하청업자들은 어떤 위험분석이나 방호정책도 없이 오로지 유사한 업종의 예전 고객들이 원하던 것의 경험만을 근거로 하여 건축학적인 공간에다 카드 리더기와 카메라를 설계할 것이다.

이것은 당신의 이웃에게, 자동차 딜러에게 가서 당신의 사촌을 위한 자동차를 사달라고 요청하는 것과 같다. 그는 경차 혹은 고급 승용차, 아니면 레저용 자동차(SUV)를 사가지고 돌아올지도 모른다. 그 차는 빨간색 혹은 파란색, 아니면 은색일 수도 있고 자동 또는 수동 변속장치를 가지고 있을 수도 있다. 이런 모든 조건들은 당신의 이웃에게는 좋은 선택이 될 수도 있으나, 당신의 사촌이 갖기를 원하는 것이 아닐 수도 있다. 경영자로써 고객들을 접대해야 하는 당신의 사촌은 뒷좌석에 충분한 공간이 있는 문 네 개짜리 대형차가 필요하다. 그 차는 반드시 검정색이나 어두운 남색이어야 하며 자동 변속장치와 편안한 승차감이 있어야 한다. 당신의 사촌을 위해 차를 사러 간 당신의 이웃은 이런 정보를 모른다. 당신의 사촌은 구매자가 알고 있어야 하는 이런 사양에 대한 설명서가 없어 그가 필요로 하는 차를 얻지 못했을 것이다(그림 13.1).

위험분석 또는 방호정책의 부재 속에서 설계된 방호시스템도 이것과 마찬가지이다. 설계자가 대상의 자산, 위협, 취약성, 위험에 대해 알지 못하는 상황에서 고객은 그가 필요로 하는 시스템을 얻지 못할 것이다. 만약 설계자가 기준이 되는 표준을 모른다면 출입카드는 다른 시설에서 호환되지 않을 것이다. 고객이 층마다 엘리베이터를 통제할 것을 요구하더라도 이에 대한 정책이 없다면 그것은 이루어지지 않을 것이다. 만약 그런 요구사항이 알려져 있지 않다면 로비의 엘리베이터 출입구에는 카드 리더기가 달려있지 않을 것이다. 만약 그것에 대한 필요성이 이해되지 않았다면 프런트 데스크에 경보알람은 없을 것이다.

그래서 "우리에게 방호시스템을 설계해 주시오."는 "내 사촌에게 차를 사주시오."와 정말 같다고 할 수 있다.

그러므로 방호분석가는 다른 어떤 대책들을 추천하기 이전에 방호정책 목표의 필요성을 다루어야 한다. 모든 대책들은 전적으로 조직의 방호정책으로부터 도출된 것이어야 한다. 만약 대책이 방호정책의 부재 속에서 실행된다면, 그것은 돈을 낭비하는 것이다. 그것은 불필요한 것이고, 역효과를 낳거나 조직을 원하지 않는 법적 책임에 노출시킬 수 있다. 예를 들어, 주차건물에서의 비디오 사용은 그것이 올바르게 실행되지 않는다면 실제로 조직의 법적 책임을 발생시킬 수 있다.

다음은 정책이 답이 되는 질문들(수많은 것들 중에 몇 가지)이다.

- 어디에서 접근통제 기술이 작동해야 하는가? 그리고 어디에서 경비원이 카드 리더기 대신에 배치되어야 하는가?
- 언제 경비원이 카드 리더기보다 더 나은가?
- 어디에서 카메라가 사용되어야 하고, 무엇을 찍어야 하며, 무엇을 찍는 것이 금지되어 있는가?
- 어디에 경보기가 필요하고, 어디에서 그것들이 문제가 될 것 같은가?
- 어떻게 범죄예방환경설계(CPTED)가 방호인력과 기술의 필요성을 줄이기 위해 사용될 수 있는가?
- 어떤 상황에서 방호기술이 도움이 되지 않고 실제로 해가 되는가?
- 어떤 종류의 방호자격증명(credential)이 필요한가?
- 최선의 결과와 가장 경제적인 것 사이에서 적절한 균형을 달성하기 위해 첨단기술(hi-tech), 저차원 기술(lo-tech), 무기술(no-tech)의 방호 해결책이 어떻게 융합되어야 하는가?
- 주변 감지에 어느 정도 주의를 기울여야 하는가?
- 카메라가 실내공간에서 사용되어야 하는가? 그리고 어디에서 사용되어야 하는가?
- 어떻게 비용을 제어하면서 효율성을 달성할 수 있을까?

이런 질문들은 계속 이어진다.

정책은 이런 모든 질문들의 답이다. 위험분석과 정책이 없다면 효과적이지 않을 수 있고, 정책과 대책이 없다면 확실히 효과적이지 않을 것이다.

방호 프로그램에서 정책의 역할

만약 위험분석이 좋은 방호 프로그램의 기초가 된다면, 정책은 구조상의 기둥과 보이다. 모든 것이 정책에 매달려 있고, 만약 정책이 지탱해 주지 못한다면 무너져 내릴 것이다. 정책은 대책이 성공할 수 있게 보장하는 지지구조물이다.

정책의 특성을 살펴보자. 정책은 의무적인 것이고 반드시 따라야 하는 것이다. 정책을 준수하지 않았을 때에 따르는 페널티도 존재한다. 이런 페널티는 사무실의 최하위 직원에서부터 최고위 경영자까지 모두 동등하게 적용한다. 정책은 그 안에 나타나는, 유일하게 보편적인 것이며 그 적용 또한 보편적이다.

정책은 집행의 권한을 부여한다. 방호절차에 대해 직원들과 방문자들이 비슷하게 불평하는 것은 흔하게 있는 일이다. : "이봐, 난 위험한 사람이 아니야! 당신이 내 컴퓨터 가방을 검사해 보자고 할 수는 없어!"

정책은 달성해야 할 목표도 설정하지만 방호 프로그램을 측정할 수 있는 측정기준이기도 하다. 2008년 11월 뭄바이의 호텔을 공격한 테러리스트들은 유용한 방호시설이 설치되어 있지 않았던 주방을 통해 침입하면서 호텔의 방호시스템을 피하였다. 모든 출입구의 안전에 관한 방호정책은 이런 미흡함이 드러나는 곳에 대한 측정기준이 되어 왔다.

정책은 성공을 위한 로드맵의 역할을 한다. 정책 없이 시작한 방호 프로그램들은 마구잡이식으로 전개되어 체계적이지 못한 대응의 분열적인 적용을 초래한다. 정책 없이 운영되는 방호 프로그램들은 흔히 너무 산재되어 있어 경비원들이 그들의 일이 무엇인지에 대해 서로 다른 해석을 가지고 있다는 공통된 불만사항을 가지고 있다. 이것은 개개인의 경비원이 자신의 역할이 무엇을 위한 것인지에 대한 생각의 일관성 없는 적용을 초래하고, 직원들과 손님들로부터의 불평을 유발할 것이다. 이것은 역시 효과적이지 못한 방호 프로그램을 초래할 것이다.

방호정책은 방호 프로그램을 위한 계획이다. 만약 계획에 실패한다면 실패를 위한 계획을 짜고 있는 것이고, 정책이 없는 방호 프로그램을 가지고 있다면 실패를 위한 계획을 짜고 있는 것이다. 방호정책은 "무엇을" 해야 하는지를 결정한다.

방호정책은 프로그램의 다른 모든 것들을 위한 로드맵을 만든다. 어떤 좋은 방호 프로그램도 다음을 위한 방호정책을 포함해야 한다.

- 범죄 및 테러예방 요소
- 구내(campus), 건물, 주차장에 대한 접근통제
- 장비 및 서류에 대한 자산 보호

- 방호에 대한 개인별 책임
- 방호기술의 사용
- 비상계획 수립
- 위험분석 반복

방호 프로그램에서의 방호대책의 역할

모든 방호대책에 대한 세 가지 주요 목표는 아래와 같다.

1. 가능하면, 잠재적인 위협 행위자의 접근을 확인하고 거부한다.
2. 무기, 폭발물, 유해 화학물의 시설에 대한 접근을 거부한다(잘 통제되고 감시되는 합법적인 예외 상황은 제외).
3. 적절한 행위에는 적합하게, 부적절한 행위 혹은 범죄 혹은 테러행위에는 부적합하게 환경을 조성하고(CPTED 프로그램), 위험(hazard)과 위협(threats) 모두의 행위를 경감시킨다.

만약 방호정책이 "무엇을" 해야 하는지를 결정한다면, 대책은 그것을 수행하는 것이다. 좋은 방호 프로그램 안에는 세 가지 넓은 형식의 대책이 포함되어 있다.

1. 첨단기술(hi-tech)
2. 저차원 기술(lo-tech)
3. 무기술(no-tech)

첨단기술 대책은 일반적으로 다음을 포함하는 방호 프로그램의 전자식 부분이다.

- 접근통제시스템
- 디지털 비디오시스템
- 방호 경보시스템
- 쌍방향 음성통화시스템
- 정보기술 방호(항상 정보기술 부서의 부분집합)

경비원을 제외한 첨단기술 요소(그림 13.2 참조)는 방호 프로그램 중 가장 눈에 띄는 요소이다. 정확하게 설계되었을 때 시스템의 첨단기술 부분의 방호능력을 배가시킬 수 있다. 즉, 잘 설계된 방호 비디오시스템은 비디오 감시, 비디오 경비 순회(경비의 도보

그림 13.2 첨단기술 요소

순찰보다 많은 매 시간 시설의 순회), 비디오 추적(빌딩을 통하여 목표물을 추적)을 지원할 수 있다. 접근통제시스템은 경비비용에서 매년 수만 달러를 절약한다. 경보시스템은 조직의 감시 역량보다 훨씬 많은 곳에서의 경보를 제공한다.

저차원 기술대책은 일반적으로 아래와 같은 방호 프로그램의 물리적인 부분을 포함한다.

- 잠금장치
- 장벽
- 조명
- 표지판 체계
- 범죄예방환경설계(CPTED) 요소

저차원 기술요소(그림 13.3 참조)는 범죄행위의 가능성을 줄이고 적절한 행동을 장려하는 환경을 제공하기 위해 설계될 수 있다. 펜스는 경계를 규정하고 무단침입자가 펜스에 구멍을 뚫을 때 그 의도를 보여준다. 표지판 체계요소는 방문자를 그들의 목적지로 안내하는 것을 도우며 그들의 적절한 행동에 대한 조직의 기대를 알린다. 잠금장치와 장벽은 안전한 공간에 대한 통제를 유지하고 조명은 더 안전하고 더 방호적인 환경 조성을 돕는다.

그림 13.3 저차원 기술요소

무기술(no-tech) 대책은 일반적으로 아래와 같은 방호 프로그램의 운영요소들을 포함한다.

- 권한과 책임
- 방호부서(unit) 헌장에 대한 참조
- 최고경영자(CEO) · 의장 · 회장의 성명
  - 책임
    - 방호부서장
    - 방호감독관
    - 방호담당자
    - 방호 행정직원
    - 부서 관리자
    - 직원
    - 방문객
  - 방호정책 및 절차의 유지
- 인명의 보호
  - 무기 및 폭발물 식별 프로그램
  - 화학무기 방어 및 경감조치
  - 특이한 취약성에 대한 특수대책
  - 대감시(countersurveillance) 프로그램
  - 기준(baseline) 방호 프로그램의 모든 기타 측면들

■ 범죄예방

- 방호인식 프로그램
- 초소(Post) 및 순찰 보고서
- 사건보고
- 범죄조사 프로그램
- 법 집행 연락 프로그램
- 방호지식 프로그램
- 대감시 프로그램

■ 접근통제 프로그램

- 공공의, 반공공의, 통제된, 엄격하게 제한된 공간의 접근성을 확인
- 출입증 및 명찰 ID카드 프로그램
- 행사(functions), 회의, 이벤트
- 업무시간과 업무시간 외의 접근
- 차량, 모터사이클, 트럭에 대한 주차통제
- 화물선착장 및 우편배달실의 접근
- 잠금장치, 열쇠, 접근자격의 통제

■ 자산 및 재산 보호

- 장비의 방호
- 방호 하드웨어
- 보험범위
- 우편 수령 및 배달
- 회사 이름과 주소가 인쇄되어 있는 종이(headed paper)

■ 방호에 대한 개인의 책임

- 사무실 내
- 작업장 내 마약 및 불법 약물
- 작업장 내 무기
- 재산, 분실 및 발견

■ 경비

- 초소
- 순찰
- 대응
- 행정업무

• 훈련 및 경력 개발
• 임의의 대책(random countermeasures)

■ VIP 보호 프로그램
• VIP 사전평가
• VIP 방호 팀 연락
• 경호업무

■ 비상 방호계획
• 기상(weather) 비상사태
• 의료 비상사태
• 시민혼란 대응
• 재난복구계획

■ 위험분석의 반복

그림 13.4 무기술 요소

무기술 요소는 그림 13.4에서 나타난다.

왜 정책은 대책보다 선행되어야 하는가?

정책의 지원이 적용되지 않은 대책들은 필연적으로 완성도(completeness), 체계성(organization), 조정력(coordination)이 부족해 방호 프로그램의 무계획적이고 열악한 수행을 초래한다.

적절한 지원정책이 배치되지 않은 방호 프로그램은 보통 매우 나쁜 결과를 가져온다. 예를 들면, 어떤 기관에서 성미가 까다로운 고위 관리자가 그렇게 하기를 원하지 않을 때 방호 검문소를 통과할 것을 요청받았다. 논쟁이 뒤따랐고 그 결과 방호담당자는 부적절한 행동으로 기소를 당하고 고위 관리자는 징계조치를 요구했다(이곳에서 방호정책을 따르지 않은 유일한 사람은 고위 관리자라는 것을 기억하라.). 서로의 주장이 대립되는 상황에서, 고위 관리자는 승리했고, 그 방호담당자의 추방은 받아들여졌다. 이것은 아래와 같은 이유 때문에 발생했다.

■ 그곳에는 모든 직원들이 방호정책을 따르도록 요구되는 정책이 배치되어 있지 않았고, 관리자는 자신이 직원이 아닌 관리자이기 때문에 예외가 되어야 한다고 주장했다.
■ 그곳에는 방호담당자가 적대적인 사람을 다루는 방법에 대한 어떠한 정책이나 훈련도 없었고, 그래서 방호담당자는 "스스로" 최선의 대응방법을 결정하였다(목격자들은

방호담당자가 항상 정중했다고 주장했으며, 비디오가 이것을 증명하였다.).

- 그곳에는 관리자, 직원 혹은 기타 인원들이 방호담당자를 어떻게 대우해야 하는지에 관한 정책이 배치되어 있지 않았다(따라서 적대적인 행동에 대한 어떠한 페널티도 없었다.).
- 그곳에는 방호검문소에 어떠한 음성 녹음장치도 없었다. 그래서 비디오 증거에도 불구하고, 누가 무엇을 말했는지에 관한 고위 관리자의 주장은 문제되지 않고 통과되었다.
- 그 방호담당자는 정책의 부족으로 인해 고통받았다.

적절한 정책 없이는 방호 프로그램은 실패한다.

방호정책 목표

- **사람의 보호가 주된 목표이다** : 방호 및 직원, 하청업자, 공급업자, 방문자의 보호는 방호 프로그램의 주된 목표이다. 인권과 존엄성은 반드시 보장되어야 한다.
- **방호는 모든 관리자의 책임이다.** : 모든 부서의 기업 및 계통 관리자들은 자신들의 사업 활동의 방호 측면에 대한 책임을 지속적으로 의식하고 수행해야 한다. 방호부서들은 자신들의 조직과 자원 배분에 이런 책무들을 반드시 반영해야 한다.
- **재산**
  - 예방에 초점을 맞춘다. 방호사고 및 비상사태 예방이 최우선 사항이다.
  - 위협 및 취약성 평가와 위험분석은 반드시 최소 1년 단위로 정기적으로 수행되어야 한다.
  - 직원이 아닌 일상적인 시설 사용자들에게도 전문적인 방식을 통해 방호정책이 통보되어야 하고, 회사의 부지 내에서는 회사의 방호정책에 따를 책임이 있다는 것을 이해시켜야 한다.
  - 일상적인 업무에 있어서 방호의 영향을 최소화한다. 모든 방호절차는 조직의 일상적인 운영에 대한 영향을 최소화하는 방향으로 도입되어야 한다.
- **방호대책 체계** : 모든 방호정책은 위험을 억제, 감지, 평가, 대응하고, 기소(prosecution)에 대한 증거수집을 위해 첨단기술, 저차원 기술, 무기술 대책을 결합하여 사용하는 것에 초점을 맞추어야 한다.
- **일상적인 사고 대비** : 조직 및 조직의 방호부서에서는 반드시 매일 발생하는 방호사고를 처리할 준비가 되어 있어야 한다. 방호부서에서는 모든 일상적인 방호사고를 처

리할 정책과 절차들을 개발해야 할 것이다.

- **비상사고 대비** : 방호부서에서는 모든 유형의 예상 가능한 비상사태를 처리할 정책과 절차를 개발할 것이다.
- **방호 프로그램 감사(auditing)** : 방호조치 및 절차는 독립적인 방호전문가들에 의해 정기적으로 검사되고(inspected) 확인되며(verified) 입증되어야(validated) 한다.
- **방호부사 전문성(professionalism)** : 방호부서 직원은 반드시 높은 수준 또는 전문성, 지식, 진실성을 가지고 반드시 모범이 되어야 한다. 그 목적을 달성하기 위하여 방호부서들은 자격이 있는 직원만을 고용하거나 계약을 맺고, 방호부서 관리자 및 직원들의 적절한 훈련을 지속적으로 수행해야 하며, 훈련 및 업무성과에 따른 임금 상승 및 보너스를 제공해야 한다.
- **방호사고의 보고 및 후속조치** : 방호상의 결함이나 부조리를 포함한 모든 방호사고는 방호단위의 관리자에게 보고되어야 하며 방호사고 기록에 남겨야 한다. 후속조치로 시정조치가 수행되어야 한다.
  - 발생한 사고가 일상적인 것이고, 사용자들에게 표지판 체계를 알리는 것 같은 일상적인 대책을 필요로 하는지를 결정한다.
  - 발생한 사고가 잠재적인 위협 행위자에게 악용될 수 있는 취약성에 대해 분명히 밝히고, 건축학적·기술적 혹은 절차적인 대책으로 개선되어야 하는 것인지를 결정한다.
  - 발생한 사고가 현실적으로 사소하고 드물게 일어나고, 중요한 취약성을 나타내지 않으며, 따라서 어떤 경감조치도 필요로 하지 않는지를 결정한다.
  - 발생한 사고가 후속조치, 조사 또는 기소(prosecution)를 필요로 하는지를 결정한다.
- **방호부서 상담 역할** : 방호단위는 각 사업부서의 상담자로서의 역할을 수행할 것이고, 각 사업부서 관리자의 방호에 대한 이해와 개선을 지원하기 위해 부서에 정기적인 방호감사를 제공할 것이다.
- **경비원 무장을 포함한 작업장 내 무기** : 사업장에서 누군가에게 무기를 허용할 필요가 있을 경우 방호정책을 결정해야 한다. 정책은 지켜야 할 자산의 유형과 직면했던 위협에 기반을 두고 경비원의 무장 여부를 결정해야 한다(그 밖에 누가 사업장 내에서 무기를 소지하도록 허가하였는지를 포함). 만약 무장한다면, 정책은 무장경비원의 자격, 훈련, 실행을 보장하고 명확한 투입 규정하에 배치해야 한다.

방호대책 목표

모든 대책의 주된 목표는 하나 또는 그 이상의 특정 방호정책을 지원하는 것이다. 모든 대책의 주된 목표는 예방, 통제, 그리고 복구이다. 이것들은 다음의 기능들로 구분될 수 있다. 모든 대책은 다음의 7가지 기능 중 단지 하나 혹은 그 이상을 수행할 수 있는 능력을 가지고 있다.

1. 접근통제 지원
2. 방호사고 억제
3. 진행 중인 방호사고 감지
4. 방호담당자의 방호사고 평가를 지원
5. 시설 내외에서 침입자의 진행을 지연
6. 방호사고에 대한 대응을 지원
7. 방호사고의 증거 제시

접근통제 : 만약 범죄위협 행위자와 부적절한 사용자를 조직의 자산으로부터 떨어트려 놓을 수 있다면 방호는 훨씬 더 쉬워진다. 접근통제는 오직 허가된 사람만 조직의 자산에 접근할 수 있도록 보장한다.

방호사고 억제 : 억제(deterrence)는 어떤 방호 프로그램에서든 최선의 결과이다. 모든 대책들은 부적절하고 범죄적인, 또는 테러행위를 억제하는 것을 목표로 착수되어야 한다.

진행 중인 방호사고 감지 : 방호사고가 발생하면, 어디서든 진행 중인 그대로 그것을 감지하는 것이 중요하다. 사고 후에 감지된 방호사고는 그것을 제어할 수 있는 어떤 기회도 없이 보통 복구를 위한 최소한의 기회만을 제공한다. 감지는 경보, 카메라, 방호직원, 직원에 의해 이루어질 수 있다.

방호담당자의 방호사고 평가를 지원 : 일단 감지되면, 효과적이고 적절한 대응을 시작하기 위해 사고의 심각성이 반드시 결정되어야 한다. 위협 행위자의 수, 복장, 무기, 장비, 움직임, 폭력성, 목적지까지 이동경로, 진입지점과 진입방식, 감시와 발견에 대한 대비, 탈출에 대한 대비 모두 위협 행위자에게 대응하기 위해 필요한 조치들을 시사한다.

방호사고에 대한 대응을 지원 : 위에서 언급된 조건에 따라 대응이 만들어지고 파견될 수 있다. 대응은 콘솔(console)과 무전기를 통해 콘솔담당자와 콘솔감독관에 의해 관찰되고 관리되어야 한다.

방호사고의 증거 제시 : 방호사고 기간 동안 조사와 기소를 위한 증거를 기록하고 보존하는 특별한 주의가 기울여져야 한다.

대책을 위한 정책 지원

- 상응하는 정책의 지원을 받지 않은 어떤 대책도 존재할 수 없다.
- 대응은 목표물의 진입과 탈출을 지연하기 위한 조치들을 포함할 것이다.
- 개별 정책은 그것을 지원하기 위해 어떤 대책이 요구되는지 명시해야 한다.

주요 정책

다음은 어떤 좋은 방호 프로그램이라도 포함해야 하는 주요 방호정책의 목록이다. 이것들은 조직의 산업, 시설의 유형(사무실, 창고, 공장, 해상터미널 등), 지리적 지형의 독특성을 적용한 정책에 의해 증가되어야 한다.

권한과 책임

- **방호부서(unit) 헌장(charter)에 대한 참조** : 방호부서 헌장은 전체 방호 프로그램의 기반이 되는 기초서류이다. 이 서류는 조직을 위한 방호의 필요성을 계획하고 오직 방호 문제만 명확하게 다루는 단위 형성의 준비작업을 계획한다. 이 서류는 조직의 관리를 방호에 두는 중요성을 강조한다.

- **최고경영자(CEO) · 의장 · 회장의 성명(statement)** : 이 서류는 권위를 인정받는 목소리로 방호에 관한 조직의 강조점을 선언하고 모든 사용자에게 방호정책을 준수하는 방향을 제시한다.

- **책임** : 방호에 대한 책임이 있는 각각 조직의 개인들의 책임을 개략적으로 서술하면 아래와 같다.
  - **방호부서의 장** : 비전, 전략, 대책 및 정책 개발, 단위 매트릭스 분석 및 높은 수준의 조사, 훈련 프로그램 개발, 법 집행 연락, 방호지식 프로그램
  - **방호관리자** : 감독관 및 직원의 관리, 훈련, 일지 및 보고서 편집
  - **방호감독관** : 방호담당자의 감독, 일지 및 보고서 작성
  - **방호담당자** : 일반인을 상대, 초소근무 및 순찰, 일지 및 보고서 작성
  - **방호 행정직원** : 기록 보존과 방호관리자와 그 고객들의 연결 지원
  - **부서관리자** : 방호부서장의 지도(guidance) 및 검토를 받고 자신들의 사업부서의 방호에 대한 책임

- **직원** : 회사 재산 및 안전한 사업장 보호의 책임과 직원 자신과 자신의 재산을 위한 스스로의 개인적 방호의 책임
- **방문자** : 방문자 자신과 자신의 재산을 위한 스스로의 개인적 방호의 책임

■ **방호정책 및 절차의 유지** : 특정 정책은 정책 검토 절차, 새로운 정책의 도입 절차, 정책 변경 및 관리자의 정식 승인을 받기 위한 변경사항 제출 절차를 포함한 방호정책 및 절차의 유지를 다룰 것이다.

인명 보호

인명 보호는 모든 방호 프로그램의 주된 목적이다.

■ **무기 및 폭발물 식별 프로그램** : 모든 사업장 내에서 최대의 인명위협은 사업장 내의 무기, 폭발물, 화학무기의 존재이다. 좋은 무기 식별 프로그램은 자력 무기 탐지기, X선 식별, 폭발물 화학신호 탐지기를 포함한다.

■ **화학무기 방어 및 경감조치** : 화학무기 방어는 공기 흡입구의 화학물질 센서를 통해 자동적인 난방 차단, 환기, 에어컨(HVAC) 팬 작동으로 공기 흡입구를 보호하는 것을 포함한다.

■ **특이한 취약성에 대한 특수대책** : 취약성 발견에 따라, 위험분석가는 분석에서 발견된 특이한 취약점을 처리하기 위한 특수대책을 권고할 것이다.

■ **대감시(countersurveillance) 프로그램** : 테러공격을 예방하기 위한 최선의 방법은 어떤 공격의 수행에 앞선 그들의 감시 시도를 확인하는 것이다.

■ **기준(baseline) 방호 프로그램의 모든 기타 측면들** : 모두 종합해 보면, 전체 기준 방호 프로그램은 모든 유형의 공격에 대한 방어벽을 형성한다.

특수대책 예시

내 설계경력 초기에, 나는 잠재적인 범죄활동을 다루기 위한 특수대책의 필요성에 직면하였다. 나는 그 당시에 금융기관의 데이터 센터의 증축에 따른 설계를 하고 있었다. 그 건물은 높은 펜스로 둘러싸여 있었지만, 구역제한(zoning)의 규제 때문에 부지 내로 들어오는 차량들을 도로 위에 대기시킬 수 없었고, 구역관리 공무원들은 펜스가 도로를 가로질러 확장될 수 없다는 규정을 가지고 있었다. 그래서 도로 위의 펜스는 항상 열려 있었고 보행자들이 부지 내로 들어오는 것을 허용하였다. 그들은 밤늦게까지 일한 뒤 주차장까지 걸어가야 하는 많은 여성 직원들이 있다는 것을 알고 있었다. 이 지역에서 활동하는 것으로 알려진 갱단이 존재하였고 폭력범죄가 인근에서 발생해 왔다. 관리자

는 열려있는 펜스를 통해 들어온 침입자에 의해 직원들이 위협을 당할 수 있는 것을 우려했다.

나는 이 조직을 위한 아래와 같은 특수대책을 개발하였다.

■ 차량 입구를 통해 입장하는 보행자를 감지하는 시스템이 필수적이다. 보행자 감지기는 정확하게 펜스 라인에 맞춰 차량 입구를 가로질러 위치한 한 쌍의 포토 빔을 포함한다. 정확히 포토 빔 아래의 노면에는 차량감지 루프(loop)가 묻혀 있다. 차량이 빔을 통해 지나갈 때, 포토 빔에 의해 감지되고 또한 차량 루프 감지기에 의해서도 감지된다. 포토 빔이 차량을 감지하지만 루프도 역시 그것을 감지한다. 루프는 포토 빔을 중지시키도록 프로그램되어 있어 차량이 지나갈 때에는 아무런 경보도 발생하지 않는다. 하지만 보행자가 포토 빔을 가로지르면 차량 루프에는 감지되지 않아 경보가 작동하기 때문에 보행자를 감지할 수 있다.

■ 이것은 늦게 퇴근하는 직원들을 그들의 자동차까지 "호송"하고, 만약 주차장에서 위협적인 이방인을 맞닥뜨릴 경우 개입하기 위한 비디오·오디오가 결합된 시스템이다. 이 시스템은 다음 요소들을 포함한다.
- 메인 로비에 설치되어 호송이 필요하다는 것을 경비원에게 알리는 특수 목적의 카드 리더기
- 에스코트를 요청한 사람에게 그 요청이 콘솔담당자에게 인지되었다는 것을 알려주어 콘솔담당자가 지켜보는 가운데 주차장까지 이동할 수 있게 하는 카드 리더기 옆 불빛 신호등
- 건물 모서리에 부착된 장거리 적외선 조명과 고출력 확성기를 갖춘 낮은 광원의 회전식 비디오카메라

■ 호송시스템은 아래와 같이 수행된다.
- 늦은 시간에 주차장에 들어갈 준비가 되었을 때, 직원은 접수처에 있는 카드 리더기에 자신의 카드를 댄다. 이것은 방호콘솔에 신호를 보내고 경비원에게 호송 요청이 들어온 것을 알린다. 경비원은 카드 리더기 옆 불빛 신호등을 점등시키는 버튼을 눌러 호송 요청이 인지되었고 가능하다는 것을 알린다. 그런 후에 호송 요청을 한 직원은 건물을 떠날 수 있다.
- 직원이 건물을 떠날 때 직원의 모습은 건물 정면 출입구를 향해 있는 회전식 비디오카메라에 담긴다. 그런 후에 직원은 회전식 카메라를 조작하여 요청 직원이 자신의 자동차까지 이동하는 모습을 따라간다.

- 만약 의심스러운 인물이 나타나면, 이미 대기상태의 확성기 인터폰 버튼을 누른다.
- 경비원은 공격자에게 직원에게서 떨어지도록 경고하고 경비원을 파견하여 직원의 안전을 보장하고 공격자에게 주차장을 떠나도록 지시한다.

이런 사례는 특수대책의 전형적인 특성을 나타낸다.–즉, 특수대책은 억제, 감지, 대응업무를 완수하기 위해 일반적으로 다수의 시스템 요소와 절차들을 채용한다. 특수대책은 보통 특이한 문제에 대한 특이한 대응을 구성하는 요소들을 포함하고, 시스템 요소와 전통적인 방호 프로그램에서 찾아볼 수 있지만, 특별한 취약성을 다루는 독특한 방법으로 사용되는 절차의 결합을 사용한다.

범죄예방

범죄예방은 조직의 모든 방호 프로그램의 주된 목표 중 하나이다. 전형적인 범죄예방 전략은 다음의 정책들을 포함한다.

- **방호인식 프로그램** : 방호인식 프로그램은 사용자들이 범죄예방에 대한 자신들의 책임과 역할을 이해하도록 돕는다.

- **초소경비(post) 및 순찰 보고서** : 각 초소경비 및 순찰은 그들의 근무 또는 순찰 중에 발견한 어떤 이상(anomalies)이든 기록해야 한다. 이런 이상들은 수집되어 아래와 같은 범주에 따라 기록되어야 한다.
  - 정책위반에 대한 기록
  - 안전 우려 요소에 대한 기록
  - 정책에 의해 다루어지고 있지는 않지만 안전이 의심스럽거나 우려되는 상태에 대한 기록
  - 다루어지지 않는 취약성에 대한 기록

- 사건 보고
  - 사고는 어떤 사용자에 의한 어떤 행동적인 방호정책의 위반이다. 사고는 직원, 관리자, 방문자, 하청업자, 공급업자, 또는 시설과 관련되어 있지 않은 범죄자를 연루시킬 수 있다.
  - 사고는 범죄 혹은 정책위반 중 하나일 수 있다.
  - 모든 사고들은 방호정책에 부합되게 다루어져야 하고 모든 방호담당자의 참여에 의해 기록되어야 한다.

- 관리자는 모든 사고를 검토하고 그것들을 아래와 같이 분류해야 한다.
  - 생명 · 안전 침해
  - 방호정책 위반
  - 재산 침해
  - 기밀정보 침해
  - 사업평판 침해
- 지난 6개월부터 2년 전까지의 어떤 사고 경향이든 매월 단위로 분석하여 그런 사고를 예방하고 경향화된 사고와 관련된 어떤 행위든 경감시킬 수 있도록 추가적인 정책 또는 대책이 개발될 수 있어야 한다.

■ **범죄조사 프로그램** : 범죄적인 위반사건에 관한 해결되지 않은 사건에는 자체적인 조사 또는 전문적인 법 집행기관의 조사가 적합하다.

■ **법 집행기관 연락 프로그램** : 방호부서장은 다음을 위해 지역의 법 집행기관과의 관계를 형성해야 한다.

- 비상대응 절차의 개발, 유지, 테스트
- 조직의 관리범위와 관계된 법 집행기관의 방호 우려를 유지(경찰의 순찰에 대한 필요성 등)
- 지역의 법 집행기관과 친밀감 및 좋은 관계를 유지
- 범죄 경향, 전략, 방식, 전술에 관한 최신정보 습득
- 조직의 방호지식 프로그램의 유지를 지원

■ **방호지식 프로그램** : 모든 조직은 다음을 위해 방호지식 프로그램을 유지해야 한다.

- 범죄 경향, 전략, 방식, 전술의 파악
- 조직의 복지(welfare)와 관련될 수 있는 테러 또는 지역의 방호활동의 파악(데모의 가능성 등)

■ **대감시 프로그램** : 테러위험에 노출되어 있는 모든 조직은 테러공격에 앞서 수행되는 테러조직의 감시를 확인하고, 감시의 방해를 통해 테러공격의 가능성을 줄이거나 그 정보를 법집행기관에 알려 대테러 대책반의 추적을 지원하기 위한 대감시 프로그램을 가지고 있어야 한다.

접근통제 프로그램

범죄와 테러예방의 비결은 간단하다. 위협 행위자를 시설에 들이지 않는 것이다. 모든 조직은 모든 직원 및 하청업자의 전과기록 및 알려진 테러조직들의 소속 여부를 조사해야 한다. 조사되지 않은 사람을 고용하여서는 안 된다. 방문자 및 직원들은 "접근의 필요(need-to-access)" 기준에 의해 접근이 허용되어야 한다.

■ **공공의, 반공공의, 통제된, 엄격하게 제한된 공간의 접근성을 확인**
- **공공의 공간** : 건물의 메인 로비처럼 누구에게나 접근이 허용되는 공간
- **반공공의 공간** : 조직의 방호부서에 의해 승인을 받은 후에 직원의 안내 없이 대중이 이용할 수 있는 공간
- **통제된 공간** : 일반적인 직원들의 공간으로, 오직 심사받은 직원, 하청업자, 공급업자, 직원의 안내를 받은 방문자들만이 이용할 수 있는 공간
- **엄격하게 제한된 공간** : 이런 공간은 접근에 엄격한 심사를 필요로 하고, 오직 심사를 거친 직원들만 출입이 가능하며, 심사를 거쳤어도 직원의 안내 없이는 어떤 방문자나 하청업자의 입장도 허용되지 않는다.

■ **출입증 및 명찰 ID카드 프로그램** : 식별 및 접근통제 자격증의 개발, 사용, 통제를 위한 정책으로 접근통제시스템에서 사용되고, 이 구역에서 이 사람이 승인되었다는 것을 명백하게 나타내기 위한 사진이 부착된 ID카드의 사용 프로그램

■ **행사(functions), 회의, 이벤트** : 행사, 회의, 이벤트를 위한 접근은 명확하게 계획되어, 특히 보통의 업무시간보다 방문자의 존재가 더 통제될 수 있다.

■ **업무시간과 업무시간 외의 접근** : 일상적인 업무시간은 식별되어야 하고, 직원, 하청업자, 공급업자의 업무시간 외의 접근 제공은 설정되고 지켜져야 한다.

■ **차량, 모터사이클, 트럭에 대한 주차통제** : 주차는 대부분의 시설에서 지속적인 문제이다. 경영진, 직원, 방문자, 그 외의 사람들을 위한 주차공간은 표지판과 접근통제 조치에 의해 식별되어야 한다.

■ **화물선착장 및 우편배달실의 접근** : 선착장으로의 접근은 테러방지와 범죄예방의 이유에서 통제되어야 한다. 차량 및 운전자의 검열과 운전자의 시설로의 접근에 관한 정책은 철저하게 통제되어야 한다.

- **잠금장치, 열쇠, 접근자격의 통제** : 잠금장치 및 열쇠에 의한 통제는 접근통제시스템에 의한 방호가 아닌 공간에 대한 통제를 유지하는 데 필수적이다. 마스터 키 시스템과 컴퓨터 도어락, 키 관리는 크게 도움이 된다. 많은 조직에서는 그들만의 자물쇠 제조 시설을 유지 관리한다. 만약 그렇다면, 이것들은 승인되지 않은 열쇠가 만들어지는 것에 대해 매우 철저히 통제하고 보장할 것이다.

자산 및 재산 보호

재산통제는 내부시설, 가구, 장비, 기밀정보를 포함한 조직의 재산 보호에 필수적이다.

- **장비의 방호** : 장비 마킹(marking)과 재산통제시스템 바코딩(bar coding)에 관한 정책(이런 기능은 시설 부서의 관리 하에 있을 것이다.)
- **방호 하드웨어** : 방호 하드웨어는 목록을 만들고 기능성을 위해 정기적으로 감사되어야 한다.
- **보험범위** : 보험의 적용을 받는 모든 재산, 내부시설, 가구, 장비들은 가격이 평가되고 목록화 되어야 한다(이런 기능은 시설 부서의 관리 하에 있을 것이다.).
- **우편 수령 및 배달** : 모든 우편물과 수화물이 실제로 그것들의 의도된 수취인에게 배달될 수 있도록 보장하는 정책
- **하역장 및 선착장 통제** : 정책은 출하되는 물건이 모두 승인된 것이고 배송부서를 통해 의도하지 않는 회사 재산의 유출이 발생하지 않도록 배송·수송을 조정해야 한다.
- **회사 이름과 주소가 인쇄되어 있는 종이(headed paper), 수표, 구입 주문서** : 회사의 이름이 인쇄되어 있는 편지지, 봉투, 수표, 구입 주문서, 기타 금융증서 같이 회사의 공식적인 승인의 의미를 담고 있는 양식을 보호하는 정책이 개발되어야 한다.

방호에 대한 개인의 책임

개인적인 방호는 방호부서가 아닌 사용자에게 달려 있다. 하지만 안전하고 범죄로부터 자유로운 사업장의 보장을 위한 정책이 개발되어야 한다.

- **사무실 내** : 모든 직원, 하청업자, 공급업자, 방문자들이 개인적인 방호, 자신들의 재산에 대한 방호, 다른 사람들과 회사의 재산에 대한 방호에 대해 자신들의 책임을 이해하도록 하는 정책을 개발
- **작업장 내 마약 및 불법 약물** : 사무실 내 마약 및 밀수품에 관한 정책은 반드시 분명해야 하고 모호하지 않아야 하며 잘 집행되어야 한다. 금지규정, 처벌, 상담 또는 재

활의 조항이 정책에 포함될 것이다.

- **작업장 내 무기** : 관리자는 반드시 사업장 내의 방문자와 직원뿐만 아니라 방호인력들에 관해서도 무기에 관한 정책을 결정해야만 한다. 이것은 많은 구역 내의 개별조직 결정의 문제이다. 더욱이, 사유지에서 누가 무기를 소지할 수 있고 소지할 수 없는지를 결정하는 법률이 만들어지고 있다.
- **재산, 분실 및 발견** : 재산의 분실 및 발견과 그것의 보관, 식별, 반납 혹은 처분에 관한 정책이 반드시 만들어져야 한다.

경비

경비는 방호부서의 "얼굴"이며, 조직이 방호 책무(commitment)를 어떻게 여기는지에 대한 조직의 문화를 나타낸다.

- **초소** : 보통 접근통제에 대해 승인해 주는 전용 초소는 반드시 설치되어야 한다. 방호정책이 어떤 형태의 초소가 설치되고 언제 인력이 투입될 것인지를 명시할 것이다.
- **순찰** : 방호 순찰은 지속적인 방호의 존재에 대한 표시(indication)와 범죄행위를 경계하고 방호 위반에 대한 감시를 강조하는 책무를 나타낸다. 순찰의 목적과 범위, 수행빈도를 확인하는 정책이 수립되어야 한다.
- **대응** : 대응의 종류 및 방법과 초기 훈련, 시나리오 테스트 · 지속적인 훈련과 함께 비상 대응자와의 협력에 관한 정책이 수립되어야 한다.
- **행정업무** : 전화응답, 일지 및 기록 보관 등의 방호부서의 행정업무에 관한 정책이 수립되어야 한다.
- **훈련 및 경력 개발** : 경비를 위한 기본적이고 지속적인 훈련에 관한 정책이 개발되어야 한다. 경비는 그들 스스로 경력 훈련에 대한 책임이 있다. 수행하지 않는 이들은 탈락되어야 한다.
- **임의의 대책**(random countermeasures) : 모든 방호 프로그램은 대책 절차에서 임의 적용에 대한 규정을 포함하여 공격을 계획하고 있는 관찰자가 경비의 순찰시기 또는 특정 검사방식의 사용에 대해 절대 알아차리지 못하게 해야 한다.

VIP보호 프로그램

대부분의 조직에는 그들의 관리자 또는 방문자와 같은 특정 VIP들이 있다. 이런 특별한 방호의 필요성을 갖는 중요 인물들을 정중하게 수용하기 위한 정책이 개발되어야 한다.

- **VIP 정의** : 정책은 누가 VIP인지를 결정해야 한다. 믿기 힘들 만큼 많은 수의 관리자, 직원, 방문자들이 그런 대우를 받아야 한다고 생각하거나 자신의 방문자가 그렇게 대우받도록 방호부서에 압력을 가한다. 이것은 경솔한 요구로 방호인력을 압도할 수 있다.
- **VIP 사전평가** : 진정한 VIP는 사전평가를 필요로 하며, 그들의 방문은 항상 사전에 예고된다. VIP와 그 VIP가 동반한 경호 팀을 수용하기 위해 사전에 특히 대비해야 하는 것이 진정한 VIP에 대한 명확한 정의 중 하나이다. VIP인 척하는 이들은 보통 예고 없이 방문하여 특별한 대우를 요구하겠지만, 진정한 VIP들은 보통 자신의 경호 팀에 의한 사전평가를 요구한다. 방호부서는 이런 요구를 처리하기 위한 숙소를 가지고 있어야 한다.
- **VIP 경호 팀 연락** : VIP가 도착하기 전과 VIP의 도착 후에, 방호부서는 VIP의 경호 팀과 연락을 취해야 할 것이다. VIP의 경호 팀은 아래와 같은 것들을 숙지할 필요가 있다.
  - VIP의 배치, 입장 및 퇴장경로와 시설 및 회의장소를 통과하여 들어오고 나가는 동안 적용되는 방호규정
  - VIP가 어디서 누구를 만나는지와, 그 장소에 대한 방호규정과 참석자
  - VIP의 경호 호송 팀에 대한 규정(인접 대기실, 음식 등)
  - VIP가 구내에 있는 동안 접근할 필요가 없는 인물들의 참석을 최소화
  - VIP가 구내에 있는 동안 VIP에 대한 접근과 VIP 경호 팀의 무기 소지에 관한 정책
- **경호업무** : 조직의 초소경비, 순찰경비, VIP의 방문 동안 방호를 위해 배정될 어떤 특수 경비원들에게 VIP 경호 팀과의 연락을 익숙하게 만들어라.

비상 방호계획

비상사태는 발생할 것이다. 방호부서는 반드시 비상사태를 수용할 정책을 준비해 두어야 하고, 그렇지 않았다면 혼란을 가져올 것이다. 아래와 같은 유형의 비상사태를 다루기 위한 정책들이 수립되어야 한다.

- 기상(weather) 비상사태(및 자연재난)
- 의료 비상사태
- 정전 또는 통신두절
- 시민 혼란 · 폭동 대응
- 재난복구계획

위험분석의 반복 : 위험분석의 빈도에 관한 정책이 수립되어야 한다(매년 수행하는 것을 추천한다.). 이것은 자가평가 또는 관련 전문가(SME)에 의한 것일 수 있다. SME에 의한 위험분석은 보통 고위 관리자에 의해 잘 수용되며, 따라서 대책을 수행하는 비용이 상당하거나 비용적인 상승이 기대된다거나 방호상태 또는 업무기능이나 건물구조에 변경이 있었다면 보통 SME 분석이 최선의 방법이다.

요 약

방호분석가는 다른 어떤 대책들을 추천하기 이전에 아래와 같은 질문에 답하기 위하여 방호정책 목표의 필요성을 다루어야 한다.

- 어디에서 접근통제 기술이 작동해야 하는가? 그리고 어디에서 경비원이 카드 리더기 대신 배치되어야 하는가?
- 어디에서 카메라가 사용되어야 하고, 무엇을 찍어야 하며, 무엇을 찍는 것이 금지되어 있는가?
- 어디에 경보기가 필요하고, 어디에서 그것들이 문제가 될 것 같은가?
- 어떻게 범죄예방환경설계(CPTED)가 방호인력과 기술의 필요성을 줄이기 위해 사용될 수 있는가?
- 어떤 상황에서 방호기술이 도움이 되지 않고 실제로 해가 되는가?
- 어떤 종류의 방호자격증명(credential)이 필요한가?
- 최선의 결과와 가장 경제적인 것 사이에서 적절한 균형을 달성하기 위해 첨단기술(hi-tech), 저차원 기술(lo-tech), 무기술(no-tech)의 방호 해결책이 어떻게 융합되어야 하는가?
- 언제 경비원이 카드 리더기보다 더 나은가?
- 주변 감지에 어느 정도 주의를 기울여야 하는가?
- 카메라가 실내공간에서 사용되어야 하는가? 그리고 어디에서 사용되어야 하는가?

이런 질문들은 계속 이어진다.

방호 프로그램에서 정책의 역할

정책은 대책이 성공할 수 있게 보장하는 지지구조물이다.

정책은 의무적인 것이고 반드시 따라야 하는 것이다. 정책을 준수하지 않았을 때에 따르는 페널티도 존재한다. 정책은 그 안에 나타나는 유일하게 보편적인 것이며, 그 적용 또한 보편적이다. 정책은 집행의 권한을 부여한다. 정책은 달성해야 할 목표도 설정하지만 방호 프로그램을 측정할 수 있는 매트릭스이기도 하다. 방호정책은 방호 프로그램을 위한 계획이다.

방호정책은 프로그램의 다른 모든 것들을 위한 "로드맵"을 만든다. 어떠한 좋은 방호 프로그램이든 다음을 위한 방호정책을 포함해야 한다.

- 범죄 및 테러예방 요소
- 구내(campus), 건물, 주차장에 대한 접근통제
- 장비 및 서류에 대한 자산 보호
- 방호에 대한 개인별 책임
- 방호기술의 사용
- 비상계획 수립
- 위험분석 반복

방호 프로그램에서의 대응하는 역할

만약 방호정책이 "무엇을" 해야 하는지를 결정한다면, 대책은 그것을 수행하는 것이다. 좋은 방호 프로그램 안에는 세 가지 넓은 형식의 대책이 포함되어 있다.

1. 첨단기술(hi-tech)
2. 저차원 기술(lo-tech)
3. 무기술(no-tech)

첨단기술 대책은 일반적으로 다음을 포함하는 방호 프로그램의 전기적인 부분이다.

- 접근통제시스템
- 디지털 비디오시스템
- 방호 경보시스템
- 쌍방향 음성통화시스템
- 정보기술 방호(항상 정보 기술부서의 부분집합)

일상적인 방호 프로그램은 다음에 대한 정책을 포함해야 한다.

- 권한과 책임

- 방호부서(unit) 헌장에 대한 참조
- 최고경영자(CEO) · 의장 · 회장의 성명
- 인명의 보호
- 범죄예방
- 접근통제 프로그램
- 자산 및 재산 보호
- 방호에 대한 개인의 책임
- 경비
- VIP 보호 프로그램
- 비상 방호계획
- 위험분석의 반복

CHAPTER 14

효과적인 방호정책 개발

서 론

이번 장을 마치면, 당신은 방호정책, 정책 변경의 계기, 정기적인 정책 검토 전문가의 필요성, 정책 자격요건, 기본적인 방호정책, 규제 –및 비규제 –중심의 정책을 개발하고 도입하는 절차에 대해 이해하게 될 것이다.

방호정책의 개발 및 도입을 위한 절차

방호정책을 개발하고 도입하는 절차는 몇 가지 분명한 절차들을 가지고 있다.

- 정책 변경을 촉발하는 계기적인 요소
- 정책 검토 요청
- 정책 영향평가
- 관련 전문가(SME) 검토
- 고위 관리자 검토 및 승인

정책 변경의 계기

방호정책 본래의 개발에 더하여, 조직이 하나 혹은 그 이상의 방호정책을 더하거나 변경을 원하는 데에는 여러 가지 이유가 있다.

- **변화하는 방호 전망과 수정된 위험분석을 대비한 방호정책의 연간 검토** : 모든 방호정책은 매년 검토되어야 하며 다음의 고려사항을 포함해야 한다.
  - 이 정책이 중요한 목적에 도움이 되고 있는가? (예방, 통제, 복구)
  - 정책의 목표가 여전히 유효한가?
  - 정책이 준수되고 있는가? 아니면 그 정책을 회피하기 위한 적극적인 노력들이 있는가?
  - 이것은 정책의 목표를 달성하기 위한 가장 효과적인 방법인가?
- 기술의 변화가 정책을 구식으로 만들거나 변경을 필요하게 만든다.
  - 기술의 변화는 때때로 정책의 필요성을 제거하고, 그런 변화는 때로는 정책이 수행되는 방법의 유형을 간단히 바꾼다(예를 들어, 정보기술이 부각되면서 예전에는 종이 서식으로 다루어져 왔던 기밀정보와 관련된 모든 정책의 변경). 또한 방호기술이 좀 더 정보 기술적 기반으로 발달하게 됨에 따라 기술적 기준의 변화가 필요하다.
  - 어느 경우이든 정책의 표현에 대한 변경이 필요할 것이다.
- **어떤 정책에서도 다루고 있지 않아 악용될 여지가 있는 취약성의 증거** : 때로는 범죄자와 테러리스트의 새로운 전술의 사용은 예전에는 악용되지 않았던 새로운 취약성의 발생을 야기한다. 이런 경우에 정책은 새로이 발생한 위협을 수용할 수 있게 변경되어야 한다.
- **규제 준수의 필요사항** : 방호 프로그램이 좀 더 규제 중심적으로 바뀜에 따라, 규제를 다루기 위한 새로운 정책이 반드시 나타나야 한다.
- **고객의 요청** : 때로는 조직의 변화 또는 사업부서의 기능 변화는 새로운 정책을 결정하는 기준이 된다.
- **정책 만료**(expiration) : 어떤 정책들은 만료일과 함께 만들어진다. 예를 들어, 어떤 정책들은 매년 갱신 없이 자동적으로 만기가 된다. 이런 경우는 변경 또는 갱신을 요청한다.
- **성명서(position paper)는 새로운 정책의 필요성을 만들어 낸다.** : 방호부서의 장은 매년 방호와 관련하여 발생한 이슈에 대해 성명서를 발표할 것이다. 이런 성명서는 때로는 문제가 되는 이슈를 다루기 위한 정책에 관한 논의를 촉발한다.
- 방호부서가 어떤 방호정책의 결점, 타당성, 필요성에 대한 논의에 관해 모든 고객의 대화에 기울일 것을 권장된다.

정책 검토 요청

방호정책에 대한 어떤 요구든 방호부서장에 의해 정책 영향평가서와 함께 관리자에게 제출되어야 한다.

정책 영향평가서

- 정책 영향평가서는 정책 또는 기준의 변경 요청에 첨부되어야 한다.
- 정책 영향평가서는 변화와 그에 대한 영향을 강조해야 한다(그림 14.1 참조).
  - 신규 또는 변경된 정책의 설명
  - 신규 또는 갱신된 정책에 대한 정당성 또는 근거
  - 변경하지 않은 정책의 위험 식별
  - 영향을 받은 이해관계자 식별
    - 정책이 수행되지 않는다면 누가 영향을 받을 것인가.
    - 정책이 수행된다면 누가 영향을 받을 것인가.
  - 정책 변경의 수행에 대한 의존성 식별
    (즉, 규제, 기술, 조직 등)

그림 14.1 정책의 영향 – 제한적인 취약성

- 절차 변경은 정책 영향평가서를 요구하지는 않지만 방호정책의 수행을 수용하거나 개선하려는 방호부서장의 필요에 따라 변경될 수 있다.
- 정책 변경은 두 가지 방법 중 하나로 제출될 수 있다.
  1. 매년 한 번으로 예정된 검토
  2. 새로 발생하거나 최근에 식별되어 어떤 정책도 경감에 효과적이지 못한 취약성을 처리하기 위한 검토

관련 전문가(SME) 및 관리자 검토 절차

- 방호관련 전문가(SME)는 정책 영향평가서와 관련되어 제시된 정책들을 검토하고 방호부서장과 함께 협력하는 방식으로 그 문서를 입증하거나 변경사항에 대한 권고안을 만들어야 한다.
- SME는 변경사항에 대한 어떤 견해를 확인하거나 변경의 필요성 또는 부족함을 강조하는 검토보고서를 돌려줄 것이다.
- 방호부서장은 SME와 협력하거나 독립적으로 변경사항을 구성할 수 있고, 그것을 SME에게 제출하여 검토와 견해를 받을 수 있다. 협력적으로 변경사항을 구성하는 것이 가장 사려 깊은 절차를 진행하는 최선의 방법이다. SME는 정책의 철저한 조정의 보장을 돕기 위해 자신의 견해를 방호부서장에게 보내야 한다.
- 다음의 SME의 검토 및 협력적인 변경의 결과에 관해, 방호부서장은 SME의 보고서에 따라 변경된 정책을 제출하거나 SME의 의견에 동의하지 않고 SME의 보고서에 의해 권고된 변경사항에 대한 수정 없이 방호부서장이 지지하는 정책의 초기 형태로 정책 영향평가서와 제안 정책을 제출할 수 있다.
- 방호관리자는 그런 후에 정책 영향평가서 및 제안 정책을 검토할 것이고, 그것들의 승인을 받기 위해 고위 관리자에게 제출하거나 방호부서장에게 수정을 권고할 것이다. 권고안이 SME의 권고안에 따르고 있지 않다면, 그것들은 더 나은 검토와 견해를 받기 위해 SME에게 다시 제출될 것이고 그 과정은 다시 한 번 반복될 것이다.
- 제안 정책은 (만약 이 정책이 조직의 사업 운영에 영향을 준다면) 고위 관리자의 검토를 받기에 앞서 인사부서(HR)와 법무부서의 검토 역시 받아야 한다. 각 부서에서 정책에 관한 견해를 더할 것이고, 만약 권고안이 눈앞에 있지 않는다면 그 견해들은 너 나은 견해를 위해 SME와 방호부서장에게 다시 전달될 것이다. 강조하고자 하는 것은 인사부서와 법무부서의 견해에 대한 방호부서장과 SME의 검토 없이 "과정 속에 권고안을 넣는 것"은 현명하지 못한 것이다. 이런 부서들은 그들의 생각을 충분

히 이해하지 못한 상태에서 매우 빈번하게 견해를 표기하곤 한다. 이것은 더할 나위 없이 좋은 문서를 망칠 수 있다. 대부분의 인사부서 및 법무부서의 견해는 공동작업 과정에서 쉽게 해결될 수 있고, 어떤 인사·법무부서의 견해도 대응 견해나 협력작업을 허용하지 않았던 방호부서장과 SME의 권고안을 겨냥해 제거할 수 없어야 한다.

- 마지막으로, 고위 관리자가 정책의 변경에 대한 검토 및 승인을 하거나 거부할 것이고 견해를 제공해 줄 것이다. 만약 거부되었다면, 정책은 해마다 또는 취약성이 발생했을 때 다시 제출될 것이다.

정책 요구사항

정책은 반드시 해야 한다.

- 수행될 수 있고 집행될 수 있어야 한다.
- 정확하고 이해하기 쉬워야 한다.
- 생산성과 보호의 균형을 맞춰야 한다.

정책은 해야 한다.

- 정책이 왜 필요한지 이유를 명시해야 한다.
- 정책에 의해 무엇이 다루어지는지를 설명해야 한다.
- 책임과 접목해 있는 부분을 정의해야 한다.
- 위반을 처리하는 방법에 대해 논의해야 한다.
- 필요하다면 매년 검토하고 갱신되어야 한다.

기본 방호정책

새로운 방호 프로그램을 설정하는 과정에서, 방호부서장은 반드시 필요한 기본정책이 무엇인지를 정해야 한다. 이것들은 다음을 포함할 것이다.

- 방호정책에 대한 관리자의 지원을 확립
- (정책 개정 이력을 포함하여) 방호정책의 개발 및 수행 가이드라인 수립
- 접근통제 설정
  - 구역 접근 수준 설정

- 다양한 사용자 등급에 대한 접근권한 설정
- 다음에 대한 출입심사 및 권한 승인 설정
  - 고용 및 계약
  - 관리자
  - 직원
  - 하청업자
  - 공급업자
  - 방문자
    - ▶ VIP
    - ▶ 대중
    - ▶ 부서 방문자
  - 입주 부서
  - 구내로의 차량 출입
  - 사용자의 등급에 따른 주차장

■ 다음에 대한 행동의 기준 설정

- 시설의 사용
- 내부 도로 및 도로변의 사용
- 직원, 방문자, 방호담당자 사이의 의사소통 예의
- 방호담당자의 지시에 대한 존중

■ 방호초소경비 및 순찰에 대한 기준 설정

- 초소경비의 목적은 무엇인가?
- 정기적 순찰과 조사를 위한 순찰의 목적 및 목표는 무엇인가?
- 사고 대응을 위한 기준들은 무엇인가?

■ 경보, 비디오, 모니터링(monitoring), 라디오, 방호관리자와 사고에 대응하는 사람 사이의 협조를 포함한 방호기술의 사용에 대한 기준 설정

■ 방호부서, 직원, 방문자에 대한 무기정책 수립

■ 공공기관 연락 프로그램에 대한 기준 설정

■ 위기관리 프로그램에 대한 기준 설정

■ 정보기술 방호 연락 정책 설정

■ 부서관리 방호 연락 정책 설정

■ 방호조사 프로그램에 대한 기준 설정

■ 방호정보 프로그램에 대한 기준 설정

■ 다음을 위한 훈련에 대한 기준 설정

- 방호관리자
- 방호직원

• 방호 하청업자

■ 방호관리자 매트릭스 설정

방호정책 수행 가이드라인

■ 정책 강령(statements)

• 왜 특정 정책이 필요한가?

• 정책이 다스리려고 노력하는 행위는 무엇인가?

• 정책은 어떤 갈등 또는 문제를 해결하려는 의도를 갖는가?

• 정책을 갖는 종합적인 이익은 무엇인가?

• 누가 반드시 정책을 준수해야 하는가?

• 자신의 업무수행을 위해서 누가 반드시 정책을 이해해야 하는가?

• 정책을 시행하기 위해 어떤 기술이 사용되는가?

• 정책에 어떤 예외사항이 존재하는가?

■ 참조

• 정부규정 또는 산업기준의 참조

■ 집행

• 정책위반에 대한 페널티의 정의

규제 중심의 정책

많은 방호정책들은 정부규제에 따라 움직인다. 더 나아가, 규제는 정책뿐만 아니라 전체 방호 프로그램의 배후에서 원동력 및 필요조건이 되어가고 있다. 특히 교통, 에너지, 화학, 의료기관 같은 중요 기반시설에서의 규제는 핵심적인 역할을 수행하고, 핵심적이지 않더라도 조직이 수행하는 방호규정의 성격 및 범위를 결정하는 역할을 수행한다.

미 국토안보부(DHS)는 방호규제에 관한 벤치마크 기관으로, 많은 나라에서 자신들의 방호규정의 모델로 DHS의 규정을 모방하고 채택하거나 사용해 오고 있다.

■ 중요한 지침이 DHS에 의해 아래와 같은 형태로 제공된다.

• www.dhs.gov/xlibrary/assets/NIPP_Plan.pdf에서 다운로드 받을 수 있는 국가 기반시

설 보호 프로그램(NIPP)

- NIPP의 구성요소에는 다음이 포함된다.
  - 미국 시민권이민청(국경 보호를 위한 최악의 모델일 것이다.)
  - 미국 해안경비대(USCG)
  - 미국 관세국경보호청
  - 미국 연방비상관리기구(FEMA)
  - 미국 이민세관국(ICE)
  - 미국 교통안전청(TSA)

■ 관련 법 및 기준은 다음을 포함한다.1)

- 2002년 효과적인 기술 조성에 의한 대테러 지원법(SAFETY Act)
- 1969년 국가환경정책법(NEPA)
- 2002년 중요 기반시설정보 보호절차법
- 미국 보건복지부의 국제법 104-191 집행 : 보건의료정보 보호를 위해 중대한 방호조치를 요구하는 1996 건강보험 이전 및 책임법(HIPAA).
- 2002년 사베인즈-옥슬리(SOX)법은 엔론(Enron), 타이코 인터내셔널(Tyco International), 에델피아(Adelphia), 페레(Peregrine) 시스템, 월드컴(WorldCom) 등 다양한 주요 기업 및 회계 스캔들에 대한 대응으로 제정되었다. 모든 미국 상장 기업 이사회, 경영진, 공공 회계법인에 대한 법률 수립 기준은 있지만 비상장 기업에는 적용되지 않는다. 이 법은 회계기록의 관리와 위반에 대한 처벌을 다루고 있다. 방호에 관련하여 이 법은 이 중에서도 명찰 착용, 비디오 데이터베이스, 전자메일에 적용할 수 있다.

■ 관련 정책은 아래와 같다.

- 내부 정보교환 및 공유를 위한 국토안보부의 정책

■ 국토안보부의 추가 법률과 규제는 아래와 같다.

- 정보 공유 및 분석2)
  - HSPD-3 : 국토안보 자문시스템(HSPD-5 개정)은 연방정부, 주정부, 지방자치단체와 미국 시민들에게 테러의 위험에 대한 정보를 보급하기 위해 포괄적이고 효과적인 수단을 수립하였다.

---

1) www.dhs.gov/xabout/laws/
2) www.dhs.gov/xinfoshare/laws/index.shtm.

– HSPD-7 : 중요 기반시설 식별, 우선순위 결정, 보호 : 미국 중요 기반시설과 주요 자원을 식별하고 우선순위를 정하며, 그것들을 테러의 공격으로부터 보호하기 위한 연방정부 부서 및 기관의 국가 정책을 수립한다.
– 최종 규칙 : 보호되는 중요 기반시설의 정보를 처리하기 위한 절차 : 이런 절차는 미국 국토안보부에 자발적으로 제출된 중요 기반시설 정보의 접수, 검증, 처리, 저장, 표시, 사용을 제어한다.
– 2002년 중요 기반시설정보법(CII Act) : CII법은 중요 기반시설의 소유자 및 운영자와 중요 기반시설에 대한 보호책임이 있는 정부기관 사이에서 보다 많은 중요 기반시설 정보의 공유를 용이하게 하려 노력함으로써 국가의 테러에 대한 취약성을 줄인다.

• 예방 및 보호
  – 국경 방호
    ▶ 실명 ID 최종 규정
    ▶ 미국 방문 항공 및 해양 출구에 대한 제안된 규제 제정의 공지
    ▶ 미국 방문 최종 규제 : 추가 외국인, 추가 신체인식 데이터, 확장된 항만의 등록
    ▶ 서반구 여행계획(WHTI)
  – 여행 방호
    ▶ 여행 허가를 위한 전자시스템(ESTA) 프로그램을 시행하기 위한 비자면제 프로그램의 변경사항 : 임시 최종 규정
    ▶ 미국에 도착 및 출발하는 개인 항공기에 대한 고급 정보 : 제안된 규제 제정의 공지
  – 여행절차
    ▶ HIV에 감염된 특정 비이민 외국인에 대한 미국 임시 입국비자 및 허가서 발급
  – 기반시설 보호
    ▶ 2002년 중요 기반시설정보법
    ▶ 최종 규칙 : 보호되는 중요 기반시설의 정보를 처리하는 절차
    ▶ 화학시설 대테러 기준 : 임시 최종 규정
  – 화학 방호
    ▶ 화학 방호(화학시설 대테러 기준[CFATS])
  – 고용문제
    ▶ 고용인 검증
    ▶ 사회보장 불일치 : 불일치 판정을 받은 고용주를 위한 안전피난 절차

▶ 선택적 실무교육 임시 최종 규정

▶ H-2A 변경이 제안된 임시 농업노동자 프로그램

• 대비 및 대응[3]

－HSPD-5 : 국내 사고의 관리 : 포괄적인 단일국가 사고관리시스템을 구축함으로써 미국의 국내 사고를 관리하는 능력을 향상

－HSPD-8 : 국가적 대비 : 사고 대응에서 향상된 조정을 위한 단계의 식별

－이 지시문은 연방정부 부처와 기관이 테러사건의 초기단계에서 예방활동을 포함하여 이러한 대응을 준비하는 방법을 설명한다. 이 지시문은 HSPD-5에 동반된다.

－HSPD-8 부록 1 : 또한 공식적으로 국가 계획에 대한 기준 및 포괄적인 접근방식을 설정하여 미국의 대비를 강화한다.

미국 교통안전국(TSA)은 연방 규정집(CFRs)의 49번 제목으로 정리된, 7장 1500번에서 1699번까지 부분의 교통 방호규정(TSRs)을 발표하고 관리한다.[4]

교통의 모든 유형에 대한 방호규칙은 하위장 B, CFR 1520에 포함되어 있다. 민간항공 방호는 하위장 C, CFRs 1540, 1542, 1544, 1546, 1548, 1550, 1552, 1562에서 다루어진다. CFRs 556와 1560은 보류되어 있다.

해운교통 방호는 하위장 D, CFRs 1570과 1572에서 다루어지고 1580은 보류되어 있다.

행정 및 절차상의 규칙은 하위장 A, CFRs 1500, 1502, 1503, 1507, 1510, 1511, 1515에서 다루어진다.

비규제 중심의 정책

비규제 중심의 정책은 법률이나 규정에 의해 요구되지 않는 모든 정책을 포함한다. 그러나 이들의 대부분은 조직의 헌장에 의해 요구된다.

다음을 위한 정책이 주요 정책개발에 포함되어야 한다.

■ 인명 보호

■ 사업 운영 보호

■ 기밀정보 보호

■ 조직의 사업평판 보호

3) www.dhs.gov/xprepresp/laws/index.shtm.

4) www.tsa.gov/research/laws/regs/editorial_multi_image_with_table_0205.shtm.

■ 재산 보호

모든 방호정책의 목표는 이런 중요한 자산 중 하나 이상을 보호하기 위한 것이어야 한다.

이러한 목표를 달성하는 정책의 유형은 아래와 같다.

■ 정책 기초

- 방호정책에 대한 관리자의 지원 확립
- 방호정책 개발 및 실행지침 수립
- 시설 방호계획 수립
- 방호관리 지표 설정

■ 인명 보호

- 접근통제 정책
- 무기 · 폭발물 검열 정책
- 위기관리 프로그램 정책
- 방호정보 프로그램 정책
- 기준행동 정책
- 방호초소경비 및 순찰 정책
- 방호기술 정책
- 무기 정책
- 방호인식 프로그램 정책
- 방호훈련 정책

■ 사업운영 보호

- 접근통제 정책
- 무기 · 폭발물 검열 정책
- 위기관리 정책
- 재해복구 정책
- 방호초소경비 및 순찰 정책
- 기준행동 정책
- 방호기술 정책
- 공공기관 연락 정책
- 정보기술 연락 정책
- 부서관리자 연락 정책
- 방호조사 프로그램 정책
- 방호정보 프로그램 정책
- 방호훈련 정책
- 방호관리자 지표 정책

■ 기밀정보 보호

- 접근통제 정책
- 무기 · 폭발물 검열 정책
- 위기관리 정책
- 재해복구 정책
- 방호초소경비 및 순찰 정책
- 기준행동 정책
- 방호기술 정책
- 정보기술 연락 정책
- 부서관리자 연락 정책

■ 조직의 사업평판 보호

- 접근통제 정책
- 무기 · 폭발물 검열 정책
- 위기관리 정책
- 재해복구 정책
- 방호초소경비 및 순찰 정책
- 기준행동 정책

- 방호기술 정책
- 정보기술 연락 정책
- 방호조사 프로그램 정책
- 방호훈련 정책
- 공공기관 연락 정책
- 부서관리자 연락 정책
- 방호정보 프로그램 정책
- 방호관리자 지표 정책

■ 재산 보호

- 접근통제 정책
- 위기관리 정책
- 방호초소경비 및 순찰 정책
- 방호기술 정책
- 정보기술 연락 정책
- 방호조사 프로그램 정책
- 방호훈련 정책
- 무기 · 폭발물 검열 정책
- 재해복구 정책
- 기준행동 정책
- 공공기관 연락 정책
- 부서관리자 연락 정책
- 방호정보 프로그램 정책
- 방호관리자 지표 정책

요 약

방호정책의 개발 및 도입을 위한 절차

방호정책을 개발하고 도입하는 절차는 아래와 같은 몇 가지 분명한 절차들을 가지고 있다.

■ 정책 변경을 촉발하는 계기적인 요소
■ 정책 검토 요청
■ 정책 영향평가
■ 관련 전문가(SME) 검토
■ 고위 관리자 검토 및 승인

정책 요구사항

정책은 반드시 해야 한다.

■ 수행될 수 있고 집행될 수 있어야 한다.
■ 정확하고 이해하기 쉬워야 한다.
■ 생산성과 보호의 균형을 맞춰야 한다.

정책은 해야 한다.

- 정책이 왜 필요한지 이유를 명시해야 한다.
- 정책에 의해 무엇이 다루어지는지를 설명해야 한다.
- 책임과 접목해 있는 부분을 정의해야 한다.
- 위반을 처리하는 방법에 대해 논의해야 한다.
- 필요하다면 매년 검토하고 갱신되어야 한다.

기본 방호정책

- 방호정책에 대한 관리자의 지원을 확립
- (정책 개정 이력을 포함하여) 방호정책의 개발 및 수행 가이드라인 수립
- 접근통제 설정
- 기준행동 설정
- 방호초소경비 및 순찰에 대한 기준 설정
- 경보, 비디오, 모니터링(monitoring), 라디오, 방호관리자와 사고에 대응하는 사람 사이의 협조를 포함한 방호기술의 사용에 대한 기준 설정
- 방호부서, 직원, 방문자에 대한 무기정책 수립
- 공공기관 연락 프로그램에 대한 기준 설정
- 위기관리 프로그램에 대한 기준 설정
- 정보기술 방호 연락 정책 설정
- 부서관리자 방호 연락 정책 설정
- 방호조사 프로그램에 대한 기준 설정
- 방호정보 프로그램에 대한 기준 설정
- 훈련에 대한 기준 설정
- 방호관리자 지표 설정

방호정책 실행 가이드라인

- 정책 강령(statements)
  - 왜 특정 정책이 필요한가?
  - 정책이 다스리려고 노력하는 행위는 무엇인가?
  - 정책은 어떤 갈등 또는 문제를 해결하려는 의도를 갖는가?

- 정책을 갖는 종합적인 이익은 무엇인가?
- 누가 반드시 정책을 준수해야 하는가?
- 자신의 업무수행을 위해서 누가 반드시 정책을 이해해야 하는가?
- 정책을 시행하기 위해 어떤 기술이 사용되는가?
- 정책에 어떤 예외사항이 존재하는가?

■ 참조

- 정부규정 또는 산업기준의 참조

■ 집행

- 정책위반에 대한 페널티의 정의

정책은 규제 또는 기타 필요에 따라 움직인다.

Section 3

Countermeasure Selection

방호대책의 선정과 예산 책정

CHAPTER 15 방호대책의 목표와 전략

16 방호대책의 유형

17 방호대책 선정과 예산책정 도구

18 방호효과성 척도

19 비용효율성 척도

20 효과적인 보고서 작성하기

CHAPTER 15

방호대책의 목표와 전략

서 론

15장이 끝나는 시점이 되면 독자는 방호대책이 필요한 이유가 무엇인지, 그리고 방호대책의 목표와 목적, 전략의 구성요소는 무엇인지에 대해 이해하게 될 것이다.

'방호대책'이라는 용어는 위협이 되는 행위를 막기 위해 취해지는 조치임을 정확하게 시사하고 있다. 이상적인 세상에서는 방호대책이 너무나 효과적이어서 잠재적 위협 행위자가 행동을 취하고자 하는 의지를 완전히 소멸시켜 버릴 것이다.

대부분의 사람들이 가능하지 않다고 믿음에도 불구하고, 사실상 그러한 방호가 이루어졌었다. 실제로 수많은 예가 있지만, 아마도 가장 잘 알려진 것은 Fort Knox 금 보관소일 것이다. 당연하겠지만 Fort Knox가 세워진 이래로 그곳에 보관된 금에 손을 대고 싶어 했을 잠재적인 위협 행위자들이 많이 있었다. 하지만 어느 누구도 시도조차 한 적이 없다. 막강한 건물과 단지, 중무장한 방호요원, 겹겹이 설치된 감지시스템, 자동화 무기(그리고 이 건물이 세계 최대의 미군 탱크와 탱크조종사 군단 바로 옆에 위치해 있다는 것을 잊지 말아야 한다) 등을 포함한 방호대책이 너무나 잘 발달되어 있어서 아무도 그곳을 강탈하려는 시도해 본 적이 없다.

일반적인 미국의 편의점과 비교해 보라. 업종별로 볼 때, 편의점은 사망사건이 많고 고정자산 강도사건 발생률이 가장 높은 업종이다. 위험 경감에 대한 연구모델을 개발하기 위해 이 둘을 비교해 볼 가치가 있다.

Fort Knox에는 자산을 보호하기 위해 중화기, 다중감지시스템을 포함한 다중보호장치가 설치되어 있다. Fort Knox는 출입통제에 중점을 두고 있다.

편의점은 거의 보호장치가 없다. – 현금출납기의 서랍은 손님 쪽에서 카운터 쪽으로 손을 뻗치면 직접 접근이 가능한 경우가 많다. 가게에는 좋은 사람이든 나쁜 사람이든 누구나 들어갈 수 있다. 일반적으로 대응 무기도 없고 위협 행위자가 강도행위를 선언할 때까지 아무것도 감지되지 않는다. 강도사건은 녹화를 하지만 개입은 할 수 없는 비디오카메라 시스템이 일반적으로 가장 큰 보호장치이다. 출입통제는 종종 예의를 기대하는 것으로 한정된다.

출입통제가 엄격하거나 또는 출입통제가 최소한인 경우가 있다. 여기에서 분명한 교훈은, 나쁜 사람을 못 들어오게 하는 것이 방호를 위해 좋다는 것이다.

필자는 모든 시설이 Fort Knox처럼 장비를 갖추어야 한다고 제안하고 있는 것이 아니다. 왜냐하면, 대부분의 조직은 이런 수준의 출입통제 하에서는 운영될 수 없고, .50 구경 자동화 무기의 존재와 조준경을 장착한 무기를 가진 경비가 난간에 있는 것은 범죄를 억제할 뿐 아니라 정상적인 사업까지도 억제하게 될 것이기 때문이다.

방호대책은 방호에만 집중할 것이 아니라 조직의 일상 업무에서 필요로 하는 것과 균형을 이루는 것에도 중점을 두어야 한다. 다른 모든 사업 프로그램처럼 타협이 필요하다. 타협이 필요하다면, 방호대책의 목적은 무엇이 되어야 할까?

방호대책의 목적, 목표, 전략

모든 방호대책의 큰 목표는 잠재적 위협 행위자의 행동을 조정해서 그들이 조직에 위협이 되지 못하도록 하는 것이다.

모든 방호대책에는 세 가지 주요 목표가 있다.

1. 가능하다면, 잠재적인 위협 행위자를 파악하고 접근을 거부한다.
2. 무기, 폭탄, 위험한 화학물질의 시설 접근을 거부한다(단, 합법적인 예외의 경우는 제외한다. 이때 철저히 통제되고 감시되어야 한다.).
3. 적절한 행동에는 적합하고, 부적절한 행동이나 범죄행위 또는 테러행위에는 부적합한 환경을 조성하고 위험과 위협이 되는 행위를 완화한다.

실행 목적과 전략에는 다음 사항이 포함된다.

- 목표물에 대한 접근을 통제하고 잠재적 위협 행위자의 접근을 거부한다.

- 가능하면 위협 행위자의 행동을 억제한다.
- 위협행위를 감지한다.
- 감지된 사항을 평가한다.
- 시설 안 혹은 밖으로 향하는 위협 행위자의 진행을 지연시킨다.
- 능동적 위협행위에 대응한다.
- 기소, 조사, 교육을 위해 증거를 수집한다.
- 조직의 기업문화를 준수한다.
- 정상적인 회사 운영에 대한 방해를 최소화한다.
- 사람들이 안전하다고 느끼고 조직의 목적에 집중할 수 있는 환경조성을 돕는다.
- 위험 및 위협 행위자로부터의 잠재적 피해를 완화하기 위한 프로그램을 설계한다.

전반적인 방호 프로그램의 각 측면은 세 가지 주요 목표 중 하나를 지원할 수 있다. 이러한 것들을 어떻게 구성하는지에 대한 불완전한 예가 그림 15.1에 묘사되어 있다. 이 그림을 자신만의 대책 목록을 설정하기 위한 예로 사용할 수 있다.

출입통제

목표 : 출입통제는 모든 주요 구역에 대해 승인된 사용자의 출입을 활성화하고 사람들이 무단으로 출입하는 것을 금해야 한다.

Fort Knox와는 달리 대부분의 조직은 일반대중이 출입을 해야 운영된다. 그러나 누구에게나 출입이 열려 있어서는 안 된다. 일반대중과 모든 직원이 시설의 모든 구역에 자유롭게 출입할 필요는 없다. 대부분의 작은 가게에는 공용공간이 있고 창고 · 사무실이 있다. 복잡한 시설에서는 단계적으로 출입이 허용되는 방식일 수 있으며, 따라서 시설의 더 깊숙한 구역으로 들어갈수록 더 높은 단계의 출입권한이 있어야 한다.

- **방식** : 출입통제에는 두 가지 방식이 있다.
  1. 수동적 – 직원, 하청업자, 공급업자 검사
  2. 적극적 – 직원, 하청업자, 공급업자, 방문객의 출입 검사

- **수동적 전략**
  - 직원 · 하청업자 · 공급업자 검사 프로그램 개발
  - 전과 이력, 마약남용 이력(가능하면 재정상황 포함) 조사
  - 엄격한 실행

그림 15.1 방호검사대

- 적극적 전략 : 출입통제는 여러 단계로 실시되어야 하며, 전형적으로 아래와 같은 곳이 포함된다.
  - 공공구역
  - 준공공구역
  - 통제구역
  - 제한구역
  - 공공장소는 로비, 고객 대기구역, 서비스 데스크 등과 같이 주요 일반출입문 근처의 공간이 해당될 것이다.
  - 준공공구역은 일반대중이 자유롭게 접근하지 못하지만 안내를 받아 출입할 수 있는 장소이다. 예를 들면, 인터뷰실 혹은 병원의 처치실이나 응급실 등이다.
  - 통제구역은 출입권한이 있는 사람들을 위한 장소이다. 예를 들면, 일반에게 공개되지 않는 사무실 층이나 기계실, 자동화기계 작업구역, 공항 활주로 등이다.
  - 제한구역은 높은 수준의 검색이 실시되어야 하며, 비교적 소수의 사람들로 출입이 한정되어 있는 장소이다. 예를 들면, 연구개발실, 이사실, 메인 IT서버실, 현금 금고실, 회계실 등이다.

출입통제는 기술이나 인력을 이용해 실시할 수 있다. 출입통제에는 두 가지 기본적인 유형이 있다.

1. 일반적 출입통제
2. 적극적 출입통제

일반적 출입통제는 만약 어느 그룹의 한 사람이 어느 공간에 출입할 수 있다면, 그 사람이 에스코트하는 사람 역시 출입이 허가된다고 추정한다. 이러한 접근방식은 직원의 업무공간이나 그와 비슷한 곳에서 주로 사용되는 것으로, 출입문에 출입카드 리더기가 있어서 해당 공간에 대한 출입을 통제하는 방식이다. 일반적 출입통제는 한 그룹의 구성원 모두가 각각 출입권한을 가지고 있는지 확인하는 것이 중요하며 어디에서나 사용되어서는 안 된다. 왜냐하면, 문이 열리면 승인되지 않은 사람이 승인받은 사람 뒤에서 '따라 들어가는' 현상 때문이다. 많은 조직이 따라 들어오는 방문자를 걸러내도록 직원들을 독려하려 했지만, 내가 알기로는 어떤 조직도 완전히 성공하지는 못했다.

적극적 출입통제는 기술이나 경비를 사용하여 각 사람이 검색을 받도록 하여, 그 공간에 대한 출입을 승인받도록 한다. 적극적 출입통제에는 카드 리더기로 통제하는 회전문과 개찰구, 극장이나 스포츠 행사 티켓 검사대, 공항 탑승 검색이 포함된다.

억제(Deterrence)

목표

공격을 억제하는 것이 궁극적인 목표이다. 억제력은 위협 행위자에 대한 별다른 개입 없이도 방호를 유지하게 한다. 억제력은 스스로 탄력이 붙어서, 공격을 더 오래 억제할수록 공격 발생 가능성은 더 줄어들게 된다.

억제는 잠재적인 위협 행위자가 위험과 보상을 평가하고 나서, 위험을 무릅쓸 만큼 보상이 크지 않다고 판단할 때 성취된다.

- 테러리스트들에게, 이는 공격이 성공할 가능성이 없거나 공격이 미디어의 관심을 주목시키지 못하거나 자신들의 무리에게 부정적으로 비칠 수 있음을 의미할 수 있다.
- 경제사범에게, 이는 그들이 바라는 자산에 접근할 수 없을 수도 있음을 의미하거나 범죄 후에 잡힐 가능성이 높음을 의미할 수 있다.
- 폭력범죄자에게, 이는 위협 행위자가 목표물에 도달하지 못하거나 공격에 성공하지 못하거나 빠져나가지 못하거나 나중에 잡히게 될 것을 의미할 수 있다.
- 체제전복자에게, 이는 조직의 정상적인 운영을 전복시키지 못할 수도 있음을 의미할 수 있다.
- 경범죄자에게, 이는 그들이 범죄를 수행할 수 없을 수도 있거나 범법행위 중 혹은 나중에 잡힐 가능성이 있음을 의미할 수 있다.

그림 15.2 억제력

전략

억제력은 잠재적인 위협 행위자들이 자신의 범죄에 대해 다시 한 번 생각하게 만들 정도로 가시적인 대책을 통해서 행사된다. 억제력에는 건물의 구조적 어려움, 출입통제 방법, 경비, 눈에 보이는 카메라, 증인, 경보장치, 경고표지판이 포함될 수 있다. 효과적인 억제력을 위해서 억제대책은 가시적이어야 하며, 공격을 수행하기에는 너무 큰 위험을 초래하는 것으로 보여야 한다. 궁극적으로 억제력은 전체 방호 프로그램의 기반이 되는 것이며, 다른 모든 대책들이 기능하도록 환경을 조성한다.

억제만을 목표로 하는 대책이란 존재하지 않는다. 모든 가시적인 대책은 억제대책으로 사용될 수 있지만, 어떤 대책도 억제만 하지는 않는다. 억제력은 방호대책의 다른 (주요) 역할에 부수적으로 발생하는 효과이다.

방호대책이 억제력을 갖는 이유는 잠재적인 위협 행위자가 방호대책이 자신을 위험에 빠트린다고 믿기 때문이다. 그 위험이란 방호대책이 출입제한, 감지, 평가, 대응 혹은 증거수집이라는 주요 역할을 수행한 결과이다.

적발(Detection)

목표

독자들은 처음에는 '적발'의 의미가 범행 중인 악당을 잡는 것이라고 생각하고 싶을 수도 있지만, 사실상 어떤 위협 행위자라도 시설을 공격하기 위해서는 계획을 이행해야만 한다. 테러리즘이건 공공기물파손이건 간에 모든 위협행위의 기본단계는 다음 사항을 포함한다.

■ 공격을 위한 적절한 목표물을 선별한다.
■ 목표물의 취약부분을 파악하기 위해 목표물을 감시한다.
■ 공격을 감행하기 위한 최선의 방법을 결정한다.
■ 공격계획을 세운다(접근방식, 공격, 탈출).
■ 목표물을 시험하여 취약부분 평가가 정확했는지 판단한다.
■ 공격을 감행한다.
  • 들어간다.
  • 통제권을 장악하고 유지한다.
  • 대감시 대책을 수립하고 유지한다.
  • 목적을 수행한다.
  • 도주한다.

경범죄를 위해서는 이런 모든 단계가 시간순서대로 일어날 수 있다. 하지만 더 중요한 재산일수록, 위협자의 전략적 목표에 공격이 더 중요할수록, 방호대책이 더 견실할수록 이 모든 단계를 이행하기 위해 더 많은 시간이 요구된다. 성공률이 높았던 범죄자와의 인터뷰에 의하면, 어떤 범죄에 대해서는 기획단계에서 몇 달 혹은 몇 년이 걸릴 수도 있다고 한다.

따라서 목표물은 자신에 대한 감시행위를 감지하고 기획단계의 커뮤니케이션을 가로챔으로써 계획을 적발할 기회가 많아진다.

전략

적발을 위한 전략에는 감시적발과 공격적발이 있다.

감시적발(surveillance detection)

대부분의 사람들은 적발이 공격이 진행되는 중에 이루어진다고 생각한다. 그러나 적발은 감시단계에서도 이루어질 수 있다. 감시는 아래와 같은 목적을 위해 거의 모든 공격에 앞서 요구되는 행동이다.

■ 목표물 선택

■ 목표물의 취약부분 감시
■ 공격 감행을 위한 최상의 방법 결정
■ 목표물을 시험하여 취약부분 평가의 정확성 판단

또한 범죄자가 목표물을 지켜보는 시간이 길어질수록 목표 공간에서 일하는 개인과 더 많은 접촉이 있게 될 것이다. 각각의 상호작용으로 목표물에게 감시, 공격계획 혹은 테스트를 인식하고 공격이 발생하기 전에 막을 수 있는 기회를 준다.

고품질 대감시 프로그램은 자산의 가치가 큰 모든 조직에서, 특히 범죄 수행과정에서 폭력이 발생할 가능성이 있는 경우 매우 유용하다. 테러리즘의 경우, 고품질 대감시 프로그램은 효과적인 대테러 프로그램의 필수요소이다.

고품질 대감시 프로그램에는 다음 사항이 포함된다.

■ 외부 및 공공공간에서 비디오 감시를 충분히 활용
■ 훈련되고 경계태세를 갖춘 방호인력
■ 훈련되고 경계태세를 갖춘 모니터 운영인력
■ 비디오 시스템에 배회하는 사람을 감지하는 소프트웨어

공격 적발

어떤 종류의 공격이 일단 진행 중인 경우, 그것이 테러리즘이나 경제범죄, 폭력범죄, 체제전복행위, 혹은 경범죄이건 간에 진행 중인 범죄를 적발할 수 있다는 것이 중요하다.

적발대책에는 다음 사항이 포함될 수 있다.

■ 건물과 건물 주변의 침입감지시스템
■ 주요 통로 및 내부공간에 적용되는 침입감지시스템
■ 주요 카운터와 데스크에 강제조작 경보기(duress alarms)
■ 총기강도 경보기

건물과 건물 주변에 대한 침입감지시스템에는 펜스 감지시스템, 극초단파 및 적외선 빔, 지진 감지기, 공기압 라인(pneumatic line) 감지기, 비디오 펜스라인(fence-line) 감지시스템, 유리파손 감지기, 문 위치 스위치가 포함된다.

내부공간 감지시스템은 문 위치 스위치, 공간 움직임 감지기, 비디오 움직임 감지기가 포함될 수 있다.

강제조작 경보기는 손가락으로 누르는 비밀스위치, 발로 밟는 스위치를 포함할 수 있다.

총기강도 경보기는 강제조작 경보기와 빌 트랩(bill traps) (현금출납기에서 마지막 지폐를 꺼내면 무음경보가 발령된다)을 포함할 수 있다.

경보기는 무음 혹은 유음일 수 있다. 만약 밤 시간대와 같이 건물이 비어 있는 상태라면 소리가 나는 경보기를 사용하는 것이 가장 좋으며, 소리 나는 경보기는 침입자에게 겁을 주어 쫓아내는 억제책으로 기능할 수 있다. 무음경보기는 소리 나는 경보가 허위 혹은 오작동일 수 있거나 현장방호요원이 신속하게 대응할 수 있는 경우, 또 그러한 대응이 범죄를 폭력으로 고조시킬 가능성이 없는 경우에 가장 좋다.

평 가

목표

공격이 감지되면, 다음의 이유에 대해 위협을 평가할 필요가 있다

- 실제인가 아니면 허위 또는 오작동인가?
- 실제라면, 위협 행위자들의 수준과 성격은 어떠한가?
- 그들의 목표는 무엇인가?
- 어떤 무기를 소지하고 있는가?
- 그들의 전술은 무엇인가?
- 재산 혹은 폭력범죄로 전개되고 있는 것으로 보이는가? 아니면 폭력 가능성이 있는 재산범죄인가?
- 그들이 대감시 방법을 사용하고 있는가?
- 그들의 복장은 어떠한가? 경찰은 위협 행위자들을 일반직원 혹은 고객들과 어떻게 구별할 수 있는가?
- 그들의 출구전략은 무엇일까?
- 실제인가 아니면 허위 또는 오작동인가? 많은 경보가 허위 혹은 오작동으로 인한 것이다. 경보에 반응하기 전에 경보가 실제인지 파악하기 위해 조사하고 평가하는 것이 유용하다. 이는 종종 두 번째 경보기기를 사용하여 경보를 확인하거나 두 번째 기술을 사용하여 확인함으로써 가능하다. 예를 들어, 오작동이 흔한 외곽경보에서는 오작동 방식이 서로 다르면서 같이 작동하는 두 가지 유형의 경보감지기술을 사용하는 것이 좋다. 예를 들어, 적외선 빔과 펜스라인 감지를 사용하는 것이다. 적외선 방식은 바람에 날리는 신문지나 동물들로 인해 경보기 오작동이 발생하는 반면, 펜스라인 감지기는 근처를 지나는 기차로 인해 오작동이 발생한다. 만약 경보가 하나만 발생

하면 오작동일 수 있지만, 두 개가 다 작동한다면 확실한 것이다. 침입자의 존재가 카메라에 비칠 수 있다면 비디오카메라 역시 경보를 확인하기 위해 사용될 수 있다.

- **실제라면, 위협 행위자들의 수준과 성격은 어떠한가?** 일단 확인이 되면 위협자의 성격을 파악하는 것이 중요하다. 위협 행위자들은 몇 명인가? 침입이 조직적으로 보이는가, 아니면 무질서해 보이는가? 분명한 리더가 있는가? 그룹이 응집력이 있는 전문가들인가, 아니면 초조하고 두려움을 보이는가?
- **그들의 목표는 무엇인가?** 그 조직의 활동을 반대하는 피켓을 들고 있는가, 아니면 자동화 무기를 소지하고 있는가? 위협 행위자들은 몇 명인가? 그들의 의도가 행동으로 파악될 수 있는가?
- **어떤 무기를 소지하고 있는가?** 만약 위협 행위자들이 무기를 소지하고 있다면 어떤 종류인가? 칼인가, 권총인가, 자동화 무기인가, 휴대용 로켓포(RPGs)인가, 아니면 화염병인가? 무기 사용이 고도로 훈련받은 것 같은가 아니면 아마추어로 보이는가?
- **그들의 전술은 무엇인가?** 개인 혹은 그룹의 전술은 무력을 사용하거나 방호인력에 맞설 능력과 훈련, 그리고 준비성을 말해 준다. 전술은 정면으로 부딪칠지, 아니면 대치하는 게 적절할지 나타내 줄 수 있다.
- **그들의 의도가 폭력을 포함하고 있는가?** 직원 및 고객과의 접촉 등 관찰을 기반으로 그들이 폭력을 범죄현장을 장악하거나 구체적인 재산을 확보하기 위한 수단으로 사용할 의지가 있는지 결정할 수도 있을 것이다. 폭력 사용 의지 여부가 대응방법을 결정하는 데에 중요할 수 있다.
- **그들이 대감시 방법을 사용하고 있는가?** 사람이 인접한 곳의 차나 문에서 기다리고 있는 등의 분명한 대감시 대책이 있다는 것은 높은 수준의 준비와 계획성을 나타낸다. 이는 다가오는 경찰이나 외부 방호팀의 도착에 대응하기 위한 비상계획도 역시 있을 수 있음을 나타낸다. 대감시 대책의 존재는 다른 대응전략을 결정할 것이다.
- **그들의 복장은 어떠한가?** 경찰은 위협 행위자들을 일반직원 혹은 고객들과 어떻게 구별할 수 있는가? 경찰에 의한 대응이건 내부 방호요원에 의한 대응이건 간에, 누가 위협 행위자이고 누가 피해자인지를 아는 것이 중요하다. 그렇지 않으면 모든 사람들이 위협 행위자로 취급을 받게 될 것이다. 이는 위협 행위자들이 범죄현장을 장악하기 위해 폭력을 사용하고 있는 경우에 특히 그러하다.
- **그들의 출구전략은 무엇일까?** 종종 간과되고 있지만, 가능하면 개연성 있는 출구전략이 무엇인지 판단하는 것이 중요하다. 이러한 출구전략에는 다음과 같은 것이 포함될 수 있다.
    - 대기 차량, 도주를 위한 운전자 탑승 가능(모든 문에서 도주 차량을 찾아보라)

• 대기 오토바이 혹은 자전거
• 장소를 벗어나기 위해 무기 사용
• 인질 납치
• 도난물품 처리(보석을 나중에 회수하려고 쓰레기통에 숨기는 등)

이 지식은 범죄자를 차단하거나 범죄자 혹은 훔친 물품을 가로채도록 할 수 있다.

전략

효과적인 평가대책에는 비디오 및 음성 커뮤니케이션 시스템이 포함된다.

건물에 들어오는 모든 위협 행위자의 경계와 도주를 위해 어떤 외부 지원이 있는지 파악하기 위해 모든 시설 주변지역, 통로, 출입문에 비디오카메라를 설치해야 한다.

모든 출입통제 위치를 포함하여 위협행동이 발생할 수 있는 모든 합리적인 장소를 비디오카메라로 감시하는 것이 매우 효과적이다. 그렇게 하면 범죄의 적발과 평가가 모두 가능하다. 또한 위협행동이 발생할 수 있는 곳마다 카메라 근처에 양방향 음성기기(인터콤 기기 또는 콜 버튼이 없는 기기)를 설치하는 것이 매우 유용하다. 그렇게 하면 원격 모니터 운영요원이 위협행동을 방해할 수 있고 많은 범죄를 저지하기에 충분하다.

대응(Response) (지연 포함)

목표

일단 위협행위가 적발되면 대응이 가능하다. 위협행위에 대한 대응에는 다음이 포함될 수 있다.

■ 위협 행위자들을 저지하기 위한 직접적인 행동은 취하지 않는 대신에 무고한 시민에 가해지는 잠재적인 피해를 최소화 하도록 노력한다.
■ 조사 및 사후 분석결과를 위한 증거를 수집한 후에 시나리오 기획 및 교육을 제공하도록 한다.
■ 다른 사람들(경찰과 같은)에게 도움을 청한다.
■ 공격을 멈추고 위협 행위자들을 잡기 위해 직접 개입한다.

어떤 대응조치를 취하기 전에 적절한 대응책을 수립하는 것이 필요하다. 머리가 맑고 계획을 수립할 시간적 여유가 있는 공격개시 이전이 대응책 수립을 위한 최선의 시간일 것이다. 실제 공격이 발생하면 계획을 조정할 필요가 있을 수도 있지만, 최소한 대응계획이 존재하게 되는 것이다. 예를 들어, 2001년 9월 11일 전에는 비행기 납치범에게 협조하고, 일단 땅에 착륙하고 난 후에 협상가가 인질의 자유를 위해 협상하는 것이 항공사들의 정책이었다. 이런 전략에는 납치범이 조종실에 접근하도록 허락해서 비행기 내에서 사상자가 발생하지 않도록 하는 것이 포함되었다. 하지만 United Airlines Flight 93 승객들이 비행기가 납치된 후 휴대폰을 이용해서 사랑하는 사람들에게 전화를 걸었을 때, 승객들은 다른 비행기가 무역센터에 충돌했음을 알게 됐고 협력에서 맞서 싸우는 것으로 전략을 바꿨다. 이 전략이 그들 자신의 생명을 구하지는 못했지만 궁극적인 공격 대상이었던 워싱턴 D.C.에 있는 많은 생명을 구했으며, 이것은 분명 영웅적인 행동이었다.

전략

대응전략은 위협 행위자들을 지연시키고, 그들에게 목표 자산에 접근하지 못하게 하고, 협상을 위한 음성 커뮤니케이션을 하고, 궁극적으로 힘에 힘으로 대응하는 것을 포함할 수 있다. 디자인 컨설턴트로서 필자는 위협 행위자에 대항할 때 사람의 생명을 위험에 처하게 하는 대신 기술을 사용할 것을 전폭적으로 지지한다. 반응성 전자 자동보호시스템(REAPS기술)에는 쌍방향 음성 커뮤니케이션, 지연기술, 방해기술, 적극적 힘의 기술이 포함될 수 있다. REAPS 기술에 대해서는 Chapter 16을 참조하라. 또한 REAPs 기술은 필자의 책 『Integrated Security Systems Design』에서 자세히 다루고 있다.

인터콤은 방호에서 잊혀진 기술이다. 방호 비디오시스템을 충분히 활용하면서 사용하면 방호 인터콤시스템은 경비인력을 출동시키지 않고도 위협행위를 즉각적으로 평가할 수 있도록 해 준다. 경비인력의 출동은 범죄를 폭력상황으로 악화시킬 수 있다.

편의점 범죄에 대항하는 가장 효과적인 도구 중 하나는 원격 방호통제센터에 있는 모니터 운영요원이 직접 가게의 강도에게 이야기를 하도록 하는 쌍방향 음성 커뮤니케이션 시스템임이 입증되었다. 운영요원은 그들에게 지금 비디오카메라로 녹화되고 있을 뿐 아니라 그들의 신분이 파악되었고, 경찰을 불렀으며, 오고 있는 중이라고 경각심을 불러일으키고, 폭력으로 악화된다면 경찰이 더 심한 혐의를 부여하게 될 것이라고 경고할 수 있다. 그렇게 되면 강도들에게 강도행위를 중지하고 더 이상의 피해를 가게 종업원이나 고객들에게 입히지 않고 그 장소를 즉시 떠나도록 하는 데에 효과적임이 입증되었으며, 또한 많은 경우에 강도행위를 완수하지 않은 채 떠나게 했다.

위협행위가 발생할 수 있는 곳은 어디든지 카메라 근처에 쌍방향 음성기기(인터콤 기기 혹은 콜 버튼 없는 기기)를 설치하는 것이 매우 유용하다. 이 기기는 원격 모니터 운영요원이 위협행위를 저지할 수 있게 해 주며, 이 정도로도 많은 범죄를 중단시키기에 충분하다.

증거수집

목표

증거의 목표는 조사, 전략개발, 교육을 위한 자료 제공을 포함한다. 그림 15.3은 증거수집에 대한 정보를 제시하고 있다.

증거의 출처는 아래와 같은 것이 포함된다.

- 비디오 영상
- 음성녹음
- 지문
- 범죄현장 감식
- 컴퓨터 감식
- 증인의 진술

전략

방호 프로그램은 처음부터 증거를 수집하도록 설계해야 한다. 그리고 방호인력은 물리적인 증거를 보전하는 훈련을 받아야 한다. 카메라 설치는 위협 행위자가 접근하고 장소에 진입하는 동안 위협 행위자를 파악하기에 효과적이어야 하며 범죄가 일어날 가능성이 가장 높은 장소에 설치되어야 한다. 그렇게 하기 위해서는 위험분석 시에 가장 가능성이 높은 위협 시나리오의 유형과 그러한 시나리오가 발생할 수 있는 장소를 신중하게 검토해야 한다. 이 모든 것이 보고서에서 명시되어야 한다.

그림 15.3 증거수집

비상전화(미국은 911, 다른 국가는 112)로 거는 모든 발신전화와 모든 능동 방호 인터콤으로 주고받는 음성은 녹음되어야 한다.

방호요원들은 범죄 직후에 경찰이 도착할 때까지 범죄현장을 보전하도록 훈련을 받아야 한다. 이 목적을 위해 접근금지 표시 테이프("범죄현장－들어가지 마시오")를 구비하고 있어야 한다. 범죄에 사용되었을 수 있는 컴퓨터는 네트워크에서는 차단돼야 하지만, 경찰이나 사내 컴퓨터 감식 팀이 도착할 때를 대비해 전원은 킨 상태로 보전되고 봉인되어야 한다.

조직의 기업문화를 준수하라

목표

모든 조직에는 고유의 기업문화가 있다. 이는 형식적일 수도 있고 탄력적일 수도 있다. 또는 상명하복 문화이거나 수평적일 수 있다. 또는 일반대중이 자유롭게 드나들 수 있도록 개방되어 있거나 출입이 제한될 수도 있다. 방호 프로그램은 그 조직의 기업문화를 따르도록 구성되어야 한다. 모든 방호대책에는 정상적인 회사 운영과 기업문화 모두에게 미치는 결과가 있으므로 모두 가능한 한 최소화해야 한다. 필자는 원칙적으로는 탄탄한 방호 프로그램이지만 검토해 보았을 때 조직의 기업문화를 고려하지 않아 사용자들이 받아들이지 않았던, 실패한 방호 프로그램들을 수정하는 많은 프로젝트에 컨설팅을 제공해 왔다. 사용자들은 시스템의 이해관계자들이다. 만약 편리함과 예상 침입에 대한 그들의 관점과 기대가 고려되지 않는다면 방호대책은 받아들여지지 않을 것이다. 이는 시스템의 성공이나 실패에 직접적으로 연관되는 가장 중요한 비기술적 요소이다.

사람들은 가장 저항이 적은 길을 자연스럽게 택할 것이다. 그리고 만약 몇 년이나 자유롭게 출입을 한 후라면, 장애물 없이 문을 통과하여 자유롭게 이동하는 것에 익숙해져 있기 때문에 갑자기 줄을 선다거나 장애물을 만났을 때 돌아가려고 할 것이다. 만약 숨어 들어가는 길이 있다면 그것을 이용할 것이다. 그리고 경비가 있다면 경비와 언쟁을 할 것이다. 불평이 있을 것이고, 방호 매니저에게 절차나 기술을 바꾸라고 압력이 가해질 것이다. 교통량, 처리인원, 경영진에게 어떻게 취급을 받고 있는지에 대한 사람들의 인식을 고려하는 것이 중요하다.

전략

방호대책 기획단계에서 조직의 기업문화를 가능한 많이 이해하는 것이 중요하다. 이는 아마도 방호담당자들이 해야 하는 가장 어려운 임무일 것이다. 기업문화가 문서로 잘 정리되어 있는 경우는 거의 없다. 문화의 정의는 일반적이고 인식체계를 공유하는 동료들 간에 공통된 커뮤니케이션을 허용하는 지식의 집결체이다.

예를 들어, 어느 고강도 방호 프로젝트에서 방문객 주차장을 근처 주차장으로 옮기고 모든 방문객을 하나의 방문객 센터를 통해 방호검색을 하도록 함으로써 모든 구역의 방호가 쉽게 확보될 수 있었다. 그러나 그 조직의 기업문화는 모든 방문객에게 구역 내의 주차장을 사용할 수 있도록 할 것을 요구했다. 그렇게 되면 방문객은 방문객 센터를 그냥 지나쳐야 한다. 중요도에서 방호는 기업문화에 밀려 두 번째 자리를 차지했다.

방호 프로그램은 사람들의 이동을 가능한 방해하지 말아야 하고 모든 사람을 배려와 친절, 존경심을 갖고 대하도록 보장해야 한다고 추정해야 한다.

정상적인 회사운영에 대한 지장을 최소화하라

목표

기업문화와 마찬가지로, 모든 방호대책은 정상적인 회사 운영에 어떤 영향을 미치므로 방호 프로그램은 정상적인 회사 운영에 미치는 영향을 가능한 최소화해야 한다.

전략

회사 운영에 지장을 주는 핵심요소는 늘 그러하듯이 출입통제 분야이다.

지장을 받는다는 느낌을 주지 않고 출입을 통제하는 핵심전략은 방호 출입통제를 위해 사람보다 기술에 더 의지하는 것이다.

카드 리더기를 통과하는 것보다 사람이 지키고 있는 검사대를 통과하는 시간이 더 오래 걸린다. 그리고 사람들은 기술적인 지연을 "환경의 일부"로 여기지만, 지연이 방호요원과 연관된 경우는 검색행위를 개인적으로 받아들이는 경향이 있다(사람들은 때로는 검색대 옆 사람에 대해 선입견을 가지고 사람을 지연시키려는 의도가 있다고 미리 추정한다.). 카드 리더기에는 그러한 의도가 있다고 할 수 없다. 왜냐하면 기기는 어떠한 의도나 선입견을 가지거나 어떤 사람을 다른 사람과 구별할 능력이 없기 때문이다.

이 전략은 다른 이점도 있다. 기기는 사람들을 구별하지 않기 때문에 모든 사람을 공정하게 취급하고 위협, 협박, 회유로 인해 타협할 수 없다.

일반인을 대하는 모든 방호요원은 언어폭력에 대해 개인적으로 받아들이지 않도록 인내하는 훈련을 받아야 한다. 사람들이 가방을 들고 있는 곳에서는 가능한 수작업 검사가 적게 이루어질 수 있도록 규정을 만들어야 하며, 이러한 경우 출입검사방법으로 신분증을 사용하면 신속한 진행에 도움이 될 수 있다.

안전한 환경

목표

사람들이 안전하게 느끼고 조직의 목적에 집중할 수 있는 환경을 조성하도록 한다.

전략

환경 디자인을 통한 범죄예방(CPTED) 원칙이 안전한 방호환경을 조성하고 모든 사람에게 안전한 느낌을 전달하도록 한다. 조명, 친절한 경비, 잘 관리된 시설과 방호장비, 안내표지판, 사보에 방호교육 삽입−이러한 모든 것들이 사용자가 만족감을 느끼게 한다.

위험물 및 위협 행위자로 인한 피해 완화를 위한 설계 프로그램

방호 프로그램은 예외상황에 대처하기 위해 다음과 같은 요소를 포함해야 한다.

- 침입자와 범법자
- 난동자
- 의학적 응급상황
- 자연재해
- 내란 및 폭동
- 사업의 연속성 상실
- 화학, 생물, 방사능 비상사태
- 내외부의 원인으로 인한 방호 프로그램의 문제

대책 목표와 기능은 표 15.1에 제시되어 있다.

표 15.1 방호대책의 목표와 기능

목표	방호대책의 목표 및 기능(예)						
	기능						
	출입통제	억제	감지	평가	지연	대응	증거
잠재적 위협자 파악 및 출입 거부	출입통제, 검색장소, 직원 검색	가시적 기기, 표지, 경비, 절차	경비, 개, 비디오 포함 경보기기	모니터 제어판, 경비, 방호교육정책	운영 가능한 장애물 및 경비초소	모니터 제어판, 경비, 운영 가능한 장애물 및 인터콤	CCTV, 인터콤, 증인 보고서
무기, 폭탄, 위험한 화학물질을 시설에 가지고 들어오지 못하도록 거부	검색, 경비초소, 절차	표지, 경비, 절차	탐지기, 개, 경비, 절차	검색장소, 탐지기, 개, 순찰경비원	운영 가능한 장애물과 경비초소	모니터 제어판, 경비, 운영 가능한 장애물 및 인터콤	CCTV, 인터콤, 증인 보고서
적절한 행동에는 적합하고, 범죄행위 혹은 테러행위를 위한 부적절한 행동에는 적합하지 않으며, 위험물과 위협 모두의 행동을 완화하는 환경 조성	CPTED 설계, 정책, 절차, 교육 프로그램, 방호교육 프로그램	CPTED 설계, 정책, 절차, 교육 프로그램, 방호교육 프로그램	순찰경비 및 조직 구성원의 보고	순찰경비 및 조직 구성원의 보고	상기 참조	상기 참조	CCTV, 인터콤, 증인 보고서

요 약

방호대책은 위협행위에 대처하기 위해 취해지는 조치들이다. 이상적인 것은 방호대책이 너무나 효과적이어서 잠재적 위협 행위자가 행동을 취하고자 하는 의지를 완전히 소멸시켜 버리는 것이다. 방호대책은 방호에 초점을 맞춰야 하지만, 조직의 일상 업무에서 필요로 하는 것과도 균형을 맞춰야 한다. 언제나 타협이 필요하다.

- 모든 방호대책의 큰 목표는 잠재적 위협 행위자의 행동을 조정해서 그들이 조직에 위협이 되지 못하도록 하는 것이다. 이는 세 가지 방법으로 달성할 수 있다.
  1. 적절한 행동을 장려하고 부적절하거나 범죄이거나 테러적인 행동을 제재하는 환경 설계
  2. 예외상황 적발, 평가, 대응
  3. 위험과 위협으로 인한 잠재적 피해 완화를 위한 프로그램 설계

  이행 전략에는 다음이 포함된다.

- 목표물에 대한 접근통제, 잠재적 위협자의 접근거부
- 위협행동 발생 저지

- 위협행위 적발
- 적발된 내용 평가
- 능동적 위협행동에 대한 대응
- 기소, 조사, 훈련을 위한 증거수집
- 조직의 기업문화 준수
- 정상적인 회사 운영장애 최소화
- 사람들이 안전하다고 느끼고 조직의 목적에 집중할 수 있는 환경 조성
- 위험과 위협 행위자로 인한 잠재적 피해를 완화하는 프로그램 설계

CHAPTER 16

방호대책의 유형

서 론

모든 방호대책은 조직에 위협이 제기되지 않도록 잠재적인 위협 행위자의 행위를 조절하는 목표를 가지고 있어야 한다. 이것은 네 가지 방법으로 수행된다.

1. 적절한 행동을 장려하고, 부적절하고 범죄적이거나 테러적인 행위를 단념시키는 환경을 조성한다.
2. 중요 자산으로의 접근을 통제한다.
3. 예외사항을 감지, 평가, 대응한다.
4. 위험 및 위협으로부터의 잠재적인 피해를 완화하기 위한 프로그램을 구성한다.

각각 세 가지 요소로 방호대책을 실행하는 두 가지 기본유형이 있다.

1. 기준 방호 프로그램(BSP)
2. 특수 취약성을 처리하기 위한 특수 방호대책

이것들은 각각 첨단기술(hi-tech), 저차원 기술(low-tech), 무기술(no-tech) 요소를 가지고 있다. BSP와 특수 방호대책 모두 조직이 직면할 수 있는 모든 상태에 대처하기 위해 필요하다. 이러한 프로그램들의 정확한 구성은 위험분석으로부터 도출된 권고안의 결과이다.

기준 방호 프로그램

기준 방호 프로그램은 방호대책의 핵심이다. BSP는 보통의 일상적인 운영을 수용하고 원치 않은 예외사항을 식별하여 처리할 수 있도록 감안하여 설계되었다. BSP는 테러행위와 같은 지극히 비정상적인 상태를 처리하기 위해 설계되지 않았다. BSP는 네 가지 요소를 모두 포함해야 한다.

1. 적절한 행동을 장려하고, 부적절하고 범죄적이거나 테러적인 행위를 단념시키는 환경을 조성한다.
2. 중요 자산으로의 접근을 통제한다.
3. 예외사항을 감지, 평가, 대응한다.
4. 위험 및 위험으로부터의 잠재적인 피해를 완화하기 위한 프로그램을 구성한다.

일반적인 기준 프로그램 요소 및 실행 프로그램 요소

■ 최첨단 프로그램 요소

- 경보 · 접근통제시스템
- 주차장 접근통제시스템
- 방호 비디오시스템
  - 고정된 회전식(pan/tilt/zoom, PTZ) 외부 카메라
  - 고정된 회전식 내부 카메라
  - 비디오 분석
- 방호 통신시스템
  - 디지털 양방향 라디오시스템(통신 패키지의 일부)
  - 방호 인터콤시스템
- 명령 · 통제 요소
  - 로비 콘솔
  - 방호관리자 콘솔
  - 메인 및 기록보관 서버
  - 상황인식 소프트웨어

■ 저차원 기술 프로그램 요소

- 주변경계 통제요소(펜스 등)
- 아래와 같은 보행자 및 도로 장벽
  - 사무실 로비 개찰구
  - 도로 장벽(리프트-암 게이트)
  - 자동 도로차단기

- 조명(전기 패키지의 일부)
- 잠금장치(건축 패키지의 일부)
- 표지판(건축 패키지의 일부)
- 환경조성(CPTED) 요소를 통한 범죄예방
  - 방호조경
  - 방호건축 요소

■ 무기술 프로그램 요소

- 관리요소
  - 방호 프로그램 계획
  - 방호관리 습득
  - 방호정책 개발
  - 방호절차 개발
  - 방호 프로그램 지표 개발
- 방호경비 프로그램
  - 초소경비(고정 경비라고도 부르는)
  - 순찰경비
  - 경비원 훈련 프로그램
- VIP 취급 프로그램
  - 이동식 절차(현장인계 구역)
  - 고정식 절차(내부 구역)
  - VIP 방호 팀과의 연락
- 방호인식 프로그램
- 방호통신 프로그램
  - 방호조사 프로그램
  - 법 집행 연락 프로그램

■ 기준 방호 프로그램 실행

- 계획
- 방호감독관 채용
- 감독관 훈련
- 방호담당자 채용
- 방호담당자 훈련
- 시나리오 리허설
- 일상적인 운영 훈련
- 방호 프로그램 설명서

■ 기준 방호 프로그램 단계 조정

- 계획
- 실행
- 훈련
- 검토

기준 방호대책 설계

기준 방호 프로그램에 대한 방호대책을 설계하려면 다음 단계를 수행하라.

■ 접근통제 프로그램

- 구역의 접근성을 아래와 같이 정의하라.
  - 공공구역
  - 반공공구역
  - 통제구역
  - 제한구역
- 어떤 자산이 어느 수준의 구역 설정을 필요로 하는지 정의하고 그 요구 수준에 맞춰 구획을 짓는다.
- 구역 사이에 통제지점을 나타낸다. 이것들이 접근통제의 위치가 될 것이다.
- 각 통제지점에 필요한 접근통제의 유형(카드 리더기, 신체인식 리더기, 차량 리프트 출입구, 차량 미닫이문 등)을 결정한다.
- 경비의 지원이 필요한 접근통제 위치를 결정한다(방문자 명찰 발급 등).
- 인터콤 지원이 필요한 접근통제 지점을 결정한다(차량 주차 출입구 등).
- 접근자격증명 프로그램을 정의한다(명찰 ID카드 등).
- 길 안내표지판

■ 감지 프로그램의 정의

- 주변경계 감지
  - 시설의 경계
  - 건물의 경계
- 내부 감지
- 공간 감지
- 협박경보(duress alarms)

■ 평가 프로그램의 정의

- 비디오평가
- 오디오평가
- 이중경보평가

■ 억제 프로그램의 정의

- 순찰경비
- 초소경비
- 표지판
- 방호인식 프로그램
- 방호조사 프로그램

■ 대응 프로그램의 정의

- 통신
- 경비
- 차량
- 무장 · 비무장

- 대응훈련 요구사항
- 방호 관련 응급의료 상황

■ 증거수집 프로그램 정의

- 비디오 및 오디오 기록보관 요소
- 범죄현장 방호원칙
- 증거 보존
- 목격자 진술
- 후속조사 및 훈련

특정 방호대책

위험분석 과정 동안, 당신은 일상적인 위협은 아니지만 방호 프로그램이 반드시 처리하고 준비해야 하는 특정 위협들을 발견할 수 있다. 이것들은 기준 방호 프로그램 이외에 특정 방호대책을 필요로 할 것이다. 특정 방호대책의 세 가지 공통 요소는 아래와 같다.

1. 테러 및 주요 범죄 억제 프로그램
   - 테러 대감시 프로그램
   - 방호정보 프로그램
   - 주요 입구와 주변 경계의 물리적 강화
   - 폭발 보호 및 폭발 경감조치
2. 비상 대비 프로그램
   - 응급의료 상황
   - 높아진 경보상태
   - 시민혼란 대비
   - 화재대피 및 대응
   - 지진, 허리케인, 또는 기타 자연재난 대응
   - 사고 후속활동
3. 재난복구 프로그램
   - 단기 재해복구－방호부서 협조
   - 장기 재해복구－위험관리자의 임무의 일부가 되어야 하며, 방호부서는 부분적인 역할을 하지만 복구에 대한 노력을 주도하지는 않을 것이다.

이런 프로그램 요소들은 각각 자체의 독특한 접근방식을 필요로 하고 각 주제를 책에서 다룰 가치가 있지만, 이 목록은 가장 많이 사용되는 프로그램 요소를 다룬다.

방호대책 선별원칙

위에서 언급한 기준 방호 프로그램 개발 안내에 따라 협력적이고 효과적인 방호 프로그램을 개발하기 위해 분석가, 방호 프로그램 관리자, 방호기술 설계자들이 함께 작업해야 한다. 잘 구성된 기준 방호 프로그램의 기본요소는 아래에서 설명되며, 가능한 방호대책의 적절한 선택은 각 부문(section)에서 나열하였다.

이 부문에서는 다양한 전자방호대책의 장점과 단점뿐만 아니라 그것들의 악용에 대해서도 개략적으로 설명한다. 이것은 방호장치들이 쉽게 악용되지 않도록 정확하게 사용하기 위해 알 필요가 있다. 다만 악용에 대해서 모두 검증된 것이 아니라는 것에 주의한다. 그리고 대부분은 경보를 잘못 설정한 사람의 감지로 인해 오작동을 초래할 것이다.

모든 감지 방호대책은 겹겹으로 또는 한 쌍으로 사용되거나, 어떤 감지경보의 독립된 검증을 위한 오디오 또는 비디오 평가방법과 함께 사용되어야 한다. 이것은 대부분의 기술 악용에 효과적으로 대응한다.

최첨단 요소

출입통제시스템

■ 카드기술

• 일반

－출입카드는 승인받은 사용자가 카드 리더기가 부착되어 있는 회전문(revolving doors)이나 십자형 회전식 문(turnstiles) 같은 출입구를 통해 출입할 수 있는 권한을 부여받았다는 증명을 휴대할 수 있도록 하는 디지털 자격증이다. 이것은 최소한의 방호인력을 사용함으로써 승인을 받은 사람들만이 통제되고 제한된 공간의 출입을 허가받을 수 있게 보장한다. 출입카드는 사용자 및 사용자가 접근할 수 있는 구역을 식별하기 위해 사용자의 사진 및 기타 식별정보로 구성될 수 있다. 후자는 일반적으로 사용자가 출입할 수 있는 특정 위치를 나타내는 특정 색을 출입카드의 색상으로 표시한다. 마지막으로, 일부 출입자격증명은 사용자의 생체정보, 의료기록, 재무기록 등의 기타 데이터 또한 포함되어 있다.

• 마그네틱 카드(자기 스트라이프, Magnetic Stripe Cards)

－**설명 및 적용** : 마그네틱 카드는 신용카드의 형태와 유사하며 일반적으로 미국 은행협회(ABA)에서 사용하는 2개 또는 3개의 활성 자기 스트라이프를 가지고 있다. 각각의 자기 스트라이프는 서로 다른 정보를 보유하고 있다. 자기 스트라이프들은 정보를 보호하기 위해 암호화될 수도 있고 그렇지 않을 수도 있다.

– **장점** : 자기 스트라이프 카드는 매우 저렴하고 사진 ID시스템과 함께 사용될 수 있다.

– **단점 · 악용** : 자기 스트라이프 카드는 쉽게 복사되고 안전하지 않을 수 있다.

• 위갠드 와이어 카드(Wiegand Wire Cards)

– **설명 및 적용** : 위갠드 와이어 카드는 신용카드 모양이며, 카드번호가 개별 카드에 고유한 별개의 이진부호를 나타낸 자기적으로 암호화된 선(위갠드 와이어)의 일련의 배치에 의해 생성된다. 카드는 위갠드 카드 리더기를 통해 그것들을 인식하여 읽혀질 수 있고 사진 ID 인쇄물이 부착될 수 있다.

– **장점** : 위갠드 와이어 카드는 영구적으로 자기화 되고 자기 스트라이프 카드처럼 수정될 수 없다. 또한 사실상 복사가 불가능하기 때문에 자기 스트라이프 카드보다 훨씬 안전하다.

– **단점** : 위갠드 와이어 카드는 자기 스트라이프 카드보다 더 비싸고 인식하는 데 어느 정도의 정밀도와 접촉을 필요로 하기 때문에 반드시 전용 리더기를 통해 인식되어야 한다. 이 전용 카드 리더기는 근접식 카드보다 제한된 수명, 더 많은 유지관리비용과 긴 처리시간을 요하고 있다.

– **악용** : 복사하기 위해 다른 카드를 분해하여 그 카드에 일치하도록 비트맵을 재구성한다. 복사된 카드가 제대로 작동하기 위해서는 간격뿐만 아니라 비트맵이 반드시 정확하게 복사되어야 하기 때문에 복사가 제대로 이루어지기는 거의 불가능하다.

• 근접식 카드 및 전자 키(Key Fobs)

– **설명 및 적용** : 근접식 카드는 신용카드 모양이며 마이크로 칩과 두 개의 안테나가 장착되어 있다. 하나의 안테나는 근처의 근접식 카드 리더기로부터 확인요청(query)에 대해 수신하고, 다른 하나는 카드의 고유번호를 확인요청 카드 리더기로 전송한다. 이 기술의 또 다른 버전은 전자 키 같은 편의를 위한 자격증명을 구성한다.

– **장점** : 근접식 카드는 비교적 저렴하고 사진 ID 인쇄물을 부착할 수 있다. 접근식 카드는 카드 리더기와 접촉을 필요로 하지 않기 때문에 출입통제 입구를 통한 처리량이 많다.

– **단점** : 실제 사용에는 단점이 없다.

– **악용** : 근접식 카드는 정교한 기술에 의해 복사될 수 있다.

• 액티브 카드(Active Cards)

– **설명 및 적용** : 액티브 카드는 일반적으로 자동차의 출입처럼 어느 정도의 거리가

요구되는 곳에서 사용된다. 이 카드는 일반적으로 배터리가 장착되어 있다.

- **장점** : 액티브 카드는 빠른 속도로 통과하는 자동차 같은 매우 빠른 처리가 가능한 최대 100피트까지의 먼 거리에서 읽을 수 있다. 암호화된 카드와 카드 리더기를 사용할 수 있다.
- **단점** : 배터리는 수명이 제한되어 있으며 카드는 비교적 고가이다.
- **악용** : 근처의 카드 리더기에서 짧은 시간 내에 비트맵을 캡처하고 정교한 카드 프로그래머를 사용하여 유효한 액티브 카드의 복사본을 만들 수 있다. 이 과정은 암호화된 카드에는 사실상 불가능하다.

• 무선 주파수(RF) 액세스 장치

- **설명 및 적용** : RF 액세스 장치는 차고문 개폐기의 형태와 유사하다. 버튼을 누르면 장치가 수신기에 무선 주파수 코드를 전송한다. 액세스 카드와는 달리 수신기는 확인요청 코드를 전송하지 않는다.
- **장점** : 이것들은 주민과 그들의 차량에 대한 출입을 허용하는 주택단지의 정문에서처럼 편리하고 친숙한 형태로 이런 장거리 사용을 허가한다.
- **단점** : 코드는 암호화되지 않는 한 캡처되거나 복제될 수 있다.

• 바코드 카드

- **설명 및 적용** : 카드는 일반적으로 종이카드 용지와 시각적으로 읽혀지거나 적외선 리더기에 의해 판독되는 바코드를 가지고 있다.
- **장점** : 카드는 매우 저렴하고 방문자(일회용)에 대한 사용에 적합하다.
- **단점 · 악용** : 시각적으로 보이는 유형은 보통의 복사기에서 쉽게 복사될 수 있다.

• 비접촉식 스마트카드

- **설명 및 적용** : 비접촉식 스마트카드는 작은 집적회로가 내장된 출입카드이다.
- **장점**
  - ▶ 비접촉식 스마트카드는 접근식 카드의 장점을 모두 가지고 있다.
  - ▶ 데이터의 암호화로 인해 접근식 카드보다 더 높은 방호수준을 가진다.
  - ▶ 이 카드는 IT 접근자격증명, 판매지점, 의료경력 데이터와 같은 사용에 대한 추가적인 데이터를 담을 수 있다.
  - ▶ 이 카드는 신체인식 데이터도 담을 수 있다.
  - ▶ 이 카드는 전자화폐, 의료기록, 출퇴근기록, 가드 여행정보(guard tour information), 조명 및 HAVC 제어 및 결제를 포함한 기타 시스템과 협력적인 운영을 할 수 있다.
  - ▶ 카드와 리더기 사이의 RF 데이터 전송은 "엿보기(sniffing)" 방지를 위해 암호화된다.

–**단점** : 이 카드는 표준적인 근접식 카드보다 비용이 많이 든다.

–**악용** : 시스템이 암호화되고 올바르게 구성된 경우 사실상 악용의 우려가 없다.

- 수송 근로자 식별 자격증명(TWIC) 카드

–**설명 및 적용** : TWIC 카드는 2002(MTSA) 규제의 해상교통 방호법 하에 있는 항만 시설, 플랫폼, 선박의 방호지역에 호송 없는 출입을 필요로 하는 해상 근로자의 변조방지 생체 자격증명을 제공한다. 미국 해안경비대가 이 프로그램을 관리한다. 상기 시설 및 선박에 대한 출입을 필요로 하는 사람은 반드시 사진과 생체정보 샘플(예 : 지문)을 제출하고 미국 해안경비대가 관리하는 방호검사를 통과해야 한다.

–**장점** : TWIC카드는 운송회사가 승인된 소지자이고, 방호검사를 거쳤는지의 다중적인 확인으로 높은 수준의 방호를 제공한다. 일부 시설들은 전적으로 TWIC 자격증명만을 사용하고 있고, 다른 시설들은 출입통제를 필요로 하는 시설의 어떤 부분에 따라 TWIC와 비TWIC 카드의 조합을 사용한다.

–**단점** : 다른 유형의 출입카드들보다 비용이 더 많이 든다.

–**악용** : 악용의 우려가 없다.

- 출입자격증명 리더기 기술

–자격증명 리더기의 세 가지 주요 유형은 아래와 같다.[1)]

1. 당신이 가진 것(출입카드, 전자키 등)으로 당신의 자격증명을 하는 리더기
2. 당신이 알고 있는 것(암호)으로 당신의 자격증명을 하는 리더기
3. 당신이 누구인지에 대한 것(신체적인 속성 인식-신체인식)으로 당신의 자격증명을 하는 리더기

- 자기 스트라이프 카드 리더기(Magnetic Stripe Card Readers)

–**설명 및 적용** : 자기 스트라이프 카드 리더기는 삽입하는 것과 긁는 것 두 가지 종류가 있다. 삽입형 리더기는 드물고 보통 예전에 설치된 것들에서만 볼 수 있다. 긁는 형태의 카드 리더기는 여전히 판매되고 있다. 각 리더기는 자기 스트라이프 카드의 자기 띠를 읽는다.

–**장점** : 가격이 매우 저렴하다.

–**단점** : 카드를 인식하려면 반드시 긁혀져야 한다. 따라서 리더기의 일상적인 유지보수가 필요하다. 리더기가 마모되면 카드를 정확하게 인식하지 못하기 때문에 정기적으로 교체할 필요가 있다.

---

1) 이번 섹션에서는 일반적으로 사용되는 카드 리더기만을 나열한다. 전체적인 카드 리더기의 목록은 저자(Thomas L. Norman)의 책 : 통합 방호시스템 설계 –개념, 사양, 구현(Burlington, MA : Butterworth Heinemann, 2007)을 참조하라.

- **악용** : 이러한 리더기에 사용되는 카드는 쉽게 복제될 수 있다.

• 위갠드 카드 리더기(Wiegand Swipe Readers)

- **설명 및 적용** : 위갠드 카드 리더기는 카드를 긁거나 삽입하거나 리더기 표면 위에 놓아두면 읽는다.
- **장점** : 카드 리더기는 매우 안전하고 신뢰할 수 있다. 이론적으로, 근접식 카드에서는 근처에 있는 장치에서는 읽을 수 없어 카드 복사가 거의 불가능하다.
- **단점** : 카드를 반드시 카드 리더기에 접촉해야 하기 때문에 리더기 슬롯이 파손의 대상이 될 수 있다.
- **악용** : 리더기에 문제될 것은 없다. 다른 카드를 분해하여 복사할 카드에 일치하도록 비트맵을 재구성한다. 복사된 카드가 정상적으로 작동하기 위해서는 간격뿐만 아니라 비트맵이 반드시 정확하게 복제되어야 하기 때문에 이것이 제대로 이루어지는 것은 거의 불가능하다.

• 표준 근접식 카드 리더기(Standard Proximity Readers)

- **설명 및 적용** : 근접식 카드 리더기는 카드를 리더기 가까이 접근시켜 읽는다.
- **장점** : 가격이 저렴하고 일상적인 유지보수가 필요하지 않다.
- **단점** : 카드 리더기를 잘 작동하기 위해 금속 표면(예 : 금속 빌딩의 외부)에는 장착할 수 없다.
- **악용** : 이론적으로, 근접식 카드는 근처에 숨겨진 허가받지 않은 카드 리더기에서 읽을 수 있고, 인가되지 않은 사용자를 승인받은 카드 소지자인 것처럼 위장하게끔 복제될 수 있다.

• 비접촉식 스마트카드 리더기(Contactless Smart Card Readers)

- **설명 및 적용** : 비접촉식 스마트카드 리더기는 작은 집적회로가 내장된 출입카드이다.
- **장점** : 근접식 카드의 장점들을 모두 가지고 있다.
  - ▶ 데이터 암호화에 의한 근접식 카드보다 더 높은 방호수준을 가진다.
  - ▶ 정보기술(IT) 접근자격증명, 판매지점, 의료경력 데이터 같은 사용자에 대한 추가적인 데이터를 담을 수 있다.
  - ▶ 이 카드는 신체인식 데이터도 담을 수 있다.
  - ▶ 이 카드는 전자화폐, 의료기록, 출퇴근기록, 가드 여행정보(guard tour information), 조명 및 HAVC 제어 및 결제를 포함한 기타 시스템과 협력적인 운영을 할 수 있다.
- **단점** : 이 카드와 리더기는 표준적인 근접식 카드와 리더기보다 비용이 많이 든다.
- **악용** : 암호화된 경우 사실상 아무런 악용의 우려가 없다.

• 원거리 카드 리더기

– **설명 및 적용** : 원거리 카드 리더기는 카드를 장거리에서 문의하고 읽을 때 무선 주파수를 사용한다. 원거리 리더기는 두 가지 종류가 있다.

▶ 기존의 출입카드를 인식하는 리더기(3~6피트 거리에서 인식)

▶ 특수 출입카드를 인식하는 리더기(자동차에서 사용하기에 적합)

– **장점**

▶ 지갑이나 핸드백에서 카드를 꺼낼 필요가 없다.

▶ 통상적인 카드 리더기는 차량 진입지점에서 운전자의 창을 내리지 않고 기존의 카드를 읽을 수 있다.

▶ 자동차의 앞 유리에 부착된 카드도 읽을 수 있다.

– **단점**

▶ 기존의 카드 리더기보다 비용이 많이 든다. 떨어진 거리에서 자동차를 인식하는 데 적합한 리더기는 상대적으로 매우 비싸다.

– **악용** : 악용의 우려가 없다.

• 바코드 리더기(Bar Code Readers)

– **설명 및 적용** : 바코드 리더기는 일반적으로 임시 카드(방문객)를 읽는 데 사용된다.

– **장점** : 임시 카드를 읽을 수 있다.

– **단점** : 대부분의 바코드 리더기는 대부분의 출입통제시스템과 호환되도록 하기 위한 데이터 프로토콜 변환기를 요구하는 위갠드 연결 대신에 ASCII를 가지고 있다.

– **악용** : 시각적인 바코드 카드는 쉽게 복제될 수 있다.

• 키패드 리더기(Keypad Readers)

– **설명 및 적용** : 키패드와 유사한 숫자 키패드에 각 사용자마다 고유하거나 모두에게 공통의 코드를 입력하여 출입구에 들어갈 수 있다. 키패드 리더기는 두 종류가 있다.

▶ 일반적인 코드 : 문의 잠금장치 또는 출입구의 무전압(dry-contact) 계전(relay) 인터페이스

▶ 고유 사용자 코드 : 출입통제시스템의 위갠드 인터페이스

– **장점** :

▶ 매우 저렴하다.

▶ 카드를 들고 다닐 필요가 없다.

– **단점** : 코드가 근처에 서 있는 사람에게 쉽게 노출되어 방호 입구를 손상시킬 수 있다.

–**악용** : 시각적으로 접근할 수 있는 사람은 출입코드를 기억하고 나중에 그것을 입력할 수 있다. 이것은 전화통화를 하는 척하면서 실제로는 키패드의 출입코드를 녹화할 수 있게 해 주는 공격자의 휴대전화 비디오카메라에 의해 쉽게 이용될 수 있다.

• 도청방지 키패드 리더기(Scramble Keypad Readers)

–**설명 및 적용** : 이것은 보통의 키패드 리더기와 유사하지만, 각각의 숫자는 투명한 막 뒤에 7세그먼트의 발광다이오드(LED)로 구성된다. 사용자가 먼저 "시작" 버튼을 누르면, 숫자가 연속적으로 동일한 패턴으로 나오지 않는 임의의 배열로 나타난다. 동일한 코드를 입력하는 사용자는 매번 리더기를 사용할 때마다 실제로 항상 다른 버튼을 누를 것이다.

–**장점** : 근처의 누군가가 숫자를 읽거나 버튼의 순서를 기억하지 않는 한 이 리더기는 매우 안전하다.

–**단점** : 이 리더기는 단지 한 공급업체에 의해 제공되는 근접식 카드 리더기보다 약간 더 고가이며, 다른 시스템 내에서의 사용을 배제하여 반드시 제조업체의 출입통제시스템과 함께 사용해야 한다.

–**악용** : 올바른 사용자로부터 코드를 강탈

• 신체인식 정보 리더기 기술(Biometric Reader Technologies)(그림 16.1 참조)

–설명 및 적용

▶ 신체인식 정보 리더기는 사람의 신체적 속성을 읽고 카드 또는 주요 코드샘플이나 기타 신체인식 샘플과 대조하여 대상의 신원을 입증한다.

▶ 신체인식 정보 리더기는 아래와 같은 다양한 신체인식 정보의 속성을 읽을 수 있다.

▷ 손의 형상
▷ 지문
▷ 손가락, 손, 눈의 혈관 패턴
▷ 홍채
▷ 망막
▷ 성문(voice print)
▷ 얼굴 특성(얼굴 인식)
▷ 필기체

–신체인식 정보 리더기는 두 가지 종류가 있다.

1. ID 확인 : 신체인식 정보 자격증명의 ID 유효성 검사는 다른 자격증명(카드, 키패드 코드 등)과 대조하여 실시된다. 이런 적용은 자격증명(이중 요소)의 다른 한 형태와 대조하여 하나의 신체인식 정보의 유효성을 검사한다.

2. 사실 확인 : 신체인식 정보의 샘플에 의한 직접적인 신원의 식별은 시스템상에 등록된 전체 사용자의 신체인식 정보 데이터베이스(단일 요소)와 대조하여 검

그림 16.1 신체인식 정보(biometrics)

증된다.

- 장점
  - ▶ 신체인식 정보의 자격증명은 자신이 누구라고 주장하는 것보다 더 확실한 보증을 제공한다.
- 단점
  - ▶ 신체인식 정보 리더기는 모든 유형의 카드 리더기 또는 키패드보다 더 많은 비용이 든다.
  - ▶ 신체인식 정보 리더기는 카드 리더기 또는 키패드보다 사용하는 데 약간 느리다.
  - ▶ 신체인식 정보 샘플 데이터베이스가 크면 확인 리더기가 느리게 작동할 수도 있다.
- 악용
  - ▶ 손의 형상 : 없음
  - ▶ 지문 : 지문은 특수 플라스틱 코팅을 사용하여 복제될 수 있다.
  - ▶ 현관 패턴 : 없음
  - ▶ 망막 : 없음
  - ▶ 홍채 : 없음

▶ 성문(voice print) : 거의 없음

▶ 얼굴 : 없음

▶ 필기체 : 거의 없음

• 사진 ID시스템(Photo ID Systems)

－설명 및 적용

▶ 사진 ID시스템은 출입카드에 승인된 소지자의 사진을 배치한다.

▶ 카드는 개인, 조직, 출입이 허가되는 구역에 대한 기타 식별정보를 담고 있을 수 있다.

▶ 사진 ID시스템은 다음을 포함할 수 있다.

▷ 디지털 카메라

▷ 사진 ID단말기 및 소프트웨어(사진을 캡처하여 카드를 출력하고 출입통제 데이터베이스에 그것들의 속성을 조정)

▷ 사진 ID카드 프린터

▷ 경보·출입통제 데이터베이스에 대한 인터페이스

－장점

▶ 사진 ID시스템은 카드를 가지고 있는 사람이 승인된 카드 소지자인지를 확인하는 데 도움이 된다.

▶ 사진 ID시스템은 승인되지 않은 방문자와 승인받은 사용자를 시각적으로 식별하는 데 도움이 된다.

▶ 사진 ID시스템은 출입카드 방호정책의 집행을 간소화한다.

－단점 : 없음

－악용 : 사진 ID시스템을 회피하기 위해 악용수단이 많이 고안되었지만, 이 시스템은 매우 정교한 범죄자를 제외한 모두에게 여전히 효과적인 억제력을 유지하고 있다.

감지시스템(Detection Systems)

■ 재산의 경계 감지시스템

• 전류감지시스템(Capacitance Detection Systems)

－설명 및 적용 : 전류감지시스템은 지하 또는 펜스 뼈대 혹은 펜스 상층부에 구성될 수 있다. 이것들은 동조 회로(감지 케이블) 안테나 근처에 스며든(인간을 구성하는) 물로 인한 동조 회로의 변화를 감지하여 검출한다. 이것은 동조 회로의 공진 주파수(resonant frequency)를 변경하고 그것의 "동조를 제거"한다. 이 동조의 제

거는 센서 케이블에 따른 질량과 위치에서 측정할 수 있는 동조 회로의 공진에 대한 검출 가능한 변화를 야기한다. 따라서 감지 소프트웨어는 긴 선을 따라 감지의 위치를 알릴 수 있다.

- **장점** : 올바르게 사용되는 경우 신뢰할 수 있다. 제대로 설치한 경우 약간의 유지 보수가 필요하다.
- **단점** : 물웅덩이가 있는 근처의 지하에서는 사용될 수 없다.
- **악용**
  - ▶ 많은 비가 내리는 동안 전류 감지시스템의 악용이 확인되지 않은 사례가 있다.
  - ▶ 라인을 절단

• 광섬유 감지시스템(Fiber-Optic Detection Systems)

- **설명 및 적용** : 펜스 뼈대에 부착된 긴 광섬유는 펜스를 타넘거나 절단하려고 시도할 때 생기는 진동을 감지한다. 이것은 센서 라인을 따라 강제로 침입을 시도하는 위치를 검출한다. 일부 버전은 오디오를 제공한다.
- **장점** : 제대로 설치되면 매우 신뢰할 수 있다.

  긴 라인을 만드는 것이 가능하다. –한 제조업체는 1.5m 아래의 정확성을 감지하여 100km(60miles) 만큼 긴 단일영역에 설치하였다. 따라서 이 시스템은 국경을 따라 사용하기에 적합하다.
- **단점** : 이 시스템은 반드시 전체 라인을 따라 정확하고 완전하게 설치되어야 한다.
- **악용** : 라인의 절단과 하부 라인의 수리가 이루어질 때까지 출입이 가능하다.

• 지표면 진동 감지시스템(Seismic Detection Systems)

- **설명 및 적용** : 지표면 진동 감지시스템은 일반적으로 지상에서 구동되는 뾰족한 형태의 마이크로폰으로, 감지회로와 무선 주파수(RF) 또는 케이블에 의해 연결되어 있다.
- **장점** : 이 시스템은 근처의 발자국 소리나 차량소리 같은 짧거나 긴 거리의 지표면 소음을 감지한다.
- **단점**
  - ▶ 이 시스템은 반드시 올바른 토양의 유형에 사용되어야 한다. 탄탄하지 않은 토양에서의 사용은 덜 효과적이다.
  - ▶ 차량의 소음은 어떤 발소리도 가리기 때문에, 이 시스템은 높은 교통량(특히 대형 트럭)을 가진 지역에서는 사용될 수 없다.
- **악용** : 발자국 소리를 감추기 위한 대형 차량의 이용(한 사례로, 침입 소음을 감추기 위해 착암기가 사용되었다.)

- 송수신 일치 극초단파 감지시스템(Monostatic Microwave Detection Systems)
  - 설명 및 적용 : 송수신 일치 극초단파 감지기(송수신기)는 극초단파 에너지로 공간을 채우고 극초단파 에너지의 반향을 감지한다. 극초단파로 채워진 공간 안에서 사람과 같은 물체가 움직일 때, 극초단파의 반향이 바뀌고 이것을 측정할 수 있다.
  - 장점 : 이 시스템은 야외의 짧은 범위에서 신뢰할 수 있다.
  - 단점
    - ▶ 이 시스템은 벽을 관통하여 원치 않은 것까지 감지해낼 수 있다.
    - ▶ 이 시스템은 전등의 플라즈마 움직임을 감지하기 때문에 형광등 가까이에 사용될 수 없다.
  - 악용 : 이 시스템은 많은 경보오류를 야기하기 때문에, 나중에 (실제로) 감지가 발생할 때 경비원이 그것을 무시하는 현상을 초래한다.
- 송수신 분리 극초단파 감지시스템(Bistatic Microwave Detection Systems)
  - 설명 및 적용 : 송수신 분리 극초단파 감지시스템은 반향의 원리로 작동하는 것이 아니라 두 개의 유닛(송신기와 수신기)으로 작동한다. 감지유닛 사이의 중심점에서 가장 넓은 감지 필드 내의 어떤 물체의 움직임에 대해 감지가 발생한다.
  - 장점 : 이 시스템은 움직이는 물체 감지에 대해 매우 높은 신뢰성을 가지고 있다.
  - 단점
    - ▶ 방해가 많이 감지될 수 있기 때문에, 이 시스템은 야외에서는 반드시 다른 감지기와 함께 사용되어야 한다.
    - ▶ 이러한 잦은 경보음을 줄이기 위해 감지구역은 반드시 물웅덩이와 작은 동물들로부터 완전히 자유로워야 하며－두 경계 펜스 사이처럼 폐쇄된 펜스 내부에서 사용하는 것이 가장 좋다.
    - ▶ 감지기는 날리는 잔해, 비, 눈, 먼지와 같은 모든 움직임을 감지할 것이다.
  - 악용 : 폭우가 내리는 동안 많은 경보 오작동이 있을 수 있다.
- 지하 공기압 감지시스템(Pneumatic Underground Detection Systems)
  - 설명 및 적용 : 유연한 튜브와 대기압 센서로 이루어진 이 감지기는, 예컨대 사람이 튜브를 밟는 것 같은 튜브의 압력변화를 확실하게 감지한다. 이 튜브는 일반적으로 바닥의 지표면 바로 아래 묻혀 있다.
  - 장점
    - ▶ 다른 원거리 라인 감지기들보다 상대적으로 가격이 저렴하다.
    - ▶ 튜브가 묻혀 있기 때문에 침입자들이 그 위치를 찾아내기가 어렵다.

– 단점

▶ 부정확한 감지–영역에 따른 위치의 감지가 아닌 오직 전체 영역에 대한 감지만 가능하다.

▶ 라인에 반드시 압력이 가해져야 하고, 그 압력이 반드시 정확하게 유지되어야 한다.

▶ 굴을 파는 동물(두더지)들이 튜브를 갉아 먹어 사용 불가능하게 만들 수 있다. 이런 상황이 발생했을 때 누수지점을 찾기 위해서 반드시 전체 라인이 조사되어야 한다.

– **악용** : 튜브가 묻힌 위치를 찾을 수 있다면, 누군가 구멍을 뚫어 (확인되지 않은) 전체 센서영역을 작동하지 않게 만들 수 있다.

• 적외선 · 레이저 감지시스템(Infrared and Laser Detection Systems)

– **설명 및 적용** : 적외선 · 레이저 감지시스템은 적외선 또는 레이저 광선의 단선을 감지하는 라인 감지기이다. 레이저 감지기가 적외선 빔보다 더 긴 거리를 커버한다. 두 종류의 감지기의 이름에서 알 수 있는 바와 같이, 이것들은 모두 라인 감시 센서이다. 가장 최선의 방법은 다수의 빔을 겹겹이 쌓아 세트로 사용하는 것이다.

– 장점

▶ 빔 사이의 움직임의 매우 안정적인 감지

– 단점

▶ 동물, 날리는 물체 등을 포함해 빔 사이의 어느 것이든지 감지한다.

▶ 침입자가 빔 아래로 기어 들어오거나 넘어오지 못하게끔 센서들은 반드시 겹쳐 쌓아야 한다.

– **악용** : 잦은 경보의 오류는 그 지역의 경보를 무력화시키게 된다.

• 누설 동축 케이블(Leaky Coax Cable)

– **설명 및 적용** : 비디오 및 텔레비전 응용 프로그램에 사용되는 통상의 100% 범위 대신 단지 약 50%만을 제공하는 접지 브레이드(braid)의 동축 케이블로 구성된다. 동조 회로는 누설 동축 케이블 회로의 안테나를 사용함으로써 완성된다. 50%의 브레이드는 신호의 일부를 "누출"시킬 수 있고, 동축 와이어 주위에 용량 필드(capacitive field)를 만든다. 인체 내의 물의 존재는 동조 회로의 동조를 제거하여 경보를 울리게 만든다.

– 장점

▶ 누설 동축 케이블은 지하 또는 펜스 위에 설치될 수 있다.

▶ 동축 케이블이 지하에 설치될 경우에 센서는 보이지 않는다.

– 단점

▶ 매장된 동축 케이블의 감도는 고여 있는 물에 의해 감소되거나 제거된다.

– 악용 : 10분 동안 1피트(30cm)보다 덜 움직이는 사람은 감지되지 않을 수 있다.

• 지상 레이더(Ground-Based Radar)

– 설명 및 적용 : 지상 레이더는 지상에서 물체(차량, 인간, 동물 포함)의 움직임을 살피는 근거리 레이더이다.

– 장점 : 범위와 방향에 대해 매우 정확하게 감지한다.

– 단점 : 도로처럼 센서영역에 방해가 되는 경보 및 반향을 초래하기 쉽고 높은 자연적인 활동영역에 인접하여 사용할 수 없다.

– 악용 : 동일한 대역폭의 레이더 잡음으로 목표 레이더를 혼란시킨다.

■ 건물 주변 감시시스템(Building Perimeter Detection Systems)

• 문 위치 스위치(Door Position Switches)

– 설명 및 적용 : 문 위치 스위치는 (문에 붙어 있는) 마그넷 그 위치에서 떨어져 (문의 틀에 붙어 있는) 스위치 옆으로 오게 되는데, 문 또는 출입구가 열리는 것을 감지한다. 더욱 발전한 스위치는 스위치를 "바이어스"시키기 위한 다수의 마그넷을 활용해 쉽게 악용함으로써 시스템이 망가지는 대신 경보가 울리도록 만들어졌다.

– 장점 : 2인치(5cm)만큼의 문의 열림까지도 감지한다.

– 단점 : 스위치와 마그넷은 모두 문 외부보다는 문 꼭대기나 문이 들어 있는 틀 안에 감춰져 있어야 한다.

– 악용

▶ 초기에는 스위치 옆에 마그넷이 배치된 것을 악용하였으나 그 결과 문이 개방되지 않은 것을 감지하는 데에 실패하였다. 더욱 "균형 잡힌 바이어스" 스위치는 그 자체에 대해 악용하기 위해 여러 개의 마그넷을 사용한다. 즉, 비록 문이 닫혔어도, 스위치 옆에 위치한 마그넷이 실제로 즉각적으로 경보가 울릴 것이다.

▶ 문을 통과하고, 그것을 틀 속에 닫혀 있게 놔둔다.

• 유리파손 감지기(Glass Break Detectors)

– 설명 및 적용 : 음향 및 진동 기반 유리파손 감지기는 유리가 깨지는 소리를 감지한다.

– 장점 : 유리가 깨지는 것을 거의 확실하게 감지한다.

– **단점** : 초기의 음향 감지기는 진공청소기 소리나 열쇠의 쨍그랑거리는 소리에도 잘못된 경보를 울렸다.

– **악용** : 더 나은 유리파손 감지기는 외부의 악용에 거의 취약성을 가지고 있지 않다.

• 광전자 빔 감지기(Photoelectric Beam Detectors)

– **설명 및 적용** : (일반적으로 적외선 감지기들로 구성되어 있는) 광전자 빔 감지기는 감지기 사이의 움직임을 감지한다.

– **장점** : 빔을 가로지르는 모든 물체 또는 사람을 매우 안정적으로 감지한다. 적외선 빔은 보이지 않는다.

– **단점** : 대부분은 설치 시에 빔의 위치가 분명하므로 그것들이 겹쳐지지 않게 듬성듬성 실내에 설치한다면 쉽게 지나갈 수가 있다.

– **악용** : 밤에 떠나기 전에 빔을 차단하는 물체를 두어 그 영역을 "문제" 상태로 빠져들게 만든다.

• 실외 수동 적외선 감지기(Outdoor Passive Infrared Detectors)

– **설명 및 적용** : 몇몇 회사는 실외에서 사용하기 위해 설계된 수동 적외선 감지기를 생산하고 있다. 이런 감지기는 강화된 밀폐장치와 오직 실외에서만 발견되는 고유한 적외선 신호를 처리하기 위한 특정 전기회로를 가지고 있다. 이런 전기회로는 나뭇잎의 그림자나 바람으로 인한 기온변화 등, 대부분의 적외선 잡음을 걸러내는 기능을 가지고 있다.

– **장점**

▶ 실외 수동 적외선 감지기는 다른 많은 실외 감지기에 비해 상대적으로 비용이 저렴하다.

▶ 감지기의 가시성은 억제의 역할을 수행할 수 있을 것이다(대부분의 잠재적인 침입자는 이 감지기를 방호장치로 인식하지만, 이 장치의 작동방식을 이해하지는 못하기 때문에 체포를 두려워하게 된다.).

– **단점**

▶ 다른 실외 시스템보다 높은 경보 오류

▶ 고온 환경 또는 극저온 환경에서 잘 작동하지 않는다.

– **악용**

▶ 매우 느리게 작동함

■ 실내공간 감지시스템(Interior Space Detection Systems)

• 극초단파 감지시스템(Microwave Detection Systems)

- 설명 및 적용 : 극초단파 감지기(송수신기)는 극초단파 에너지로 공간을 채우고 그 극초단파 에너지의 반향을 감지한다. 그 공간 안에서 사람과 같은 물체가 움직일 때 그 반향이 바뀌게 되고, 그 변화를 측정할 수 있다. 극초단파 감지기는 도플러(doppler) 효과를 이용하여 감지한다. 따라서 극초단파 감지기는 감지기 쪽으로 다가오거나 멀어져 가는 물체에 가장 민감하다.
- 장점 : 에너지가 측정될 수 있는 인접 공간을 침투하지 않는 한 밀폐된 공간의 실내에서 신뢰성이 높은 감지를 한다.
- 단점
  - ▶ 벽을 관통하여 원치 않은 감지를 야기할 수 있다.
  - ▶ 전등의 플라즈마 움직임을 감지하기 때문에 형광등 근처에서는 사용할 수 없다.
- 악용
  - ▶ 동작 감지기의 영역을 직접 가로질러 매우 느리게 작동함
  - ▶ 수많은 경보 오류를 야기하여 경비원이 장래의 (실제) 감지에 대해 무관심하게 된다.

• 적외선 감지 센서(Infrared Detection Sensors)

- 설명 및 적용 : 적외선 동작 감지기는 벽에 설치하는 유닛으로, 보통 천장 부근에 설치하여 방 전체 또는 복도를 볼 수 있다. 어떤 유형은 장막(curtain)을 통해 이동하는 "장막" 동작 감지로 구성되어 있다. 모든 유형에서, 센서는 (손가락이라고도 불리는) 여러 영역을 볼 수 있게 구성되었고, 센서는 손가락 사이의 열 신호의 차이를 감지한다. 따라서 손가락을 가로질러 이동하는 사람들이 가장 쉽게 감지된다.
- 장점 : 정상 온도 영역 내의 손가락을 가로지르는 움직임의 안정적인 감지
- 단점
  - ▶ 발열 통풍구와 같은 열원은 경보 오류를 발생할 수 있다.
  - ▶ 감지기는 감지기를 향해 이동해 오는 사람에게는 최소한의 민감도를 가진다.
  - ▶ 주변 온도가 체온에 근접하면 감지기가 아무 소용이 없다.
- 악용
  - ▶ 침입자가 적외선 에너지 감지를 차단하는 매우 무거운 담요를 덮고 천천히 이동하면 감지기의 침입자 감지가 실패할 수 있다.
  - ▶ 감지기를 향해 직접적으로 이동

• 이중기술 센서(Dual-Technology Sensors)

– **설명 및 적용** : 극초단파와 적외선 감지기의 약점과 강점을 모두 처리하기 위해 고안된 이중기술 감지기는 하나의 패키지에서 양쪽의 기술을 모두 사용한다. 감지가 발생하기 위해서는 두 감지기가 모두 움직임을 감지해야만 한다.

– **장점** : 이 감지기는 감지기를 가로지르는 움직임과 감지기를 향해 움직이는 양쪽 모두에 민감하기 때문에, 내부적으로 감지를 확인하고 두 감지기술의 실패를 미연에 방지한다.

– **단점** : 없음

– **악용** : 거의 없다.

• 초음파 센서(Ultrasonic Sensors)

– **설명 및 적용** : 초음파 감지기는 수많은 경보 오류와 실제 방호사고 감지의 간헐적 실패로 인해 쓰이지 않게 되었다. 초음파 센서에는 두 가지 유형(능동 및 수동)이 존재한다. 능동 감지기는 초음파 주파수를 방출하고, 그것의 반사 중단을 수신한다. 수동 시스템은 초음파 범위 내의 소리를 수신한다.

– **장점** : 없음

– **단점** : 장애 유형에는 열쇠, 쨍그랑거리는 소리, 진공청소기, 곤충, 기타 소음, 인근 공항, 건설영역 등을 포함한다.

– **악용** : 다수

• 열 영상 센서(Thermal Imaging Sensors)

– **설명 및 적용** : 열 영상 센서는 주변 환경에 대한 신체의 열을 감지한다.

– **장점** : 침입자의 모습을 포함한 매우 좋은 감지

– **단점** : 매우 비싼 비용

– **악용** : 주변 온도가 높을 때 사용할 수 없고 센서가 유리를 통과할 수 없다.

■ **포인트 감지시스템(Point Detection Systems)**

• 강제경보(Duress Alarms)

– **설명 및 적용** : 의심되는 사람에 의해 의도하지 않게 작동되는 위의 다른 모든 경보와는 달리, 강제경보는 그들이 도움이 필요하다고 믿을 때 승인된 사람에 의해 의도적으로 작동되는 스위치이다. 비록 기차 플랫폼에서 방호 인터폰의 방호 호출버튼처럼 누구나 작동시킬 수 있는 위치에 있는 강제경보 종류도 있지만, 대부분의 강제경보는 몰래 작동시키도록 구성되어 있다.

▶ **두 손가락 스위치** : 이 유형은 실수로 강제경보가 전송되지 않았도록 하기 위해 두 손가락으로 두 개의 인접한 버튼을 눌러야 한다.

▶ **덮개 스위치** : 이 유형은 오경보 방지 덮개 안에 한 개의 버튼이 있다.

▶ **당김 스위치** : 이 유형은 보통 사용자가 덮개 안에 들어 있는 손잡이를 당기도록 설정되어 있다.

▶ **발(foot) 스위치** : 이 유형은 사용자가 스위치 아래에 발을 놓아두고 있다가 경보를 작동시키기 위해 발을 들어 올리도록 설정되어 있다.

▶ **빌(bill) 트랩** : 금고의 마지막 지폐가 제거되면 경보가 자동적으로 작동된다.

▶ **오디오 · 비디오 검증** : 모든 강제경보는 어디에서든지 오디오 · 비디오의 검증이 가능한 모두 사용되어야 한다.

– **장점** : 이런 경보는 사용자에게 도움을 요청할 수 있는 능력을 제공한다.

– **단점** : 일부 유형은 실수로 또는 의도적으로 작동되어 잘못된 경보를 발생시킬 수 있다.

– **악용** : 강제경보 사용자와 마주한 침입자는 보통 폭력적인 위협을 통해 사용자에게 경보를 작동하지 말 것을 설득할 것이다. 경보 통신매체(전화 등)를 제거하여 경보가 작동한 경우이더라도 그것이 대응할 수 있는 누군가에게 보고되지 않을 것이다.

• 폭발물 감지시스템(Explosive Detection Systems)

– **설명 및 적용** : 아래와 같은 폭발물 감지시스템의 다양한 유형이 존재한다.

▶ X선

▶ 밀리미터 파(millimeter wave) 스캐너

▶ 화학 잔류물 감지시스템

▷ 경비견

▷ 전자기기

▶ 육안검사시스템

▷ 손검사

▷ 차량 하부 수색 거울

▷ 차량 하부 비디오 감지시스템

– **장점**

▶ **X선** : 두 가지 유형에서 사용 가능–전파형 및 후방 산란(backscatter)형 X선 시스템. 차량, 트레일러, 컨테이너를 포함하여 소포 및 화물의 내부 영상촬영이 가능. 후방 산란 X선은 개인을 스캔하여 옷 안에 숨겨진 물체를 식별할 수 있다.

▶ **밀리미터파 스캐너** : 후방 산란 X선 효과와 마찬가지로, 떨어진 거리에서 사람을

스캔하여 옷을 투과해 옷 속에 숨겨진 물체를 보여주는 시각적인 영상을 제공한다. 이 장치는 얼굴과 사적인 신체부위를 흐리게 만드는 소프트웨어와 함께 사용되지만, 개인정보 보호 위반 여부에 대한 많은 논란이 있다.

▶ 경비견 : 제대로 훈련을 하여 사용하는 경우 매우 효과적이고 좋은 파트너가 될 수 있다. 세계 대부분의 사람들은 경비견이 자신의 물건이나 신체를 검색할 때 더 협조적일 뿐만 아니라 오히려 환영한다. 하지만 이것은 폭발물을 운반하는 사람의 경우에는 해당되지 않는다.

▶ 전자기기 : 전자기기의 감지방식은 질량분석 또는 폭발물 잔류물의 "냄새"를 맡기 위한 기타 수단을 사용한다. 이것들의 효율성과 효과적인 수준에는 큰 차이가 있다. 이것들은 차량 문손잡이, 트렁크 걸쇠, 운전대, 라디오 손잡이에서 폭발물의 미세한 흔적을 가장 잘 감지할 수 있다.

▶ 육안검사시스템

▷ 손검사 : 손검사는 비용이 저렴하며 X선 장비를 사용할 수 없거나 특별한 상황일 때 매우 철저하게 검사할 수 있다.

▷ 차량 하부 수색 거울 : 이 장비는 차량 소유자와 근처에 서 있는 누군가에게 위협이 될 수 있는 차량 아래에 부착된 이상물체를 감지할 수 있다. 차량 아래에 부착된 폭발물이 건물에 위협이 될 만큼 충분한 양의 화약을 포함하고 있는 경우는 드물기 때문에 차량 소유자와 주변 사람들에게만 위험할 수 있다는 것에 주의하라. 자동차 아래에 부착된 폭탄은 일반적으로 예상 탑승자를 암살하기 위해 설치된다.

▷ 차량 하부 비디오 감지시스템 : 이런 시스템은 거울을 사용하는 것보다 더 짧은 시간에 더 완전한 차량 하부 영상을 제공할 수 있다.

－단점

▶ X선

전파형 X선 장비는 일부 유기물질을 놓칠 수 있으며, 기술자는 제공된 이미지를 올바르게 읽을 수 있도록 교육을 받아야 한다.

후방 산란형 X선 장비는 전파형 X선 시스템만큼 멀리 물체를 관통하지 않고 물체의 한쪽 면만을 보여준다. 최신의 후방 산란형 시스템도 강철의 30cm(~12″)까지만 침투할 수 있다. 사람에게 사용되는 후방 산란형 X선은 사람의 신체를 그대로 스캔하는 영상을 만들어 개인정보 보호의 문제를 야기한다. 개인정보 보호를 강화하기 위해 특정 신체부위를 흐리게 하고 검열받는 사람으로부터 떨어져서 검사를 수행한다. 하지만 아랍과 남아시아 국가에서는 개인정보 보호에 대한 우려가 줄어들지 않고 여전히 남아 있다.

▶ **밀리미터파 스캐너** : 후방 산란형 X선과 유사하게 개인정보 보호에 대한 우려를 포함하고 있으며, 주변 온도가 체온 근처까지 상승하거나 폭우가 쏟아지는 중에 입장하는 것처럼 옷이 젖어 있을 때도 밀리미터파 스캐너는 비효율적이다.

▶ **경비견** : 경비견은 일부 이슬람 국가에서 종교적인 신념의 이유로 받아들여지지 않을 수 있다. 경비견은 잦은 휴식이 필요하기 때문에 한 검문소에 배치하기 위해 생각보다 더 많은 경비견이 필요하다. 많은 검문소에서 경비견을 이용할 경우 그 양을 관리하기 어려울 수 있다. 훈련된 경비견은 비용이 많이 들고 훈련받은 기술을 유지하기 위해 전문 사육사와 잦은 시나리오 훈련을 필요로 한다.

▶ **전자기기** : 다수의 질량 분석기는 고가의 소모품을 필요로 하는데, 반드시 지속적으로 청소하여 그 효과를 유지해야 한다. 최신의 시스템은 자가 청소를 하고 약간의 소모품을 필요로 하지만, 이것들은 구형 모델에 비해 매우 비싸다.

▶ **육안검사시스템**

▷ **손검사** : 검사관을 폭발의 가능성에 노출시킨다.

▷ **차량 하부 검사에 대한 첨언** : 나는 시설을 보호하는 수단으로서 차량 하부 검사에 들어가는 노력의 양에 심취하였다. 차량 아래 설치된 폭탄이 건물의 구조에 피해를 주었다는 어떠한 기록도 없으며, 그것이 일어날 가능성 또한 거의 없다. 차량 하부의 폭탄은 대부분 탑승자(들)을 죽이거나 신체에 위해를 가하기 위한 폭발수단으로 사용된 것이어서, 재산에 피해를 주거나 많은 수의 사람들을 살상하는 데에는 사용되지 않았다. 시설 입구 검문소에서 실시하는 차량 하부 검사는 방호분석가와 계획자의 무지를 의미한다. 이것은 플라시보 효과의 또 다른 예이다. ―즉, 실효성은 거의 없지만 대중을 보호하기 위한 노력을 나타내려는 시도이다. 이런 시스템들은 보통 대부분 비효율적인 방식으로 사용되어, 실제 위협 행위자에게 방호조치가 비계획적일 뿐만 아니라 비효율적이라고 광고하여 문제를 악화시킨다.

▷ **차량 하부 수색 거울** : 보통 차량 하부 수색 거울을 사용하는 검사는 피상적이고 비효율적인데 보통 차량 하부의 앞쪽이나 한쪽 면만을 검사한다. 훈련으로 매우 효과적이다.

▷ **차량 하부 비디오 감지시스템** : 이것은 문제를 검색하는 고가의 해결책이다. 나는 실제로 이런 사례를 많이 보아 왔고, 어떤 경우이든 시스템 사용자가 차량에 원래 없었던 물체를 식별할 수는 없다.

－악용

▶ X선 : X선의 특성이나 기능을 모호하게 만드는 방식으로 물체를 배치. 예를 들어, 총기는 윤곽이 쉽게 보일 수 있는 평면에 배치하는 대신에 가방의 측면에 배치

▶ 밀리미터파 스캐너 : 시스템을 비효율적으로 만들기 위해 비, 더운 날씨, 무거운 코트 등을 사용

▶ 경비견 : 경비견은 악용하기가 매우 어렵다. －경비견에게 스테이크를 제공할 수 있겠지만, 사육사는 그것을 주지하고 있을 것이다.

▶ 전기기기 : 적절하게 사용한다면 역시 악용하기가 매우 어렵다. －이것은 매우 강력한 억제력이 있다.

▶ 육안검사시스템

▷ 소지품의 손검사 : 공범을 이용하여 검사관을 산만하게 만들 수 있다.

▷ 차량 하부 수색 거울 및 비디오 감지시스템 : 의도하는 목적이 시설을 보호하는 것이라면 일반적으로 무의미하다. －즉, 당신이 그 차에 타는 경우는 제외

■ 비디오 감지시스템

• 가시광선 카메라

가시광선 카메라는 렌즈 상이나 영상기 위의 가시광선이 레코더, 디지털 저장기, 비디오 모니터에 기록될 수 있고, 볼 수 있는 아날로그 또는 디지털 신호로 변환하는 가장 일반적인 유형이다.

－고정식 비디오카메라(그림 16.2)

▶ 설명 및 적용

▷ 이런 카메라는 렌즈의 초점거리에 따라 변하지 않는 일정한 감시영역을 가지고 있다.

▷ 오늘날 대부분의 카메라는 모든 조명조건에서 최적의 이미지를 보장하기 위해 음영 방지 자동 역광보정, 자동 출력비 제어, 자동 셔터 또는 조도 적응을 위한 자동 조리개 조절, 디지털 영상처리 등의 기능이 있다.

▷ 고정식 카메라는 그것이 장착된 곳에 (격납장치와 함께) 그대로 노출되어 있거나 미적 감각과 카메라가 보고 있는 방향을 숨기기 위한 목적의 반구형 속에 숨겨질 수 있다.

▷ 세 번째 유형은 개별적으로 아래에서 논의될 핀홀(pinhole) 비디오카메라이다.

▷ 카메라는 품질의 광범위한 다양성 속에서 사용할 수 있다.

- 장점 : 최소한의 비용
- 단점 : 다수의 화면을 위해서는 여러 대의 카메라가 필요하다.
- 악용
  ▶ 보통 돔형 카메라보다 카메라가 바라보는 방향을 숨기기가 더 어려운 고정식 카메라의 시야 밖에서 범죄를 수행
  ▶ 화상 카메라에 레이저를 쏘면 카메라 기능을 못하게 만들 수 있다.
  ▶ 렌즈나 외장유리 위에 페인트 분사

• 회전식 카메라(Pan/Tilt/Zoom Video Cameras)
- **설명 및 적용** : 회전식 카메라(PTZ)는 매우 다양한 지점을 관찰할 수 있도록 해 주는 다양한 각도와 줌 비율을 조정할 수가 있다. 대부분의 PTZ 카메라는 돔 안에 설치되며 실내 또는 실외에서 사용될 수 있다. 여러 받침대를 필요한 구성에 따라 사용할 수 있다.
- 장점
  ▶ 다양한 시점과 줌 비율을 사용할 수 있다.
  ▶ 돔형 PTZ 카메라는 카메라가 보고 있는 방향을 은폐한다.
- 단점
  ▶ 카메라는 한 번에 한 시점만 관찰할 수 있다.
  ▶ 한 지점을 보고 있는 동안에는 전체 관찰반경 내의 다른 지역은 관찰할 수 없을 것이다.

그림 16.2 비디오카메라

▶ 비돔형 PTZ 카메라는 관찰하고 있는 방향이 명백하게 나타난다.

– 악용

▶ 카메라를 보고 있는 경비원의 주의를 끌기 위한 소동을 만들어, 카메라의 주의를 그곳으로 돌림으로써 PTZ 카메라의 시야범위 밖에서 범죄가 일어날 수 있도록 한다.

• 핀홀 비디오카메라(Pinhole Video Cameras)

– **설명 및 적용** : 핀홀 비디오카메라는 감지가 거의 불가능한 바늘구멍만한 렌즈를 장착한 기존의 카메라이다. 제대로 장착된 경우, 개방된 아주 작은 렌즈(2mm)만 노출되어서 벽에 붙은 먼지조각처럼 보인다.

– **장점**

▶ 미학적인 측면이 높다. 카메라는 시각적인 환경을 침해하지 않는다.

▶ 카메라가 눈에 띄지 않는다.

▶ 위협 행위자들은 자신들이 카메라의 시야 안에 들어와 있는 것을 알아차리지 못한다.

▶ 핀홀 카메라는 인질상황이 발생하여 그 구역의 다른 모든 카메라가 사용 불능이 된 후에도 내부의 상황을 제공하여 당국으로 하여금 사상자가 가장 적게 생기도록 대응을 조정할 수 있게 해 준다.

▶ 인질 테러공격이 증가하고 있는 상황에서 이런 카메라는 갈수록 유효한 방호대책이 된다.

– **단점**

▶ 은폐된 카메라는 정책이나 문화적인 이유로 인해 일부 지역에서 허용되지 않을 수 있다.

▶ 카메라 렌즈가 제한적인 조명을 제공하기 때문에 시야범위 내에서 반드시 밝은 조명이 사용 가능해야 한다. 기타 일반적인 유형의 설비들로 구성된 적외선 조명장치에 의해 추가 조명이 제공될 수 있다.

– **악용** : 없음

• 주간 · 야간 영상기(Day/Night Imagers)

– **설명 및 적용** : 일부 카메라는 주간에는 컬러로 관찰하던 영상을 조도가 떨어지는 야간에는 흑백으로 전환해 주는 주간 · 야간 영상기와 함께 사용할 수 있다.

– **장점** : 주간 · 야간 영상기의 사용으로 인해 야간에 더 나은 화면 감도를 제공한다.

– **단점** : 조명이 매우 낮지 않는 한, 낮은 조명에서 컬러 화면의 확인이 더욱 수월하다.

– 악용 : 다른 카메라와 동일

• 아날로그 카메라(Analog Cameras)

– **설명 및 적용 :** 아날로그 카메라는 오래된 텔레비전 규격과 호환하는 미국 텔레비전 규격위원회(NTSC) 또는 위상 반전 주사선(PAL) 영상을 제공한다.

– **장점** –

▶ 비교적 가격이 저렴하다.

▶ 단일 규격은 쉽게 디지털 규격으로 변환된다.

▶ 특히 녹화와 카메라 재생에 아날로그 입력부가 사용되는 저렴한 디지털 비디오 레코더가 있는 매우 작은 장비에 아주 적합하다.

▶ 아날로그 카메라는 야외에서 사용하는 경우에 디지털 카메라에서 발생할 수 있는 방호시스템 네트워크 해킹을 허용하지 않는다. 디지털 시스템을 사용하고 관찰 및 기록을 위한 실외 카메라가 있는 경우에 이것은 중요한 특성이 될 수 있다.

▶ 아날로그 카메라가 실외에서 최신 디지털 카메라보다 안정적인 운영을 제공하는 것은 거의 틀림없다.

– **단점 :** 대부분의 아날로그 카메라는 2015년 이전에 반드시 디지털로 변환해야만 할 것이다. 이것은 디지털 코덱을 추가하여 수행될 수 있다.

– **악용 :** 다른 카메라와 동일하다.

• 디지털 카메라(Digital Cameras)

– **설명 및 적용 :** 디지털 카메라는 JPEG, 모션 JPEG, MPEG1, 2, 4, 웨이블릿, H.264를 포함한 다양한 디지털 압축 형식의 전송 제어 프로토콜/인터넷 프로토콜(TCP/IP) 영상을 제공한다.

– **장점 :** 본질적으로 디지털 신호는 카메라를 장거리 기록 보관과 수백에서 수천 대 카메라의 모니터링을 하는 회사 시스템 프레임워크에 맞게 쉽게 조정될 수 있도록 해 준다.

▶ 영상은 지능형 영상 알고리즘에서 처리될 수 있다.

▶ 영상의 질이 향상될 수 있다.

▶ 영상의 이중보관이 가능하다.

▶ 많은 장소와 먼 거리를 관찰하는 것이 가능하다.

▶ 백만 화소 급의 디지털 카메라는 매우 상세한 영상을 제공한다.

– **단점 :** 많은 데이터 파일을 저장할 경우 큰 저장시스템을 필요로 한다.

▶ 카메라가 50대를 넘는 경우 데이터를 동시에 여러 사용자에게 전송하는 멀티

캐스트 디지털 시스템이 필요하다.

– 악용 : 다른 카메라와 동일하다.

• 디지털 어안렌즈 PTZ 카메라(Digital Fish-Eye PTZ Cameras)

– **설명 및 적용** : 디지털 어안렌즈 PTZ 카메라는 180도 관찰이 가능한 어안렌즈가 장착된 백만 화소 급의 카메라가 실제로 고정되어 있다. 이것은 아래쪽을 보는 방향으로 부착된 천장 카메라처럼 방 전체를 관찰하고 기록하는 것이 가능하다.

– 장점

▶ 이런 카메라는 여러 대의 PTZ 카메라의 시야범위를 동시에 관찰할 수 있다.

▶ 이런 카메라는 아날로그 PTZ 카메라에서는 불가능한 기록 비디오 내의 PTZ 보기를 허용한다.

– 단점

▶ 보통의 영상처럼 보기 위해서는 특수 소프트웨어가 필요하다.

▶ 백만 화소 급의 카메라는 용량이 매우 큰 디지털 파일을 생성하기 때문에 매우 크고 비싼 대용량 저장장치가 필요하다.

– 악용 : 거의 없음.

• 열 영상 및 단파 적외선 카메라(Thermal Imaging and Short-Wave Infrared Cameras)

– **설명 및 적용** : 열 영상 카메라는 가시광선이 아닌 열 특성을 볼 수 있다. 이런 카메라는 특히 빛이 매우 제한된 밤이나 연기 또는 안개가 끼었을 때 사용하기에 유용하다(연기 또는 안개는 카메라의 기능을 약화시킨다.).

– **장점** : 완전한 어둠 속에서도 관찰이 가능하고, 특히 비냉각 카메라보다 냉각 열 카메라에서 원거리 관찰이 가능하다. 단파 적외선 카메라 역시 완전한 어둠 속에서도 관찰이 가능하다.

– 단점

▶ 비용이 높다.

▶ 지나친 안개나 원거리에 걸친 안개는 카메라의 기능을 약화시킬 수 있다.

▶ 평균적으로 해상의 안개가 도시나 시골의 안개보다 입자반경이 더 크기 때문에 해상의 안개가 육지의 안개보다 카메라의 기능에 더 영향을 미친다.[2)]

– 악용

▶ 안개가 심한 기상 상황 속에서 적외선(IR) 카메라에서 멀리 떨어진 지점에 공

---

2) FLIR® 기술 노트, "안개와 빗속에서의 열 영상 카메라의 관찰," FLIR 상용 영상시스템, B.V. 네덜란드 (www.flir.com).

격을 수행한다.

- 비디오 분석(지능형 비디오 소프트웨어)
  - **설명 및 적용** : 비디오 분석 소프트웨어는 승인되지 않은 행위나 범죄행위를 암시하는 유용한 정보를 찾기 위해 디지털 비디오 영상을 처리한다. 시스템은 경보를 울려 모니터 운영요원으로 하여금 카메라를 살펴 원치 않는 행위가 발생하고 있는지를 확인할 수 있게 해 준다. 아래와 같은 많은 알고리즘이 존재한다.
    - ▶ 경계선 침범
    - ▶ 남겨진 물체
    - ▶ 없어진 물체
    - ▶ 비정상적인 군중행동
    - ▶ 배회
    - ▶ 승인되지 않은 방향으로의 이동
    - ▶ 특정 동작 인식
    - ▶ 다양한 기타 행동패턴들
  - **장점** : 부적절할 수 있는 행위에 대한 의미 있고 중요한 경보를 놓치지 않고 수백에서 수천 대에 달하는 카메라들의 방치식 운영을 가능하게 한다.
  - **단점** : 비싸지만 대규모 비디오시스템에 권한을 부여한다.
  - **악용** : 어떤 공격자도 그곳에 분석 소프트웨어가 사용되고 있는지를 알 수 없기 때문에 악용하는 일이 없다. 범죄자들은 그동안 (교통시스템 같은) 대규모 비디오 시스템은 잘 관찰되지 않는다는 사실을 악용하는 것으로 알려져 왔다.

모니터 운영실 및 관리사무실

■ 방호 지시, 통제, 통신(C^3) 모니터 운영실

- C^3 모니터 운영실은 주와 국가의 경계를 넘는 것을 포함해 구내(構內)와 원거리에 걸쳐 여러 시스템을 관찰할 수 있다. 이것은 기업의 조직에 대한 방호 모니터링 및 출입통제 기능을 통해 중요한 감독을 할 수 있게 해 준다. C^3 모니터 운영실은 조직이 기업 전체에 걸쳐 균일한 기업 방호, 안전, 운영정책을 적용할 수 있도록 돕는다. C^3 모니터 운영실은 기업 도처에 있는 비디오를 관찰하고, 경보 · 출입을 통제하며, 방호 음성통신을 하는 둘 이상의 감시시설을 포함하고 있다. 그것들은 때때로 한 장소에서 방호, 화재, HAVC(난방, 환기, 공기조절), 안전, 엘리베이터에 대한 구내 시설 전반에 걸쳐 완전한 조망을 제공하기 위해 건물공학 감시기능에 통합되어 방호와 건물의 공학적인 기능 전체에 걸쳐 비용효율성과 운영의 협조를 강화한다.

■ 로비 모니터 운영실

- 로비 모니터 운영실은 많은 공공의 사용자들에게 방호의 "얼굴"이다. 로비 모니터 운영실은 직원과 방문객들에게 출입자격증명 및 권한에 관한 정보 안내를 통해 대

중들에게 서비스를 제공한다. 이들은 때때로 사용자가 드문 시간 동안에는 부수적인 경보 및 비디오 시설도 제공한다(로비 콘솔은 사용자가 많이 몰리는 영업시간 중에는 비디오 모니터링이나 출입통제 지원에 사용될 수 없다.).

■ **사진 ID 명찰 관리시설**

- 사진 ID 명찰 관리시설은 아래와 같은 것을 포함한다.
  - 카메라
  - 배경막(backdrop)
  - 조명
  - 사진촬영 준비용 거울
  - 사진 ID 소프트웨어를 갖춘 명찰 제작 작업공간
  - 명찰 프린터

■ **방호 관리사무실**

- 방호 관리사무실은 다음을 포함해야 한다.
  - 관지라 및 지도 감독자를 위한 사무실
  - 사진 ID 명찰 관리시설
  - 화장실
  - 소집실
  - 교육센터(종종 소집실로 함께 사용된다.)
  - 접수원
  - (관심 있는 주제에 대한) 인터뷰실
  - 휴게실

방호시스템 기록보관 기술

■ **설명 및 적용** : 방호 기록보관 기술에는 아날로그와 디지털 두 가지 기본적인 유형이 있다.

■ **아날로그** : 아날로그 기술은 아날로그 비디오를 녹화하기 위해 비디오테이프를 사용한다. 이것들은 빠르게 폐기처리되고 있으며 디지털 저장기술에 의해 대체되고 있다.

■ **디지털** : 디지털 저장기술에는 두 가지 유형이 있다.

- **디지털 비디오 레코더(DVRs)** : DVRs는 소량의 카메라 동영상을 저장할 목적으로 제작된 컴퓨터이다. 이들 중 일부는 함께 네트워크로 연결될 수 있으나, 어떤 것도 서버 지원 기록보관소의 유연성까지 제공하지는 못했다. 이것은 광범위한 시스템의 증가나 아주 기본적인 운영기능 외에는 찾아볼 수 없는 제한된 예산의 소규모 시스템에 가장 적합하다(그림 16.3 참조).

그림 16.3 디지털 비디오 서버

- **서버 지원 기록보관소** : 서버 지원 기록보관소는 비디오를 관리하고 저장하기 위해 아래와 같은 유형의 장비들을 활용한다.
  - **디렉토리 서버** : 라이브 영상이 전달되는 장소를 관리한다(카메라에서 작업장으로 전달).
  - **기록보관 서버** : 해상도와 프레임 속도에 따라 32개 내지 70개의 카메라를 관리한다.
  - 어느 정도의 시스템들은 더 많이 기록할 수 있다.
    - ▶ **저장매체** : 광 채널 디스크 : 매우 높은 처리량을 가진 시스템(가장 비싼 가격)
    - ▶ **SCSI-디스크 시스템** : 중간 정도의 처리량
    - ▶ **SATA-디스크 시스템** : 낮은 처리량
    - ▶ **테이프 저장** : 선반 위 또는 자동 테이프 컨베이어 안에 장기간 저장
    - ▶ **DVD 저장** : 선반 위 또는 자동 DVD 컨베이어 안에 장기간 저장
    - ▶ **반도체를 이용한 디스크 저장** : 상기 디스크 유형을 대체하기 위한 새로운 기술이며 대용량의 메모리 칩 솔루션
  - **저장시스템** : 위의 모든 것들은 다음 중 하나로 구성될 수 있다.
    - ▶ **내부 저장** : 운영체제의 국부적인 기록보관 서버 내에 저장
    - ▶ **네트워크 연결 저장(NAS)** : 서버 네트워크에 연결되도록 설계된 디스크, DVD 또는 테이프 저장박스. 파일들은 운영체제에 직접 연결된 것이 아닌 네트워크상에 있는 것으로 나타난다.
    - ▶ **저장영역 네트워크(SAN)** : 로컬 운영시스템에 연결된 것처럼 저장장치가 나타나는 방법으로 저장박스 네트워크를 서버 네트워크에 연결한다.

- 디지털 저장 솔루션의 장점 및 단점
  - 디지털 비디오 레코더(DVR)는 매우 소규모 응용 프로그램에는 경제적이지만, 가장 기본적인 기능 이외에 대형 시스템을 관리할 수 있는 유연성을 제공하지 않는다.
  - 내부 저장은 매우 저렴하지만 저장용량이 부족하다.
  - NAS(네트워크 연결 저장)는 더 많은 용량을 제공하지만 처리속도가 더 느리다.
  - SAN(저장영역 네트워크)는 디지털 비디오 데이터의 가장 높고 효율적인 사용을 제공한다. 일부 SAN은 광 채널을 연결하지 않으면 처리 불가능한, 사실상 매우 많은 양의 데이터를 저가의 SATA 드라이브를 사용하는 창조적인 방법의 파일관리를 통해 처리한다.
  - 광 채널은 매우 높은 처리량을 제공하지만 가장 비용이 많이 든다.
  - SCSI(소형 컴퓨터 시스템 인터페이스) 및 iSCSI는 중간 정도의 처리량을 제공하지만 소규모 응용 프로그램이나 늘어난 단기저장(2~30일)에 가장 적합하다.
  - SATA는 가장 낮은 비용뿐만 아니라 가장 낮은 처리량을 제공한다. 일부 SAN은 전체 파일을 하나의 디스크에 기록하기보다는 파일을 여러 조각으로 나누어 다수의 디스크에 동시에 기록하는 방법으로, SATA가 높은 처리량을 가지고 있는 것처럼 "보이게 하는" 창조적인 파일관리법을 사용한다. 그런 다음 SAN은 파일조각을 다시 모아서 보여준다.

방호시스템 기록보관체계

■ 즉각적이고 장기적인 보관

- **광 채널** : 광 채널은 매우 용량이 큰 비디오 데이터에 즉시 접속할 수 있도록 해 준다. 이것은 즉각적인 접속(최대 2일까지)을 위한 중앙집중식 대규모 시스템(카메라 70대 이상)에 가장 잘 사용된다. 비용적인 문제 때문에 일반적으로 장기간 저장을 위한 사용은 금지된다.
- **SCSI** : SCSI 디스크는 소규모 시스템 및 대규모 시스템상의 짧은 접속 지연(몇 초에서 몇 분 사이)을 위한 즉각적인 접속을 제공한다.
- **SATA** : SATA 디스크는 대규모 시스템상에서 최소한의 비용으로 합리적인 지연을 제공한다.
- **테이프/DVD** : 테이프 및 DVD 저장은 많은 다양한 디스크 드라이브 없이 저가의 장기적인 비디오 기록 검색을 제공한다. 필요할 경우, 초과한 테이프나 DVD는 검색을 위해 선반 또는 카세트에 저장된다. 이런 검색절차는 시스템 데이터베이스를 찾고 검색하여 비디오 데이터를 볼 수 있도록 읽는 동안 몇 분 정도의 지연시간이 생긴다.

- **반도체를 이용한 저장** : 반도체를 이용한 저장은 매우 장래성이 있지만, 이 책이 발간된 시기를 기준으로는 실험적인 버전으로 제한된다.
- **설명 및 적용**
  - 소규모 시스템
    - ▶ DVR
    - ▶ 내부 디스크와 하나의 테이프 드라이브를 가진 하나의 기록보관 서버
  - 중간규모 시스템
    - ▶ 몇 개의 기록보관 서버와 소규모의 NAS 또는 SAN시스템
    - ▶ 하나 이상의 테이프 드라이버 또는 소규모 테이프 컨베이어 검색 시스템을 가진 장기 저장
  - 대규모 시스템
    - ▶ 여러 개의 기록보관 서버와 세 종류의 데이터 저장방식을 사용하는 대규모 SAN시스템
      - ▷ 극단기 저장 : SAN 스위치 및 서버상의 광 채널 디스크(2일까지의 즉각적인 검색)
      - ▷ 단기 저장 : SCSI 또는 SATA SAN(2주/1개월에 가까운 즉각적인 검색)
      - ▷ 장기 저장 : SAN상의 테이프 또는 DVD 컨베이어
- **중복저장방식** : 사업 연속성과 관련하여 (일상 및 긴급상황의 유지 보수와 사고, 자연재해, 고의적인 공격로 인한 기록 손실을 처리하기 위해) 중복저장방식을 사용하는 것이 좋다.
  - **기본적인 중복저장** : 긴급상황 또는 유지 보수를 처리하기 위해 위치한 하나의 예비 기록보관 서버
  - **더 적합한 중복저장** : 유지 보수가 진행되는 동안에 긴급상황을 처리하기 위한 두 개의 예비 기록보관 서버
  - **완벽한 중복저장** : 모든 기본 기록보관 서버와 기가바이트 광섬유로 연결된 부지 밖의 단기 및 장기 저장의 완벽한 대체 세트
  - 이러한 모든 시스템은 일반적으로 RAID5 또는 RAID6 배열을 사용한다.
- **장점 및 단점**
  - **기본적인 중복저장** : 가장 비용이 적게 드는 선택사항이고, 아무것도 없는 것보다는 낫지만 효용성이 매우 제한적이다.
  - **더 적합한 중복저장** : 합리적인 비용으로 부지 내에 최대 두 개의 중복된 기록보관 서버를 제공

– **완벽한 중복저장** : 가장 많은 비용이 들지만, 운영상 가장 바람직하다.

방호시스템 기반시설

■ **일반**

• 2003년 이전의 방호시스템은 기반시설의 세 가지 일반적인 유형을 사용하였다.

1. 비디오 : 동축 케이블 또는 아날로그 섬유
2. 인터콤 : 호출 · 제어기능을 가진 2선 또는 4선 아날로그 오디오
3. 경보 · 출입통제 : 건물 사이의 상호연결 시스템을 위한 RS-485와 TCP/IP의 최소한의 사용

예외적인 사항이 드물게 존재하지만, 위에서 언급한 세 가지 유형이 가장 많이 사용된다.

이것들은 2000년을 시작으로 모두 바뀌기 시작하여, 2003년에는 가장 소규모의 시스템을 제외하고는 모두 디지털 기반시설로 변경되는 실질적인 움직임이 있었다.

■ **방호시스템 디지털 기반시설** : 아날로그 및 사유(proprietary) 기반시설에서는 불가능한 많은 기능의 구현을 제공하기 위한 방호산업의 디지털 기반으로의 움직임은 다음을 포함한다.

• 많은 도시, 주, 국가에 걸쳐 하나로 작동하는, 진정한 기업 시스템을 개발하기 위한 능력
• 진정으로 확장 가능한 시스템
• 다수의 비디오, 경보 · 출입통제, 인터콤시스템을 중앙집중식의 원격 중복 모니터링
• 비디오 분석

방호 디지털 기반시설은 유선, 섬유, 무선의 형태를 취할 수 있다.

■ **유선**

• 유선 기반시설은 CAT-5 또는 CAT-6 케이블과 다양한 구성의 디지털 스위치 및 중계장치를 활용한다. 이것들 중 가장 일반적인 것들은 아래와 같다.

– **소규모 시스템** : 기가바이트 백본(backbone)으로 연결된 간단한 스위치 구조. 때로는 링구조가 사용되지만 트리구조가 일반적이다. 이것은 전체 CAT 5/6 네트워크가 될 것이다.

– **중간규모 시스템** : 가상 렌(VLANs)에 의해 분할된 분기를 가지고 있는 계층적 스위

치구조. 트리구조 또는 링구조 중 하나가 사용될 수 있다. 광섬유 백본 스위치가 사용될 수 있다. 네트워크에는 서버, SANs, 중계장치에 함께 연결된 코어 스위치가 코어와 에지 스위치를 포함할 것이다. 에지 스위치는 에지장치(카메라, 출입통제 제어기, 인터콤 등) 및 코어 스위치에 연결된다. 단말기는 환경 설정에 따라 코어나 에지 중 하나를 스위치에 기록할 수 있다.

- **대규모 시스템** : 현장 기기에 연결하기 위해 에지 스위치(접근 층, access layer)를 사용하고, 서버와 SANs에 연결하기 위해 코어 스위치를 사용하며, 시스템이 더 커질수록 배선 층 스위치를 사용할 수 있는 중복 계층 스위치구조.

  모든 스위치는 부분적으로 또는 완전하게 중복될 수 있다.

  모든 스위치는 코어 층에 가까워짐에 따라 지속적으로 증가하는 용량을 사용하는 섬유에 의해 연결될 것이다. 예를 들면

  ▶ 100MB의 에지장치

  ▶ 배선층 스위치에 연결된 1GB의 에지 스위치

  ▶ 코어 스위치에 연결된 10GB 배선층

  ▶ 10GB 이상의 코어 층

■ 광섬유 케이블

- **광섬유 케이블을 사용하는 경우** : 광섬유 케이블은 CAT5 또는 CAT6 케이블 정격 거리(90m/270피트)를 초과하거나, CAT5(100MB) 또는 CAT6(1GB)의 정격 용량을 초과할 때마다 사용되어야 한다. 속도가 1GB 이상이나 거리가 90m 이상인 곳에서는 광섬유가 사용되어야 한다.
- **섬유의 종류** : 섬유에는 단일 모드와 다중 모드, 두 가지 유형이 있다.

다중 모드 광섬유(보통 플라스틱)는 최소의 비용이 들고, 송신기 및 수신기는 레이저보다는 LED 자원이다. 최대 거리는 몇 마일까지로 다양하다. 단일 모드 광섬유는 플라스틱 대신 유리 코어를 사용하고 송신기 및 수신기에 LED 대신 레이저를 사용한다. 따라서 단일 모드 광섬유와 그것의 송신기·수신기는 더 고가이지만 더 높은 용량과 거리를 제공한다.

■ 무선(wireless)

- 일반
  - 모든 무선 옵션은 반대편에 누가 있는가와 상관없이 유선 또는 광섬유 옵션보다 덜 안정적이고 덜 안전하다.
  - 무선 옵션을 사용하려고 생각하는 사람은 원하는 주파수가 무료이며, 사용 가능

한지와 주변 환경이 원하는 주파수상의 시스템 작동을 지원할 것인지를 보장하기 위한 현장 라디오 주파수 조사를 실시해야 한다.

• 허가제 옵션 VS 비허가제 옵션

– 무선 솔루션은 크게 두 가지(허가제 및 비허가제 옵션) 종류로 나누어진다. 사용권 허가를 필요로 하는 특정 주파수는 나라마다 다르기 때문에, 이 책에서는 이 주제에 관한 일관된 세계적 지침을 제공하지 못한다. 설계자는 필요한 경우 선택한 해결책이 주파수 사용권 허가를 받았는지를 확인해야 한다.

• 각각의 장점

– 더 적은 수의 사람들이 지정된 주파수를 사용하도록 허가받기 때문에 허가제 옵션은 그렇지 않은 것보다 더 높은 방호를 제공할 수 있다. 이런 옵션은 다른 사람이 할당된 주파수에서 활동하지 못하도록 보장한다.

– 비허가제 옵션은 허가제 옵션의 비용이나 절차적인 부담은 없지만, 다른 사람들도 같은 공간에서 같은 비허가 주파수를 사용하기 시작할 수 있기 때문에 그 환경에서의 주파수 용량을 줄여 확실한 운영을 지속적으로 보장하지 못한다. 즉, 비허가 주파수를 사용하는 무선시스템을 설치했다면 근처에 같은 주파수를 이용하는 시스템의 등장으로 인해 한 달 후에는 그것의 정상적인 운영을 지원하지 않을 수 있다.

• 2.4 GHz

– 전 세계적으로 가장 보편적인 비허가 주파수는 802.11 b/g/i/n 운영을 지원하는 2.4 GHz이다. 이 주파수는 같은 공간에서 세 가지의 동시 비디오 채널을 지원할 수 있고, 아마추어들과 상업적인 사용자들이 가장 많은 사용하고 있어 인접한 사용자들에 의해 방해 받을 확률이 가장 높다.

• 5.8 GHz

– 5.8 GHz는 같은 공간에서 10가지의 동시 비디오 채널을 지원할 수 있는 802.11a 작업을 지원한다. 이 주파수는 또한 소수의 사용자들만이 사용하고 있어 다른 사용자에 의해 방해받을 가능성이 적다.

• 900 MHz

– 900 MHz는 매우 드물게 사용되는 잊혀진 주파수이다. 이 주파수는 위의 두 주파수보다 더 짧은 거리를 지원하지만 나무, 잎 등을 통해 전달될 수 있다. 900 MHz 지역에 따라 허가제이거나 비허가제일 수도 있다.

• 와이맥스(WiMax)

– 와이맥스는 보다 안정적인 운영을 지원해야 하는 새로운 기술이다. 와이맥스는

일반적으로 지역에 따라 허가제로 사용된다.

- 무선 메시 네트워크(wireless mesh network)
  - 무선 그물망 네트워크는 다수의 통신 가능 라인을 가지고 있어 더 강력한 여분의 네트워크를 만들어 완전한 중복 네트워크를 조성한다.
- 극초단파
  - 극초단파 통신은 대부분의 지역에서 사용 허가제로 운영되고, 장비 및 주파수에 따라 시야가 트인 수 킬로미터까지 통신 방호를 제공한다.
- 레이저
  - 레이저 통신은 시야가 트인 수 킬로미터까지 매우 안전한 전송을 제공한다.

■ 안테나 : 안테나는 지향성과 전 방향성 두 가지의 사용 가능한 유형이 있다.
몇몇 카메라들로부터의 신호가 하나의 지점에 모일 때는 전 방향성 안테나가 사용되어야 한다. 전 방향성 안테나는 그 모이는 지점에서만 사용되어야 한다. 모든 실외의 원격 카메라에서는 지향성 안테나가 가장 좋은데, 가능하다면 신호가 잡히는 지점에 지향성 안테나를 사용하는 것이 여러 방향으로부터 다수의 카메라 신호를 수신하지 않을 수 있다. 안테나에 대한 완전한 설명을 원한다면 통합 방호시스템 설계를 참조하라.

저차원적인 기술요소

잠금장치

■ 내장식 전기 잠금장치(Electrified Mortise Locks)

- 내장식 전기 잠금장치는 (잠금을 해제하기 위한) 솔레노이드가 장착된 표준 내장식 자물쇠로 만들어지고 손잡이에 잠금해제 설비가 (손잡이가 돌아갈 때 잠금해제 요청이 전송되면 일반적인 출입구 경보를 우회하여) 누름 바 스위치 또는 문 잠금 스위치에 장착될 수 있다. 내장식 전기 잠금장치는 매우 안전하고 사용하는 데 특별한 지식이 필요하지 않으며 방화문에 대한 모든 규정을 준수한다.

■ 전기 안전장비(Electrified Panic Hardware)

- 전기 안전장비는 (잠금을 해제하기 위한) 솔레노이드가 장착된 기계적인 표준 안전장비(충돌 바)이고, 스위치를 누르는 형식의 잠금해제 설비가 장착될 수 있다. EPH는 내장식, 테두리, 은폐되거나 노출된 문틀에 사용할 수 있으며, 알려진 모든 규정에 대한 요구사항을 충족한다.

■ 자기식 잠금장치(Magnetic Locks)

• 자기식 잠금장치는 문의 상단에 장착되어 다른 중앙제어식 도어 잠금장치를 보완한다. 자기 잠금장치는 보통 잠금장치 설치를 단순화하기 위해 기존의 잠금장치와 함께 기존의 문에 장착된다. 문 위의 적외선 모션 센서의 설비로 누름 바의 스위치, 문 옆에 표시된 버튼, 모니터 운영실로부터의 중앙통제, 화재경보 인터페이스, (화재경보 비상버튼과 유사한) 비상사태 잠금해제 버튼에 의해 외출이 가능하다. 자기 잠금장치는 사례별 기준으로 대부분의 관할구역에서 코드 승인을 받아야만 하고, 화재경보 인터페이스와 사람들의 잘못된 설계로 인해 실수로 어떤 구역에 갇히지 않게 보장하는 기타 안전조치에 특별한 주의를 기울여야 한다.

■ 출구개방 지연 장치(Delayed Egress Hardware)

• 출구개방 지연 장치는 충돌 바, 카운트다운 타이머, 구역경보와 함께 자기식 잠금장치와 연결된다. 신호체계가 사용자로 하여금 손잡이를 잡고 몇 초 동안 (보통 15에서 30초) 밀도록 안내한 후에야 문이 열리게 한다. 그 시간 동안, 카운트다운 타이머가 0으로 내려가는 숫자를 표시하며 가벼운 사용을 억제하는 경보를 울린다. 출구개방 지연 장치는 방호할 수 있는 기회를 높이고, 무슨 일이 있더라도 나갈 수 있는 확실한 방법을 제공한다.

■ 높은 수준의 전자 방호 잠금장치(High-Security Electric Locks)

• 몇몇 회사는 아래와 같은 수준 있는 방호장비를 제작한다.
  - 4개 및 6개의 전자 데드볼트 부착(단일 또는 이중문)
  - 수용소와 주택에서 사용인가를 받은 고품질의 도어 장비는, 일반적으로 잠금장치가 쉽게 망가져 버리는 매우 강력한 의도적인 침입을 버텨내기 위해 만들어졌다.
  - 실제로 4개 및 6개의 전자 데드볼트가 부착된 강력한 문은, 산업용 다이아몬드 톱과 매우 강력한 특정 프레임 살포기를 제외한 기존의 도구들로는 뚫는 것이 불가능하다.

■ 드롭볼트 잠금장치(Drop-Bolt Locks)

• 드롭볼트는 잠금장치 걸림을 야기하는 문의 정렬문제 때문에 외면을 당해 왔다. 하지만 이 장치는 보관실의 문에 사용이 가능하며, 사용 중인 방에는 사용될 수 없다. 일반적으로 이 잠금장치들은 자기식 잠금장치에 의해 대체되어 왔다. 나는 어떤 문에서도 드롭볼트 잠금장치의 사용을 추천하지 않는다.

■ 전기 실린더 잠금장치(Electrified Cylinder Locks)

- 기계 실린더 잠금장치가 방호에 매우 취약하게 변환된 것이다. 항상 이런 장치의 사용을 피하라.
- 잠금장치 전원 · 화재경보 감독
- 잠금장치 전원은 중앙에서 관리하고 발전기 및 무정전 전원공급장치에 의해 백업되어야 한다. 잠금장치의 전원공급장치에 들어가는 최종 전원은 화재경보시스템에 의해 감독되는 중계기에 의해 공급 · 중단되어 화재경보가 울리는 동안에는 모든 자기식 잠금장치가 풀려 사람들이 지나갈 수 있도록 해야 한다.

  회로에는 테스트를 위해 경보 · 출입통제시스템에 경보를 보내는 테스트 스위치가 장착되어야 한다.

회전문

회전문 및 전체높이의 기계적인 십자형 회전식 문은 긍정적인 출입통제－즉, 하나의 카드에 한 명의 출입을 제공한다. 이런 방식은 승인되지 않은 사람이 승인받은 사람 뒤에 바싹 붙어 따라 들어오는 것을 방지한다. 출구지점에서 사용되는 경우 회전문 및 십자형 회전식 문은 출구개방 지연 장치가 장착된 기존의 문과 함께 사용되어야 한다.

기계식 및 전기식 회전문(Mechanical and Electronic Turnstiles)

■ 기계식 (스포츠경기장 유형) 회전문과 전기식 회전문은 건물 내로 들어오는 사람들 간의 간격을 보장하는 특성으로 인해 더 많이 사용되고 있다. 사용자는 보통 방문자 카드를 사용하여 회전문을 통한 출입이 허용된다. 직원카드 또한 회전문에서 유효하다. 회전문의 구성은 아래와 같다.

- 삼각대(스포츠경기장 유형)
- 유리판
- 낙하 패들
- 선회 패들
- 무패들(위반에 대한 경고만 존재)－이 유형은 선호도가 떨어지고 있다.

■ 전자식 회전문은 매우 미학적인 방식으로 긍정적인 출입통제를 보장하는 데 도움을 준다. 처리량은 매 초당 한 사람씩 통과하는 것에서부터 2~3초에 한 사람씩 통과하는 것까지 다양하다.

차량 출입구

차량 출입구는 리프트 암(lift-arm), 스윙 패브릭 게이트(swing fabric gates), 슬라이딩 패브릭 게이트(sliding fabric gates)로 구성될 수 있다. 리프트 암 게이트는 최소한의 방호만을 제공하지만 신속하게 배치될 수 있다. 이것은 주차장에서와 같이 암이 사람에 의해 조작되고 방호가 느슨한 곳에서 사용되어야 한다. 슬라이딩 및 스윙 패브릭 게이트는 (체인 고리 또는 사유지 펜스를 상상해 보라.) 보행자에 대해서도 (리프트 암 게이트는 제공하지 못하는) 방호를 제공하지만 배치가 더 느리다.

배치 가능한 장벽(Deployable Barriers)

■ 차량장벽

- 배치 가능한 차량 장벽은 높은 수준의 방호와 낮은 수준의 방호 두 가지 종류가 있다.
- 높은 수준의 방호 장벽은 화물을 싣고 빠른 속도로 이동하는 차량을 보통 대략 1m 내의 매우 짧은 거리 내에서 정지시킬 수 있다. 가장 높은 수준의 방호 장벽은 그것이 빠른 속도로 이동하고 있는 차량에 대응해 작동하거나, 설령 서 있는 차량의 하부에서 작동하더라도 차량의 파괴와 탑승자의 사망 또는 심각한 부상을 일으킬 가능성이 있다. 일반적으로 이러한 유형의 구성에는 아래와 같은 것들이 포함된다.
  - 배치 가능한 차량 진입 방지용 장애물
  - 지골(쐐기가 올라오는) 장벽
  - 케이블 빔 장벽
- 새로운 특정 장벽들은 통제된 방식을 사용하여 차량을 정지시켜 심각한 피해 또는 부상을 유발하지 않고 배치할 수 있다. 이들 중 일부는 보행자에 대해서도 약간의 효과적인 장벽을 제공한다. 일반적으로 이러한 장벽은 비행기가 비상착륙할 때 올라오는 망구조의 케이블 및 나일론으로 짜인 직물로 구성된다.
- 낮은 수준의 방호장벽은 보통 상승 바(주차장 통제 암)로 구성된다. 이것들은 보행자 방지 장벽으로 구성될 수도 있다.

■ 보행자 장벽(Pedestrian Barriers)

- 나는 여러 해 동안 2008년 11월 26일에 인도 뭄바이에서 발생한 호텔공격처럼 테러리스트들에 의한 건물 장악 시도를 방지하기 위해 공공건물 내에 배치 가능한 장벽의 사용을 주장하였다. 인질을 노리는 준군사적인 공격이 발생하였을 때의 동력식 이동벽, 안전 차단벽, 배치 가능한 문은 많은 생명을 구할 수 있는 잠재력을 가지고 있다. 이것들은 무장세력에 의한 공격 가능성이 있는 모든 공공건물 또는 상업적인 건물에 적합하다. 배치 가능한 장벽의 사용은 소방 당국과의 긴밀한 협조가 필요하다. 장벽은 화재 계단들 사이의 중간지점에 어떠한 침입도 불가능한 장소에

설치되어야 한다. 이 장벽은 뭄바이 공격에서처럼 희생자들이 안전한 곳으로 탈출하도록 하는 동안 저격수를 건물의 작은 영역에 가둬두는 것처럼 "이동 저격수"의 공격에 특히 효과적이다. 그 저격수는 탈출하지 못하고 경찰대응 병력에 의해 체포될 것이다. 이러한 장벽은 개별영역 내에서 두 개의 출구를 사용 가능한 경우에 사용되어야 한다. 나의 이러한 권고안은 최근 들어 이것들의 장점이 분명해질 때까지 오랜 기간 동안 과격하다고 여겨져 왔다.

조명(Lighting)

조명은 네 가지 방법으로 사용될 수 있다. 즉, 조명은 합법적인 사용자의 안전을 개선시키고, 건물이 사용 중인 경우 사용표시를 나타내고 사용 중이 아닌 경우에도 사용을 암시할 수 있으며, 침입이 발견될 위험을 증가시키고 방호사고를 억제한다.

1. **합법적인 사용자의 안전을 개선하기 위해** : 조명은 공격자가 의심을 받지 않고 합법적인 사용자에게 쉽게 접근할 수 없도록 하기 위해 모든 차량 및 보행자 도로를 따라 명확한 시야가 확보되도록 사용되어야 한다.
2. **사용을 나타내는 조명** : 조명은 시설이 사용 중이라는 것을 암시하기 위해 사용될 수 있다. 도난의 경우에 사용 중임을 나타내는 것이 최선의 예방책이다. 연구결과, 도둑들이 누군가가 사용 중인 것으로 믿는 주거 및 상업 건물은 대부분 피해 왔다는 것을 보여주고 있다. 조명은 주차된 차량이나 (방송국 등의) 음향 같은 다른 지표들과 함께 계획되고 사용되어야 한다.
3. **침입이나 탈출과정에서 발각될 위험을 증가시키는 조명** : 주차장의 경우, 특히 침입이 우려되는 구역과 그런 구역에 접근할 수 있는 곳의 주위에 사용되어 도둑의 움직임을 더 명확하게 만들기 위해 사용될 수 있다.
4. **방호사고를 억제하기 위한 조명** : 한 번 그 존재가 감지되면, 범죄자를 혼란시키고 방해하기 위해 사용될 수 있다. 특히 건물 안 움직임 감지에 대한 대응으로써의 조명의 점등은 범죄자로 하여금 자신이 적발되었다고 믿게 만들어 공격을 포기하게 만들 수 있다. 매우 민감한 시설의 경우, 사용 중이 아닌 건물의 전등을 끄는 것이 범죄자를 더욱 혼란스럽게 만들 수 있고, 특히 실내용 적외선 카메라를 사용할 수 있는 장소에서의 대응 병력은 목표 범죄자를 추적하는 데 도움을 줄 수 있다.

표지판(Signage)

두 가지 유형(길 안내표지판과 방호경고 표지판)의 표지판이 방호 프로그램을 지원한다.

■ 길 안내표지판은 "길을 가리키는 것"을 통해 합법적인 사용자로 하여금 시설을 통해 그들이 의도하는 목적지로 가는 길을 찾을 수 있게 지원한다. 잘 설계된 길 안내표지판은 두 가지 뚜렷한 장점이 있다.

(1) 사용자 지원 및 (2) 사용자에게 방향을 알리는 데 쓰이는 시간의 감소. 이 두 가지 장점 중 후자는 방호직원들이 사용자들의 일상적인 행동보다 그 외의 것들에 집중할 수 있도록 해 주어 전체적인 방호 프로그램의 개선을 돕는다. 이것은 방호 운영의 기본적인 원칙이다.-방호직원들은 가능한 범위 내에서 예외적인 사항에만 집중해야 하고 정상적인 행동과 관련된 모든 문제는 방호요원의 직무에 의해 간섭받거나 방해받아서는 안 된다. 좋은 길 안내표지판은 실제로 좋은 건축 및 부서 계획에서 시작한다. 방문객 또는 새로운 직원들은 건물에 들어설 때부터, 그들이 가고자 하는 목적지로 가는 길을 찾는 데 주의를 기울인다. 특히 처음 방문하는 방문객들은 입장하기 위해 사인을 해야 하는 것 같은 방문객에 관한 규정에 무지하다. 방문객을 안내 데스크로 안내하는 표지판을 눈에 띄게 해야 한다. 그곳에서부터는 표지판이나 안내지도가 방문객을 그들의 목적지로 안내하는 효과적인 수단이 된다. 대규모 시설인 경우 길 안내표지판은 방문객을 경로를 따라 가도록 돕는다. 표지판에 색을 사용하는 것은 언어만 사용하는 것보다 방문객으로 하여금 더 직관적으로 이해할 수 있게 해 준다. 길 안내표지판은 본질적으로 계층구조이어야 한다.-즉, 표지판은 시설을 통해 한 단계씩 나아감에 따라 더 상세한 정보를 제공할 것이다. 예를 들어, 로비에 있는 표지판에는 몇 층에 무슨 부서가 있는지를 표시할 수 있고, 엘리베이터에서 내린 방문객들이 사무실을 찾기 위해 잘못된 홀로 들어가지 않도록 각 홀에 위치한 사무실 호수의 범위들이 그 앞에 바로 표시되어 있어야 한다.

길 안내표지판은 사용 가능한 화장실 안내 같은 지원 및 주요 서비스가 어디에 위치해 있는지도 표시해야 한다. 모든 표지판들은 계획된 거리에서 읽을 수 있어야 한다. 예를 들어, 1,500피트(457m) 거리에서는 표지판의 글씨 크기는 2피트(61cm) 이상이어야 하지만, 엘리베이터 로비에서는 1인치 이상이면 충분하다. 표지판은 반드시 그것을 읽을 사람이 이동하는 속도도 고려해서 만들어져야 한다. 예를 들어, 사용자가 이동하는 속도가 빠를수록 그것을 읽기 용이하게 하기 위해 글씨의 크기가 커져야 하고, 거리에도 이런 것들이 반영될 것이다.[3]

■ 방호 경고표지판은 직원 및 방문객에게 무엇이 허용되고 허용되지 않는지를 알림으

3) Airmaster Letter Height Visibility Charts, 20 mph/2 kph, 4 inches/9 cm at 147 feet/45 meters, 65 mph/105 kph, 12 inches/30 cm at 477 feet/145 meters (www.airmastersales.com/hivisibility.html)

로써 올바른 행동을 하도록 도움을 준다. 예를 들어, LNG 터미널의 경우, 커다란 문자의 표지판으로 연방정부의 거리에 관한 규정을 인용하여 선박으로 하여금 LNG 저장고의 1,500피트 근처로 접근하지 못하도록 경고할 수 있다. 표지판은 가능한 처벌도 명시할 수 있다. 예를 들어, 공항에서 기내에 반입하면 안 되는 물품을 공표하고 위반 시 체포될 수도 있다는 경고 표지판을 쉽게 찾아볼 수 있다. 방호 경고표지판은 올바른 행동을 안내하는 동시에 몰랐다는 변명거리를 제거한다. 모든 방호 경고 표지판은 법 또는 문서화된 정책 및 절차에 근거해야 하고 전문적인 방식으로 간단하고 명확하게 그것을 나타내야 한다. 너무 장황하게 글을 늘어놓은 표지판은 잘 읽혀지지 않아 그것을 만든 목적을 달성할 수 없다.

무기술 요소

억제 프로그램의 정의(Define the Deterrence Program)

일반적으로 모든 방호 프로그램의 주요 목표는 억제하는 것이다. 프로그램이 그 목표를 달성하는 데 성공한다면, 그것은 완전히 성공한 것이다. 만약 프로그램이 목표 달성에 실패한 경우, 결점을 해결하기 위해서는 매우 많은 비용이 들며 위험하다. 좋은 방호 프로그램은 두 가지 기본요소를 가지고 있다는 것을 기억하라.

- 기준 방호 프로그램
- 특정 취약점을 해결하기 위한 구체적인 대책

기준 방호 프로그램은 억제전략을 통해 사용자들에게 적절한 행동을 안내하는 대책들로 구성되어 있고, 모든 부적절한 범죄행위의 감지, 평가, 대응, 증거수집을 돕는다. 어떤 기준 방호 프로그램도 테러행위에 대한 가벼운 저지보다 더 효과적일 수 없다. 특정 취약점을 해결하기 위한 구체적인 대책들은 테러행위와 범죄행위가 일어날 수 있는 특유의 기회들을 억제하기 위해 계획된 방안들이다.

기준 방호 프로그램에 관해, 억제 관련 프로그램은 방호 순찰 및 초소경비, CPTED 요소, 방호인식 프로그램, 전자식과 방호인력에 의한 것을 모두 포함하는 출입통제 요소, 방호조사, 의사결정 프로그램 등이 있다. 이것들 중 무기술 요소는 순찰 및 초소경비, 방호인식 프로그램, 방호조사 및 방호 의사결정 프로그램 등이다.

- **방호초소경비** : 시설 경계의 입구·출구 및 건물 입구에 위치한 (고정 순찰로도 불리는) 방호초소의 존재는 조직이 방호에 주의를 기울이고 있다는 것을 끊임없이 암시하는 것이다. 방호초소의 효과성은 전적으로 경비원의 전문성과 초소의 장비에 기인

한다. 이 점은 특히 테러 대비 검문소(폭탄 및 무기 감지)에서 두드러지게 나타난다. 전문적인 범죄자가 조직의 방호 프로그램을 단지 보여주기 위한 것이 전부인지, 아니면 그것이 자신의 범죄 목적에 심각한 문제가 될 것인지의 여부를 판단할 것이라는 점에 요지가 있다.

일반적인 사용자는 방호초소를 확인하게 되면, 바로 이 시설은 안전하다고 생각하지만, 전문 범죄자는 모든 취약점을 찾으려고 노력하며 절차상의 허점을 어떻게 악용할 것인지를 재빨리 상상한다는 것을 기억하라. 따라서 효과적인 훈련 및 임의의 시나리오 테스트를 병행하는 효과적인 정책 및 절차는 효과적인 억제를 보장한다.

■ **순찰경비** : 방호 순찰경비는 범죄 목적을 가지고 구내에 있는 누군가가 언제든지 순찰하는 경비에 의해 적발될 위험이 있다는 것을 인식하고 있기 때문에, 가장 효과적인 억제책 중 하나이다. 순찰경비는 예측 가능해서는 안 된다. 즉, 매 시간 순찰을 돌 때, 경비원은 다양한 경로와 시간대를 이용하여 순찰경로를 예측할 수 없게 해야 한다. 순찰을 짧게 하고 돌아와 몇 분 또는 단지 몇 초라도 일찍 검문소에 방문하는 것 등을 의미한다. 이런 종류의 예측 불가능성은 범죄 의도를 가진 어느 누구도 순찰경비원의 감시로부터 안전함을 느낄 수 없도록 돕는다.

■ **대응** : 전문 범죄자는 종종 방호사고에 대한 조직의 대응을 "시험"할 것이다. 따라서 "불발사건"에 대한 대응은 실제 방호사고에 대한 대응만큼이나 중요하다. 대응하는 경비원의 시점(timing), 방법, 조치 등은 범죄자에게 방호 프로그램을 극복하기 위한 과제의 정도를 암시한다. 알려진 테러리스트 및 범죄자들과의 인터뷰 내용에 따르면, 불발사건에 대한 효과적인 대응은 거의 항상 공격을 억제하는 것이다.

■ **방호인식 프로그램** : 방호인식 프로그램은 두 가지 목표를 가지고 있다.
(1) 조직의 직원, 하청업자, 공급업자로 하여금 그들의 행동 및 활동과 연관된 조직의 방호정책을 이해하도록 돕는다. (2) 조직이 어떤 행동을 권장하는지에 대한 구성원들의 이해를 도움으로써 안전한 작업환경을 조성하는 것을 돕는다.
방호인식 프로그램의 요소들은 아래와 같다.

- **방호 및 길 안내표지판** : 이것들은 대중 및 방문객들이 길을 찾는 것을 돕고, 사람들이 무단으로 들어가면 안 되는 구역에 들어가지 못하도록 한다.
- **인쇄물**
  - 방호규칙 : 이것들은 방문객, 하청업자, 공급업자, 신입사원들이 조직의 시설 안에 있거나 조직의 프로젝트에 참여하는 동안에 자신들의 행동에 관한 의무를 이해하

도록 돕는다.

– 방호 및 안전지침 : 이것들은 조직의 구성원들이 자신들의 안전에 영향을 미칠 수 있는 관심사항 및 문제점과 조직의 시설 안에서 보내는 일상 속에서 자신들의 안전을 보장하기 위한 절차를 수행하는 방법을 이해하도록 돕는다. 이것들은 조직의 구성원들에게 영향을 미칠 수 있는 방호 및 신용카드 사기에 대한 경고 같은 것들을 포함할 수도 있다. 일반적으로 방호 및 안전지침은 직원으로써 조직에서 일하기 위한 추가적인 가치라고 볼 수 있다.

• 구두 안내

– 방호직원은 질문(길 안내, 방호에 관한 질문 등)을 가진 사람들에게 구두 안내를 제공할 수 있도록 훈련되어야 한다.

– 방호직원은 자신의 권한 밖의 주제에 대한 구두 안내보다 질문자를 더 나은 정보원(항상 관리자)에게 안내하도록 훈련되어야 한다.

– 방호직원은 모든 질문에 대한 답변을 돕기 위한 방호정책에 관한 포켓용 소형 안내서를 항상 가지고 다녀야 한다.

– 방호직원은 공격적인 사람들과 직면했을 때 상사 또는 관리자에게 그 문제를 확대하도록 훈련되어야 한다.

– 대중들과 접하는 방호직원은 기본적인 분쟁해결법을 훈련받아야 한다.

• 소식지, 이메일 등

– 방호 프로그램의 정기 간행물은 그것을 받는 사람들에게 조직의 방호 임무에 관한 것을 방송하고 주의를 기울이게 만드는 데 좋은 방법이다.

■ 방호조사 프로그램

• 모든 조직은 방호문제를 가지고 있다. 이러한 문제는 내부적, 외부적 또는 내부와 결탁한 외부적인 문제일 수 있다. 방호문제는 즉각적인 것이거나 만성적인 것일 수 있다. 방호범죄의 가해자는 명백하게 드러나 있거나 숨겨져 있을 수 있다.

• 방호조사 프로그램은 숨겨진 범죄자를 밝혀내어 범죄자를 기소하거나 만성적인 범죄의 경우에는 범죄에 종지부를 찍기 위해 필요한 증거들을 수집한다.

• 즉각적인 범죄는 범죄의 방식 및 전술, 사용되고 도난당하거나 파괴된 자산, 범죄자의 특성을 밝혀내는 데 사용될 수 있는 범죄의 증거(범죄시간, 침입 및 도주방식, 범죄를 저지르는 동안의 은닉 등)를 남긴다.

• 만성적인 범죄 역시 증거(결점 등)를 남긴다. 하지만 언제 그런 결점이 발생했다고 말하기 어려울 수 있어, 누가 용의자인지 밝혀내기 어렵다. 특히 조직적인 범죄에

직원들이 범죄의 가담자나 조력자로 연루되어 있을 때, 조사는 문제를 해결하기 위한 중요한 역할을 한다.

■ 방호정보 프로그램(Security Intelligence Program)

- 정보는 발생 가능한 피해로부터 조직의 보호와 관련된 자료이다. 정보는 관리자로 하여금 조직이 위험을 피하는 곳에 위치하도록 만든다.
- 방호 관련 위험관리는 모두 정보 보고서를 받아야 한다.
- 긴급하고 중요한 사안은 접수 즉시 보고서로 분석되어야 한다. 긴급하고 중요한 정보는 즉각적인 조치를 필요로 한다. 중요하지만 긴급하지 않은 정보는 즉각적인 조치보다는 계획 수립과 조정을 필요로 한다.
- 일반적인 조직의 공식적인 정보 프로그램은 아래와 같다.
  - 법 집행기관과의 연계
  - 상업적인 방호정보 서비스
  - 선별된 방송 공급
  - 방호 블로그
- 상업적인 방호정보 서비스에 대해 말하자면, 나는 방호 의제에 뒤떨어지지 않기 위해서 적어도 하나의 좋은 방호정보 서비스에 가입할 것을 권장한다. 하지만 계속적인 정보 습득을 위해 이것들을 완전히 신뢰하지 마라. 한 가지 예를 들면 내가 사용하는 자료 중 하나는 매우 포괄적인 서비스이다. 하지만 내가 이 책을 집필할 당시 공표된 2월 8일 주간 정방호내에 2월 12일의 레바논에 관해 오직 한 줄만 언급되어 있는 것을 보고 놀란 적이 있다. 2009년 2월 12일은 헤즈볼라(Hezbullah)가 이스라엘이 암살하였다고 비난한 이마드 무그니야[Imad Mugniyah(Hezbullah의 군사전략가)]의 부임 1주년 기념일이었기 때문이다. 비록 두 나라 사이에는 긴장감이 높았고, 이스라엘이 기념일 전날 레바논에 모의공습을 실시하였음에도 불구하고 이 서비스는 오직 기념일에 대해서만 언급하고, 이 사건이 두 나라 사이에 전쟁을 유발할 수 있는 잠재성을 가지고 있다는 것을 무시하였다. 실제로 이스라엘에서는 전쟁을 예상하고 전쟁위협을 실시하였으며, 이것들은 모두 지역의 공공 언론에 발표되었다. 한때 이 서비스는 그 지역의 안내자료로서 자리매김했지만, 양질의 자료가 지역으로 들어오고 나감에 따라 그것들은 바뀔 수 있다. 정보 안내에서 이러한 사건의 누락은 매우 우려스러운 일로서 위험지역에서의 분석에 대한 전문적인 지식의 부족함을 보여준다.

• 정보자료들을 개발하는 방법

– 상업적인 위험분석가는 그들에게 이용 가능한 공개된 정보자료만을 가지고 있다. 과제는 가능한 한 많은 자료들을 한 곳으로 모으고 관련성에 따라 그것들을 걸러내는 것이다.

– 이 작업을 시작하기 좋은 방법은 구글 알리미를 사용하는 것이다. 당신이 필요로 하는 것과 관련하여 하나 이상의 키워드를 설정하라. 이것들에는 국가, 산업, 방호조직 또는 테러단체들의 이름이 포함될 수 있다. 구글 알리미는 키워드와 관련되거나 무관한 정보들을 매일 당신의 이메일에 제공할 것이다. 당신이 관심 있는 기사를 클릭하면, 이러한 자료들을 즐겨찾기로 지정할 수 있어 신뢰할 수 있는 공개 정보자료의 재산을 구축하기 시작할 것이다. 이러한 정보자료들을 걸러내기 위하여 당신은 유즈넷 그룹에 가입할 수도 있다. 예를 들어, 당신은 (최고 중 하나인) 구글 그룹의 방호·테러와 같은 분야에 가입하여 키워드 검색 칸에 "레바논"이라고 입력할 수 있다. 이것으로 모든 관점에서 쓰인 하루에 4,000건 이상의 관련 기사들을 일상적으로 받을 수 있을 것이다.

• 많은 좋은 자료 중에 몇 가지는 아래와 같다.

– NEFA 재단(www.nefafoundation.org)

– 테러조사 프로젝트(스티븐 에머슨 - www.investigativeproject.org)

– 제인의 세계의 내란과 테러 포털 (http://catalog.janes.com/catalog/public/index.cfm?fuseaction=home.ProductInfoBrief&Product_id=98796) - 가입 자료

– www.PlanetData.net/sites/Intelligence/

– www.Businessmonitor.com

– www.defensereview.com

– www.asisonline.org

– South Asia Terrorism Portal(www.satp.org)

– 당신은 곧 많은 다른 자료들을 개발할 것이다.

• 뉴스 커넥션

– 최고의 뉴스 커넥션 중 하나는 전 세계의 최신 지역뉴스들이 모두 영어로 번역되어 통합되는 월드 뉴스 커넥션(WNC)이다. WNC는 공개 자료센터(OSC)에 의한 미국 정부의 국가기술정보서비스(NTIS)의 상용(유료) 가입 서비스이며, 상무부에서 서비스를 제공한다. 일부 사람들은 이 서비스를 너무 비싸다고 생각하지만, 나는 WNC가 세계에서 가장 포괄적인 공개 정보자료가 될 수 있다고 믿는다.

■ 응급서비스 연락 프로그램

- 응급서비스 연락 프로그램은 긴급상황이 발생했을 때 응급요원들이 신속하게 제약을 받지 않고 대응할 수 있도록 방호직원들이 현장을 관리하고 주변 구경꾼들을 통제하는 데 필수적인 역할을 한다.
- 이 프로그램은 화재, 구급, 경찰요원들과 협력하여 계획이 수립되어야 하며, 아래와 같은 필수요소를 포함해야 한다.
  - 응급서비스가 필요한지와 어떤 기관에 연락을 해야 하는지를 결정하기 위해 현장을 선별
  - 구조기관에 신고하고 구조요원을 요청한 것을 관리자에게 통보
  - 생명보존조치 같은 부상자나 아픈 사람을 보호하기 위해 취하는 조치 등을 포함한 현장관리
  - 무슨 일인지 궁금해 하는 구경꾼들로부터 피해자의 개인정보와 사건의 증거를 보호하기 위한 현장 보존
  - 가능한 범위 내에서 화재와 같은 다른 추가적인 피해 경감
  - 구조요원이 신속하게 사고현장을 찾을 수 있도록 지원

대응 프로그램의 정의

■ 통신 : 모든 대응의 가장 중요한 요소는 통신이며 아래와 같다.

  - 방호상황, 사건, 용의자에 대한 정보를 제공하는 모니터 운영실과 직접 대응하는 순찰경비원 사이의 통신
  - 모니터 운영실과 방호관리자 또는 감독관 사이의 통신
  - 모니터 운영실과 비디오카메라에 잡힌 범죄자 사이의 통신
  - 모니터 운영실과 긴급전화 또는 인터콤으로 지원을 요청하는 사람 사이의 통신
  - 방호직원과 대응하는 법 집행기관 사이의 통신
  - 방호 인터콤, 모바일 전화기를 포함한 전화기, 양방향 라디오 등의 통신도구

■ 경비원

- 경비원 또는 방호직원들은 방호 프로그램의 집행담당자이다.
- 경비원은 조직의 모든 방호정책에 정통해야 하며 경비원은 방호정책에 근거하지 않는 어떤 방호문제도 진술해서는 안 된다. 경비원은 초소경비, 순찰경비 같은 몇 가지 기본의무와 보고서, 교육, ID 명찰 같은 사무업무를 맡고 있다.
- 경비원은 조직 내부의 직원이거나 외부 직원의 계약에 의한 고용일 수 있다. 계약

에 의한 외부 직원의 고용에는 아래와 같은 장점이 있다.

- 수요에 따라 인력의 충원 및 감소할 수 있는 확장 가능한 직원 구성
- 경비원의 소속이 조직이 아닌 경비회사로 되어 있기 때문에 경비원의 부적절한 행동들이 경비회사와 그들의 보험에 의해 여러 분야에서 완화된다. 경비회사의 주요 역할은 자격을 갖춘 훈련된 경비원을 제공하기 위한 것이다. 방호에 대한 모든 실패는 경비회사의 책임이다.
- 조직 내부 경비원의 장점은 훈련에 대한 관리가 더 효율적이라는 것이다. 일부 조직에서는 경비회사와의 계약에 의한 고용과 자체적인 고용을 혼합 활용하여, 핵심 직원들은 내부 직원으로 일반 직원들은 계약 직원으로 구성한다.

■ **차량** : 차량들은 순찰의 필요에 따라 자동차, 트럭, 오토바이, 자전거, 전동차 등을 포함할 수 있다. 차량의 주요 역할은 순찰과 대응을 포함한다.

■ **무장·비무장** : 경비원은 무장 또는 비무장을 할 수 있다. 총기훈련과 특히 교전규칙에 관한 훈련에서 우수한 인원들만이 무장경비원에 적합하다. 경비 계약을 맺은 경우에는 경비회사에 의해 어느 정도 완화될 수 있으나, 우발적이거나 부적절한 총격은 전적으로 조직의 책임이라는 것을 명심해야 한다.

■ 대응훈련 요구사항

- 방호직원은 다양한 방호 및 안전사고에 적절한 대응을 하기 위한 훈련을 받아야만 한다. 훈련에는 다음이 포함된다.
  - 방호 및 안전정책
  - 특히 시민의 체포와 관련된 방호법률
  - 방호사고 식별, 입증, 어떤 종류의 대응이 가장 적절한지에 대한 평가
  - 방호직원의 위치 인식(모든 직원의 배치도)
  - 대응 팀 선별과 파견
  - 폐쇄회로 텔레비전(CCTV) 및 인터콤·라디오를 사용한 관찰 및 지시를 포함한 방호사고 관리
  - 용의자 체포와 시민 구속
  - 법 집행기관으로 인계하기까지의 용의자 구금
  - 증거수집과 노트 필기 및 보고서 작성을 포함한 사건보고서 작성
  - 법 집행기관으로 용의자, 증거, 사건보고서 인계
  - 법정에서의 증언

■ 방호 관련 응급의료

- 방호직원들은 보통 모든 비상사태에 가장 먼저 대응한다. 방호직원들은 비상사태의 유형에 따라 부상이나 건강상태를 완화시키는 방법, 현장통제방법, 구조요원의 도움을 얻는 방법을 훈련받아야 한다.
- 방호직원은 아래와 같은 응급의료 상황의 모든 일반적인 유형에 정통해야 한다.
  - 일반적인 부상
  - 심장마비와 뇌졸중
  - 하임리크(heimlich) 구명법
  - 심폐소생술(CPR)
- 자동 전자 제세동기는 시설의 모든 위치에서 1분 내의 거리에 비치되어야 하고, 모든 방호직원들은 이것의 사용법을 훈련받아야 한다.
- 시나리오 훈련은 방호직원들에게 원조 제공, 상황 통제, 시 구조요원의 도움을 얻는 방법 같은 긴급상황에서 사람들과 상호작용하는 법을 알려주기 때문에 중요하다.

증거수집 프로그램의 정의

■ 일반 : 모든 방호사건은 증인의 진술과 비디오 또는 법정 증거를 포함할 수 있는 증거를 남긴다. 모든 증거는 법 집행을 위해 반드시 보호되고, 기록되고, 보존되어야 한다. 방호직원을 포함한 누군가의 어떤 행동은 증거를 흩뜨리고 감소시키거나 그 가치를 훼손할 수 있다. 모든 방호조직은 경찰조사관이 도착하기에 앞서 증거를 보호하기 위해 범죄현장에 테이프를 둘러두어야 한다.

■ 비디오 및 오디오 기록보관 요소

- 모든 비디오 및 오디오 채널은 방호사건이 발생했는지 여부를 확인하기 위해 적당한 기간 동안 녹화되고 보관되어야 한다. 대부분의 사건은 경우 2주에서 한 달 동안 보관될 수 있고 일부 사건의 유형은 더 오랜 기간이 필요할 수 있다.
- 법원에서 허용하는 기록보관방식만 사용되어야 한다.

■ 범죄현장 방호원칙 및 증거 보존

- 방호직원은 법 집행기관을 위해 범죄현장을 보호하는 방법을 포함한 범죄현장 방호원칙을 교육받아야 한다.
- 가능한 모든 증거가 보존되어야 한다.

■ 증인의 진술

- 모든 방호직원이 증인의 진술을 기록할 수 있도록 훈련되어야 한다. 여기에는 다음이 포함된다.
  - 진술이 가능한 증인 식별
  - 진술이 섞이지 않도록 증인들을 개별적으로 분리
  - 다음을 반드시 포함하여 리드하지 않는(nonleading) 질문으로 증인과 면담 :
    - ▶ 무엇을 보았는가?
    - ▶ 사건이 어떻게 전개되었는가?
    - ▶ 용의자의 식별
    - ▶ 증인 연락처 정보
- 증인 진술 보고서 : 증인의 진술기록으로부터 편향되지 않고 정확하며(진술의 모든 불일치 부분도 포함) 명확하게 작성된 보고서를 개발한다. 보고서는 증인의 진술기록과 완벽하게 일치해야 하며 기록은 보존되어야 한다.

■ 후속 조사 및 교육 : 즉시 경찰에 인계되지 않은 방호사건의 경우 후속 조사가 발생할 것이다. 조사는 자격을 갖춘 조사관에 의해 처리되어야 한다.

요 약

모든 방호대책은 조직에 위협이 제기되지 않도록 잠재적인 위협 행위자의 행위를 조절하는 목표를 가지고 있어야 한다. 이것은 세 가지 방법으로 수행된다.

1. 적절한 행동을 장려하고, 부적절하고 범죄적이거나 테러적인 행위를 단념시키는 환경을 조성한다.
2. 예외사항을 감지, 평가, 대응한다.
3. 위험 및 위협으로부터의 잠재적인 피해를 완화하기 위한 프로그램을 구성한다.

각각 세 가지 요소를 가지고 있는 방호대책 실행의 두 가지 기본 유형이 있다.

1. 기준 방호 프로그램(BSP)
2. 특수 취약성을 처리하기 위한 특수 방호대책

이것들은 각각 첨단기술(hi-tech), 저차원 기술(low-tech), 무기술(no-tech) 요소를 가지고 있다. BSP와 특수 방호대책 모두 조직이 직면할 수 있는 모든 상태에 대처하기 위해 필요하다. 이러한 프로그램들의 정확한 구성은 위험분석으로부터 도출된 권고안의 결과이다.

기준 방호 프로그램

BSP는 보통의 일상적인 운영을 수용하고 원치 않은 예외사항을 식별하여 처리할 수 있도록 감안하여 설계되었다. BSP는 테러행위와 같은 지극히 비정상적인 상태를 처리하기 위해 설계되지 않았다. BSP는 다음 세 가지 요소를 모두 포함해야 한다.

1. 적절한 행동을 장려하고, 부적절하고 범죄적이거나 테러적인 행위를 단념시키는 환경을 조성한다.
2. 예외사항을 감지, 평가, 대응한다.
3. 위험 및 위협으로부터의 잠재적인 피해를 완화하기 위한 프로그램을 구성한다.

특정 방호대책

위험분석하는 동안, 당신은 일상적인 위협은 아니지만 방호 프로그램이 반드시 처리하고 준비해야 할 특정 위협들을 발견할 수 있다. 이것들은 기준 방호 프로그램 이외에 특정 방호대책을 필요로 할 것이다. 특정 방호대책의 세 가지 공통 요소는 다음과 같다.

- 테러 및 주요 범죄 억제 프로그램
- 비상대비 프로그램
- 재난복구 프로그램

방호대책 선별 기초

기준 방호 프로그램과 특수 방호대책은 모두 첨단기술, 저차원 기술, 무기술 요소를 활용한다.

CHAPTER 17

방호대책 선정과 예산책정 도구

서 론

17장이 끝났을 때 우리는 방호대책을 효과적으로 만들어주는 것과 그렇지 못한 것, 방호대책의 기능, 침투 및 공격 시나리오, 공격목적, 범죄자 유형, 범죄자 대처방안, 대처방안 효과척도 개발방법 등 고려해야 할 수많은 관점들이 있을 때, 구체적인 방호대책에 대해 정책 결정자들이 합의를 도출하는 데 도움을 줄 수 있는 의사결정 매트릭스를 개발하는 방법을 이해하게 될 것이다.

어려운 점

방호조직은 역사적으로 비용효율성(심지어 조직의 방호를 유지하는 효과)을 측정하는 데 있어서 매우 취약했다.

관리는 척도와 관련되어 있다. "만약 당신이 이것을 측정할 수 없다면 이것을 관리할 수 없다."[1]라는 오랜 격언이 있다. 그러나 방호산업은 프로그램 실행뿐만 아니라 방호대책 권고안의 실행에 대한 성공 여부를 측정하는 데에도 매우 취약했다.

---

1) W. 에드워즈데밍(Edwards Deming), 피터드 루커(Peter Drucker), 로버트 카플란(Robert Kaplan) 등을 포함한 여러 출처에서 인용함.

산디아와 같은 국립연구소를 제외하면 대부분의 위험분석가들은 방호대책 권고의 효과에 대한 측정에 거의 관심을 기울이지 않는다. 잘한다고 해봐야 "우수한, 더 나은, 최고의" 등급이나 혹은 아직까지 어떠한 계산도 이루어진 적이 없었던 추정치로 프로그램 권고사항에 점수를 부여하는 정도이다.

이것은 매우 유감스러운 일이 아닐 수 없다. 왜냐하면 고객들은 방호 프로그램에 책정된 예산이 이 프로그램의 임무를 얼마나 성공적으로 수행할 것인지에 대해 알 권리가 있기 때문이다. 대부분의 분석가들은 아래와 같은 두 가지 이유 때문에 효과와 비용효율성에 대해 다루고 있지 않는 것처럼 보인다. 첫 번째는 대부분의 주요 위험분석 방법들이 방호대책 효과를 측정하는 척도를 가지고 있지 못하다(이러한 기능을 갖춘 산디아 모델은 예외). 둘째로 기존의 척도들은 대부분의 분석가들과 상업기관들의 예산과 역량을 넘어서는 상당한 수준의 분석과 시간 그리고 자금을 필요로 하기 때문이다.

그러나 다른 모든 것처럼 문제를 개념화할 수 있다면 이에 대한 해결책도 역시 만들 수 있을 것이다.

방호대책 효과

우선적으로 방호대책 효과를 측정하기 위해 우리는 아래와 같은 질문을 해야 한다. "무엇에 대해서 효과가 있는가?"–"어떠한 위협에 대해서?", "어떠한 목적에 대해서?", "어떠한 방식(formula)을 이용해서?"

방호대책의 기능

먼저 방호대책의 기능에 대해 살펴보자. 모든 방호대책이 수행하고자 하는 것은 불과 7개의 기능에 불과하다.

1. 접근의 통제
2. 공격의 억제
3. 공격에 대한 감지
4. 방호요원들이 공격에 대해 평가할 수 있게 도움을 줌
5. 공격의 지연
6. 공격에 대한 대응
7. 공격에 대한 증거의 수집

여러 방호대책들은 다소간의 희생을 치르면서 이러한 기능들 중 1개 이상을 수행한다. 몇몇 방호대책들은 일부 위협행위에 대해 효과를 발휘하는 반면에 그 외의 다른 것들에 대해서는 효과를 발휘하지 못한다. 이제 우리는 방호대책의 네 가지 측면들을 비교해본다.

1. 방호대책은 얼마나 많은 기능들을 이행하는가?
2. 방호대책은 각각의 기능들을 얼마나 잘 수행하는가?
3. 이 방호대책은 어떠한 위협행위에 대해 효과를 발휘하는가?
4. 이 방호대책은 어느 정도의 비용이 드는가?

사례

표 17.1과 17.2는 어느 특정 방호대책 기능의 효과가 이와 관련된 위협에 근거해서만 측정될 수 있는지 이유를 설명해 주고 있다. 아래의 예에서는 효과에 대해서 어떠한 척도도 제시되어 있지 않다(이분법적인 효과/비효과로 제시되어 있다). 왜냐하면 구체적인 방호대책이 아니라 일반적인 범죄나 테러위협에 대한 방호대책의 범주가 검토되고 있기 때문이다.

표 17.2는 범죄위협에 대해서 효과적인 방호대책이 테러위협에 대해서는 거의 무용지물일 수 있다는 점을 보여주고 있다.

위협이 구체적일수록 방호대책도 역시 더욱 구체적으로 추정할 수 있다. 예를 들어, 유리창에 블래스트 필름(blast film)을 덧댄다면 유리창의 파손범죄를 줄이고 작은 폭발사고 시에 생명을 구할 수 있겠지만, 건물 앞 연석에서 트럭 폭발사고가 발생하는 경우

표 17.1 범죄위협 방호대책 기능

범죄위협 방호대책 기능								
방호기능	경보	접근통제	CCTV	인터콤	장벽	잠금장치	조명	조경
출입통제		X			X	X		X
억제	X	X	X		X	X	X	X
감지	X	X	X					
평가		X	X	X			X	
지연		X			X	X		X
대응		X	X	X			X	
증거	X	X	X					
기능 :	3	6	5	2	2	2	3	2

표 17.2 테러위협 방호대책 기능

테러위협 방호대책 기능								
방호기능	경보	접근통제	CCTV	인터콤	장벽	잠금장치	조명	조경
접근통제					X			X
억제					X			X
감지	X		X					
평가			X	X			X	
지연		X			X	X		X
대응			X				X	
증거	X	X	X					
기능 :	2	2	4	1	2	1	2	2

에는 아무런 소용이 없다.

또한 구체적인 장소에서의 구체적인 방호대책은 여러 가지 다양한 정도의 효과를 발휘할 수 있다. 와이드앵글 렌즈가 장착된 정상 해상도의 폐쇄회로 TV(CCTV) 카메라는 신장, 체중, 체구, 성별, 복장, 무기, 행위 등을 확인하는 데 도움이 될 수 있지만 얼굴을 인식해서 특정한 개인을 확인하지는 못하는 것으로 알려져 있다.

모든 위험분석가들이 이해해야 하는 가장 중요한 방호원칙 중 하나에 대해 언급하고자 한다. 무기나 폭발물을 운반하는 개인들의 식별, 상업시설, 정부시설, 중요시설에 대한 테러위협을 제외하면 유일하게 효과적인 방호대책은 물리적 대응이다. 나는 이에 대해 다시 언급할 것이다. 경보, 접근통제시스템, CCTV시스템, 인터콤시스템 그리고 방호요원은 별로 효과가 없다. 대부분의 경우에 방호요원들은 또 다른 희생자가 될 뿐이다(일반적으로 첫 번째 희생자).

전자장치는 제대로 설계되어 있을 경우(즉, 테러리스트에게는 시스템이 거부되고 특수 팀에게만 시스템이 제공되는 것) 보행자와 차량의 무기를 확인한 다음 특수 팀에게 이에 대해 알려주는 것 이외에는 거의 기능을 가지고 있지 않다. 오로지 물리적 장벽과 배치 가능한 장벽만이 테러에 대해 효과를 발휘할 수 있다. 즉, 이것은 테러리스트를 고려하는 경우 배치 가능한 차량 장벽과 방호 조경과 같이 부지에 대한 접근을 차단할 수 있는 시스템, 그리고 파편효과로부터 유리를 보호하거나 구조적 붕괴로부터 구조적 요소들을 보호할 수 있는 모든 시스템은 테러리즘에 대해 효과를 발휘할 수 있다.

만약 뭄바이의 타지 호텔이 호텔 내부를 분할할 수 있는 이동 가능 차단벽(bulkhead)을 갖추고 있었다면 움직이는 저격수들을 진압할 수 있었을 것이고, 사상자 수는 크게 줄어들었을 것이며, 포위작전은 며칠이 아니라 몇 시간으로 단축되었을 것이다. 물리적 장벽에 대해 이해하고 이것을 기억해 두어야 한다. 테러에 대한 대비는 거의 대부분 물리적 장벽과 관련되어 있다.

시설을 보호하는 방법에 대해 이해하기 위해 우리는 시설을 공격하는 방법에 대해 이해해야 한다. 일단 공격이 시작되었다면 대감시, 정보 혹은 공격 이전에는 매우 유용했을 그 외의 다른 방법들을 고려하기에는 시기적으로 너무 늦은 것이다. 이제 생명의 보호는 오직 물리적 방어시스템에 달려 있다. 우선적으로 침투 시나리오를 살펴본 다음 공격 시나리오를 검토한다.

■ 침투 시나리오

- 내부자 침투
  - 위장신분
  - 첩보원
- 특수임무 전술 및 테크닉
  - 도보 침투
  - 공중 침투
  - 차량 침투
  - 해양 침투
- 신분확인을 통한 접근 허가
- 불법적 접근
  - 조용한 침투
  - 출입문 파괴
  - 공중 침투
  - 차량 침투
- 해양시설 침투
  - 해양 침투
  - 육지 침투
  - 스쿠버 다이빙이나 수영을 통한 침투

공격 시나리오

■ **이동 사격수** : 이동 사격수 공격의 대표적인 예 중 하나는 2008년 11월에 인도 뭄바이의 호텔에서 발생한 공격이다. 이동 사격수 공격의 경우 이들은 공간 사격을 통해 이동하면서 공격과 후퇴를 반복하고 측면이동을 한다. 성공적인 이동 사격수가 되기 위해서는 많은 기술과 연습이 필요하다. 이동 사격수는 은닉해 있는 적을 찾기 위해 끊임없이 살펴보아야 한다. 따라서 정지해 있는 사격수보다 대응하기가 훨씬 더 어렵다. 뭄바이 공격의 경우 사격수들은 각각의 층과 여러 층 사이로 계속 움직였고, 이 사격수들을 찾기 위해 배치된 요원들은 사격수들이 어디에 위치해 있고 어디로 이동할지 알지 못했다. 이동 사격수들은 기습공격과 지구력이라는 이점을 가지고 있어 밖에 있는 요원들이 사격수들을 포위구역으로 쉽게 유도할 수 없기 때문이다.

- 방호대책 : 접근의 차단과 진압

■ **고정 사격수** : 고정 사격수는 자세를 취한 다음 움직이거나 정지해 있는 목표물을 향해서 발사한다. 고정 사격수의 시야에 들어온 사람은 유리한 위치를 점하게 된다. 우수한 고정 사격수는 보통 첫 번째 발사를 명중시킬 확률이 높다. 고정 사격수들은 때로는 저격수, 정밀한 조준, 압도적 전력 등에 대한 약점을 있을 수 있다.

- 방호대책 : 접근의 차단과 압도적 전력

■ **저격수** : 저격수는 일정한 거리에서 잠복상태로 사격을 하는 사격수이다. 저격수는 매우 치명적일 수 있다. 비록 민간인을 대상으로 한 테러리스트의 저격수 공격은 매우 드물지만 이러한 전술이 사용될 가능성을 완전히 배제할 수 없다.

- 방호대책 : 보완 및 은폐, 위장하고 있는 비전투 요원을 위한 안전한 출구, 상대편 저격수. 상대편 저격수는 저격수에게 있어서 매우 치명적일 수 있다.

■ **원거리 무기** : 원거리 무기에는 스팅어 미사일, 로켓추진 수류탄(RPG) 등이 포함된다. 이것은 로켓으로 추진되고 어깨 위에서 발사하는 수류탄이다. 원거리 무기는 일반적으로 차량과 구조물(특히 무장된 차량과 구조물)에 대해서 사용된다. 원거리 무기는 일반 차량과 구조물에 타격을 가하지만 적군에게 사용될 수 있는 분열형 탄두를 장착할 수 있다.

- 방호대책 : 일반 차량의 경우 방호대책이 없다. 건물과 구조물에는 RPG가 구조물에 도달하기 전에 폭발시킬 수 있는 장식용 스크린 커버링이 설치될 수 있다. 이 커버링은 구조물로부터 최소 1m 거리에 위치해야 한다.

■ **사제 폭발물(IED)** : IED는 목표물이 도착했을 때나 혹은 폭발물 설치자가 현장을 떠난 이후에 폭발할 수 있도록 현장에 남겨둔 패키지 폭탄이다. IED는 도로 주변(도로변 폭탄)이나 공항 혹은 그 외에 다른 공공장소나 작업장 등에 남겨둘 수 있다(마치 유나바머처럼).

- 방호대책 : 수색견, 밀리미터 웨이브 테크놀로지, X선, 적외선 전자기영상화, 테라헤르츠, 마이크로파 스펙트럼 레인지 시스템 등을 포함한 무기 감지 및 폭발물 감지 시스템.

■ **VBIED(차량탑재 사제 폭발물)** : VBIED는 건물과 구조물에 피해를 입히거나 파괴시킬 수 있는 대규모 폭발력을 가하기 위해서 전 세계의 테러리스트들이 선호하는 방법이다. VBIED는 2008년에 이슬라마바드에서의 매리어트 호텔 폭발사건과 같이 화재를

일으킬 수 있도록 창의성 있게 제작되었다. 매리어트 호텔 건물은 폭발보다 화재로 인해서 더 큰 피해를 입었다. VBIED는 건물 가까이 있는 것이 더 유리하지만 반드시 건물 옆에 있을 필요가 없다.

- **방호대책** : 스탠드오프(standoff). 최소한 건물로부터 100m 거리(300피트)에 방호검문소를 설치해서 스탠드오프를 형성한다. 그리고 30m(100피트)의 절대 최소거리가 요구된다. 검문소와 주변의 페리미터는 고속으로 달리고 있는 대형 트럭을 정지시킬 수 있어야 한다. 이것은 배치 가능한 장벽(크래시 장벽)과 방호 조경을 통해서 이루어질 수 있다.

■ **자살폭탄 테러범** : 자살폭탄 테러범은 인간 IED 운반수단이다. 자살폭탄 테러범은 보행자들에게 가까이 다가서서 최대의 사상자를 발생시킬 수 있도록 정확한 위치에 폭탄을 놓을 수 있다. 자살폭탄 테러범은 고위급 인사의 결혼식이나 회의가 진행되고 있는 건물 안, 버스 내부, 사람들이 모여 있는 곳, 그 밖에 다른 정확한 위치에 폭탄을 폭파시킬 수 있다.

- **방호대책** : 수색견, 밀리미터 웨이브 테크놀로지, 비디오(인간보행 분석), X선, 적외선 전자기영상화, 테라헤르츠, 마이크로파 스펙트럼 레인지 시스템 등을 포함한 무기 감지기. 선발된 방호담당자들은 감지된 사람을 막아야 했으며, 이와 같이 필수적이지만 매우 위험한 역할을 수행하다가 많은 사람들이 사망했다.

■ **납치** : 납치는 테러공격을 수행하기 위해서 항공기, 트럭, 자동차, 버스 혹은 선박 등에 대한 통제권을 탈취하는 행위이다. 이러한 공격은 2001년 9월 11일의 세계무역센터와 펜타곤의 테러공격에서처럼 탈취한 차량을 전달장치나 폭탄 혹은 방화장치 등으로 이용할 수 있다.

- **방호대책** : 무기 감지기. 테러리스트가 차량이나 선박에 탑승하지 못하게 한다. 테러리스트들이 차량을 납치하는 데 이용할 수 있는 무기를 감지한다.

■ **인질** : 인질을 사로잡는 것은 테러리스트들에게 매우 중요하다. 왜냐하면 인질이 속해 있는 공동체 전체가 테러공격에 대해서 더욱 심각하게 받아들이고 테러공격이 단순히 구조물의 피해를 넘어서는 비극으로 악화될 수 있기 때문이다. 테러리스트들이 언론을 통해서 대대적으로 보도되는 인질을 오래 데리고 있을수록 테러리스트에게 더 유리하다.

■ **항공기** : 항공기는 여러 차례 폭탄으로 사용된 적이 있다. 2001년 911 테러공격을 전

후해서 반복적으로 테러리스트의 은신처에서 항공기를 이용한 공격을 지속하는 계획이 확인되었다. 이러한 계획들 중 일부는 전세기를 이용해서 건물을 공격하는 것으로 비행기 납치의 필요성을 없애는 것도 포함하고 있다. 그 외의 다른 계획으로는 승객들에 대한 방호심사가 요구되지 않은 전세기의 이용을 포함하고 있다.

- **방호대책** : 특정 시설물이 이러한 위협에 대처하기 위해서 취할 수 있는 적절한 방호대책은 존재하지 않는다.

■ **차량** : 차량은 폭탄(VBIED)과 테러리스트들을 수송하는 데 이용되거나 그 자체로 폭탄으로 이용되기도 했다.

- 방호대책 : 배치 가능한 장벽과 검문소

■ **선박**(watercraft) : 테러리스트(타지 호텔, 뭄바이)와 폭탄(USS cole)을 수송하기 위해서 워터크래프트가 이용되었으며 테러리스트에 의해서 탈취되기도 했다(아킬레 라우로, 1985).

- **워터크래프트 시설에 대한 방호대책** : 해안가 장벽, 단거리 레이더, CCTV의 활용, 대응 팀

■ **수류탄** : 테러리스트들은 관심 분산, 공격, 방어 등을 위해서 수류탄을 사용한다. 수류탄은 지난 2008년의 뭄바이 테러공격 때처럼 단일 테러리스트 무기세트의 일부로서 무방비 상태의 민간인들 사이에서 큰 사상자를 발생시킬 수 있다.

- **방호대책** : 무기를 검문할 수 있는 검문소와 사전공격 정보. 저격수가 포함된 특수 팀

■ **소이탄** : 구조물에 화재를 일으키기 위해서 소이탄이 이용될 수 있고 VBIED가 소이탄으로 전환될 수 있는 것처럼 소이탄은 화염병으로 전환될 수 있다.

- 방호대책 : 스탠드오프(standoff), 배치 가능한 장벽, 방호조경, 검문소

■ **차량 장착 소형폭탄** : 이것은 파괴력이 낮은 테러도구이며 암살용으로 사용되기도 한다. 널리 알려진 사실과는 반대로 차량 아래에 장착된 폭탄은 구조물에 피해를 줄 가능성이 낮으며, 오로지 차량 안에 탑승한 사람들과 주변에 있는 사람들만이 피해를 입을 수 있다. 일부는 유리파편으로 부상을 입을 수도 있다. 검문소에서의 차량 하단 검사는 보통 의례적으로만 이루어지고 있다. 왜냐하면 이로 인한 위협은 구조물이 아니라 차량 안에 있는 사람들에게 가해지기 때문이다. 또한 이러한 시스템들 중 대부분은 테스트를 통해서 확인된 것처럼, 차량 아래에 폭발물이 장착된 경우 이것을 확인할 수 있는 훈련을 받지 못한 요원들이 책임을 맡고 있다.

- **방호대책** : 기술을 갖춘 전문가가 거울을 이용해서 차량 아래를 확인한다.

공격목표 매개변수

테러공격의 일반적인 목표 : 각각의 테러공격은 비록 공통의 목표가 있다고 해도 자체적인 고유의 목표를 지니고 있다. 공통의 목표는 아래와 같다.

- **정부정책의 변경** : 테러공격의 목표는 "침묵하는 다수의 대중"에게 고통을 줌으로써 자신들의 주장을 널리 알리는 것이다. 이전의 테러리스트들은 인질들을 석방시키기 라는 직접적인 요구를 했었지만, 오늘날에는 보기 드문 일이다. 현재의 경향은 테러조직과 이 조직의 주장을 널리 알리는 것이다.
- **대중의 사기저하** : 안전에 대한 인식을 약화시키고 일반대중들이 미래의 테러행위에 대해서 두려움을 갖게 한다.
- **정부에 대한 믿음을 약화시킴** : 테러리스트들은 정부에 대한 국민들의 믿음을 약화시키려고 한다.
- **정부의 변화** : 주요 목표 중 하나는 정부를 테러리스트의 주장에 더 부합하는 방향으로 변경하거나(2004년 마드리드 열차폭파사건) 혹은 주변국들과의 전쟁을 결정할 가능성이 높은 정부에 대해서 대중적인 압박을 가하는 것이다(2008년 인도).
- **경제적 혼란을 야기함** : 알카에다가 규정한 목표 중 하나는 서구 국가들에서 경제적 혼란을 일으키는 것이다. 이것은 테러공격을 방어하기 위해서 공공부문과 민간부문의 방호 지출에 대한 증가로 이어질 수 있다.

구체적인 대상의 목표 : 각각의 공격은 자체적인 고유의 목표를 지니고 있으며 이러한 목표들 중 일부는 다음과 같다.

- **테러** : 단순히 사람들에게 공포감을 심어주는 것.
- **대량 사상자 발생** : 강도가 낮은 테러공격은 사상자 수가 적지만 대규모 공격의 경우에는 사상자 수가 크게 증가할 수 있다.
- **상징적인 구조물의 파괴** : 강도 높은 테러공격은 대부분 경제 및 문화적 이미지를 나타내주는 상징물에 초점을 맞춘다.
- **언론보도** : 모든 테러리스트들은 언론보도를 열망한다. 따라서 텔레비전 보도에 적합한 대상이 이상적인 테러공격의 목표가 될 수 있다.
- **시간** : 테러리스트들은 공격이 가능한 한 오래 지속되기를 원한다(테러공격이든[2008년 뭄바이] 이에 대한 대응이든[2008년 이슬라마바드 매리어트 화재] 혹은 공격의 여파이든[2001년 911 테러] 상관없이).

■ 암살 : 상당수의 테러공격들이 전략적으로 중요한 인물을 겨냥하고 있다(2009년 2월 2일에 수니파 지도자의 집에서 국가적 화해에 대해 논의하고 있었던 24명의 이라크 부족 지도자들이 자살폭탄 테러범에 의해서 살해되었다). 지난 2005년에는 라픽 알 하리리 전 총리의 암살 이후에 레바논에서는 수많은 자동차 폭탄사건이 발생했다. 이 폭탄들은 시리아를 공개적으로 비판한 사람들을 목표로 했다.

폭력범죄자 유형

폭력범죄자는 크게 두 가지 그룹으로 분류된다(정신적으로 불안정한 사람들과 목적을 위한 수단으로서 혹은 그 자체로 목적으로서 폭력을 사용하는 사람들).

■ 정신적으로 불안정한 범죄자들은 예측 불가능한 행동을 하곤 한다. 이들은 조직과 연계되어 있지 않을 수도 있으며, 큰 동요 상태에서부터 완전히 비이성 상태, 그리고 현실감각이 전혀 없는 상태까지 여러 가지 상태로 폭력행동을 할 수 있다. 방호대책 : 정신적 불안정성의 정도, 무기 그리고 다른 사람들에게 해를 입힐 수 있는 범죄자의 능력과 의도에 따라서 방호대책은 대화로 설득하는 것에서부터 범죄자를 무장해제시키기 위한 집단공격까지 다양한 방법을 취할 수 있다.

■ 의도적으로 폭력을 이용하는 범죄자들은 2개의 그룹으로 분류된다(하나의 목적을 위해서 폭력을 사용하는 범죄자들과 목적이 폭력인 그 자체를 이용하는 범죄자들). 폭력범죄의 목적에는 아래와 같은 것들이 포함될 수 있다.

- 통제력을 확보하고 유지하기 위한 위협 : 범죄자들은 종종 희생자들에 대한 통제력을 유지하기 위한 수단으로서 폭력을 이용한다. 이러한 위협은 다음과 같다.
  - 무기를 휘두르는 행위
  - 재산에 대해서 무기를 사용하는 행위
  - 위협을 가하기 위해 어느 개인에게 무기를 사용하는 행위
  - 위협을 가하기 위한 강간행위
  - 다른 사람들을 위협하기 위한 살해행위
- 폭행, 강간 혹은 살인
  - 범죄자들은 목적을 위한 수단이 아니라 공격의 대상으로서 폭력으로 특정 개인을 목표로 삼기 위해 폭행을 이용할 수 있다.
  - 또한 범죄자들은 다른 범죄 의도 없이 강간이나 살인을 저지를 수 있다.

경제적 범죄유형

경제범들은 크게 두 개의 그룹으로 분류될 수 있다(내부형과 외부형).

- 내부 범죄자들은 조직의 자산, 재원, 독점정보, 그리고 특히 조직의 고유한 방호조치에 더 쉽게 접근할 수 있다. 치밀한 범죄자들의 경우 내부접근은 매우 좋은 기회이다. 감시, 계획, 테스트, 실행에 대한 충분한 시간을 가질 수 있기 때문에 내부 범죄자들에 대해서 대응하는 것은 매우 어려운 일이다. 내부 범죄자들은 지속적으로 범죄를 행할 수 있고, 심지어는 다른 직원들과 계약자들 또는 외부인들에게 누명을 씌울 수 있는 단서를 만들 수도 있다.
- 외부 범죄자들은 내부 범죄자처럼 접근성을 갖지는 못하지만 기습과 익명성이라는 이점이 있다. 대부분의 외부 경제범들은 오직 한 번의 범죄만을 수행한다. 그리고 대부분은 희생자가 누구인지 잘 모른다.

대부분의 경제범들(두 가지 유형 모두)은 완전한 익명성을 유지하고 탈출경로가 발견되지 않는 것을 선호한다.

경제범죄의 목적

- **횡령** : 현금이나 현금과 같은 수단(수표, 구매 주문서 등)에 접근할 수 있는 사람들에 의한 내부 절도. 대부분의 횡령은 비교적 소규모 기업 내에서 "신뢰 받고 있는" 한 개인에 의해 이루어지고 회계관리가 취약한 경우(예컨대, 1명이 지출과 수입 보고서를 관리하는 경우)에 발생한다. 방호대책 : 2명 이상의 담당자가 회계를 관리함.
- **강도** : 위협과 완력을 이용하는 직접적인 범죄이다. 강도는 편의점 등의 소규모 업체에서 자주 발생한다. 대부분의 강도들은 얼마 되지 않은 돈만을 탈취한 후에 달아난다. 일부 희생자들은 목숨을 잃기도 한다. 침입 강도사건은 편의점이나 은행보다 가정집에서 더 자주 발생하며 매우 폭력적으로 변할 수 있다. *방호대책* : 방탄유리로 된 현금보관함을 마련하거나 매장 내에 항상 여러 명의 직원들이 근무함으로써 직원들을 위한 물리적 보호여건을 마련하면 강도들이 여러 직원들을 한꺼번에 통제하기는 어려울 것이다. 예외적으로 은행강도들은 수많은 직원들과 고객들이 있는 은행 전체를 통제하고자 한다. 이러한 경우에 은행원들에 대한 물리적 보호는 효과적인 방법이 될 수 있으며, 이것은 강도의 성공률을 낮춰주고 강력한 억제수단으로 이용될 수 있을 것이다.

■ **절도** : 절도는 얼굴 없는 범죄이다. 즉, 범죄자는 일반적으로 재산을 탈취하기 위해서 무단침입을 통해서 내부로 진입한다. *방호대책* : 재산과 자산에 대한 견고한 물리적 방호, 경보시스템, CCTV시스템, 방호견, 순찰

■ **정보 도용** : 오늘날 대부분의 정보 도용은 네트워크와 인터넷을 통해서 이루어진다. 그러나 정보는 때때로 오디오 인터셉션(전화, 마이크로폰 혹은 음향장치)을 통해서 탈취되기도 한다. 또한 문서 도용도 역시 문제가 될 수 있다. *방호대책* : 정보기술 방호대책, 사무기술 방호대책 (버그) 스위프, 클린 데스크 정책, 방호파일 관리, 공공장소에서의 도청에 대한 이해를 높이는 데 초점을 맞춘 방호인식 프로그램

■ **축소** : 축소는 좀도둑과 내부절도로 인한 소매점 재고품의 감소를 말한다. *방호대책* : 좀도둑의 경우 경비직원, 좀도둑을 차단할 수 있는 매장 배치, CCTV 활용. 내부절도의 경우, 내부조사자, 비밀고객, 내부통제

■ **전용** : 자산의 전용은 내부 범죄자와 외부 범죄자 간의 공모를 통해서 이루어진다. 전용은 선적·수취 부서에서도 자주 발생한다. *방호대책* : CCTV, 내부조사, 문서관리, 법 집행기관 연계

범죄자 방호대책

앞에서 언급된 모든 범죄 목적에 대해서는 기준 방호 프로그램이 필수적이다. 기준 방호 프로그램의 목적은 일관되고 포괄적인 접근방식을 통해서 통계적으로 예상된 모든 범죄행위와 규정위반에 대해 다루는 것이다. 체계적이고 포괄적인 방식으로 보호시스템을 취급하지 않을 경우 범죄자들은 개별 방호대책에서 자신의 목적을 위해 이용할 수 있는 취약점을 찾아낼 것이다. 기준 방호 프로그램의 기본요소들은 다음에 제시되어 있다. 다음에 소개된 방호대책들은 16장에서 자세히 논의된다.

■ 기준 방호 프로그램
- 방호정책과 절차
- 공간 정의와 경보·접근제한시스템의 이용
  - 접근 수준에 대한 규정
  - 접근 수준에 따른 접근제한
  - 물리적 장벽
  - 권한 부여
  - 접근 포털
  - 주변 및 접근 수준 침투 감지
- 동영상 이용
  - 주변 동영상
  - 진입점 동영상
  - 순환노드 동영상
  - 감시

- 동영상 순찰
- 동영상 추적
- 동영상 기록 보관

• 보이스 통신 이용

• 경비요원 이용

- 초소
- 순찰
- 방호대책의 임의적 적용

• 방호인식 프로그램

• 방호훈련 프로그램

• 응급서비스 연락 프로그램

• 방호조사 프로그램

■ 고유한 취약성에 대처하기 위한 특수 방호대책

방호대책 효과 척도

기능적 효과

방호대책 효과의 첫 번째 척도는 기능적 효과이다. 각각의 방호대책들이 아래에 제시된 대로 1개 이상의 기능을 지니고 있기 때문에, 우리는 0부터 10(10이 완전한 기능 0은 기능이 전혀 없음)까지의 척도로 각각의 기능을 수행할 수 있는 능력을 추정할 수 있다.

기능에는 아래와 같은 것들이 포함되어 있다.

■ 출입통제

■ 억제

■ 감지

■ 평가

■ 지연

■ 대응

■ 증거

취약성 평가를 통해서 얻은 취약성을 목록으로 작성한 후에 왼쪽에 제시된 취약성 목록과 앞의 칼럼에 제시된 가능한 방호대책 목록으로 스프레드시트를 만든다. 그리고 취약성들을 자산 분류법(즉, 사람, 재산[하위분류된], 정보, 평판)에 따라 분류하고 기능(접근통제, 감지, 평가, 지연, 대응, 증거 척도)에 따라서 방호대책을 분류한다.

예를 들어, 재산 종류에 따라 북쪽, 동쪽, 남쪽, 서쪽의 하위분류와 주변부를 가질 수 있고, 그리고 나서 메인 건물(출입구 하위분류 또한 각각의 하위 출입구), 1층(하위 로비 등) 등을 가질 수 있다.

방호대책을 위한 분류는 출입통제, 감지, 평가, 지연, 대응, 증거수집이고 하위분류는 첨단기술, 저차원 기술, 무기술 방호대책이 있으며 각각 앞에 제시된 분류에 따라서 항목화 되어 있다. 우리는 증거 하위분류 동영상, 순찰, 증인진술, 감지견 등을 확인할 수 있을 것이다.

만약 여러 개의 방호대책들이 특정한 취약성에 적용된다면 이러한 항목 열들을 반복함으로써 각각의 열에 대해 오직 하나의 방호대책만이 평가될 수 있다. 따라서 우리는 동일한 방호대책에 대해 4개의 열을 가질 수 있고, 이 중 2개의 열은 기존의 방호대책을 고려하고 있고 다른 2개의 열은 새로운 방호대책을 고려하고 있다.

각각의 취약성과 관련된 각각의 방호대책들에 대해서 억제, 감지, 평가, 지연, 대응에 대한 지원 혹은 증거수집에 대한 능력을 추정할 수 있다. 각각의 항목들을 0에서 1(1 : 완전함, 0 : 없음)까지의 수치로 추정할 수 있다. 이러한 과정은 해당 목적에 대해서 각각의 방호대책들의 효과를 확인시켜 준다.

의사결정 책임자들이 여러 방호대책 대안들에 대해 합의에 이르도록 도움을 준다

때로는 여러 개의 해결책들을 위원회에 제시할 경우 위원회에서 이에 대한 합의에 도달하지 못할 수도 있다. 각각의 이해관계자들은 서로 다른 이해관계나 입장을 가지고 있으며 이에 대해 쉽게 타협하지 않는다. 일부는 가장 낮은 비용을 원하고 다른 사람들은 가장 효과적인 방호대책을 원하고 또 다른 사람들은 사용하기에 편리하거나 가장 미적인 해결책을 원한다. 이러한 경우에 나는 의사결정 매트릭스를 이용함으로써 위원회가 합의에 도달할 수 있게 도움을 줄 수 있을 것이다. 이것은 의사결정 책임자들이 목표, 위험, 비용 등의 요인들을 배열함으로써 합의에 도달할 수 있게 도움을 주는 한편, 목표를 달성하고 위협을 완화하고 비용을 포함한 그 외의 다른 요인들을 고려할 수 있는 능력을

표 17.3 의사결정 매트릭스

성모마리아 재단 - 의료센터
방호초소와 펜스 설치 의사결정 매트릭스

목표 설명

1 허가받지 않은 사람의 주차구역 접근 차단
2 쾌적하고 보기 좋은 환경 조성
3 목표 달성과 위협 경감 혹은 제거에 기반을 둔 비용효율성
4 직원들의 편의성
5 기업 문화에 부합
6 미적 기준에 부합

위험 설명

A 유해하지 않은 비검열대상 방문자 - 범죄 의도가 없는 방문자
B BMC와 사업적 관계가 아닌 인가받지 않은 방문자 - 기회가 생긴다면 범죄를 저지를 가능성이 있는 방문자
C 절도 범죄자 - 오직 재산의 절도만을 노리는 비폭력범죄자
D 강도 혹은 성폭행 범죄자 - 재물을 강탈하거나 성적인 폭력을 행사하려는 의도를 가진 불특정 다수를 겨냥한 폭력범죄자
E 직장 내 폭력을 행사할 목적을 가진 방문자 - 회사직원들과 법 집행기관에 대한 폭력으로 번질 여지가 있는 특정 피해자를 노린 폭력범죄자***

방법	달성된 목표						경감된 위험					점수	순위	허용한 위험					추정 비용	편의성
	1	2	3	4	5	6	A	B	C	D	E			A	B	C	D	E		
주요 도로로 통하는 입구를 제외한 전체 부지에 펜스를 설치하는 작업*	1			1	1		1	1	1	1		7	2					●	$400,000	High
주차장과 차고 주위에만 펜스를 설치하는 작업**			1	1	1		1					4	3		●	●	●	●	$150,000	Low
원하지 않는 방문자를 막기 위해 오직 방호초소만을 설치하여 방어선을 구축하는 작업				1	1	1						3	4	●	●	●	●	●	$400,000	Low
전체 부지를 감싸는 펜스와 방호초소를 설치하여 주요 도로에 접해있는 입구를 제외한 출입을 차단*	1	1	1	1	1	1	1	1	1	1		10	1					●	$500,000	High

메모 :
점수는 달성된 목표와 경감되거나 제거된 위험에 대한 수치를 더한 값이다.
순위는 가장 높은 점수부터 측정한다.

* 방호초소가 주요 도로 입구에 있다고 가정한다.
** 어느 문에도 방호초소가 없다고 가정한다.
*** 직장 내 폭력위협 행위자는 주변에서 쉽게 식별할 수 없습니다. 어떤 방호수단도 이런 유형의 범죄자에게 효과적인 억제력이 없습니다.

(의사결정 매트릭스는 PPI 최고의 연습도구입니다.)

통해서 각각의 방호대책을 평가할 수 있는 간단한 스프레드시트 도구이다. 이뿐만 아니라 의사결정 매트릭스는 어느 한 방호대책을 선택할 경우 조직이 어떠한 위험을 수용하게 될 것인지를 보여준다. 내가 의사결정 매트릭스를 사용할 때마다 위원회는 이 매트릭스를 검토한 후에 어느 하나의 방호대책(최소 비용이 아닌 경우도 있었다)에 대해 만장일치로 결정을 내렸다. 의사결정 매트릭스의 예는 표 17.3에 제시되어 있다.

의사결정 매트릭스는 방호대책의 목표를 목록(1번부터 N번까지)으로 제시하면서 시작된다. 그 후에 이 방호대책이 완화시킬 수 있는 가능한 위험들의 목록이 제시된다(A번부터 X번까지). 이 매트릭스는 방호대책 방법들의 목록을 따르고 달성한 목표, 완화된 위험, 점수, 순위, 수용된 위험, 추정된 비용, 효과, 편리함에 대한 섹션을 포함하고 있으며, 이어서 독자들이 이 매트릭스를 이해하는 데 도움을 주는 노트가 제시되어 있다.

요 약

방호조직은 역사적으로 비용효율성(심지어 조직의 방호를 유지하는 효과)을 측정하는 데 있어서 매우 취약했다. 관리는 결과를 측정해서 목표(척도)와 비교할 수 있을 때 효율성이 있으며 방호관리도 예외가 아니다.

우선적으로 방호대책 효과를 측정하기 위해 우리는 아래와 같은 질문을 해야 한다. "무엇에 대해서 효과가 있는가?", "어떠한 위협에 대해서?", "어떠한 목적에 대해서?", "어떠한 포뮬러를 이용해서?"

모든 방호대책이 수행하고자 하는 것은 불과 6개의 기능에 불과하다.

1. 출입의 통제
2. 공격의 억제
3. 공격에 대한 감지
4. 방호요원들이 공격에 대해 평가할 수 있게 도움을 줌
5. 공격의 지연
6. 공격에 대한 대응

여러 방호대책들은 다소간의 희생을 치르면서 이러한 기능들 중 1개 이상을 수행한다. 무기나 폭발물을 운반하는 개인들의 확인, 상업시설, 정부시설, 중요시설에 대한 테러위협을 제외하면 유일하게 효과적인 방호대책은 물리적 대응이다. 운영요소들은 부적절한 행위를 진압하기 위해서 물리적 방호대책과 전자장치를 이용하지만 물리적 방호의

주요 진압수단이다. 방호공격은 두 가지의 보호 고려사항을 포함하고 있다(침입과 공격).

폭력범죄자들에는 정신적으로 불안정한 사람들과 폭력을 목적을 위한 수단이나 혹은 그 자체를 목적으로 이용하는 사람들이 포함되어 있다. 폭력을 의도적으로 이용하는 이성적 범죄자들에는 목적을 위해 폭력을 이용하는 사람들과 오로지 폭력을 위한 폭력을 이용하는 사람들이 있다. 범죄폭력의 목적은 아래와 같다.

- 통제력을 유지하기 위한 위협
- 폭행, 강간, 살인

경제범에는 내부 범죄자와 외부 범죄자가 있으며 목적은 아래와 같다.

- 횡령
- 강도
- 절도
- 정보 도용
- 축소
- 전용

기준 방호 프로그램은 모든 범죄자들을 제압하고 처리하는 데 필수적이다. 기준 방호 프로그램의 목적은 일관되고 포괄적인 접근방식을 통해서 통계적으로 예상된 모든 범죄행위와 규정위반에 대해 다루는 것이다. 체계적이고 포괄적인 방식으로 보호시스템을 취급하지 않을 경우 범죄자들은 개별 방호대책에서 자신의 목적을 위해 이용할 수 있는 취약점을 찾아낼 것이다.

방호대책 효과의 주요 척도는 기능적 효과이다.

위원회가 합의에 도달하지 못할 때 의사결정 매트릭스는 결정 책임자들이 공통의 기반을 찾을 수 있게 도움을 줄 수 있는 중요한 도구이다.

CHAPTER 18

방호효과성 척도

서 론

18장에서는 우리는 방호효과의 요소들에 대해 이해하고 매우 높은 국가적 방호를 포함하고 있지 않은 모든 프로젝트에 적합한 유용한 방호효과 모델을 개발하는 방법에 대해 배우게 될 것이다.

이 론

방호관리의 가장 어려운 점 중 하나는 범죄와 테러를 예방하는 역할에 대해서 방호대책의 효과를 추정하는 것이다. 특성상 억제된 범죄와 테러는 쉽게 측정할 수 없다.

그러나 앞에서 보았듯이 방호에 관한 많은 것들이 충분한 정확도로 측정되거나 추정될 수 있으며, 마찬가지로 감지 · 평가 · 지연 · 대응에 대한 지원, 증거수집 등에 대한 방호대책의 효과도 역시 측정되고 추정될 수 있다. 이러한 모든 것들은 범죄와 테러를 억제하는 데 도움을 줄 수 있다. 비록 억제책이 정확하게 평가될 수 없다고 해도 그 외에 다른 모든 요인들에 대해 평가할 수 있고, 이러한 모든 것은 성공적인 공격의 어려움을 높여주거나 또 다른 방법으로 공격의 성공 가능성을 낮추는 데 기여할 수 있다. 이성적인 사람이라면, 이제 난이도가 높아졌으므로 억제 수준도 역시 더 높아졌을 것이라고 생각할 것이다. 어려움은 대부분의 범죄와 테러를 억제해 주는 대체수단으로 해석될 수 있다.

또한 방호효과는 비용효율성 측면에서 주요 역할을 한다. 비용효율성의 기본적인 목표는 비용을 낮추면서 효과를 높이는 것이다. 우선적으로 우리는 비용효율성을 결정하기 위해 효과를 측정(혹은 추정)해야 한다(19장).

산디아 모델

방호대책 효과에 대한 최고의 척도는 산디아 취약성 평가모델 안에 포함되어 있다. 산디아 모델은 임무수행에 필수적인 군사시설과 핵시설(그리고 그 외 방호의 핵심적인 임무로 여겨지는 매우 중요한 시설)을 다루기 위해서 개발되었다. 무기저장시설, 원자력발전소, 저장시설 등은 모두 산디아 모델이 적용될 수 있는 시설들이며, 대부분은 산디아 모델의 이용을 규정하고 있다. 산디아 모델은 확고한 과학적 과정을 통한 높은 정밀도를 갖춘 방호대책 프로그램의 각 측면들이 보여주는 성과를 측정해 준다.

나는 이 책의 모든 독자들이 매리 린 가르시아(Mary Lynn Garcia)의 저서 『Vulnerability Assessment of Physical Protection Systems』(Burlington, MA : Butterworth Heinemann, 2006)을 보도록 권장하고 싶다. 취약성 평가에 대해서 이보다 더 훌륭한 책은 본 적이 없기 때문이다. 산디아 모델은 기존의 보호시스템과 제안된 보호시스템의 취약성, 그리고 효과의 모든 측면들을 측정하는 데 있어서 높은 정밀도를 적용하고 있다.

그러나 산디아 모델은 매우 복잡하고 정교하기 때문에 이것을 완전히 적용하는 데 드는 비용이 여러 조직들의 방호 예산범위를 넘어서고 있다. 상업적인 기업과 여러 2급 · 3급 주요 기반시설들은 비용이 상대적으로 낮은 도구를 이용해서 추정할 수 있다. 이러한 사실을 인식하고 있는 미국 국토안보부는 대부분의 주요 기반시설들에 대해서 이 정도 수준의 정밀도를 요구하지 않는다.

매리 린 가르시아의 책에 의하면, "산디아 모델은 시스템 효과를 확률 P_E로 표현한다. P_E는 두 가지의 조건(방해 가능성(P_I)과 무력화 가능성(P_N))을 이용해서 결정된다. 성과 기반의 분석수법은 공격자 행위의 순서가 자산에 대한 공격을 완료하는 데 필요하다고 가정한 상대의 경로 식별기법을 이용한다. 여기에서 중요한 점은 P_E가 위협에 따라서 달라질 수 있다는 점이다. 위협능력이 증가하면서 개별 방호요소나 시스템 전체의 성과는 감소할 수 있다.[1)] 이러한 두 가지 유형의 분석은 준수 기반의 분석과 성과 기반의 분석이다. 준수 기반의 분석은 시스템을 규정된 명령(코드, 규정, 정책, 절차)과 비교한 다음 필요한 요소들이 잘 실행되고 있는지 확인한다. 적합성 기반의 분석은 보호시스템의 다양한 구성요소들이 추정된 위협 시나리오에 대해서 어느 정도의 성과를 발휘할 수 있을지에 대해 평가한다. 그리고 각각의 개별 요소들은 위협 시나리오에 따라 분석되거나 추정되고 전반적인 시스템 효과에 대해 무엇을 기여할 수 있는지 확인한다.

산디아 모델은 다음 6개의 단계를 이용한다.

1. ASD : 각각의 자산 위치에 대해서 대적 순서도(ASD)를 만든다.
2. P_I : 경로분석을 수행한다. 이것은 PI를 제시해 준다. 장애는 대응자가 공격자의 진행을 방해하기 위해 신호를 나타낸다.
3. SA : 시나리오 분석을 수행한다.
4. P_N : 필요할 경우 무력화 분석을 수행한다. 이것은 P_N을 제시해 준다. 무력화는 직접적인 대응으로 공격자를 제압하는 것이다.
5. P_E : 시스템 효과를 결정한다. P_E
6. RMU : 위험 완화 업그레이드 : 만약 시스템 효과(혹은 위험)가 수용될 수 없다면 제안된 업그레이드를 개발하고 분석한다.

산디아 모델, $P_E = P_I \times P_N$. 고려해야 할 요소는 아래와 같다.

- 대응자와 직면했을 때 포기할 가능성이 높은 상대방에 대해서 P_N은 요인이 되지 않는다.
- 직접적인 대응이 불가하다면 P_N은 요인이 될 수 없다. 이러한 경우 $P_E = P_I$이다.
- 시스템이 효과적인 것으로 여겨지려면 대응할 시간 내에 공격을 감지해야 한다(중대한 감지 포인트[CPD] 이전에).
- 경보를 신속하게 평가함으로써 유효한 경보에 대해서만 대응을 한다.
- 감지된 것을 적절한 방식으로 해당 대응 팀에 통보한다.
- 증거를 수집한다.
- 지연 이전에 감지가 이루어지도록 보장하는 한편 감지를 처리하고, 평가를 수행하고, 대응 팀에 통보하고, 대응 팀을 지연지점으로 보낼 수 있을 만큼의 시간 동안 상대방을 지연시킨다(성공적으로 방해함).
- 공격자를 감지하고 지연시킬 수 있는 여러 차례의 기회가 있다는 점을 확인할 수 있

1) Mary Lynn Garcia, Vulnerability Assessment of Physical Protection Systems(Burlington, MA : Butterworth Heinemann, 2006), 255.

도록 이중삼중으로 보호(여러 층으로 된)하여 이용한다.

- 보호에 대한 균형 유지 – 즉, 자산에 대한 모든 경로가 대략적으로 동일한 방해 확률(P_I)을 지닐 수 있게 보장한다.
- 적절한 힘으로 공격자를 무력화시킨다.
- 시스템 효과(방해와 무력화)를 전체적인 성과 척도로 이용해서 상대방의 경로에 대한 완전한 분석을 실시한다. 분석은 모든 신뢰할 수 있는 경로에 따라서 이루어져야 한다.

산디아 모델은 취약성 및 위험분석의 정점이다. 전 세계적으로 방호산업의 방호 수준이 높은 시설들은 훌륭한 작업을 수행한 매리 린 가르시아와 산디아 팀 전체에게 큰 빚을 지고 있다.

비록 산디아 모델이 보호시스템 효과의 모든 측면들을 수치화 하는 데 있어서 의심의 여지없이 최고의 모델이긴 하지만, 이것은 연구와 계산에 많은 시간을 투자해야 했다. 이에 따라서 산디아 모델 전체는 상업시설에 대해서 거의 철저하게 사용되지 않고 있다. 산디아 모델은 원자력발전소, 무기저장시설, 군사기지, 수력발전 댐, 그리고 자산을 절대로 손실하지 말아야 하는 그 외의 다른 프로젝트에서 항상 사용되어야 한다.

그러나 소수를 제외한 대부분의 상업 프로젝트의 경우 산디아 모델의 비용으로 인해서 역사적으로 시스템 효과에 대한 깊이 있는 분석이 이루어지기 어려웠다. 지난 수년 동안 여러 사람들이 산디아 모델처럼 비용이 많이 들지 않으면서도 시스템 효과에 대한 일정한 척도를 제시해 줄 수 있는 몇몇 다른 접근방식들을 개발했다. 그러나 상당수가 방호 프로그램, 시스템, 시스템 요소의 실제 효과를 확인하는 데 상대적으로 큰 도움이 되지 못한 것으로 나타났다.

지금까지 필요했던 것은 한 명의 전문분석가가 충분히 손쉽게 사용할 수 있고 예산결정 책임자들이 방호 프로그램의 어떠한 부분들에 대해 어떠한 순서로 자금을 지원할 것인지에 대해서 결정을 내릴 수 있게 도움을 주는 것과 관련해서 매우 의미 있는 방법이었다. 그리고 아래에 소개된 것이 바로 이러한 모델이다.

유용한 상업용 모델

이 모델을 살펴보기에 앞서서 필요 사항들에 대해서 먼저 검토해 보자. 방호 프로그램 효과의 척도는 다음과 같이 두 그룹의 사용자들이 필요하다.

1. 방호 프로그램 관리자

2. 방호 예산결정 책임자

각각의 사용자들은 아래와 같은 것을 필요로 한다.

- 방호 프로그램 관리자들은 프로그램에서 어떠한 부분들이 가장 중요하고 효과적이며 어떠한 부분들이 개선을 필요로 하는지, 그리고 개선되어야 할 우선순위에 대해 알아야 한다(효과를 발휘할 수 있게 해 주는 비용과 전체 방호 프로그램에서 이러한 프로그램 요소의 중요성)(우선순위).
- 방호예산 결정 책임자들은 프로그램에서 어떠한 부분들이 가장 중요하고 효과적인지, 그리고 이용 가능한 예산을 기반으로 어떠한 요소들에 자금을 지원할 수 있는지 알아야 한다.
- 이 두 그룹의 사용자 모두 자금이 지원되지 않은 부분들이 방호효과에 미치는 영향에 대해 알아야 한다. 즉, 어떠한 자산이 완화되지 않은 취약성에 노출되어 있고 이러한 취약성이 악용될 경우 어떠한 결과를 초래할 수 있다.
- 두 그룹의 사용자 모두 나머지 취약성을 완화시키지 않음으로써 어떠한 위험들을 감수해야 하는지 알아야 한다.

앞의 결과를 달성하기 위해서 이 모델은 아래와 같은 사항들을 수행해야 한다.

- 새로운 프로젝트의 경우 : 어떠한 방호대책 유형들이 등록된 각각의 취약성을 완화하는 데 효과를 발휘할 수 있는지 확인한다.
- 기존 프로그램의 경우 : 기존의 방호대책들 중 어떠한 것이 등록된 각각의 취약성을 완화하는 데 효과를 발휘할 수 있는지 확인한다.
- 아래와 같은 측면에서 각각의 방호대책들의 효과를 확인한다.
  - 출입통제
  - 평가
  - 대응
  - 침입 감지
  - 지연
  - 증거수집

"방해하거나 제압한 침입사건"과 관련해서 방호 프로그램을 평가하려는 것은 일반적으로 범하는 실수이다. 이러한 기준이 고려해야 할 주요 기준으로 여겨지는 시설의 종류는 매우 적으며, 심지어 이러한 시설에서도 이것을 주요 기준으로 이용하면 실수를 저지를 수 있다. 그러나 지금까지 개발된 거의 모든 척도들은 침입을 감지하고 방해하는 것에 초점을 맞추고 있다(산디아 모델을 포함해서).

우리는 어떠한 종류의 방호사건들을 통제하고자 하는지 고려해야 한다. 다시 공격자들의 세계에 대해서 살펴보자.

■ 테러리스트
■ 경제범
■ 폭력범죄자
■ 체제전복 범죄자
■ 경범죄자

오직 1개의 요인(침입)만을 평가하는 모든 효과의 척도들은 중요한 점을 완전히 놓치고 있는 것으로 보인다. 그렇다면 범죄의 범위는 어떻게 되는가?

■ 권한이 없는 사람의 침입
■ 자산에 대한 파괴 · 파손 · 절도(사람 · 재산, 그리고 지적 재산을 포함해서)
■ 개인적인 이익을 위해서 사업환경 전체를 파괴함
■ 앞의 사항들 중 어느 하나로 인한 사업평판 훼손

몇몇 고전적인 사례들과 피해를 입은 조직이 공격을 막기 위해 무엇을 할 수 있었는지 살펴보자.

■ 테러공격

- 9/11 – 뉴욕과 뉴저지의 항만관리위원회가 이 공격을 막기 위해서 할 수 있었던 일은 아무것도 없었다. 이 테러공격은 목표를 달성하기 위해서 공항과 항공기의 업무과정에 혼란을 일으킴으로써 수행되었다. 테러리스트들이 공항 검문소를 지나서 항공기의 조종실로 들어섰을 때, 세계무역센터 건물과 상층에 있던 모든 사람들은 이미 죽음을 맞게 될 운명에 처해 있었다.
- 매리어트 호텔, 이슬라마바드, 파키스탄, 2008년 9월 22일 – 자살트럭폭탄 공격 – 대형 트럭이 호텔의 충격흡수 게이트에 충돌한 후에 트럭 안에서 작은 폭발이 일어났고 이어서 거대한 폭발이 일어났다.[2)3)] 강력한 폭발로 건물의 정면이 파괴되면서 파열된 가스관에 의해서 큰 화재가 발생했다.
  그리고 가스관으로 연료를 공급받았던 건물의 4층과 5층으로 불길이 번졌고 온도가 400℃까지 치솟았다. 가디언誌에 따르면, 이로 인해서 스프링클러 소방 서비스가 무

2) http : //lessakele.over-blog.fr/article-22995764.
3) html.http : //terrorwonk.blogspot.com/2008/09/islamabad-bombing-i-brute-force-tactics.html.

용지물이 되었다고 한다. 화재는 폭탄에 첨가된 알루미늄 파우더[4]에 의해서 더 뜨겁게 타올랐고, 이 파우더는 불길을 계속 유지시켜 주는 한편 바닥에 들러붙어서 바닥 표면을 태워 없애버렸다. 알루미늄 파우더는 15,000파운드의 BLU-82(데이지 커터)와 21,000파운드의 MOAB(모든 폭탄의 어머니)를 포함한 열 압력 폭탄의 한 구성요소이다.[5] 이 두 가지의 사례로 알 수 있는 것은, 알루미늄 파우더는 파괴력을 증가시키기 위해 사용되었으며 건물에 훨씬 더 피해를 입힐 수 있는 장시간의 폭발 펄스를 생성해 준다는 것이다. 또한 이것은 폭발의 범위를 확장시켜 줌으로써 기존의 폭발물보다 더 먼 거리에 있는 구조물을 파괴하고 건물의 정면과 구조를 더 강하게 파괴시킬 수 있다. 파열되었을 때 자동으로 차단되지 않는 가스관을 설치하는 것은 그리 좋은 아이디어가 아니다. 만약 검문소가 정면에 있는 문으로부터 20m(60피트) 이상의 거리에 위치해 있었다면 더 좋았을 것으로 여겨진다. 적어도 이것은 직접적인 접근선 없이 급격하게 회전을 하도록 만들어진 훌륭한 검문소 설계였다. 시설조사를 포함한 위험분석에 대한 더욱 철저한 접근방식이 이루어졌다면 폭탄이 터지기 전에 가스관의 취약점이 밝혀졌을 것이다. 그리고 검문소를 30m(100피트) 정도 더 바깥으로 이동시켰다면 폭발과 알루미늄 파우더로 인한 피해를 줄일 수 있었을 것이고, 어쩌면 공격을 완전히 막을 수도 있었을 것이다.

■ 경제범

• 절도 : 절도에는 두 가지(치밀한 절도와 치밀하지 않은 절도) 유형이 있다.

 - 치밀하지 않은 절도범은 우수한 대응의 특징을 갖춘 일반적인 방호 프로그램으로 손쉽게 제압하고 감지하고 차단할 수 있다.

 - 치밀한 절도범은 일종의 경제적 테러리스트이다. 즉, 이들은 공격을 수행하기에 앞서서 목표를 선정하고 계획을 수립하고 테스트를 하는 데 많은 시간을 투자한다. 이러한 절도범들은 경보장치와 폐쇄회로 텔레비전(CCTV) 시스템을 무사히 통과하기도 한다. 치밀한 절도범은 귀중품(장신구 등), 막대한 현금(100,000달러 이상), 비밀정보 등을 목표로 삼으며, 전문 절도범들은 절도행위를 계획하는 데 상당한 시간을 투자한다. 절도범에 대해서는 대감시 프로그램이 가장 큰 도움이 될 수 있는데, 그것은 대부분의 전문 절도범들은 목표의 선정, 계획 및 테스트 단계에서 방해를 받을 경우 공격을 포기하기 때문이다.

• 내부자 범죄 : 내부자들은 시설과 이 시설에서 사용되는 자산에 대한 시간, 접근성,

---

4) http : //terrorwonk.blogspot.com/2008/09/islamabad-bombing-i-brute-force-tactics.html.

5) www.nationalterroralert.com/updates/2008/09/29/thermobaric-bombs-al-qaedas-new-weapon-of-terror/.

특수지식을 갖추고 있다. 그러나 대부분의 내부자들은 이러한 이점을 활용할 수 있는 기술과 인내심을 가지고 있지 못하다. 종종 내부자 범죄는 일반적인 방호시스템보다 조사를 더 필요로 할 수 있다. 왜냐하면 많은 내부자들이 방호시스템을 피할 수 있는 방법을 생각해내거나 혹은 이러한 시스템이 꺼져 있거나 카메라로 모니터링이 이루어지지 않는 구역에서 범죄를 수행할 수 있기 때문이다.

■ 직장에서의 폭력범죄

- **외부자** : 외부자 폭력범죄는 크게 두 가지의 유형으로 나눠진다.
  - 희생자들을 통제하기 위해서 폭력을 사용하는 경제범. 대부분의 외부자 폭력범죄는 우발적으로 발생하지만(예 : 편의점 절도) 종종 계획적으로 이루어지기도 한다(예 : 은행강도).
  - 혹은 직원이나 조직과 모종의 관계를 맺고 있는 외부인이 될 수도 있다(배우자 · 연인 · 퇴사한 직원). 불만을 품은 채 다른 직원들이나 경영진과 지속적으로 연락을 취하는 퇴사한 직원들은 폭력범죄를 일으킬 가능성이 있다.
- **내부자** : 징계를 받은 직원들은 가장 일반적인 내부자 폭력범죄의 유형이다. 직장에서의 폭력은 적절한 인사정책과 직장폭력예방 방호 프로그램을 통해서 최소화 될 수 있다. 그 외의 다른 내부자 폭력범죄로는 정신질환이 있는 고등학생과 대학생의 폭력행위를 들 수 있다. 이러한 범죄는 대응이 지연될 경우 희생자 수가 증가할 수 있기 때문에 신속하게 대처해야 한다. 또한 심각한 정신질환 문제를 안고 있는 학생들을 확인하기 위한 프로그램도 큰 도움이 될 수 있다.

■ 질서 파괴자(유형)

- **외부자** : 운동권 단체는 가장 일반적인 질서 파괴자의 유형이다. 이러한 단체는 보통 침입과 괴롭힘 행위를 수행하기도 한다. 감지하고, 평가하고, 대응하고, 확실한 신분확인 증거를 수집하는 방호요소들은 이러한 범죄를 차단하는 데 가장 큰 도움이 될 수 있다.
- **내부자** : 내부질서 파괴자에는 상습 규칙위반자, 개인적인 용도로 조직의 자산을 이용하는 사람 등이 포함될 수 있다. 부적절한 인터넷 사용, 지속적인 규칙위반, 선동, 성적 괴롭힘 등은 모두 조직의 생산성과 수익에 영향을 미칠 수 있다. 내부자 질서파괴 행위는 직원규정 매뉴얼을 통해서 정의되어야 한다.
- 질서 파괴자와 사보타지 가담자
  - **이념 지향적 질서 파괴자** : 이념 지향적 질서 파괴자들로는 정부, 종교, 이념, 산업 등에 반대하는 주장을 펼치는 운동단체가 포함될 수 있다. 그리고 이러한 단체에

는 동물해방전선(ALF), 환경해방전선(ELF) 등과 같은 단체들도 포함될 수 있다.

－**비동맹 질서 파괴자** : 그 외의 다른 질서파괴 행위로는 항의나 시위와 관련된 사회 혼란 사건을 들 수 있다. 예를 들어, 로스앤젤레스 시는 1992년에 LA 경찰관들로부터 폭행을 당했던 흑인 운전자인 로드니 킹에 대한 재판 이후에 혼란과 폭동으로 몸살을 앓았다. 이 폭행사건은 카메라로 촬영되었고 현지 텔레비전 뉴스를 통해 방송되었다.[6] 이 폭동으로 많은 사업체들이 피해를 입었다.

－**정치 및 산업 스파이** : 여러 조직들이 점점 더 정치 및 산업 스파이의 목표가 되고 있다. 어느 기사에 의하면 산업 스파이들이 세계무역기구 회담의 막후에서 매우 큰 역할을 수행한 것으로 나타났다.[7] 그리고 대규모 조직과 소규모 조직의 모든 스파이들이 조직의 비밀을 파헤친 수많은 사례들이 보고되고 있다.

－**해커** : 해커들은 웹사이트를 훼손하고 네트워크에 피해를 주거나 중요한 정보를 빼내는 스파이 역할을 수행하기도 한다. 최근에는 해커들이 인터넷과 연결된 군수업체의 컴퓨터를 통해서 미국 펜타곤의 최신 전투기인 조인트 스트라이크 파이터에 대한 매우 민감한 데이터를 훔치는 일이 발생하기도 했다.

－**사생활 침해 위협자** : 파파라치와 스토커들은 유명 인사들의 사생활을 침해하는 골치 아픈 존재로 여겨진다. 부자들과 유명 인사들을 상대로 하는 업체들은 종종 개인적인 목적을 위해 고객들의 사생활을 침해하고 사업을 방해하는 매우 공격적인 유명 인사의 팬이나 사진사들로 인해 피해를 입기도 한다.

－**상습 규칙 위반자** : 이들은 직원이나 방문객으로서 조직의 시설을 자주 방문하고, 마치 조직의 자산이 자신의 것인 것처럼 사용하거나 남용하는 사람들이다. 이들은 행동규칙에 대해 통보를 받았지만 지속적으로 규칙을 위반한다. 이러한 사람들은 아래와 같이 여러 방식으로 조직에 문제를 일으킬 수 있다.

▶ 이들은 다른 사람들에게 나쁜 선례를 남긴다.

▶ 이들은 종종 자신의 요구나 행위가 받아들여지도록 하기 위해 특별한 관심을 필요로 한다.

▶ 이들은 종종 부상이나 큰 문제로 이어질 수 있는 안전 및 행동규범의 전제조건을 일으키기도 한다(어느 한 사람이 행동을 하면 보통 다른 사람들이 이 행동을 따라 하기 마련이다).

---

6) Lou Cannon, Official Negligence : How Rodney King and the Riots Changed Los Angeles and the LAPD(Boulder, CO : Westview Press, 1999).

7) Les Blumenthal and Michael Doyle, “Spies bring trade secrets to the table at WTO talks,” Star Tribune(Minneapolis, MN), November 27, 1999.

▶ 이들은 정상적인 질서 있는 환경을 파괴한다.

▶ 이들의 행동은 불법이거나 혹은 조직의 평판에 영향을 미칠 수 있다. 예컨대 관리자가 직원에게 자신의 권한을 남용하는 경우 인종차별이나 성추행과 같이 이러한 행동을 차단하지 못한 것에 대해서 조직이 처벌을 받게 될 위험에 처할 수 있다.

▶ 주차 특권을 남용하고, 새치기를 하고, 특별대우를 요구하고, 직원들을 괴롭히는 사람들은 악영향을 미칠 수 있다.

조직은 이러한 사람들과 상대하기를 원하지 않는다. 이들은 자기도취와 공격성을 통해서 무법자가 되고 모든 사람들이 자신의 관점을 받아들이도록 요구하는 사람들이다. 이러한 사람들은 위협적인 행위를 하게 된다.

■ **경범죄자** : 경범죄는 중범죄보다 낮은 수준의 범죄이고 보통 벌금과 벌칙, 재산몰수 혹은 교도가 아닌 구치소 수감 등으로 처벌을 받게 된다(경범죄).

- 공공기물 파손자 : 공공기물 파손자들은 외관을 훼손시켜서 공공기물의 가치를 파괴한다. 이들은 수백만 달러의 재산피해를 야기했고 지역사회 전체의 사업 기회를 빼앗아 갔다.[8)]
- 소매치기 : 소매치기는 호텔, 레스토랑, 쇼핑몰, 주차장과 주차구조물, 엘리베이터 로비 등을 포함한 여러 공공장소에서 주로 소매치기를 하는데, 말 그대로 2명 이상의 사람들이 서로 접촉할 수 있는 모든 곳에서 소매치기가 일어날 수 있다(특히 쉽게 한눈을 팔 수 있는 곳에서). 이러한 환경을 제공하는 사업체는 안전한 곳이라는 평판이 훼손됨으로써 큰 피해를 입을 수 있다.
- 매춘부, 매춘 알선업자, 포주 : 매매춘은 호텔, 쇼핑몰 등의 공공장소에 영향을 미칠 수 있고 기업의 평판에 피해를 줄 수 있다.
- 그 외의 다른 경범죄로는 치안방해, 공해, 공공음주 등이 있다.

■ **기업평판 범죄**

- **외부자** : 1982년에 이름이 알려지지 않은 어느 범죄자가 타이레놀 캡슐에 시안화물을 첨가한 다음 매장 선반 위에 되돌려 놓았다. 그리고 이 캡슐은 소비자들에게 판매되었다. 이 사건 이후로 시장 지분이 35%에서 8%로 하락한 존슨&존슨은 이 제품을 시장에서 완전히 철수시키고 3중 포장과 공격적인 가격 책정을 하는 등 매우

8) Joseph Rivera, Vandal Squad : Inside the New York City Transit Police Department (Brooklyn, NY : Powerhouse, 2008).

능동적인 조치로 대응했다. 그리고 1년 만에 타이레놀은 시장에서의 본래 위치를 회복했다.

- **내부자** : 엔론은 주요 경영진의 분식회계로 사업 전체를 잃었다. 조직은 자신의 임무에 초점을 맞춰야 한다. 주주나 소유주들의 정기적인 감독을 통해서 조직의 임무, 법적 조치, 규범, 규정 등에 따라서 조직을 감사해야 한다.

앞에 제시된 정보는 척도 기반의 효과적 연구를 회피하라는 것이 아니라, 이것이 달성할 수 있는 것에 한계가 있다는 점을 나타내주기 위해 제시되었다. 방호의 상당 부분은 인사규정 제정과 집행, 그리고 경영진의 윤리 적용과 관련되어 있다.

무엇보다도 이것은 침해 기반의 척도가 방호사고를 줄여줄 수 있는 중요한 도구로 이어지지 않을 수도 있다는 점을 나타낸다. 왜냐하면 침해와 관련이 없는 방호사고가 많이 발생하고 있기 때문이다.

그럼에도 단순히 방호 침해뿐만이 아니라 모든 유형의 방호사고를 확인하고 이에 대응할 수 있는지의 여부에 근거해서 방호 프로그램을 평가하는 것이 더 좋다.

우리는 방호 프로그램 효과를 확인하기 위해서 어떠한 종류의 정보를 평가할 필요가 있는가?

방호관리자들은 아래와 같은 사항들을 알고 있어야 한다.

■ 자산 위치

- 사람
- 재산
- 비밀정보

■ 취약성

- 침해
  - 침해가 가능한 경우
  - 침해자가 지연되거나 방해받을 수 있는 곳으로 이동할 가능성이 높은 경우
  - 침해자가 중요한 자산으로 이동하는 도중에 감지될 수 있는 경우
- 직접적인 공격
  - 주변으로부터 직접적인 공격이 이루어질 수 있는 경우
- 탈취 · 남용
  - 자산을 쉽게 탈취하거나 오용할 수 있는 경우

■ 방호대책

- 방호대책의 위치와 유형
  - 진입통제 지점
  - 감지시스템
  - 평가시스템
  - 지연시스템
  - 대응시스템
    - ▶ 테크놀로지
      - ▷ 통신시스템
      - ▷ 경비
      - ▷ 수송
      - ▷ 무기
      - ▷ 전술
    - ▶ 기능
      - ▷ 침입 감지
      - ▷ 침입 확인
      - ▷ 의도 평가
      - ▷ 침입 지연
      - ▷ 개입
      - ▷ 공격 제압
      - ▷ 침입자 확인
  - 증거수집시스템
- 이것이 다룰 수 있는 취약성(취약성과 방호대책의 매트릭스)
- 이러한 취약성 유형을 다루는 데 있어서 방호대책의 가능한 효과
  - 감지
  - 평가
  - 지연
  - 대응
    - ▶ 억제(예 : 순찰과 인터콤 대응)
    - ▶ 차단(지연시스템과 대응 및 제압 병력)
    - ▶ 진압(위반자가 자산을 가지고 도망치는 것을 막음)
    - ▶ 회복(자산손실 이후)
    - ▶ 관찰 및 보고
    - ▶ 대응 및 제압
  - 증거수집

■ 그 외 나머지 취약성

- 기존의 방호대책을 통해서 부적절하게 다루어진 남은 취약성의 비율

어떠한 종류의 척도가 방호 프로그램 효과를 분석하는 데 도움을 줄 수 있는가?

우리가 사용할 수 있는 여러 개의 척도가 있다. 각각의 척도들은 방호 프로그램의 효과 측면에서 서로 다른 요인들을 평가한다. 이 척도들은 시스템 효과의 전체적인 그림을 그릴 수 있도록 서로 조합해서 사용될 수 있다. 그리고 몇몇 척도들은 새로운 방호시설과 기존의 방호시설에 대해서 모두 유용하게 사용될 수 있는 반면에 그 외에 다른 척도들은 기존의 시설에만 적용될 수 있다.

■ 제안된 방호 프로그램에 대해서 사용될 수 있는 척도

- 취약성 · 방호대책 매트릭스
- 대적 순서도

■ 기존의 방호 프로그램에 사용될 수 있는 척도

- 대적 순서도
- 취약성 · 방호대책 매트릭스
- 방호사건일지
- 순찰일지(취약성 찾기, 위반 찾기)
- 연례 위험분석

각각의 척도들은 아래에 설명되어 있다.

대적 순서도

대적 순서도는 특정한 위협 행위자 유형(목표 자산에 접근하기 위해 침입방법을 이용하는 사람들)과 관련되어 있다. 조직에서 가장 중요한 자산은 도로변의 정면 출입구에 위치해 있지 않다. 침입자가 목표로 접근하려면 건물 내의 여러 출입구, 문, 복도 등을 거쳐서 최종적으로 목표물로 향하게 된다. 이러한 점은 공격자가 테러리스트이든 폭력 위협 행위자이든 혹은 경제 및 지적재산 범죄자이든 상관없이 모두 적용된다. 또한 공격자는 절도범, 완력을 이용하는 공격자 혹은 질서 파괴자 등이 될 수도 있다. 위협 행위자가 안으로 침입하든, 문을 부수고 들어오든 혹은 근무시간 중에 몰래 사무실로 들어오든 상관없이 하나의 공통적인 요인이 존재한다. 각각의 공격자들은 통로와 장벽을 통해서 이동한 후에 목표물에 도착해야 한다. 또한 대부분의 공격자들은 가능한 한 들키지 않고 다시 빠져나올 수 있도록 계획을 세운다.

침입자에는 아래와 같이 세 가지 유형이 있다.

1. 진입하기 위해 완력을 이용하는 침입자
2. 몰래 진입하는 침입자
3. 조직의 정상적인 업무를 이용해서 안으로 진입하는 침입자

틀림없이 이러한 각각의 유형들은 감지, 평가, 대응에 대해서 서로 다른 기준이 요구된다. 또한 이 세 가지 유형들은 대응 팀과 만났을 때 또 다시 아래와 같이 두 가지 유형으로 분류될 수 있다.

- 순순히 투항하거나 도망치려고 하는 침입자(주로 경제범, 경범죄자, 일부 폭력범죄자)
- 저항하는 침입자
  - 중간 정도의 힘으로 저항하는 침입자(테러리스트를 제외한 위협 행위자)
  - 압도적인 힘으로 저항하는 침입자(모든 테러리스트와 일부 폭력범죄자 – 소수의 경제범이나 경범죄자)

침입위협 행위자는 또 다시 아래와 같은 두 가지 그룹으로 크게 분류될 수 있다.

1. 체계적인 계획을 따르는 치밀한 범죄자
2. 주로 자신의 본능대로 행동하는 우발적인 범죄자(즉흥적인 계획)

치밀한 범죄자들의 경우 아래와 같은 이유들 때문에 특별한 어려움을 겪을 수 있다.

- 침입이 일반적으로 잘 계획되어 있다.
- 치밀한 범죄자들은 자신의 목표를 잘 알고 있다(목표의 가치, 위치, 목표로 향하는 경로, 이동경로에서 만나게 될 보호조치들).
- 치밀한 범죄자들은 일상적인 업무를 포함해서 해당 시설에 대해 잘 알고 있다.
- 이들은 감지능력에 대해 알고 있다.
- 이들은 방호 팀의 수준, 인원수, 훈련, 능력, 약점 등에 대해 잘 알고 있다.
- 이들은 일반적으로 어떠한 방호대응이 이루어질 것인지 예측할 수 있다.
- 테러공격을 제외한다면 증거의 관점에서 보았을 때 치밀한 범죄자들은 보통 증거를 거의 남기지 않는다.

반면에 치밀하지 않은 범죄자들의 경우에도 특별한 어려움이 있을 수 있다.

- 치밀하지 않은 범죄자들은 사전계획을 거의 세우지 않으며 자신의 목표와 감지능력,

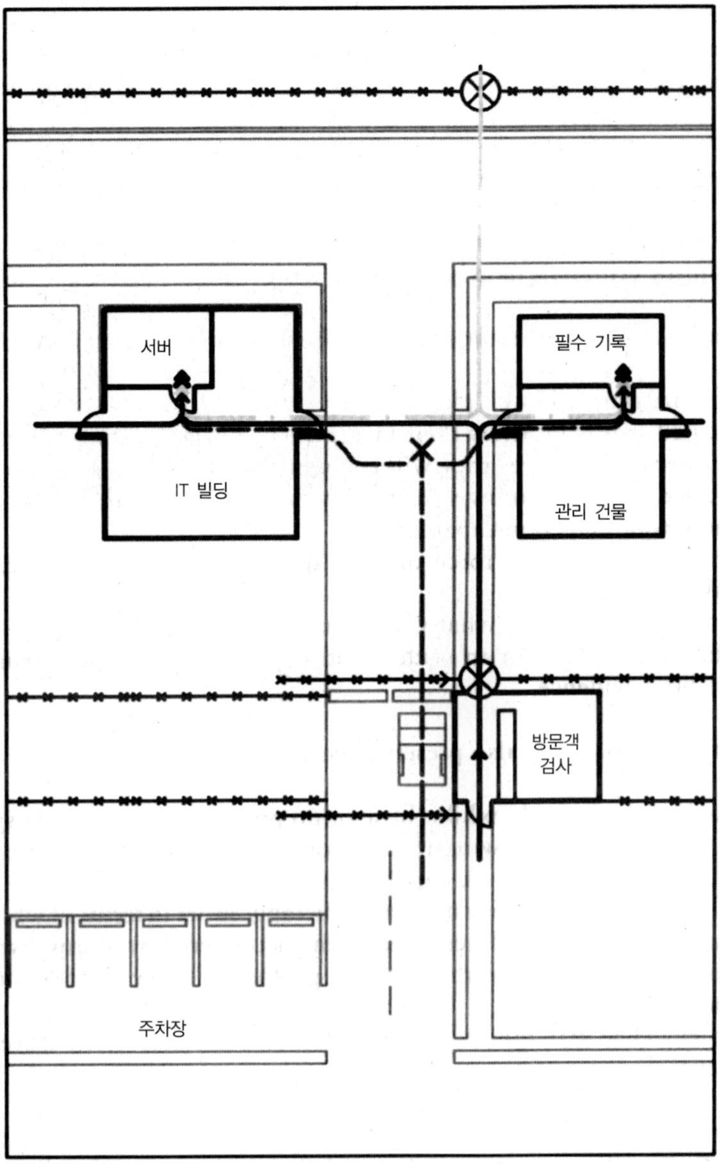

그림 18.1 대적 순서도

목표물 점유자, 대응능력 등에 대해 잘 알지 못한 채 보통 즉흥적으로 대응한다.

■ 계획을 체계적으로 수립하지 않는다는 점은 이들이 어느 방향으로 이동할 것인지, 대응 팀과 만났을 때 어떻게 반응할 것인지 등과 관련해서 예측하기 어렵다는 것을 의미한다.

■ 치밀하지 않은 범죄자들은 감지와 대응에 대한 두려움으로 급하게 침입하는 경향이 있다.

■ 증거의 관점에서 보았을 때 이들은 범죄현장을 종종 어지럽히기도 한다.

침입위협 행위자에 대처할 때 중요한 점은, 가능한 한 빠르게 이들을 감지하고 이들이 목표물로 향하기 전에 뛰어난 대응력으로 이들을 제압하는 것이다. 아니면 이들을 감지한 후에 이들이 떠나려고 할 때 대응력을 발휘할 수도 있다.

바로 여기에서 디자인 기반의 위협이 다시 유효하게 된다. 감지, 평가 및 대응의 질은 위협 행위자의 수준 및 최악의 경우에 비례해야 한다. 방호대책의 선택은 디자인 기반 위협의 치밀함과 강도에 적합해야 한다.

대적 순서도(그림 18.1)는 위협 행위자가 자신의 목표물로 향하기 위해(그리고 밖으로 나갈 때) 취할 수 있는 가능한 진입지점과 경로를 평가하기 위해 이용된다. 물론 이것은 여러 개의 대적 순서도로 이어질 수 있다(각각의 진입 · 목표 조합에 대한 다이어그램).

다음 척도의 유형은 취약성 · 방호대책 매트릭스이다.

취약성 · 방호대책 매트릭스

취약 · 방호대책 매트릭스는 취약성(열)과 여러 가지 유형의 방호대책(칼럼)으로 이루어진 스프레드시트이다. 확인된 모든 취약성들은 가능한 한 취약성 열에 모두 기록되어야 한다. 취약성은 주요 자산그룹, 건물, 구역 등으로 분류될 수 있다. 취약성과 방호대책 간의 교차지점에는 저감비율이 차지한다(1이 100%).

예를 들어, 감지시스템의 경우 이 취약성을 이용하는 범죄자에 대한 감지가 확실하게 이루어진다면 1점이 부여되고, 평가의 경우 경보를 확인할 수 있는 카메라가 있을 경우에 역시 1점이 부여된다.

대응의 경우 범죄자가 자신의 목표물에 도착하기 전에 개입할 수 있도록 대응이 이루어질 수 있다면 1점이 부여된다. 예를 들어, 이것은 순찰요원이 없는 동안에 콘솔 담당자가 멀리 떨어져 있는 범죄자를 심문할 수 있게 해 주는 방호 인터콤이 될 수 있다. 그리고 이 범죄자의 대응은 추가적인 조치로 이어질 수 있다. 만약 범죄자가 인터콤 콜에 의해 방해를 받은 후에도 멈추지 않는다면 이것은 의도로 규정될 수 있다. 그 후에 3개의 다른 선택사항들이 제시되는데 그것은 차단, 진압, 회복이다.

화학공장과 원자력발전소처럼 자산에 대한 절도가 절대로 허용될 수 없는 시설의 경우에는 차단이 필수적이다. 이것은 고도의 훈련을 받은 강력한 방호 팀이 필요하다.

자산에 대한 단순한 획득 대신에 오직 이에 대한 결과가 손실로 이어지는 시설의 경우 진압이 하나의 가능성이 될 수 있다. 이것을 통해 방호 팀은 범죄자가 현장을 떠날 때 탈출을 시도하는 것을 포함해 대응계획을 할 수 있는 시간을 벌 수 있다.

강력한 대응 팀을 구성하는 것이 재정적으로 가능하지 않은 곳의 경우에 회복은 정당한 선택이 될 수 있다. 이를 위해서 번호판을 비롯한 차량 ID, 침입자를 확인할 수 있는 사진(얼굴, 복장, 키, 체중, 성별 등), 범죄에 대한 증거, 탈취와 도주에 대한 증거 등을 포함해서 확실한 증거가 필요하다. 상업용 방호시스템은 이러한 기능을 거의 수행하지 못한다.

증거의 경우 신분을 확인할 수 있게 해 주는 카메라가 설치되어 있다면 1점이 부여된다. 성별, 복장, 그 외에 다른 구체적인 것 등은 식별할 수 있지만 인상착의를 확인할 수 없는 카메라의 경우에는 0.5점이 부여될 수 있고 형태와 움직임을 확인할 수 있는 반면에, 성별을 확인할 수 없는 카메라는 0.2점만이 부여될 수 있다.

스프레드시트에서 각 칼럼들을 그룹으로 분류하는 것이 매우 유용하다. 나는 두 가지 방식으로 이렇게 분류했지만 결국에는 두 번째 방식을 선택했다. 첫 번째 분류에는 첨단기술, 로테크(lo-tech), 그리고 무기술 방호대책이 포함되어 있다. 두 번째 분류는 접근통제, 감지, 평가, 지연, 대응, 증거로 나눠진다. 이제 나는 두 번째 그룹을 이용할 것이다. 왜냐하면 이것은 각 방호대책들의 기능을 더욱 명확하게 설명해 주기 때문이다. 몇몇 방호대책들은 여러 개의 기능을 수행할 수 있으며 첫 번째 분류법에서는 이러한 점을 명확하게 알 수 없었다. 예를 들어, 비디오카메라는 감지와 평가를 할 수 있다. 만약 팬/틸트(pan/tilt) 카메라가 범죄자를 추적하기 위해 어느 한 위치에서부터 이동하고자 한다면 이것조차도 대응으로 여겨질 수 있을 것이다. 이것은 범죄자에 의해 관찰될 수 있기 때문에 억제수단으로서의 대응이 될 수 있다.

억제력은 쉽게 측정되거나 추정될 수 없기 때문에, 어떤 종류에 대한 억제력이 없다는 것을 확인할 수 있다. 억제는 철저하게 범죄자에 따라 좌우되는 주관적인 현상이다. 억제에 포함되는 요인들은 아래와 같다.

- 범죄자의 동기
- 범죄자의 결단
- 감지와 생포에 대한 범죄자의 우려(바로 이것이 테러공격이 매우 어려운 주요 이유 중 하나이다. 왜냐하면 많은 테러리스트들은 테러공격 중에 사망하는 것에 대해 개의치 않기 때문이다. 따라서 이들은 틀림없이 자신이 발견되어서 공격을 받을 것을 예상하고 있을 것이다). 그러므로 일반적인 요인들 중 어떠한 것도 테러리스트에 대한 억제책이 되지 못한다(테러리스트의 임무 완수를 저지할 수 있는 대응요인은 제외).

따라서 범죄자가 감지를 피하고자 한다면 경보, 감지견, 카메라, 조명 등의 억제 가치는 높아질 것이다. 그러나 범죄자가 감지나 대응에 대해서 우려하지 않는다면(테러리스트, 직장폭력 위협, 정신건강 위협, 운동단체 등) 같은 방호대책의 억제 가치는 낮아질 것이다. 우리는 방호대책을 통해서 억제력을 추정할 수 없으며, 이것을 하나의 요인으로 고려하는 것조차도 권장하기 어려울 것이다.

이러한 원칙은 방호대책 수립의 지침이 될 수 있다. 대응의 정도는 위협행위의 결과와 직접적으로 관련이 있어야 한다. 만약 위협행위의 결과가 허용 가능하고 손실 이후에 완화될 수 있다면 정상적인 사무실이나 상업 환경에서처럼 무장하지 않은 조용한 대응이 이루어질 수 있다. 그러나 원자력발전소, 핵무기저장고, 포스진(CG) 화학물 생산공장처럼 손실의 결과를 허용하기 어렵다면 대응능력은 가장 심각한 위협행위보다도 더 우월해야 한다.

지역공동체(화학공장 등) 전체에 영향을 미칠 수 있는 심각한 결과가 발생하는 경우, 나는 산디아 위험평가 모델과 매우 강력한 방호대책을 권장한다. 유감스럽게도 정부의 엄격한 규제를 받지 않고 있는 상업부문의 시설들은 대부분 이러한 조치가 취해지지 않고 있다. 정부는 현재보다 더 많은 유형의 시설들에서 더욱 엄격한 위험평가와 방호대책 프로그램을 실시해야 한다. 왜냐하면 비교적 느슨한 위험평가와 방호대책 기준이 적용되는 수많은 시설들은 사회에 큰 위험이 될 수 있기 때문이다.

방호대책을 각 기능에 따라 분류함으로써 우리는 구체적인 취약성과 관련된 방호대책들의 전반적인 그림을 그릴 수 있다. 진입통제의 범주에는 접근통제 리더, 차량검문소 등이 포함될 수 있을 것이다. 감지의 경우 DPS(문 위치 스위치), 움직임 감지기, 움직임 비디오 감지기, 펜스라인 감지기, 매장된 페리미터 감지기, 뒤에 남겨진 것에 대한 감지, 순찰 감지, 감지견 등이 포함될 수 있다. 평가의 경우 비디오카메라, 인터콤, 순찰요원 등이 포함될 수 있다. 지연의 경우에는 배치 가능한 장벽, 도난경보 바 등이 있다. 대응의 경우에는 순찰, 급파, 인터콤이 포함될 수 있다. 그리고 증거의 경우에는 비디오 기록 보관, 오디오 인터콤 기록 보관, 전화, 911 로깅 기록기 등이 포함될 수 있다. 어느 주어진 방호 프로그램에 대해서 10여 개의 방호대책 유형이 있을 수 있다.

서로 다른 취약성 유형들에 대해서 서로 다른 방호대책이 적용될 수 있다(예를 들어, 유리로 된 정면 벽은 폭발과 침입에 대해 취약하다). 방호대책에는 유리파괴 감지기, 폭발필름 CCTV카메라, 폭발 스탠드오프를 제공해 주는 환경 디자인(CPTED) 조치를 통한 범죄예방 등이 포함될 수 있다. 특정 취약성들은 여러 위협행위에 적용될 수 있기 때문에 가능한 방호대책의 범위는 보편적으로 적용될 수 없다. 그러나 각각의 방호대책들은 각각의 위협에 대해서 효율적인 요소를 가지고 있다.

유리파괴 감지기는 폭발위협에 대해 전혀 도움이 되지 못하지만 강도에 대해서는 큰 도움이 될 수 있다. 모든 가능한 방호대책들을 목록으로 작성한 다음 각각 완화시킬 수 있는 위협의 유형에 따라 효과를 평가하는 것이 적절하다. 이것은 효과에 대한 전반적인 개관을 제시해 준다. 그러나 그것은 가장 높은 결과를 주목해야 할 모든 칼럼(columns)의 오른쪽 비고란을 추가할 수 있는 유용한 높은 취약성의 결과일 수 있다. 이것은 모든 적용 가능한 대응책으로 추정될 수 있다. 왜냐하면 이것은 질적 보고서를 준비할 때 고려될 수 있기 때문이다. 그리고 적용 가능한 방호대책에 효율성 추정치를 적용해야 한다. 방호대책들을 여러 층으로 형성하는 것의 값은 각각의 방호대책의 값이 1 값에 추가되면서 그 자체로 표시되기 시작한다.

모든 취약성에 대해서 적용 가능한 모든 방호대책들이 추정될 때까지 취약성 분석에 제시된 모든 취약성들에 대해서 이것을 실시해야 한다. 특정한 방호대책들이 여러 개의 취약성을 완화시킬 수 있다는 것을 알 수 있으며, 대부분의 취약성들은 완전하게 완화하기 위해서 여러 개의 방호대책을 필요로 한다. 또한 디자인 기반의 위협도 역시 염두에 두어야 한다. 만약 디자인 기반의 위협이 폭력범죄라면 폭력을 완화해 줄 방호대책은 경제적 위협에 대해서 거의 쓸모가 없을 것이다. 경제적 범죄의 경우 테러공격을 완화해 줄 수 있는 방호대책은 거의 소용이 없을 것이다. 복합 프로젝트의 경우 나는 실제로 여러 개의 위협행위 유형들에 대해서 취약성·방호대책 매트릭스를 개발했다. 이것은 시설 내의 모든 취약성이 아니라 주요 자산에 대해서만 적용될 수 있다(폭력의 경우, 사람들에 대해서 이것을 할 수 있지만 사무실 장비의 취약성에 대해서는 이것을 할 수 없다).

취약성·방호대책 매트릭스는 대적 순서도 이후에 준비되어야 한다. 이것은 잘 인식되지 않을 수도 있는 취약성을 나타내는 데 도움이 될 수 있다.

이러한 과정을 학습자들과 개인 컨설턴트들에게 설명한 후에는 완전한 이해를 위해서 단계별 설명이 요구된다.

- 1단계 – 이 프로젝트에서 모든 취약성에 대한 스프레드시트를 만든다. 또한 이 스프레드시트는 프로젝트에서 필요할 경우 위험등록부의 토대로 이용될 수도 있다(10장 참조). 이에 대한 예로서 우리는 2를 살펴볼 것이다. 각각의 취약성은 해당 열에 포함될 것이고 자산등급이나 시설의 면적에 따라 구분된다.
- 2단계 – 위험번호, 확률점수, 취약성점수, 결과점수, 그리고 위험점수에 대해서 칼럼을 추가한다($R=(P+V+C)/3$). 그리고 권고된 방호대책과 추정 비용에 대해서도

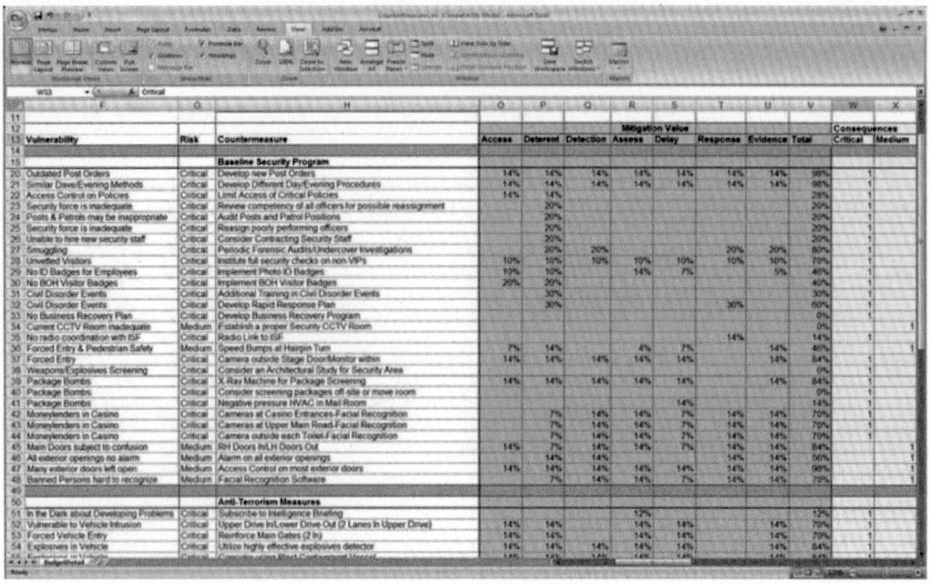

그림 18.2 방호대책 효과 매트릭스

칼럼을 추가한다.

■ 3단계 – 기능에 따라 분류된 각각의 방호대책 유형에 대한 칼럼을 만든다. 기능 등급에는 아래와 같은 것들이 포함된다.

- 진입통제
- 감지
- 평가
- 지연
- 대응
- 증거

각각의 기능 왼쪽에는 방호대책 효과 추정치(혹은 CEE)라고 표시된 칼럼이 있고 모든 칼럼의 오른쪽에는 총 완화 추정치(TME)라고 표시된 칼럼이 추가되어 있다(그림 18.2).

■ 4단계 – 각각의 취약성에 대해서 적용되는 각 방호대책 아래에 "X" 표시를 한다. 그 후에 각각의 기능에 대해 0부터 1까지의 추정치를 표시한다(1은 해당 기능에 대한 전체 완화이고 0은 전혀 완화되지 않은 것을 나타낸다).

예를 들어, 감지의 경우 방호대책에는 문 위치 스위치, 유리파괴 감지기, 경비견, 순찰 등이 포함될 수 있다. 이러한 취약성에 적용될 수 있는 각각의 방호대책의 경우에는 방호대책 아래에 X 표시를 한다. 그리고 나서 감지기능에 대한 이 취약성의 전체 완화를 추정한다. 만약 감지가 보장된다면 추정 칼럼에 1을 입력한다. 만약 감지가 이루어지지 않을 것 같다면 칼럼에 0을 입력한다. 감지가 거의 항상 이루어질 가능성 높다면 칼럼에 1보다 낮고 0.5보다 높은 점수를 입력한다. 각각의 취약성과 기능 그룹에 대해서 이것을 수행한다. 이것은 각각의 취약성에 대한 각 기능의 완화 점수를 제시해 준다.

이제 기능 추정치에 대해서 가중치를 부여한다. 전부 6개의 기능이 있기 때문에 균형 가중치는 각각의 기능에 대해서 16.6%가 될 것이다.

전체 완화에 대한 이 공식은 매우 쉽고 간단하다. 즉, 전체 완화=(진입통제×가중치 점수[WS] 진입통제)+(감지×WS 감지)+(평가×WS 평가)+(지연×WS 지연)+(대응×WS 대응)+(증거×WS 증거)

방호사건 일지

방호사건 일지도 역시 전반적인 방호 프로그램 효과를 결정할 수 있는 매우 좋은 방법 중 하나이다. 1년 내내 방호기록은 여러 경향을 보여주고 해결되지 않은 취약성을 확인해 줄 것이다. 우리는 이 두 가지에 대해 모두 관심이 있지만 특히 해결되지 않은 취약성에 더 관심이 있다.

모든 마지막 취약성이 위험평가에서 확인될 가능성은 높지 않지만, 범죄자들은 틀림없이 해결되지 않은 취약성을 인식해서 이것을 이용하려고 할 것이다. 이것은 종종 경범죄자나 경비요원에 의해 확인될 수 있을 것이다. 이와 같은 사소한 취약성의 이용은 기록에서 방호사건으로 표시되고 확인되지 않을 수도 있는 해결되지 않은 취약성을 해결할 수 있는 가치 있는 자원이 될 수 있을 것이다.

나는 방호사건을 추적하기 위해서 어떠한 접속방법을 이용하든 상관없이 각각의 방호사건들이 해결되지 않은 취약성과 관련되어 있는지의 여부를 추적할 수 있는 칼럼이 포함되도록 권장하고 있다. 추가 칼럼은 해결되지 않은 취약성을 확인시켜 줄 것이다. 그리고 방호 관리자는 이것을 통해 방호사건들을 규정에 따라 처리된 경범죄나 방호대책에 대해 재검토를 유발시킬 수 있는 사건과 연계시킬 수 있다.

1년 중에 방호사건으로 발전되는 모든 해결되지 않은 취약성들은 적절한 방호대책을 통해서 이러한 취약성들이 완화되어야 할 필요성에 대해 경영진의 관심을 끌게 해 줄 것이다. 해결되지 않은 취약성과 관련되어 있으며 취약성을 통해 방호관리자가 해결되지 않은 취약성을 신속하게 확인할 수 있다는 점을 설명해 주는 방호사건들을 확인하는 한편, 어떠한 취약성이 반복되는 방호사건들과 관련되어 있는지 기록할 수 있는 칼럼을 추가해야 한다.

지속적인 위험평가의 목표는 해결되지 않은 취약성과 새로운 위협들을 지속적으로 밝혀내고 이것을 검토하는 것이다. 방호사건 일지는 분석가가 이러한 목표를 달성하기 위해 이용할 수 있는 최고의 도구 중 하나이다.

각각의 방호사건들이 해결되지 않은 취약성과 관련되어 있는지 확인할 수 있는 칼럼이 없다고 해서 모든 것을 다 잃게 되는 것은 아니다. 분석가는 이 기록은 스프레드시트 프로그램으로 보낸 다음 칼럼을 추가할 수 있다. 만약 분석가가 이 시설에 대해 잘 알고 있다면 이 방호사건과 관련 있는 취약성에 대해 생각해 낼 수도 있을 것이다. 그렇지 않다면 이 분석가는 관련 방호사건들을 수집한 후에 해결되지 않은 취약성을 밝혀내기 위해 담당요원들과 이에 대해 논의할 수 있을 것이다.

이 스프레드시트는 취약성과 관련되어 있는 사건들과 그렇지 않은 사건들의 목록을 제시하는 척도로 이용될 수 있다. 취약성과 관련된 사고의 비율은 방호 프로그램이 위험을 최소화 한다는 점을 확인하는 데 쓰일 수 있는 유용한 척도이다.

순찰일지(취약성 찾기 · 위반사항 찾기)

방호사건 보고서가 해결되지 않은 취약성을 밝혀낼 수 있는 것과 마찬가지로 순찰일지도 역시 이것을 밝혀낼 수 있다. 우수한 방호 프로그램 관리자들은 취약성에 대해 이해하고, 이것을 보았을 때 확인할 수 있도록 순찰요원들을 훈련시킬 수 있다. 나는 위험분석 조사를 수행할 때 초소 경비요원과 순찰요원과의 인터뷰에서 항상 예외 없이 해결되지 않은 취약성을 찾을 수 있게 해준다는 점을 매우 흥미롭다고 생각했다.

현장에서 근무하는 순찰요원들은 방호대책의 여러 약점들에 대한 많은 정보를 보유하고 있다. 주요 방호사고 이후에 여러 순찰요원들이 "언젠가 이런 일이 일어날 줄 알았다."라고 말하는 것을 흔하게 볼 수 있다. 그렇다면 이들은 왜 이것을 보고하지 않았을까? 왜냐하면 경영진은 보통 취약성에 초점을 맞추고 이것을 경영진에 보고하는 것을 강조하지 않기 때문이다.

단지 바라보는 데 그치지 않고 잘 관찰하도록 방호요원들을 훈련시킴으로써, 해당 시설과 이 시설의 운영에 대해 익숙하지 않아 위험분석가들과 경영진이 놓치기 쉬운 취약성들을 확인할 수 있게 될 것이다. 매일 업무 담당자들과 교류하고 있으며 시설에 대해 익숙한 방호요원들은 모든 취약성에 대해 잘 알고 있다. 그러나 대부분의 경우, 이들은 이러한 것들을 다루어져야 하고 경영진에게 보고해야 할 취약성으로 여기도록 훈련을 받지 못했다.

순찰일지 스프레드시트는 취약성과 관련된 순찰기록과 그렇지 않은 것을 목록으로 작성한 척도로 이용될 수 있다. 취약성과 관련된 순찰기록의 비율은 방호 프로그램이 위험을 최소화하고 있다는 점을 확인할 수 있는 유용한 척도이다.

연례 위험분석

마지막으로 위험분석은 매년마다 업데이트되어야 한다. 이것은 1년에 한 번씩 전체적인 위험 진행과정을 연도별로 비교할 수 있는 기회를 제공해 준다. 금년과 전년도 사이의 델타는 위험 진행과정을 확인할 수 있는 유용한 척도로 이용될 수 있다.

요 약

방호관리의 가장 어려운 점 중 하나는 범죄와 테러를 막는 역할을 통해서 방호대책의 효과를 추정하는 것이다. 특성상 억제된 범죄와 테러공격은 측정하기 어렵다.

그러나 방호에 관한 많은 것들이 충분한 정확도로 측정되거나 추정될 수 있으며, 마찬가지로 감지, 평가, 지연, 대응에 대한 지원, 증거수집 등에 대한 방호대책의 효과도 역시 측정되고 추정될 수 있다. 억제는 위협요인의 동기, 능력, 결단과 결합된 이러한 요인들의 효과의 조합이다.

또한 방호효과는 비용효율성 측면에서 주요 역할을 한다. 비용효율성의 기본적인 목표는 비용을 낮추면서 효과를 높이는 것이다. 우선적으로 우리는 비용효율성을 결정하기 위해 효과를 측정(혹은 추정)해야 한다.

산디아 모델은 확고한 과학적 과정을 통한 높은 정밀도를 갖춘 방호대책 프로그램의 각 측면들이 보여주는 성과를 측정해 준다. 그러나 매우 복잡하고 정교하기 때문에 이것을 완전히 적용하는 데 드는 비용이 여러 조직들의 방호 예산범위를 넘어서고 있다. 상업기업과 여러 2급 및 3급 주요 기반시설들은 비용이 상대적 낮은 도구를 이용해서 추정할 수 있다. 이러한 사실을 인식하고 있는 미국 국토안보국은 대부분의 주요 기반시설들에 대해서 이 정도 수준의 정밀도를 요구하지 않는다.

유용한 상업모델

이 모델에 대해 살펴보기에 앞서 우리는 필요성에 대해서 검토할 것이다. 방호 프로그램 효과 척도는 다음과 같은 두 그룹의 사용자들이 필요하다.

1. 방호 프로그램 관리자
2. 방호예산 결정 책임자

새로운 프로젝트의 경우, 어떠한 방호대책 유형들이 등록된 각각의 취약성을 완화하는 데 효과를 발휘할 수 있는지 확인한다. 기존 프로그램의 경우, 기존의 방호대책들 중 어떠한 것이 등록된 각각의 취약성을 완화하는 데 효과를 발휘할 수 있는지 확인한다. 아래와 같은 측면에서 각각의 방호대책들의 효과를 확인한다.

- 진입통제
- 침입 감지
- 평가
- 지연
- 대응
- 증거수집

방해하거나 제압한 침입사건과 관련해서 방호 프로그램을 평가하려는 것은 일반적으로 범하는 실수이다. 이러한 기준이 고려해야 할 주요 기준으로 여겨지는 시설의 종류는 매우 적으며, 심지어 이러한 시설에서도 이것을 주요 기준으로 이용하면 실수를 저지를 수 있다. 그러나 지금까지 개발된 거의 모든 척도들은 침입을 감지하고 방해하는 것에 초점을 맞추고 있다.

범죄의 범위는 아래와 같다.

- 권한이 없는 사람의 침입
- 자산에 대한 파괴 · 파손 · 절도(사람 · 재산 그리고 지적 재산을 포함해서)
- 개인적인 이익을 위해서 사업환경 전체를 파괴함
- 앞의 사항들 중 어느 하나로 인한 사업평판 훼손

유용한 척도

이용할 수 있는 몇 가지 척도가 있으며 각각의 척도들은 전체 시스템 효과의 그림을 그려볼 수 있도록 방호 프로그램 효과에서 서로 다른 요인들을 평가한다. 몇몇 척도들은 새로운 방호시설과 기존 방호시설에 대해서 모두 유용하고 그 외의 다른 척도들은 오직 기존의 방호시설에 대해서만 유용하다.

■ 기존의 방호 프로그램에 사용될 수 있는 척도

- 대적 순서도
  - 취약성 · 방호대책 매트릭스
  - 방호사건 일지
  - 순찰일지(취약성 찾기/위반 찾기)
  - 연례 위험분석
- 제안된 방호 프로그램에 대해서 사용될 수 있는 척도
  - 취약성 · 방호대책 매트릭스
  - 대적 순서도

방호사건 일지

방호사건 일지는 전반적인 방호 프로그램 효과를 결정할 수 있는 매우 좋은 방법 중 하나이다. 방호일지는 1년 동안 여러 경향을 보여주고 해결되지 않은 취약성을 확인해 줄 것이다. 우리는 이 두 가지에 대해 모두 관심이 있지만 특히 해결되지 않은 취약성에 더 관심이 있다.

순찰일지

순찰일지도 역시 해결되지 않은 취약성을 밝혀낼 수 있다. 우수한 방호 프로그램 디렉터들은 취약성에 대해 이해하고, 이것을 보았을 때 확인할 수 있도록 순찰요원들을 훈련시킬 수 있다.

순찰일지 스프레드시트는 취약성과 관련된 순찰기록과 그렇지 않은 것을 목록으로 작성한 척도로 이용될 수 있다. 취약성과 관련된 순찰기록의 비율은 방호 프로그램이 위험을 최소화 하고 있다는 점을 확인할 수 있는 유용한 척도이다.

연례 위험분석

마지막으로 위험분석은 매년 업데이트되어야 한다. 이것은 1년에 한 번씩 전체적인 위험 진행과정을 연도별로 비교할 수 있는 기회를 제공해 준다. 금년과 전년도 사이의 델타는 위험 진행과정을 확인할 수 있는 유용한 척도로 이용될 수 있다.

CHAPTER 19

비용효율성 척도

서 론

모든 조직의 경영진에게 있어서 가장 어려운 질문 중 하나는 "여러 다양한 조직 프로그램들에 대해서 얼마나 많이 투자할 것인가?"일 것이다. 각각의 조직들은 수익창출과 간접비 프로그램을 포함해서 두 가지 유형의 프로그램을 보유하고 있다. 심지어 비영리 조직들조차도 수익창출 프로그램을 갖추고 있다. 이것은 일반적으로 자금마련 활동이나 어떤 유사한 조직의 임무를 지원하기 위한 자금을 마련하는 데 사용하는 것과 유사한 것이다.

영리조직의 경우 이것은 훨씬 더 명확하다. 즉, 조직의 임무에는 수익을 창출할 수 있는 상품이나 서비스의 판매를 포함하고 있다. 만약 이것이 수익을 창출하지 못한다면 임무가 완수될 수 없을 것이다.

인적자원, 회계, 시설, 방호와 같은 프로그램들은 모두 재원의 제공과 위험으로부터 이 재원의 보호를 통해서 조직의 주요 임무를 지원하는 목적을 지닌 행정 프로그램들이다.

대부분의 행정 프로그램들의 경우 비용 공식은 명확하다. 즉, 조직의 임무를 직접적으로 지원하는 프로그램이 필요로 하는 서비스를 제공하는 데 얼마나 많은 비용이 드는가이며, 이것이 바로 예산이다.

방호 프로그램의 경우 답은 그리 명확하지 않다. 방호 프로그램은 위험으로부터 조직의 자산을 보호하기 위해서 충분한 자금을 지원받아야 한다. 그러나 연도에 따라 약간의 피해가 자연스럽게 발생할 수도 있고 갑자기 큰 피해가 발생할 수 있다. 방호 프로그램은 "만성적" 방호문제와 모든 사람들의 이목을 집중시키는 "단발적" 사건을 막는데 효과적이어야 한다.

그러나 "단발적" 사건이 일어나지 않는 연도의 방호 예산은 너무 많은 것처럼 보일 수도 있다. 그리고 아이러니하게도 다른 프로그램들과 달리 방호 프로그램은 임무를 잘 수행할수록 방호가 필요하다는 사실이 점점 주목을 받지 못한다. 다른 프로그램들은 이렇게 성공을 통해서 어려움을 겪지는 않을 것이다.

대부분 조직들의 방호 프로그램들은 효과적인 관리 척도의 부재로 인해서 어려움을 겪고 있다고 할 수 있을 것이다. 모든 프로그램에서 관리 척도의 부재는 프로그램의 비효율성과 임무 실패의 원인이 된다.

유용한 관리 척도가 있다면 프로그램 임무의 성공을 보장하는 것뿐만 아니라, 방호 프로그램 관리자로 하여금 조직의 이익을 위해서 신중한 재무 결정을 내릴 수 있도록 경영진에게 이 프로그램의 적절한 필요성을 정당화하고 설명할 수 있게 도움을 줄 수 있다. 그리고 비용효율성 척도는 이러한 접근방식의 중심에 위치해 있다.

비용효율성 척도의 한계는 무엇인가?

비용효율성 척도의 어려운 점은 바로 효율성이다. 비용효율성은 오직 비용과 효과 두 가지의 구성요소만을 지니고 있다. 18장에서 살펴보았듯이 효과를 측정하는 것이 가능하고 비용에 대한 측정은 비교적 간단하다. 그러나 비용효율성을 어떻게 도출할 수 있을까?

이에 대한 여러 가지 가능한 방법들이 있는데, 이 중 대부분은 너무 복잡하거나 혹은 무의미한 결과로 이어진다. 예를 들어, 프로그램의 전체 비용효율성을 확인하기 위해서 우리는 (방호예산/방호사건)과 같은 공식을 적용할 수 있을 것이다. 이러한 공식은 방호사건당 달러값을 얻을 수 있지만 의미 있는 공식은 아니다. 예를 들어, 우리가 하나의 사건이 발생하도록 효과를 얻을 수 있다면, 그리고 우리의 조직이 500,000달러의 연간 예산을 보유하고 있다면, 우리는 방호사건당 500,000달러의 성과를 얻을 수 있을 것이다. 이것은 억제된 방호사건(알 수 없는 수치)을 고려하지 않고 있기 때문에 절대적으로 무의미할 뿐만 아니라 예산 책임자들에게 매우 걱정스러운 일이 될 수 있을 것이다. 즉, 맥락이 가장 중요하다.

그러나 유용한 결과를 얻기 위해서 우리는 합리적인 결과를 얻을 수 있도록 여러 주장들을 제한해야 한다. 그 원리를 이해하기 위해서는 어리석은 여러 인자들을 줄이는 것이 큰 도움이 될 수 있다. 이와 같이, 단순하지만 좋은 시례가 되는 예를 살펴보자.

만약 내가 우리 집과 가족, 그리고 모든 소유물들을 피해로부터 보호하고자 한다면 합리적인 것과 어리석은 것을 포함한 여러 폭넓은 선택사항들이 있을 것이다. 이러한 두 가지의 양 극단 사이의 비용효율성에 대한 비교는 아래와 같다. 즉, 최고의 비용효율성에 대한 시합에서 경쟁자는 나의 애완견인 스팟!(이것이 개 이름이다 : 스팟!)과 미국 해군이다.

이쪽 코너에 나의 애완견인 스팟!이 있다.

■ 방호대책은 아래와 같다.

- 감지 센서
  - 매우 우수한 귀
  - 매우 우수한 코
  - 눈(털이 시야를 방해할 수 있기 때문에 눈은 그리 우수하지 않다)
- 평가
  - 음식을 가지고 있는 모든 사람 - 좋은
  - 주인과 친한 친근한 사람 - 좋은
  - 우편배달부 - 나쁜
  - 음식을 가지고 있지 않은 잘 모르는 사람 - 나쁜
- 지연
  - 스팟!의 대응은 침입자에 대한 유용한 장벽으로 작용할 수 있다.
- 대응
  - 스팟!은 발이 빠르고 침입자의 움직임에 맞서서 빠르게 위치를 잡을 수 있다.
  - 스팟!은 짖을 수 있다.
  - 스팟!은 으르렁 댈 수 있다.
  - 스팟!은 날카로운 이빨을 드러낼 수 있다.
  - 스팟!은 침입자를 나무 위나 펜스 위까지 추적할 것이다.
- 증거수집 도구
  - 날카로운 이빨

■ 효과요인

- 억제 : 침입자의 유형에 따라 다르다 - 알 수 없음.

- 감지 : 스팟!은 잘 모르는 침입자(그리고 우편배달부)를 감지하는 데 매우 뛰어나다
  - 스팟!은 대략적으로 80% 정도의 감지효과를 지니고 있다.
- 평가 : 스팟!은 이 부분이 취약하다(스팟!은 우편배달부가 패스트푸드라고 생각한다). 스팟!의 IFF(친구와 적을 확인하는 것) 회로는 매우 취약하다. 스팟!의 평가효과는 20% 정도이다.
- 지연 : 스팟!은 침입을 지연시키는 데 매우 우수하다. 약 50%의 지연효과가 있다.
- 대응 : 스팟!은 날카로운 이빨을 드러내면서 침입자에게 맞서기 위해 으르렁 대면서 달려간다. 스팟!의 대응효과는 80%이다.
- 증거 : 이 부분에서 스팟!은 그리 큰 강점이 없다. 스팟!은 헝겊 같은 것을 물어 오기는 하지만 그 이상은 기대하기 어렵다. 스팟!의 증거효과는 1%이다.
- *전체적으로 스팟!은 49.2%의 효과를 지니고 있다.*

■ 비용요인

- 자본비용
  - 초기 구입가격 : 동물보호소에서 25달러에 구입함(첫 접종가격 포함).
- 운영비용
  - 음식 : 250달러/연간
  - 동물병원 방문 : 100달러/연간
  - 개 면허증 : 10달러/연간
  - 가정보험으로 업그레이드 : 40달러/연간
  - 총 연간 운영비 : 400달러/연간

그리고 이쪽 코너에는 미국 해군이 있다.

■ 방호대책은 아래와 같다.

- 감지
  - 수천여 개의 수중, 공중, 인공위성 센서, 중앙정보국(CIA)과 국가안보국(NSA)의 인간정보 제공, 또한 공중 비주얼 센서(무인기와 유인기), 법 집행 담당자(지방, 주, 연방), NCIS(해군범죄수사대)
- 평가
  - 분석가들에게 수억 달러의 예산이 투여됨
- 지연
  - 대응과 미국 국무부와의 연락 그리고 법 집행 담당자

- 대응
  - 11대의 항공모함
  - 14대의 탄도미사일 잠수함
  - 4대의 유도미사일 잠수함
  - 97대의 수상전투 함정
  - 53대의 핵무기 잠수함
  - 33대의 수륙양육 함정
  - 32대의 군수지원함
  - 29대의 지원 · 수뢰 함정
  - 9대의 예비함
  - 전략적 해상수송함(대수가 알려져 있지 않음)
  - 미 해군은 공중 연료공급기로 지원을 받을 경우 전 세계의 거의 모든 목표물을 공격할 수 있다.
- 증거수집 도구
  - 항공기와 함선에서 촬영된 동영상
  - 함선 및 공중 레이더
  - 인간정보
  - 법 집행 담당자
- 효과요인
  - 억제 : 매우 우수하나 여전히 잘 알려져 있지 않으며, 아마도 스팟!보다 더 뛰어날 것이다.
  - 감지 : 99%의 효과
  - 평가 : 99%의 효과
  - 지연 : 90%의 효과
  - 대응 : 99.5%의 효과
  - 증거 : 60%의 효과
  - 전반적으로 미국 해군은 90.5%의 효과를 지니고 있다(미국 해군은 그리 우수하지 못한 증거부분에서 점수를 잃었다).
- 비용요인
  - 연간 예산 : 2008년 예산=159.8십억 달러[1)]

1) www.finance.hq.navy.mil/FMB/08PRES/HIGHBOOK/Highlights_book.pdfpage1-15.

틀림없이 미국 해군이 효과 면에서 더 뛰어나다. 스팟!의 효과는 49.2%에 불과한 반면에 미 해군의 효과는 90.5%이다. 그러나 스팟!은 비용 부문에서 미 해군을 쉽게 따돌렸다. 미 해군의 연간 예산은 159.8십억 달러이지만 스팟!의 연간 예산은 400달러밖에 되지 않는다. 그렇다면 어느 정도가 지나치게 많은 금액인가? 지나치게 많은 비용은 어느 정도인가? 또한 어느 정도가 지나치게 높은 효과인가?

우리는 어느 쪽이 더 비용효율성이 우수한지 어떻게 결정을 내릴 수 있는가? 아마도 우리는 보호를 받고 있는 자산의 가치를 고려해야 할 것이다. 말하자면 내가 살고 있는 집은 가치가 150,000달러이고 자동차, 가구, 공구, 장신구 등을 포함한 자산은 가치가 100,000달러이다. 즉, 보호해야 할 자산의 총 가치가 250,000달러라는 점을 고려한다면, 스팟!에 드는 비용은 매우 저렴하고 미 해군의 비용은 지나치게 과도한 비용효율성처럼 보일 것이다. 그러나 이것이 끝이 아니다. 나는 우리 가족의 가치를 아직 포함시키지 않았다. 개인적 자산은 대체 가능하지만 가족은 대체가 불가능하다. 만약 위협 중의 하나가 주택침입 강도라면(정신적 외상을 입을 수 있고 때때로 죽음으로 이어질 수도 있다) 나는 스팟!이 제공해 줄 수 있는 것보다 더 많은 보호를 고려하는 것이 좋을 것이다.

나는 자산으로 250,000달러를 잃을 수 있지만 주택침입 강도의 결과는 실제로 이보다 훨씬 더 심각할 수 있다. 이러한 결과에는 장기간 병원입원이나 나 자신이나 가족의 장례식 등이 포함될 수 있다. 이것은 도저히 받아들일 수 없는 결과로 여겨진다.

우리가 보호하고 있는 것은 자산가치가 아니라 실제로는 이러한 결과가 일어나지 않도록 하는 것이다. 이것은 우리가 이해해야 하는 가장 중요한 원칙이다.

심지어 나에게 미 해군을 이용할 수 있는 여력이 없고 스팟!이 비용이 적게 든다고 해도, 나는 스팟!이 제공해 줄 수 있는 것보다 더 많은 보호와 효과를 원하게 될 것이다. 만약 스팟!과 그 외에 다른 보호조치들을 결합시킬 수 있다면 우리는 훨씬 더 높은 수준의 효과를 성취할 수 있으면서도 여전히 예산을 합리적인 수준으로 유지할 수 있을 것이다.

아마도 나는 스팟!과 함께 강도방지 잠금장치, 강화문, 중앙관리실 모니터링이 포함된 경보시스템, 동작감지 조명, CCTV시스템, 개인 순찰요원과 대응 팀 등을 포함하고 있는 완전한 주택방호 프로그램을 고려해야 할 것이다. 이러한 모든 것들은 우리 가족이 방호에 대한 인식을 갖출 수 있도록 보장해 주는 주택방호 규정과 절차를 통해서 더 보완될 수 있을 것이다. 이 모든 것에 대한 자본 예산은 5,000달러이고 연간 운영예산은 이제 400.00달러(스팟!만을 이용하는 경우)에서 1,600달러로 증가하게 된다. 만약 내가 귀중품을 가지고 있고 침입 당할 확률이 높다면 이 정도의 금액은 나의 가족, 집, 그리고 충분한 자산가치를 지니고 있는 귀중품을 보호하기 위해 지출하는 비용으로는 여전히 저렴한 편이다. 그리고 스팟!은 가끔씩 휴일을 얻을 수도 있을 것이다.

세 번째 선택사항을 살펴본다면(완벽한 가정방호 프로그램) 우리는 아래와 같은 내용을 확인할 수 있다.

■ 방호대책

- 감지 센서
  - 스팟!
  - 경보시스템
  - 동작감지 기능이 프로그래밍 된 CCTV시스템
  - 개인 순찰
- 평가
  - 스팟! - 그리 우수하지 못함
  - 경보시스템+중앙관리실 모니터링 - 우수함
  - CCTV시스템 중앙관리실 모니터링 - 매우 우수함
- 지연
  - 스팟! - 우수함
  - 강도 바 - 우수함
  - 강화문 & 잠금장치 - 우수함
- 대응
  - 스팟! - 우수함
  - 개인 대응 팀 - 우수함
  - 자동 조명 - 우수함
- 증거수집 도구
  - 스팟! - 그리 우수하지 못함
  - 경보 시스템 - 우수함
  - 중앙 스테이션 모니터링이 포함된 CCTV - 매우 우수함
  - 개인 대응 팀 - 매우 우수함

■ 효과요인

- 억제 - 범죄자 유형에 따라 다름 - 알 수 없음
- 감지 - 95%
- 평가 - 95%

- 지연 - 90%
- 대응 - 90%
- 증거 - 95%
- 전반적인 전체 주택방호 프로그램의 효과는 93%이다.

■ 비용요인

- 자본비용 : 5,000달러
- 운영비용
  –스팟! : 400달러/연간
  –전체 주택방호 프로그램 : 1,600달러/연간
  –총 연간 비용 : 2,000달러/연간

합리적인 방호 목표를 달성하는 것은 합리적인 비율을 유지하는 것과 관련되어 있다. 우리는 적은 예산으로 가능한 한 가장 높은 효과를 원한다. 이에 대해 3개의 질문이 제기될 수 있다.

1. 가능한 결과의 가치는 어느 정도인가? (고려 기준)
2. 이러한 결과를 완화하기 위한 허용 가능한 예산은 어느 정도인가? (합리적 비용)
3. 이 예산 내에서 우리가 달성할 수 있는 가장 높은 효과는 얼마인가? (가장 높은 효과)

나의 오랜 경력 동안에 내가 수행했던 연구는 비전략적 시설에 대해서 잘 준비된 방호 프로그램의 경우 일반적으로 자본 예산범위가 비품, 가구, 장비(FF & E)를 제외한 오직 시설만의 비용의 1%에서 2% 사이이고 FF & E의 가치가 높다면(예를 들어, 자기공명영상[MRI] 장비와 같은 비싼 의료장비) 더 높아질 수도 있다는 점을 나타내주고 있다. 이러한 예산 추정치는 상업용 시설, 비상업용 시설, 그리고 중대시설에 대해서 적합하다. 예외적인 것으로는 자산을 포함하고 있는 시설을 들 수 있으며 이러한 자산의 손실은 화학공장, 원자력발전소, 핵무기저장시설, 중앙은행, 대통령궁과 같이 공동체 전체에 큰 피해를 초래할 수 있다. 이러한 유형의 시설들의 경우 이 프로그램의 자본비용과 운영비용은 전적으로 결과에 의존하게 된다.

이에 대한 예를 들어 보자. 나는 자동차 사고에서 가족을 보호해 줄 수 있는 가족용 자동차(볼보에 찬사를 보낸다)를 구매하려고 하지만 시급하게 무장 리무진이 필요하지는 않다. 그러나 만약 내가 소규모 기업에서 성장한, 국가적으로 중대한 석유화학 기업의 설립자라면(그리고 이 회사는 CEO와 가족들이 납치되었던 과거 사례가 있다) 무장

리무진과 나의 가정, 사무소, 그리고 가족을 위한 방호 프로그램을 갖춰야 할 것이다. 이러한 경우에 1,600달러의 연간 방호예산은 터무니없이 낮은 금액이 될 것이다. 즉, 결과로 인해서 예산이 증가한다.

이와 같은 경우에 사장이나 가족 구성원이 사망할 수 있는 결과에 의해서 결정이 내려질 뿐만 아니라 기업과 국가 전체에 대해서 이 사람의 사망이 가져다줄 수 있는 결과에 의해서도 결정이 내려지게 될 것이다. 바로 이러한 이유 때문에 대통령이나 총리 등이 경호를 받는 것이다. 그러나 항상 그렇지만은 않다. 지난 2009년 2월에 짐바브웨의 신임 총리인 모건 창기라이와 그의 아내는 짐바브웨의 2차선 도로에서 스포츠 유틸리티 자동차(SUV)를 타고 고향으로 향했을 때, 운전사 1명과 보좌관 1명이 이들과 함께 했다. 이들이 탄 자동차의 앞뒤로 어떠한 호위 차량도 없었다. 그리고 도로 사정이 좋지 못했던 바로 이곳에서 이들은 대형 트럭과 정면충돌한 후에 창기라이의 SUV가 3번이나 구르면서 6명의 자녀의 어머니였으며 짐바브웨의 국모로 여겨졌던 30살의 그의 아내가 사망했다. 짐바브웨는 창기라이의 아내이자 가장 가까운 친구의 죽음에 대해 국가적으로 큰 슬픔에 잠겼다. 짐바브웨의 로버트 무가비 대통령은 그의 정적이었던 창기라이에 대한 호위비용이 너무 비싸다고 생각했다(그러나 자신의 호위에도 역시 이 정도의 비용을 썼다). 즉, 성과에 따라 예산이 결정되었다.

원자력발전소의 경우 연간 방호비용은 비핵시설보다 몇 배 더 높다. 역시 성과에 따라 예산이 결정된다.

비용효율성을 결정하기 위해서 어떠한 척도를 이용할 것인가?

효과와 비용을 추정하는 방법이 자명하다는 점을 기억한다면 과연 우리는 비용효율성을 추정할 수 있는 공식을 어떻게 만들 수 있는가? 만약 우리가 동일한 비용과 서로 다른 효과를 가지고 있는 여러 시스템들을 비교한다면 이것은 매우 간단할 것이다. 예를 들어, 표 19.1을 참고해 보자. 비용이 동일할 경우 비용효율성의 차이는 오직 효과의 차이이다.

앞에 제시된 답은 1로 인수분해된 각각의 효과에 의해 각각의 비용을 곱한 결과이다. 우리는 모든 비용이 동일하기 때문에 이것이 1의 인수에 대해서 모두 동등하다고 가정하고 있다(비용 1×효과 1), (비용 2×효과 2), (비용 3×효과 3).

표 19.1 비용효율성 : 예 1

	시스템 1	시스템 2	시스템 3
비용	1,000,000	1,000,000	1,000,000
효과	60%	75%	90%
비용/효과	**60%**	**70%**	**80%**

표 19.2 비용효율성 : 예 2

	시스템 4	시스템 5	시스템 6
비용	1,000,000	1,100,000	1,200,000
효과	60%	60%	60%
비용/효과	**60%**	**54.5%**	**50%**

표 19.3 비용효율성 : 예 3

	시스템 7	시스템 8	시스템 9
비용	1,000,000	1,100,000	1,200,000
효과	60%	75%	90%
비용/효과	**60%**	**68%**	**75%**

표 19.2에서 나타낸 바와 같이, 가격이 차이가 있지만 효과가 동일할 때 이러한 비교는 쉽게 이루어질 수 있다. 각각의 시스템 비용이 증가하면서 비용효율성의 차이는 줄어든 비용가치 대비 증가된 비용이 된다.

또한 이러한 답은 1의 배수로 인수분해된 비용을 가진 각각의 효과로 각각의 비용을 곱한 결과이다. 우리는 기준 비용을 나눠서 이러한 값을 얻었다(이 경우에 고려되는 비용에 의한 1,000,000달러). 이 결과는 $1,000,000=1, $1,100,000=0.909, 그리고 $1,200,000=0.833이다. 따라서 표 19.2의 결과는 모든 비용을 1의 배수로 인수분해한 것에 근거한다 [(비용1=1)×효과1], [(비용2=0.909)×효과2], 그리고 [(비용3=0.833)×효과3].

또한 이 방법은 표 19.3에서처럼 서로 다른 비용과 효과에 대해서도 잘 작용할 수 있다.

이 답도 역시 1의 배수로 인수분해된 비용을 가진 각각의 효과로 각각의 비용을 곱한 결과이다. 즉, $1,000,000=1, 따라서 $1,100,000=0.909, 그리고 $1,200,000=0.833이다. 따라서 그림 19.3의 결과는 모든 비용을 1의 배수로 인수분해하는 것에 근거하고 있다 [(비용1=1)×효과1], [(비용2=0.909)×효과2], 그리고 [(비용3=0.833)×효과3].

비용과 효과를 변경하는 것의 복잡성은 최저비용에 대한 1 기준값에 따라서 모든 비용을 인수분해함으로써 해결될 수 있다. 이것은 모든 비율이 하나의 비교지점에 근거하도록 보장해 준다. 모든 비용은 최저비용과 비교되고, 모든 효과 수치는 비교되고 있는 시스템 비용의 비율과 기준 비용과 비교된다. 그러므로 모든 비용은 관계적이다.

이 공식은 매우 단순하다.

(시스템 비용1 / 시스템 비용1) × 효과1

(시스템 비용1 / 시스템 비용2) × 효과2

(시스템 비용1 / 시스템 비용3) × 효과3

기준 비용은 항상 고려되고 있는 비용으로 나눠지기 때문에 모든 비용은 기준 비용에 대한 비용 증가의 인수에 의해 효과가치를 낮춰준다.

첫 번째 예로 되돌아가서 이 공식을 극단적인 경우까지 테스트해 보자. 표 19.4는 우리 집을 보호하는 데 같은 공식을 적용하는 것을 제시해 주고 있다. 즉, 선택권은 (1) 스팟!, (2) 완전 주택방호 프로그램, (3) 미 해군이다. 이 예는 1년간의 연간비용이 포함된 자본비용을 고려하고 있다.

비록 스팟!의 비용효율성이 매우 뛰어나지만 전체적인 효과는 70% 미만이다. 나는 원칙적으로 70% 미만의 방호대책 솔루션 패키지를 고려하지 않는다. 우리가 스팟!을 제외하고 전체 프로그램과 미 해군만을 고려한다면 이에 대한 결과는 표 19.5에 제시되어 있다.

이 중에서 승리자는 압도적으로 전체 주택방호 프로그램이다. 이 결과가 의심스럽다면 실제로 우리가 기준으로서 최소비용, 중간비용 혹은 최대비용을 이용하든 전혀 상관이 없다는 점을 고려해 보라. 미 해군을 기준으로 이용할 수 있도록 수치를 조정할 경우 우리는 표 19.6에 제시된 결과를 얻게 된다.

이것이 같은 비율인가? 그렇다. 이것은 같은 비율이다.

- 그림 19.5 : 93/0.0000039643 = 23459374.9.
- 그림 19.6 : 2,123,057,142.9/90.5 = 23459194.9.

1(100%) 이상의 비율이 혼란스러워 보이기 때문에 나는 항상 계산을 위한 기준 수치로서 최소 70을 달성할 수 있는 최소 시스템을 이용한다.

표 19.4 비용효율성 : 예 4

	스팻!	전체 프로그램	미 해군
비용	$425	$7,000	$159,800,000,000
효과	49.2%	93%	90.5%
비용/효과	**49.2%**	**5.6%**	**.0000002407%**

표 19.5 비용효율성 : 예 5

	~~스팻!~~	전체 프로그램	미 해군
비용	~~$425~~	$7,000	$159,800,000,000
효과	~~49.2%~~	93%	90.5%
비용/효과		**93%**	**.0000039643%**

표 19.6 비용효율성 : 예 6

	미 해군	전체 프로그램
비용	$159,800,000,000	$7,000
효과	90.5%	93%
비용/효과	**90.5%**	**2,123,057,142.9%**

표 19.7 비용효율성 : 예 7

	전체 프로그램	스팻!	미 해군
비용	$7,000	$425	$159,800,000,000
효과	93%	49.2%	90.5%
비용/효과	**93%**	**871.3%**	**.0000039643%**

표 19.8 비용효율성 : 예 8

	시스템 4	시스템 5	시스템 6
비용	1,000,000	1,100,000	1,200,000
효과	60%	75%	90%
비용/효과	**66%**	**75%**	**82.5%**

표 19.7에서 3개의 결과를 모두 비교할 경우 이것이 어떻게 작용하는지 살펴보자. 비교적 서로 유사한 시스템들을 비교할 때, 마지막으로 수치들의 적절성을 확인하고

효과가 70% 미만인 시스템을 제외시키고 표 19.8에서처럼 효과가 70%인 시스템을 계산을 위한 기준 수치로 이용한다.

비록 수치는 전환되지만 수치들 간의 관계는 그대로 유지된다. 기준으로 이용되는 비용 수치가 효과 대비 비용의 비율이 효과의 수치와 동일하다는 결과로 항상 이어진다는 점을 기억해 두자. 다른 모든 시스템 수치들은 이 기준 수치에 따라서 배열된다.

이 수치들은 같은 비율인가? 아래에서 확인할 수 있듯이 이것도 역시 같은 비율이다.

- 기준 수치로 시스템 4가 이용된 첫 번째 비교에서 시스템 4, 시스템 5, 시스템 6 간의 비율은 각각 60%, 68.2%, 75%였다. 이것은 이 3개의 퍼센티지 간의 비율과 관련되어 있다.

  60%=1, 68.2%=0.88, 75%=0.8.
- 기준 수치로 시스템 5가 이용된 첫 번째 비교에서 시스템 4, 시스템 5, 시스템 6 간의 비율은 각각 66%, 75%, 82.5%였다. 이것은 이 3개의 퍼센티지 간의 비율과 관련되어 있다.

  66%=1, 75%=0.88, 82.5%=0.8.
- 비율은 항상 동일하다.

만약 내가 이 공식을 수없이 반복해서 복습한다면, 그 이유는 이것을 완전하게 이해하는 것이 매우 중요하기 때문일 것이다. 비용효율성에 대해 잘 이해하고 있다고 생각했지만 실제로 그렇지 못한 분석가들이 많은 실수를 범하고 있다.

이 공식은 자본비용, 운영비용 혹은 시스템 구성요소 비용과 효과비율을 비교할 때 이용할 수 있다. 이것은 매우 신뢰할 수 있는 공식이다.

효과적으로 우선순위 전달하기

주장 제시하기

사실상 모든 조직들은 재정적 어려움에 처해 있다. 많은 프로그램 관리자들이 같은 예산을 얻기 위해 경쟁하고 있다는 점을 이해한다면 방호 프로그램 관리자들이 방호 프로그램 예산을 얻으려면 설득력 있는 주장을 제시해야 한다.

나는 종종 회계와 방호 프로그램이 많은 공통점을 가지고 있다고 언급했다. 이 2개의 프로그램 모두 규범과 규정을 준수해야 하고 위험(경우에 따라서 재정적 위험이나 방호 위험)에 대한 조직의 노출을 제한해야 한다.

그러나 회계조직은 대부분의 방호조직들보다 자신들에 대한 필요성과 성공에 대해서 훨씬 더 설득력 있는 주장을 제시한다. 이제 우리는 이러한 점을 바꿀 수 있을 것이다. 종합적 위험분석을 개발하는 과정에서 설득력 있는 주장을 제시하기에는 아직 갈 길이 멀다. 비록 많은 사람들이 요약본만을 읽어보겠지만 여기에는 각 섹션에 대한 요약 단락과 위험요약을 제시해 주는 그래픽이 포함되어야 한다. 제안된 방호대책 예산은 실행 단계화를 수용할 수 있도록 조정되어야 한다는 단서와 함께 포괄적 해결책에 근거해야 한다.

■ 주장 제시하기

- **경영진의 우선순위에 대한 결정.** 단순하지만 자주 간과되기 쉬운 이 항목은 예산 주장에 대한 경영진의 이해관계를 목표로 삼는 데 있어서 필수적이다. 우선순위는 연간 보고서, 경영진이 직원들에게 발표하는 각서, 그리고 이메일을 통해 다음 회계연도에 대한 우선순위의 윤곽을 그리기 위해 경영진에게 직접 문의함으로써 결정될 수 있다. 경영진은 관심을 보이는 것에 대해서 감사하게 생각할 것이다.
- **이해관계자들의 관점을 확인하고 이해함.** 방호 프로그램이 전체 예산에서 일정한 지분을 차지하려면 각자 자신만의 우선순위와 이해관계가 있는 다른 조직의 이해관계자들과 경쟁을 해야 한다. 이러한 점들을 이해함으로써 우리는 경쟁관계에 있는 다른 모든 이해관계들 속에서 방호 프로그램 방호대책의 우선성을 주장할 수 있을 것이다. 이러한 맥락 속에서 방호 프로그램을 위한 주장을 준비하고 여러 관점들을 이해함으로써(이러한 모든 것들은 경영진의 관심을 필요로 한다) 우리는 이러한 정보가 없을 경우보다 성공할 확률이 더 높아질 것이다. 이것은 경영진으로 하여금 전체적인 조직의 필요라는 맥락 속에서 방호 프로그램의 위치를 확인할 수 있게 도움을 줄 수 있다. 그리고 이것은 성공적인 프레젠테이션에서 가장 중요한 요소 중 하나이다.
- **결과의 목록 제공하기.** 방호 프로그램을 보유하는 유일한 이유는 방호 프로그램이 없을 경우에 발생하는 원치 않은 결과를 막는 것이다. 그리고 위험분석은 바로 이것과 관련되어 있다. 모든 위험과 이에 따른 결과를 확인함으로써 경영진은 예산의 우선순위를 정할 수 있다. 이와 같이 종합적인 결과의 목록을 작성한 다음 경영진에게 이 결과들 중 어떠한 것이 허용 가능한 손실인지 질문하는 것이 매우 유용하다. 이것은 단순히 수사적인 질문이거나 경영진에게 도발하기 위한 문제 제기가 아니라 예산 우선순위 정하기와 직접적으로 관련된 논리적인 질문이다. 기억해 두어야 할 것은, 다음과 같은 방법들 중 어느 하나로 모든 위험을 다룰 수 있다는 점이다.

– 손실을 감수할 수 있다.
– 자산을 복제할 수 있다.
– 자산에 대해서 보험에 들 수 있다.
– 자산을 보호할 수 있다.

경영진은 모든 자산에 대해서 결정을 내려야 하고, 이 목록은 경영진에게 결정을 내릴 수 있는 도구를 제공해 준다.

- 등급으로 분류된 방호대책 예산 대비 해결책 제시하기. 17장과 18장, 그리고 19장(17장, "방호대책 선정과 예산책정 도구", 18, "방호효과성 척도", 19, "비용효율성 척도")은 실행 가능한 등급별 계획을 준비하는 데 도움을 줄 수 있다. 이러한 등급별 계획은 성취 가능한 목표 대비 예산을 제시할 수 있으며, 후지급 예산에 대해서 성취할 수 없는 목표(어떠한 위험이 수용될 수 있는지)를 명확하게 설명해 줄 수 있다. 18장은 여러 다양한 예산 옵션들을 통해서 성취할 수 있는 것과 성취할 수 없는 것을 제시하는 데 도움을 주는 스프레드시트 도구(의사결정 매트릭스)를 포함하고 있다. 경영진은 연기된 예산에 대해서 어떠한 위험을 수용하게 될 것인지 혹은 예산을 제공하지 않기로 결정한 프로그램 요소들에 대해 이해할 필요가 있다.
- 특정한 접근방식의 선택에 대해서 합의가 이루어지지 않을 경우 의사결정 매트릭스를 이용해서 위원회가 합의에 도달하도록 도움을 준다. 17장은 의사결정 매트릭스 이용에 대해 설명하고 이에 대한 실례를 제시하고 있다.

■ **주장 제시** : 이제 자신의 주장을 제시할 시간이다. 훌륭한 예산 프레젠테이션은 하나의 주장으로 구성되어 있다.

주장의 근거

나는 아래와 같은 접근방식을 권장하고 있다(각각의 단계에서 합의를 이끌어냄).

■ 조직의 자산을 개인적인 목적으로 사용하거나 공격하는 개인들에 맞서서 조직의 임무를 보호하는 것이 방호의 전체적인 역할이라는 점을 설명한다.

■ 모든 조직이 보유하고 있는 네 가지 종류의 자산에 대해 설명한다.

1. 사람
2. 재산
3. 독점정보
4. 기업평판

■ 세 가지 유형의 사용자에 대해 설명한다.

1. 조직의 임무를 공유하는 사람들
2. 조직의 임무에 반대하는 사람들
3. 조직의 임무를 대체로 공유하지만, 때때로 반대하기도 하는 사람들(범죄, 개인적인 용도로 조직의 자산을 오용함, 사람, 재산, 정보에 대한 방호위험의 창출, 자신의 행동으로 조직의 평판을 훼손함).

■ 위협 행위자의 유형에 대해 설명한다.
- 테러리스트
- 경제범
- 폭력범죄자
- 경범죄자
- 질서파괴자(상습 규정 위반자를 포함해서)

■ 전체적인 취약성과 이 취약성에 대한 위협행위의 잠재적 결과에 대해 설명한다.

■ 위협과 취약성을 다루기 위해 이용할 수 있는 방호대책 유형들에 대해 설명한다.
- 첨단기술
- 저차원기술
- 무기술
- 기준 방호 프로그램 (앞의 세 가지 유형들로 이루어짐)
- 고유한 취약성을 다룰 수 있는 특수 방호대책

■ 방호 프로그램이 효과를 얻기 위해서는 세 가지 요소를 모두 포함하고 있어야 한다는 점을 설명한다(첨단기술, 저차원기술, 무기술, 규정, 범죄자, 테러위협 등을 다룰 수 있는 기준 방호 프로그램, 그리고 범죄자와 테러위협을 다룰 수 있는 특별 방호대책).

■ 위협과 결과를 제시한다.

■ 기준 방호 프로그램 요소들, 그리고 이것의 이점과 위험을 제시한다.

■ 제안된 방호 프로그램과 예산을 제시한다.

■ 취약성(들)과 잠재적 결과를 포함한 각각의 예산항목들을 확인한다.

■ 이 목록을 살펴보면서 경영진에게 어떠한 결과들이 허용 가능한 손실인지, 어떠한 것이 반복할 수 있는 것, 보장할 수 있는 것, 보호하고자 하는 것에 대해 각각 확인하도록 요청한다.

■ 경영진이 직접 결론을 이끌어내게 한다. 이 결론은 프로그램 관리자로서 우리가 원하는 것과 일치하지 않을 수도 있지만, 이러한 접근방식을 반복적으로 사용할 경우 우선순위에 대한 이해의 원리를 인식시켜 수 있다. 또한 토론 전반부에서 어떠한 결과가 허용 가능한지 확인해 달라고 요청할 때, 경영진은 허용할 수 없는 결과들을 막아야 할 필요성을 충족시켜 주는 재원을 찾아줄 가능성이 더 높아진다.

■ 경영진에게 이러한 여러 고려사항들을 통해서 어떠한 결론에 도달할 것인지, 그리고 추가적인 도움이 필요한지에 대해 물어본다. 단계별로 합의에 도달하거나 혹은 주요 지점에서 합의를 이끌어내는 것은 매우 좋은 아이디어이다. 경영진이 프레젠테이션의 각 개별 요소들에 대해 동의함에 따라 원치 않은 결과를 피할 수 있게 해 주는 프로그램에 자금을 지원해야 할 필요성에도 동의할 가능성이 더 높아질 것이다. 이 주장의 결론으로 나아가면서 여러 차례에 걸쳐서 '예'라고 대답한 후에 갑자기 중요한 요소들에 대해 자금을 지원하는 것에 '안돼'라고 대답할 가능성은 그리 높지 않을 것이다.

반대 주장

경영진은 프로그램에 대해서 문제나 이의를 제기할 수 있다. 어떠한 경우이든 권위자에게 의존하는 것이 가장 좋은 방법이며, 따라서 준비는 필수적이다. 최고의 권한은 언제나 조직의 구성 문서, 강령, 혹은 핵심 규정과 절차 또는 규범과 규정에 있다.

그 외에 다른 권위자로는 범죄통계(특히 폭력범죄와 관련해서 위협이 되는 주장에 대해 입증하기 위해서)와 산업 및 커뮤니티 범죄 경향 등을 들 수 있다.

감정을 배제한 방식으로 제시된 신뢰할 수 있는 데이터("오직 사실정보만을 원합니다")[2]는 항상 감정적인 간청보다 더 설득력이 있다. 그리고 절대로 자신이나 어느 누군가의 이기심이 개입되지 않도록 해야 한다. "나는 당신이 이 데이터에 대해 살펴볼 시간이 있다면 조직을 위해서 무엇이 최선인지 결정할 수 있게 될 것이라는 점을 이미 알고 있다."와 같은 자기중심적인 주장을 거부해야 한다. 이러한 종류의 대응은 경영진으로 하여금 나중에 생각을 정리할 때까지 잠재적으로 나쁜 결정을 지연시키는 데 도움을 줄 수 있다.

방호 프로그램 관리자들은 조직 내에서 개인적 관계의 힘에 대해 충분히 이해할 필요가 있다. 주요 결정 책임자들, 영향력이 있는 사람들, 이해관계자들과 함께 보낸 시간은 프레젠테이션 중에 가장 필요할 때 지원을 얻을 수 있게 도움을 줄 수 있다. 자신의 지

2) 조 프라이데이(Joe Friday)의 대사, 드라그넷(Dragnet, TV 시리즈)

지자들과 반대하는 이해관계자들이 무엇을 필요로 하는지 잘 이해함으로써 중요한 시간에 정당한 지지를 보낼 수 있어야 한다. 그리고 자신이 경영진 토론에서 이들이 속한 부서의 이해관계를 지지하고 있다는 점을 이해할 수 있게 해야 한다.

항상 잠재적 결과와 프로그램과의 관계를 되돌아보아야 한다. 그리고 경영진에게 자신이 어느 특정한 해결책을 추진하는 것이 아니라 가능한 최고의 결정을 내리는 데 필요한 정보를 얻으려 한다는 점을 상기시켜 주어야 한다.

완전 비용효율성 매트릭스

자신만의 매트릭스를 수립하는 데 관심이 없는 독자들은 이 장의 균형을 무시해도 상관없다. 그 이후에는 비용효율성 매트릭스 수립에 대한 설명이 소개된다.

18장에서 우리는 방호 프로그램과 전체 프로그램의 여러 측면들이 지니고 있는 효과를 평가할 수 있는 매트릭스를 수립하는 방법에 대해 조사했다. 이제 이 장에서는 비용효율성 매트릭스를 수립하는 방법에 대해 검토할 것이다.

비용효율성 매트릭스는 가장 복합적이고 복잡한 매트릭스이다. 이것은 의지가 강한 사람만이 견뎌낼 수 있으며 만드는 데 많은 시간이 걸릴 수 있다. 그러나 18장에서 방호 프로그램 효과 매트릭스를 이미 만들어 보았다면 비용효율성 매트릭스를 이미 절반 정도 완성했다고 할 수 있다. 즉, 아래의 설명을 시작하기에 앞서 이미 우리는 절반을 완성한 상태이다.

표 19.9는 소규모 프로젝트에 대한 전체 비용효율성 매트릭스를 보여주고 있다. 또한 전체 비용효율성 매트릭스는 기준 방호 프로그램과 반테러 조치에 대한 권고사항을 입증해 주고 지원해 줄 수 있다.

그림 표 19.9를 통해서 전체 비용효율성 매트릭스가 매우 크고 복잡한 스프레드시트라는 점을 확인할 수 있다. 그렇다고 이것이 우리의 능력범위를 벗어나 있는 것은 아니

표 19.9 완전 비용효율성 매트릭스

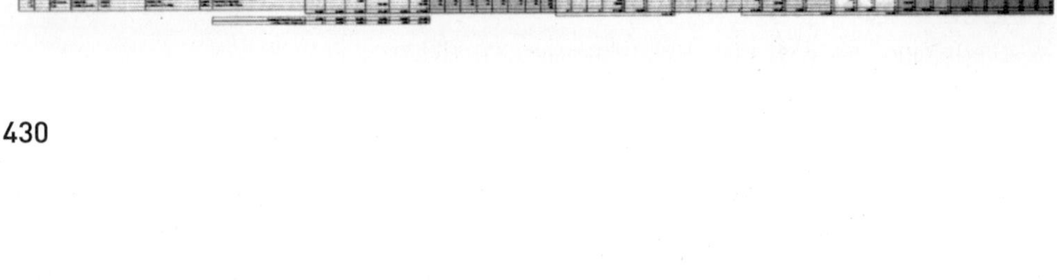

다. 우리는 여러 개의 일러스트레이션을 통해서 이 스프레드시트를 여러 개의 구성요소로 세분함으로써 이 스프레드시트가 어떻게 구성되어 있는지 확인할 수 있게 될 것이다. 매우 작은 규모의 프로젝트에 대한 전체 비용효율성 매트릭스는 표 19.9에 제시되어 있다. 보다시피 이것은 매우 크고 복잡한 워크시트이다.

전체 비용효율성 매트릭스 요소들

전체 비용효율성 매트릭스가 크고 복잡하긴 하지만, 그럼에도 이것은 이해를 돕기 위해 각각의 요소들을 별도로 보여줄 수 있게 세세하게 분해될 수 있는 비교적 적은 개수의 요소들로 구성되어 있다. 그리고 하나로 결합되었을 때 이것은 전체 비용효율성 매트릭스를 구성하게 된다. 이 요소들은 아래와 같다.

- 제목
- 방호 프로그램 권고사항 요약 표
- 수직요소
  - 헤드라인
  - 위험항목
  - 카테고리별 위험항목 세분(기준 방호 프로그램과 반테러 조치)
  - 칼럼 총계
  - 칼럼 총계(기준 방호 프로그램과 반테러 조치에 따라 세분됨)
- 횡적요소
  - 위험 설명
    - 항목번호
    - 위험분석 보고서의 페이지 참조
    - 구역
    - 위치
    - 취약성 등급
    - 취약성 설명
    - 위험 수준
  - 방호대책 옵션
  - 비용요소
    - CCTV
    - 경보 · 접근통제
    - 물리적 방호
    - 운영

- IT · 통신
- 완화가치
  - 접근
  - 억제 추정치
  - 감지
  - 평가
  - 지연
  - 대응
  - 증거
- 순위별 위험
  - 높은
  - 중간
  - 낮은
- 위험순위별 예산
  - 높은
  - 중간
  - 낮은
- 단계별 권고
  - 즉각조치 항목
  - 1단계
  - 2단계
  - 3단계
- 단계별 권고에 따른 예산
  - 즉각조치 항목
  - 1단계
  - 2단계
  - 3단계

표 19.10 요약 표

방호 프로그램 권고사항 - 요약 표					
위험순위>		높은	중간	낮은	총계
단계>	즉각조치 항목	518,400	1,000	0	519,400
	1단계	428,000	435,000	0	863,000
	2단계	28,000	0	0	28,000
	3단계	0	0	0	0
		974,400	436,000	0	1,410,400

- 단계 및 결과에 따른 예산 세분
  - 즉각조치 항목
    - ▶ 높은
    - ▶ 중간
    - ▶ 낮은
  - 1단계 항목

▶ 높은 ▶ 중간

▶ 낮은

−2단계 항목

▶ 높은 ▶ 중간

▶ 낮은

−3단계 항목

▶ 높은 ▶ 중간

▶ 낮은

방호 프로그램 권고 요약 표

아마도 컨설턴트와 결정 책임자들에게 있어서 이 스프레드시트의 가장 흥미로운 부분 중 하나는 표 19.10에 제시된 방호 프로그램 권고 요약 표일 것이다. 이 방호 프로그램 권고 요약 표는 결과의 순위와 실행 권고에 따른 권장 예산을 보여주고 있다. 또한 이것은 이러한 두 가지 측면에서 상세내역과 총계를 제시해 주고 있다.

종적 및 횡적요소

이 스프레드시트는 종적요소와 횡적요소로 세분되어 있다. 주요 횡적요소들에는 칼럼 제목, 섹션 상세내역(기준 방호 프로그램 vs. 반테러 조치), 취약성 목록, 칼럼 총계가 포함되어 있다.

종적요소

표 19.11의 사례는 몇 가지 칼럼들을 제외시킴으로써 전체적인 그림을 쉽게 확인할 수 있다. 표 19.11은 주요 수직요소들을 보여주고 있다. 또한 몇몇 취약성들도 여기에 포함되어 있다. 주목해야 될 점은 대부분의 수치들이 불필요한 칼럼이나 열을 숨기고 있기 때문에 이해를 도울 수 있도록 원칙이 더욱 간단하게 제시되어 있다는 점이다.

횡적요소

횡적요소에는 위험 설명, 방호대책 옵션, 비용요소, 완화가치, 위험순위, 예산, 마지막으로 단계별 권고, 그리고 단계별 권고에 따른 예산(단계와 위험순위에 따른 예산 상세내역이 포함됨)이 포함되어 있다.

표 19.11 수직요소

	A	F	G	H	I	J	K
1		메가 타워					
2		물리적 방호평가					
3		방호대책 비용효율성 및 예산					
11							
12					비용요소		
13	항목	취약성	위험	방호대책	CCTV	AACS	물리적
14							
15				기준 방호 프로그램			
16	1.01	방호 프로그램 개발	중간	방호 운영위원회를 구성함			
17	1.02	방호규정 집행	중간	조사 부서에 대해 고려함			
18	1.03	오래된 방호규정	높은	새로운 방호규정을 수립함			
19	1.04	오래된 방호절차	높은	새로운 방호절차를 수립함			
20	1.05	오래된 포스트 오더	높은	새로운 포스트 오더를 수립함			
46	1.31	모든 외부 개구부 경보 없음	중간	모든 외부 출입구의 경보장치		40,000	
47	1.32	수많은 외부 문들이 열려 있는 상태로 방치됨	중간	대부분의 외부 문에 대한 접근통제		40,000	
48	1.33	식별하기 어려운 사람들의 출입을 금지함	중간	얼굴인식 소프트웨어	25,000		
49							
50				반테러 조치			
51	1.34	문제가 진전되는 것에 대해 전혀 모름	높은	상업 정보 브리핑 서비스를 이용함			
52	1.35	차량 침입에 대한 취약함	높은	동쪽의 차량 입구/서쪽의 차량 출구			
53	1.36	강제 차량 진입	높은	주요 출입구를 보강함(2인치)			160,0
64	1.45	강제 차량 진입	높은	고정 충돌저항 볼라드 @ 주요 진입로			12,0
65	1.46	강제 진입	높은	후면 유리창의 강도 바 <4미터			1,0
66	1.47	강제 차량 진입	높은	부지 출입구의 K-12 장벽			75,0
67	1.48	강제 진입	높은	스테이지 문을 보강함			4,0
68	1.49	차량 안의 폭발물	높은	폭발물 감지견			
69							
70					54,000	98,000	811,0
71							
72				기준 방호 프로그램	54,000	80,000	99,0
73				반테러 조치	0	18,000	712,0

위험 설명

왼쪽 상단의 칼럼은 아래와 같은 방식으로 위험을 횡적으로 규정하고 있다(표 19.12).

- 취약성 항목번호는 무엇인가? (이것도 역시 위험분석 보고서의 항목번호와 일치해야 한다)
- 이 취약성 설명은 보고서의 몇 페이지에서 찾아볼 수 있는가?
- 이 취약성은 시설의 어떠한 일반구역과 관련되어 있는가?
- 이 취약성은 몇 등급의 범죄자와 관련되어 있는가?
- 취약성 설명은 무엇인가? (짧은 기술어)
- 위험순위는 무엇인가?

방호대책 옵션과 비용요소

다음 칼럼들은 방호대책과 개략 발주예산 추정치를 규정하고 있다. 그리고 이것은 해당되는 방호대책 테크놀로지의 유형에 따라 세분된다. 표 19.13은 단순화된 예를 보여주고 있다.

방호대책 완화가치

방호대책 효과 도표를 준비하는 방법은 18장을 참고한다. 보다시피 이것은 전체 비용효율성 매트릭스를 완성하는 데 필요한 추가 열과 칼럼을 단순히 삽입시킴으로써 전체 비용효율성 매트릭스의 토대로 이용될 수 있다(방호대책 완화가치에 대한 더 자세한 내용은 표 19.14 참조).

위험순위와 예산

다음 섹션은 위험순위별로 예산을 횡적으로 세분하고 있다. 주목해야 될 점은 내가 위험순위(높은, 중간, 낮은)에 해당되는 3개의 칼럼을 이용했다는 점이다. 이것은 더욱 단순하게 각 순위의 취약성의 총계를 낼 수 있고 왼쪽의 셀 안에 있는 방호대책 비용 추정치로부터 예산 추정치를 계산할 수 있도록 도움을 준다. 이 예산은 위험순위 셀(항상 1은 다음에 오는 계산에 이용될 수 있다)과 비용 총계 열 "N"(표 19.13에서)을 곱해서 얻을 수 있다. 표 19.15는 위험순위와 위험순위에 따른 예산을 보여주고 있다. 이 칼럼 세트는 시트의 상단에 있는 방호 프로그램 요약 표에 대한 위험 측면의 비용을 제시해 준다(표 19.10 참조).

표 19.12 위험 설명

	A	B	C	D	E	F	G
1	메가 타워						
2	물리적 방호평가						
3	방호대책 비용효율성 및 예산						
11							
12					취약성		
13	항목	페이지	구역	위치	등급	취약성	위험
14							
15							
16	1.01	5,67	모두	모두	모든 등급	방호 프로그램 개발	중간
17	1.02	5	모두	모두	모든 등급	방호규정 집행	중간
18	1.03	5,66	모두	모두	모든 등급	오래된 방호규정	높은
19	1.04	5,66	모두	모두	모든 등급	오래된 방호절차	높은
20	1.05	5,66	모두	모두	모든 등급	오래된 포스트 오더	높은
46	1.31	5,67	주요 층	주요 문	모든 등급	모든 외부 출입구 경보 없음	중간
47	1.32	5,67	주요 층	주요 문	모든 등급	많은 외부 문들이 열려 있는 채로 방치됨	중간
48	1.33	5,67	주요 층	주요 문	경제 및 폭력		
49							
50							
51	1.34		주요 층	모두	테러	문제가 진행되는 것에 대해 전혀 모름	높은
52	1.35	5,67	부지	부지	테러	차량 침입에 대해 취약함	높은
53	1.36		부지	동쪽 차량	테러	강제 차량 진입	높은
64	1.45		주요 층	동쪽 차량	테러	강제 차량 진입	높은
65	1.46		주요 층	건물 뒤쪽	테러 및 경제	강제 진입	높은
66	1.47		부지	부지 출입구	테러	강제 차량 진입	높은
67	1.48		주요 층	스테이지 문	테러	간제 진입	높은
68	1.49		부지	차량 검사	테러	강제 차량 진입	높은
69							

표 19.13 방호대책 옵션과 비용요소

	A	F	G	H	I	J	K	L	M	N
1	메가 타워									
2	물리적 방호평가									
3	방호대책 비용효율성 및 예산									
11										
12					비용요소					
13	항목	취약성	위험	방호대책	CCTV	AACS	물리적	운영	IT/통신	총계
14										
15				기준 방호 프로그램						
16	1.01	방호 프로그램 개발	중간	방호 운영위원회를 구성함						0
17	1.02	방호규정 집행	중간	조사 부서에 대해 고려함						0
18	1.03	오래된 방호규정	높은	새로운 방호규정을 수립함				20,000		20,000
19	1.04	오래된 방호절차	높은	새로운 방호절차를 수립함				20,000		20,000
20	1.05	오래된 포스트 오더	높은	새로운 포스트 오더를 수립함				10,000		10,000
46	1.31	모든 외부 출입구 경보 없음	중간	모든 외부 출입구 의 경보장치		40,000				40,000
47	1.32	수많은 외부 문들이 열려 있는 상태로 방치됨	중간	대부분의 외부 문에 대한 접근통제		40,000				40,000
48	1.33	식별하기 어려운 사람들의 출입을 금지함	중간	얼굴인식 소프트웨어	25,000					25,000
49										
50				반테러 조치						
51	1.34	문제가 진전되는 것에 대해 전혀 모름	높은	상업 정보 브리핑 서비스를 이용함				400		400
52	1.35	차량 침입에 대한 취약함	높은	동쪽의 차량 입구/ 서쪽의 차량 출구						0
53	1.36	강제 차량 진입	높은	주요 출입구를 보강함 (2인치)			160,000			160,000
64	1.45	강제 차량 진입	높은	고정 충돌저항 볼라드 @ 주요 진입로			12,000			12,000
65	1.46	강제 진입	높은	후면 유리창의 강 도바 < 4미터			1,000			1,000
66	1.47	강제 차량 진입	높은	부지 출입구의 K-12 장벽			75,000			75,000
67	1.48	강제 진입	높은	스테이지 문을 보강함			4,000			4,000
68	1.49	차량 안의 폭발물	높은	폭발물 감지견				200,000		200,000
69										0
70					54,000	98,000	811,000	434,400	13,000	1,410,400
71										
72				기준 방호 프로그램	54,000	80,000	99,000	184,000	12,000	429,000
73				반테러 조치	0	18,000	712,000	250,400	1,000	981,400

표 19.14 방호대책 완화가치

	A	F	O	P	Q	R	S	T	U	V
1	메가 타워									
2	물리적 방호평가									
3	방호대책 비용효율성 및 예산									
11										
12			완화가치							
13	항목	방호대책	접근	억제	감지	접근	지연	대응	증거	총계
14										
15		기준 방호 프로그램								
16	1.01	방호 운영위원회 구성								0%
17	1.02	검사 부서에 대해 고려함								0%
18	1.03	새로운 방호규정을 수립함								0%
19	1.04	새로운 방호절차를 수립함								0%
20	1.05	새로운 포스트 오더를 수립함	14%	14%	14%	14%	14%	14%	14%	98%
46	1.31	모든 외부 출입구에 경보장치를 설치함		14%	14%			14%	14%	56%
47	1.32	대부분의 외부 문에서의 접근통제	14%	14%	14%	14%	14%	14%	14%	98%
48	1.33	얼굴인식 소프트웨어		7%	14%	14%	7%	14%	14%	70%
49										
50		반테러 조치								
51	1.34	상업 정보 브리핑 서비스를 이용함				12%				12%
52	1.35	동쪽 차량 입구 / 서쪽 차량 출구	14%	14%		14%	14%		14%	70%
53	1.36	주요 출입구를 보강함 (2인치)	14%	14%		14%	14%		14%	70%
64	1.45	고정 충돌저항 볼라드 @ 주요 진입로	14%	14%			14%			42%
65	1.46	후면 유리창의 강도 바 〈 4미터	14%	14%			14%			42%
66	1.47	부지 출입구의 K-12 장벽	14%	14%			14%	14%		56%
67	1.48	스테이지 문의 보강	14%	14%	14%	14%	14%	14%	14%	98%
68	1.49	폭발물 감지견	14%	14%	14%	14%	14%	14%	14%	98%
69										0%
70										

단계별 권고와 예산의 단계화

그 다음 측면은 작업을 단계별 권고로 계획함으로써 제공될 수 있다. 단 한 번의 작업으로 방호 프로그램 권고사항 전체에 대해 접근하려고 하는 고객은 거의 찾아보기 어렵다. 자신의 권고사항을 권장된 여러 단계들에 따라 세분하는 컨설턴트는 보통 훨씬 더 호의적인 반응을 얻는다. 고객이 직접 이 프로젝트를 단계화 하는 방법을 구상하도록 맡기는 대신에 단계화에 대해 권고를 하는 것이 매우 유용하다. 비록 실제 단계화는 각각의 단계화 계획의 구체적인 내용이 고객에 의해 평가를 받으면서 달라지기도 하지만, 이러한 접근방식은 프로그램이 단계별 평가 노력에 도달하는 데 성공하도록 보장해 준다.

표 19.16에서 각 단계들의 가치가 왼쪽의 칼럼에 있는 예산을 단계 셀(AC ~ AF)에 있는 "1"과 곱해서 계산되었다는 점에 주목해 보자.

단계 및 위험에 따른 예산 상세내역

최종 칼럼 세트는 페이지의 상단에 있는 방호 프로그램 요약보드를 채울 수 있도록 전체적으로 사용되고 있다(표 19.10 참조). 이것은 아래와 같이 4개의 칼럼 세트로 세분된다.

- 즉각조치 항목
  - 하위 칼럼이 포함됨
    - 높은
    - 중간
    - 낮은
- 1단계 항목
  - 하위 칼럼이 포함됨
    - 높은
    - 중간
    - 낮은
- 2단계 항목
  - 하위 칼럼이 포함됨
    - 높은
    - 중간
    - 낮은
- 3단계 항목
  - 하위 칼럼이 포함됨
    - 높은
    - 중간
    - 낮은

표 19.15 위험순위와 예산

	A	F	G	H	W	X	Y	Z	AA	AB
1	메가 타워									
2	물리적 방호평가									
3	방호대책 비용효율성 및 예산									
11										
12						위험			예산	
13	항목	취약성	위험	방호대책	높은	중간	낮은	높은	높은	낮은
14										
15				기준 방호 프로그램						
16	1.01	방호 프로그램 개발	중간	방호 운영위원회를 구성함		1		0	0	0
17	1.02	방호규정 집행	중간	조사 부서에 대해 고려함		1		0	0	0
18	1.03	오래된 방호규정	높은	새로운 방호규정을 수립함	1			20,000	0	0
19	1.04	오래된 방호절차	높은	새로운 방호절차를 수립함	1			20,000	0	0
20	1.05	오래된 포스트 오더	높은	새로운 포스트 오더를 수립함	1			10,000	0	0
46	1.31	모든 외부 출입구 경보 없음	중간	모든 외부 출입구의 경보장치		1		0	40000	0
47	1.32	수많은 외부 문들이 열려 있는 상태로 방치됨	중간	대부분의 외부 문에 대한 접근통제		1		0	40000	0
48	1.33	식별하기 어려운 사람들의 출입을 금지함	중간	얼굴인식 소프트웨어		1		0	25000	0
49										
50				반테러 조치						
51	1.34	문제가 진전되는 것에 대해 전혀 모름	높은	상업 정보 브리핑 서비스를 이용함	1			400	0	0
52	1.35	차량 침입에 대한 취약함	높은	동쪽의 차량 입구 / 서쪽의 차량 출구	1			0	0	0
53	1.36	강제 차량 진입	높은	주요 출입구를 보강함 (2인치)	1			160000	0	0
64	1.45	강제 차량 진입	높은	고정 충돌저항 볼라드 @ 주요 진입로	1			12000	0	0
65	1.46	강제 진입	높은	후면 유리창의 강도 바〈 4미터	1			1000	0	0
66	1.47	강제 차량 진입	높은	부지 출입구의 K-12 장벽	1			75000	0	0
67	1.48	강제 진입	높은	스테이지 문을 보강함	1			4000	0	0
68	1.49	차량 안의 폭발물	높은	폭발물 감지견	1			200,000	0	0
69								0	0	0
70					42	7	0	974,400	436,000	0
71										1,410,400

표 19.16 단계화된 예산

	A	H	AC	AD	AE	AF	AG	AH	AI	AJ
1	메가 타워									
2	물리적 방호평가									
3	방호대책 비용효율성 및 예산									
11										
12			단계요소				예산			
13	항목	방호대책	즉각	1단계	2단계	3단계	즉각조치 항목	1단계	2단계	3단계
14										
15		기준 방호 프로그램								
16	1.01	방호 운영위원회 구성	1				0	0	0	0
17	1.02	검사 부서에 대해 고려함	1				0	0	0	0
18	1.03	새로운 방호규정을 수립함	1				20000	0	0	0
19	1.04	새로운 방호절차를 수립함	1				20000	0	0	0
20	1.05	새로운 포스트 오더를 수립함	1				10000	0	0	0
46	1.31	모든 외부 출입구에 경보장치를 설치함		1			0	40000	0	0
47	1.32	대부분의 외부 문에서의 접근통제		1			0	40000	0	0
48	1.33	얼굴인식 소프트웨어		1			0	25000	0	0
49										
50		반테러 조치								
51	1.34	상업 정보 브리핑 서비스를 이용함	1				400	0	0	0
52	1.35	동쪽 차량 입구 / 서쪽 차량 출구	1				0	0	0	0
53	1.36	주요 출입구를 보강함 (2인치)	1				160000	0	0	0
64	1.45	고정 충돌저항 볼라드 @ 주요 진입로	1				12000	0	0	0
65	1.46	후면 유리창의 강도 바 〈 4미터	1				1000	0	0	0
66	1.47	부지 출입구의 K-12 장벽	1				75000	0	0	0
67	1.48	스테이지 문의 보강	1				4000	0	0	0
68	1.49	폭발물 감지견		1			0	20000	0	0
69							0	0	0	0
70			27	20	2	0	519,400	863,000	28,000	0
71										1,410,400

표 19.17 예산 상세내역

	A	H	AK	AL	AM	AN	AO	AP
1	메가 타워							
2	물리적 방호평가							
3	방호대책 비용효율성 및 예산							
11								
12			즉각조치 항목			단계1		
13	항목	방호대책	높은	높은	낮은	높은	높은	낮은
14								
15		기준 방호 프로그램						
16	1.01	방호 운영위원회 구성	0	0	0	0	0	0
17	1.02	검사 부서에 대해 고려함	0	0	0	0	0	0
18	1.03	새로운 방호규정을 수립함	20,000	0	0	0	0	0
19	1.04	새로운 방호절차를 수립함	20,000	0	0	0	0	0
20	1.05	새로운 포스트 오더를 수립함	10,000	0	0	0	0	0
46	1.31	모든 외부 출입구에 경보장치를 설치함	0	0	0	0	40,000	0
47	1.32	대부분의 외부 문에서의 접근통제	0	0	0	0	40,000	0
48	1.33	얼굴인식 소프트웨어	0	0	0	0	25,000	0
49								
50		반테러 조치						
51	1.34	상업 정보 브리핑 서비스를 이용함	400	0	0	0	0	0
52	1.35	동쪽 차량 입구 / 서쪽 차량 출구	0	0	0	0	0	0
53	1.36	주요 출입구를 보강함 (2인치)	160,000	0	0	0	0	0
64	1.45	고정 충돌저항 볼라드 @ 주요 진입로	12,000	0	0	0	0	0
65	1.46	후면 유리창의 강도 바 〈 4미터	1,000	0	0	0	0	0
66	1.47	부지 출입구의 K-12 장벽	75,000	0	0	0	0	0
67	1.48	스테이지 문의 보강	4,000	0	0	0	0	0
68	1.49	폭발물 감지견	0	0	0	200,000	0	0
69			0	0	0	0	0	0
70			518,400	1000	0	428,000	435,000	0
71					519,400			863,000

이 상세내역은 개별 예산 수치들을 전체 비용효율성 매트릭스의 상단에 있는 방호 프로그램 요약 표의 셀에 직접 입력할 수 있는 정보로 배열하고 있다.

표 19.17에서 단계 칼럼에 제시된 값들은 표 19.16의 단계 칼럼과 표 19.15의 위험 칼럼에 있는 값의 배수에 근거하는 위험에 의해서 분리된다. 예를 들어, 칼럼 AK(표 19.17)의 값은 칼럼 AG(표 19.16)의 값과 칼럼 W(표 19.15)의 값으로부터 얻은 것이다.

이 책의 이용 가능한 공간에서 이 예시들을 쉽고 간편하게 읽어볼 수 있도록 하기 위해 즉각조치 항목과 1단계만이 제시되었다. 그러나 가능할 경우 2단계와 3단계를 위한 칼럼도 제시되어 있다.

요 약

이 방호 프로그램은 조직의 자산을 피해로부터 보호하기 위해서 충분한 자금이 지원되어야 한다. 대부분의 조직들이 운영하는 방호 프로그램은 효과적인 관리 척도의 부재로 어려움을 겪고 있다. 프로그램에서 관리 척도가 없다는 점은 비효율성과 임무 실패의 주요 원인이 된다. 유용한 관리 척도는 프로그램 임무의 성공을 보장해 줄 뿐만 아니라 방호 프로그램 관리자로 하여금 조직의 최선의 이익에 부합하는 신중한 재무 결정을 내릴 수 있도록 경영진에게 방호 프로그램의 필요성을 정당화하고 설명할 수 있게 도움을 준다.

비용효율성 척도의 한계

비용효율성은 오직 비용과 효과 두 가지의 구성요소만을 가지고 있다. 비용효율성 척도의 가장 어려운 점은 바로 효과이다. 합리적인 방호 목표를 달성하는 것은 합리적인 비율을 유지하는 것과 관련되어 있다. 우리는 적은 예산으로 가능한 한 가장 높은 효과를 원한다. 이에 대해 3개의 질문이 제기될 수 있다.

1. 가능한 결과의 가치는 어느 정도인가? (고려 기준)
2. 이러한 결과를 완화하기 위한 허용 가능한 예산은 어느 정도인가? (합리적 비용)
3. 이 예산 내에서 우리가 달성할 수 있는 가장 높은 효과는 얼마인가? (가장 높은 효과)

비전략적 시설에 대해서 잘 준비된 방호 프로그램의 경우 일반적으로 자본의 예산범위가 비품, 가구, 장비를 제외한 오직 시설만의 비용의 1%~2% 사이이다. 이러한 예산 추정치는 상업용 시설, 비상업용 시설, 그리고 중대시설에 대해서 적합하다. 예외적인 것으로는 자산을 포함하고 있는 시설을 들 수 있으며, 이러한 자산의 손실은 화학공장, 원자력발전소, 핵무기 저장시설, 중앙은행, 대통령궁과 같이 공동체 전체에 큰 피해를 초래할 수 있다. 이러한 유형의 시설들의 경우 이 프로그램의 자본비용과 운영비용은 전적으로 결과에 의존하게 된다.

원자력발전소의 경우 연간 방호비용이 비원자력발전소 시설보다 몇 배 더 높을 수 있다.

비용효율성 척도

효과와 비용을 추정하는 방법이 분명하다는 점을 기억한다면, 우리는 비용효율성을 추정할 수 있는 공식을 만들 수 있다. 가격 차이가 있지만 효과가 동일할 때 이러한 비교는 쉽게 이루어질 수 있다. 각 시스템들의 비용이 상승하면서 비용·효과의 차이는 줄어든 효과가치 대비 증가한 비용이 된다. 이 공식은 아래와 같다.

(시스템 비용1 / 시스템 비용1) × 효과 1

(시스템 비용1 / 시스템 비용2) × 효과 2

(시스템 비용1 / 시스템 비용3) × 효과 3

기준 비용은 항상 고려 중인 비용으로 나눠지기 때문에 모든 비용은 기준 비용에 대해서 비용의 증가 요인에 따라 효과 값을 감소시킨다.

우선순위를 효과적으로 전달하기

주장 제시하기

사실상 모든 조직들은 재정적 어려움에 처해 있기 때문에 많은 프로그램 관리자들이 같은 예산액을 얻기 위해 경쟁하고 있다는 점을 이해한다면, 방호 프로그램 관리자들이 방호 프로그램 예산액을 얻기 위해 설득력 있는 주장을 제시해야 한다.

■ 주장 제시하기
- 경영진의 우선순위에 대한 결정
- 이해관계자들의 관점을 확인하고 이해함.
- 결과 목록 제공하기

- 모든 위험은 여러 가지 방식 중 어느 한 가지로 다루어질 수 있다는 점을 염두에 둔다.
  - 손실을 감수할 수 있다.
  - 자산을 복제할 수 있다.
  - 자산에 대해서 보험에 들 수 있다.
  - 자산을 보호할 수 있다.

  경영진은 모든 자산에 대해서 결정을 내려야 하고 이 목록은 경영진에게 결정을 내릴 수 있는 도구를 제공해 준다.
- 등급으로 분류된 방호대책 예산 대비 해결책 제시하기
- 특정한 접근방식의 선택에 대해서 합의가 이루어지지 않을 경우 의사결정 매트릭스를 이용해서 위원회가 합의에 도달하도록 도움을 준다.

■ **주장 제시** : 훌륭한 예산 프레젠테이션은 하나의 주장으로 구성되어 있다.

CHAPTER 20

효과적인 보고서 작성하기

서 론

이 장이 끝났을 때 우리는 프레젠테이션이 포함하고 있어야 하는 4개의 주요 문서, 좋은 반응을 얻은 보고서의 요소들, 보고서 보완자료, 훌륭한 회의실 스크린 프레젠테이션의 요소들을 포함한 효과적인 보고서 작성방법에 대해 이해하게 될 것이다.

지금까지 우리는 훌륭한 위험분석 보고서를 작성하는 데 필요한 모든 도구들에 대해 논의했다. 위험분석 보고서는 의사 결정권자들이 살펴보는 유일한 자료가 될 것이며, 따라서 이것은 의사 결정권자들이 관심을 갖게 될 유일한 요소가 될 것이다. 그러므로 분석가의 모든 노력과 연구, 그리고 분석에도 불구하고 이 보고서에 결함이 있다면 의사 결정권자들은 이 결함에만 주목하게 될 것이다. 따라서 보고서의 형식과 내용은 완전하고 쉽게 읽고 이해할 수 있으며 포괄적이어야 한다.

보고서는 일반적으로 4개의 주요 문서를 포함하고 있다.

1. 포괄적 보고서
2. 방호대책 예산
3. 파워포인트 프레젠테이션
4. 프레젠테이션용 배포자료

■ 포괄적 보고서

포괄적 보고서는 프레젠테이션(이하 "보고서"라고 부름)의 핵심이다. 예산과 요약문을 제외한다면 그 외의 다른 문서들은 대략적으로만 살펴보게 될 것이다. 이 보고서는 모든 데이터를 두 가지의 형태로 제시하고 있다(요약과 상세내용 섹션). 요약은 상세내용 섹션의 모든 요점들을 포함하고 있어야 하지만 간결하고 쉽게 해석할 수 있는 형식을 취해야 한다. 상세내용 섹션은 보고서의 내용을 포함하고 있으며 결론, 권고, 그리고 요약 섹션 안의 모든 진술들을 입증해 주는 내용을 제시해 준다.

■ 방호대책 예산

방호대책 예산도 역시 2개의 버전으로 제시된다(즉, 요약과 상세내용 스프레드시트). 요약 섹션은 상세한 섹션에서 결과에 대한 총계가 포함되어 있다. 이상적으로 상세내용 섹션은 첨단기술, 저차원기술, 무기술 프로그램으로 각각 세분되어야 하고, 이러한 영역들에 따라서 더 세분될 수 있다. 마이크로소프트 엑셀은 관련 스프레드시트를 동일한 워크북의 개별 페이지로 볼 수 있게 해 준다. 이 방법을 이용함으로써 우리는 이 보고서의 요약에 포함시키기 위해서 모든 다른 시트들의 결과를 합계하는 요약 시트를 만들 수 있다.

■ 파워포인트 프레젠테이션

파워포인트 프레젠테이션은 위험분석 보고서를 어느 한 그룹이나 경영진에게 발표할 때 매우 유용하다. 파워포인트 프레젠테이션은 쉽게 이해할 수 있도록 그래픽으로 축약된 정보를 소개해 준다. 또한 이것은 프레젠테이션의 지침이 되고 수용자들이 논점에서 벗어나지 않도록 유지해 줄 수 있다.

■ 프레젠테이션 배포자료

이 배포자료는 파워포인트 프레젠테이션 내용을 담고 있으며 수용자들이 내용을 따라가면서 잘 기억해 두거나 나중에 토론을 위해서 필기할 수 있게 해 준다.

이 문서들이 모여서 전체 보고서가 구성되고, 이것만으로 방호 프로그램의 필요성에 대한 주장을 제시하게 된다. 만약 보고서가 실패로 돌아간다면 방호 프로그램은 목표를 달성하는 데 필요한 지원이나 자금을 받지 못하게 될 것이다. 실패는 몇 가지 방식으로 일어날 수 있다.

■ 프레젠테이션의 결함

- 분석의 결함(명백한 편향성, 입증되지 않은 결론 등)
- 전체 프로젝트의 맥락에서 적절한 수준을 초과하는 예산

프레젠테이션

고객의 보고위원회는 아마도 정식 보고형식의 프레젠테이션을 원할 것이다. 크게 두 가지 유형의 독자들이 위험분석 보고서를 검토하게 되는데(즉, 문서를 대충 훑어보는 독자와 내용을 상세하게 읽고 조사하는 독자), 포괄적 보고서는 이러한 두 가지 유형의 독자들을 모두 상대해야 한다.

성공을 위한 주요 프레젠테이션 요소는 아래와 같다.

- 프레젠테이션은 프로젝트 용도와 목적에 대해 검토해야 한다.
- 프레젠테이션은 예측 가능한 개요를 따라야 한다(여기에서는 배포자료가 도움이 될 수 있다).
- 발표자는 제안된 모든 개입(방호대책)에 대한 주장을 제시해야 한다.
- 발표자는 가능한 한 우선순위에 따라 분류된 예산을 보여주어야 한다.
- 발표자는 결과와 예산에 대한 모든 질문에 답해야 한다.

그래픽

그래픽은 개념에 대해 설명하고 논점을 제시할 때 가장 큰 도움이 될 수 있다. 일반적으로 유용한 그래픽은 아래와 같다.

- 위험분석 과정 지도 : 분석의 여러 단계들을 보여주는 그래픽(그림 20.1 참조)
- 자산 지도 : 카테고리 · 중대성에 따른 자산목록
- 위협 행위자 지도 : 순위별로 분류된 위협 행위자 목록
- 취약성 지도 : 자산별로 분류된 취약성 목록
- 위험 지도 : V2 그래픽
- 방호대책 사례 : 실행과 제품에 대한 사진
- 예산 요약 : 예산 · 단계화 컬러 그래픽
- 위험 등록 : 앞의 모든 내용의 개요를 제시해 주는 도표(선택)

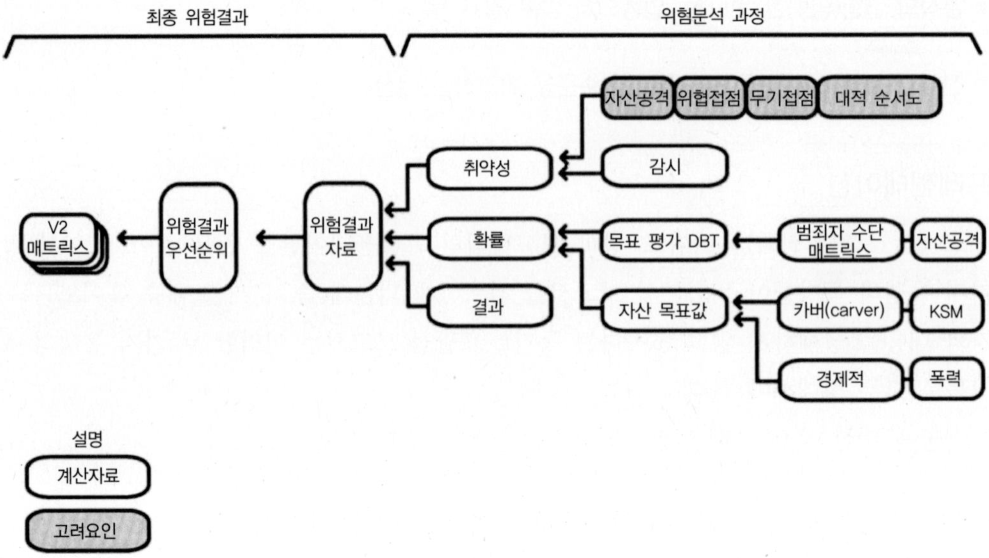

그림 20.1 위험분석 과정 지도

성공적인 프레젠테이션 준비

위험 분석가는 목표 수용자들로부터 좋은 반응을 얻을 수 있는 보고서를 준비하고 발표해야 한다. 이것은 두 가지 주요 영역(기업문화와 개인적 편향성)에 대한 연구가 요구된다.

- **기업문화** : 보고서를 받는 조직의 기업문화는 각각의 조직에 따라 큰 차이가 있을 수 있다. 몇몇 조직들은 수치와 검증에 초점을 맞추려고 하고 그 외의 다른 조직들은 사업운영에 대한 방호대책의 결과에 더 관심을 갖는다. 분석가는 이러한 요인들을 연구하고 이해하면서 보고서와 프레젠테이션을 준비해야 한다. 기업문화에 대한 정보는 조직의 강령과 경영진이 직원들, 계약자, 판매자, 고객, 일반대중, 행동주의 그룹, 그리고 언론 등에 관계를 맺는 방식을 살펴봄으로써 수집할 수 있다. 아래와 같은 기업문화 유형들은 흔하게 볼 수 있는 것이다.
  - **하향식** : 하향식 문화는 최고 경영진에서부터 아래로 사업행위를 부과하고 포고령을 통해서 부과하게 된다. 이러한 조직은 규칙에 기반하는 군대와 매우 구조화된 조직에서 흔하게 볼 수 있다.
  - **수평적** : 수평적 문화는 좀 더 민주적이고 때때로 무질서하다. 목표는 합의를 통해서 결정된다.

- **개인적 성향** : 주요 수용자들의 개인적 성향도 역시 프레젠테이션과 결과의 수용에 큰

영향을 미칠 수 있다. 각각의 개인들은 내적으로 최소한 세 가지의 성향을 프로젝트에 투여하게 된다.

- 해당 산업의 이해관계
- 해당 조직의 이해관계
- 개인적 이해관계

■ 개인적 성향은 수용자만큼이나 큰 차이가 있을 수 있다. 따라서 우리가 주요 수용자들에 대해서 더 많은 정보를 수집할 수 있어서 더 좋다. 아래와 같은 유형의 성격들은 흔하게 볼 수 있다.

- **일반적 성향** : 사람들은 각자 세상을 바라보는 서로 다른 방식을 지니고 있다. 즉, 신중한 사람이 있는가 하면 공격적인 사람이 있고, 심사숙고하는 사람이 있으면 급하게 결정을 내리는 사람도 있다. 일부는 합의를 이끌어내려고 하고, 또 다른 일부는 고압적이고 자신의 견해를 고집하려고 한다. 그 외의 또 다른 사람들은 소심하다.
- **산업 성향** : 각각의 프로젝트 참여자들도 프로젝트에 업계의 성향을 투여한다. 이들은 자연스럽게 모든 논의과정에서 자신의 시스템이나 산업의 이익을 추구하려고 한다.
- **조직 성향** : 각각의 참여자들은 자신이 일하고 있는 조직의 이익을 염두에 두면서 자신 조직의 평판과 프로젝트 위치를 방어하고 추가적인 서비스, 자화자찬 등에 대한 기회를 통해서 자신의 위치를 개선할 수 있는 기회를 노리려 한다.
- 개인적 성향
  - **경영자 성향** : 경영자 성향은 용도와 목적(기업문화 목적을 포함해서), 그리고 예산에 초점을 맞춘다. 이러한 것들은 때로는 서로 상충할 수 있기 때문에 경영자 성향은 다른 팀 구성원들에게 큰 혼란을 초래할 수 있다. 이들은 경영진들이 때때로 프로젝트의 용도, 목적, 기업문화에 초점을 맞춘 이후에 간혹 용도와 목적을 무시하고 예산으로 초점을 이동시키는 이유를 이해하기 위해 노력하곤 한다. 또한 기업문화의 목적을 제대로 이해하지 못하거나 언급하지 못하는 경우가 흔하다. 왜냐하면, 이것은 종종 목적으로 전환되지 못하는 가정이 될 수 있기 때문이다.
  - **행정적 성향** : 행정적 성향은 프로젝트의 용도와 목적 대신에 사업과 프로젝트 과정에 초점을 맞춘다(효과적인 프로젝트 관리자들은 경영자 성향과 행정적 성향을 모두 지니고 있는 경우도 있다)
  - 기술 성향
    - ▶ **전술적** : 전술적 기술 성향은 프로젝트 목적(제품, 케이블 유형, 렌즈 등)을 달성하는 방법에 대한 전술적 기술내용에 초점을 맞춘다. 기술 담당자들이 여러 세

15 16 17 18 19 20 CHAPTER

세한 항목들로 인해서 프로젝트의 용도와 목적에 집중하지 못하는 경우를 흔히 볼 수 있다. 그러나 프로젝트 목적에 대한 초점을 유지하는 기술담당자들은 매우 소중한 존재로 여겨진다.

▶ **분석적** : 분석적 기술 성향은 주로 프로젝트의 용도와 목적, 그리고 이것을 달성하기 위한 기술도구의 사용법에 더 많은 초점을 맞춘다. 이러한 사람들은 프로젝트 과정에 매우 중요한 존재로 여겨진다. 왜냐하면, 이들은 초점을 유지한 채로 다른 프로젝트 팀 구성원들의 지지를 얻을 수 있는 방식으로 기술내용에 대해 논의할 수 있기 때문이다. 특히 이들은 조정과정에서 매우 중요하게 여겨진다.

– **자기중심적** : 자기중심적 성격은 다른 성격들과 중첩될 수 있다. 모든 프로젝트 구성원들은 어느 정도 자기중심성을 지니고 있다. 그리고 더욱 생산적인 프로젝트 구성원들은 프로젝트와 조직의 발전을 위해서 개인적인 성향을 접어둘 수 있다. 그렇지 못한 개인들은 자신만의 관점을 통해서 모든 일을 바라보고 프로젝트에 피해를 주면서까지 자신과 동료의 눈앞의 이익만을 추구한다.

각 프로젝트 참여자들의 산업, 조직 및 개인적 성향에 대해 이해하면 모든 주요 프로젝트 이해관계자들로부터 좋은 반응을 얻을 수 있는 보고서를 준비하고 발표하는 데 큰 도움이 될 수 있다.

경영자적 · 행정적 성격은 프로젝트의 용도와 목적, 조사결과가 이러한 목적에 어떻게 일치하는지, 그리고 더 나아가 조직의 프로그램이 방호사건에 의해 교란되지 않도록 보장하기 위해서 "어떠한" 개입이 필요한지에 대해 초점을 맞추는 프레젠테이션을 선호한다. 또한 경영자적 · 행정적 성격은 모든 조정비용에 대해 큰 관심을 갖는다. 경영자적 성격은 이러한 개입이 기업문화에 미치는 결과에 대해서 더 많은 관심을 갖는다.

기술적 성격은 이러한 조정이 "어떻게" 실행될 것인지에 대해 더 많은 관심을 갖는다.

또한 각각의 참여자들은 각자 자신의 산업, 조직 및 개인적 성향과 프레젠테이션이 그룹 내에서의 자신의 위치에 영향을 미치는 방식 등을 통해서 이 프레젠테이션을 바라본다.

사실상 모든 이해관계자들은 방호예산이나 운영이 각자 자신의 예산이나 운영에 미칠 수 있는 영향에 대해 우려한다.

이러한 문제들을 세심하게 살펴본다면 더 나은 분석, 결론 그리고 반응을 얻을 수 있을 것이다.

포괄적 위험분석 보고서

요약문

이 요약문 보고서에 포함된 모든 데이터의 요점을 제시해 준다. 요약문은 이 보고서를 읽게 될 모든 사람들이 살펴보게 될 것이므로 완전하고 쉽게 이해할 수 있으며 설득력이 있어야 한다.

요약문은 아래와 같다.

- 각각의 섹션과 내용 전반을 확인해 주는 문서 개요를 제시해 준다.
- 프로젝트의 용도와 목적에 대해 언급한다.
- 주요 자산을 확인시켜 준다.
- 주요 위협을 확인시켜 준다.
- 주요 취약성을 확인시켜 준다.
- 주요 위험을 확인시켜 준다.
- 주요 방호대책 프로그램 개입을 확인시켜 준다.
- 예산을 소개한다.
- 권장사항을 제시한다.

서문

서문은 문서내용에 대한 독자의 이해를 규정해 준다. 이것은 이 보고서를 균형적인 관점으로 바라보는 데 필요한 배경정보의 제공을 통해서 이루어진다. 서문은 아래와 같은 사항들을 포함하고 있어야 한다.

- **프로젝트 권한자 소개** : 이 보고서의 권한자와 수용자(동일한 인물이나 조직단위가 아닐 수도 있음)를 포함한 내용.

- **배경정보** : 프로젝트에 대한 배경정보에는 아래와 같은 사항들이 포함되어야 한다.
  - 위치
  - 프로젝트 특징(건물개수, 유형, 용도 등)
  - 방호 프로그램의 목표
  - 평가팀 자격

평가과정

평가과정 섹션은 서문에 포함되거나 별도로 제시될 수 있다. 규모가 작은 프로젝트의 경우에 나는 보통이 2개를 결합시킨다. 이 섹션에는 아래와 같은 사항들이 포함되어야 한다.

- 선정된 방법
- 이 방법을 선정한 이유(이것이 프로젝트에 가장 적합한 이유 : 예산, 완전성, 산업에 대한 적절성, 미국 국토안보부[DHS]의 지시 등)
- 방법과정 지도
- 평가과정 계획

시설 특성화

시설 특성화 섹션은 때때로 자산 특성화 섹션으로 불리기도 한다. 이 섹션은 프로젝트와 관련된 조직의 모든 자산들을 항목화 하고 여러 카테고리로 분류한다.

각각의 해당 자산들은 시스템, 자산, 구성요소, 주요 노드를 포함하게 된다. 자산으로는 개별시설, 건물, 사업단위, 사람, 부동산, 독점정보 혹은 조직의 사업평판 등을 들 수 있으며 구성요소는 자산과 시스템의 개별요소들이다. 주요 노드는 전체 시스템의 운영에 필수적인 요소들을 말한다. 만약 주요 노드 하나가 손실되었다면 시스템 전체를 손실하게 된다.

이제 아래와 같은 분류에 따라 모든 시설 자산의 목록을 작성한다.

- 사람
  - 주요 경영진
  - 관리자와 직원
  - 계약자, 판매자, 방문자, 일반대중
- 재산
  - 개별구역
  - 시설과 주요 시설구역으로 분류됨
- 독점정보
  - 정보기술시스템
  - 특별 서버와 대용량 기억장치
  - 문서 파일
  - 특수정보시스템(건물관리시스템 · 방호 등)
- 사업평판

위협평가

위협평가 섹션의 주요 요소들에는 위협 행위자에 대한 확인과 디자인 기반의 위협으로서의 특정 위협 행위자 등급의 선택이 포함된다.

아래와 같이 다섯 가지 유형의 위협 행위자가 있다. 각각의 유형들을 상세히 설명하면 큰 도움이 될 수 있다.

■ 테러리스트

- I등급 테러리스트(국가의 후원을 받는)
- II등급 테러리스트(종교 근본주의 전문 테러리스트)
- III등급 테러리스트(급진 혁명주의자 혹은 유사 종교 극단주의자)
- IV등급 테러리스트(게릴라 · 용병)
- V등급 테러리스트(자생적 테러리스트)

■ 경제범

- 국제적 범죄조직
- 조직범죄
- 치밀한 경제범
- 치밀하지 않은 경제범
- 거리 범죄자
- 자생적 범죄자

■ 비테러 폭력 범죄자

- 가정폭력 범죄자
- 불만이 있는 직원이나 전 직원
- 정신이상자

■ 질서 파괴자

- 이념지향자
- 독립적 질서 파괴자
- 사생활침해 위협 행위자
- 상습 규칙 위반자

■ 경범죄자

- 공공기물 파손자
- 소매치기
- 매춘부, 포주, 매춘 알선업자

디자인 기반의 위협은 제안된 방호 프로그램이 효과적으로 대처할 수 있는 위협 행위자 등급이다.

비록 테러공격이 가장 큰 위협이겠지만 해당 조직이나 시설과 무관할 수도 있다. 만약 이러한 유형의 조직이나 시설에 대한 과거의 테러 사례가 없다면, 그리고 이것이 테러 자산 목표값 설정 기준에 대부분의 요건을 충족시키지 못한다면 이것은 유효한 위협으로 간주되지 않을 수도 있다. 궁극적으로는 고객이 테러리스트를 위협 행위자로 간주할 것인지의 여부에 대해 결정을 내려야 한다.

관련 고려사항들은 가능한 상세히 논의하는 것이 좋다. 비록 위협 매트릭스가 이러한 모든 요인들을 확인해 준다고 해도 이것이 이 요인들을 모두 설명해 주지는 못한다. 2개의 위협 매트릭스에는 자산·공격 매트릭스와 범죄자·수단 매트릭스가 포함되어 있다. 이 두 가지 모두 위협 시나리오를 확인시켜 주고 또한 범죄자·수단 매트릭스는 동기, 능력, 과거기록 등을 포함해서 위협 행위자의 특징에 대한 정보를 확인시켜 준다. 매트릭스에서 이러한 것들이 추정되긴 하지만 이 보고서의 위협평가 섹션에서는 이것이 설명될 수 있다.

분석가는 독자들이 추정치의 맥락에 대해 이해할 수 있도록 위협 매트릭스의 각 칼럼들을 상세하게 설명해야 한다.

또한 나는 분석가가 진지하게 고려하도록 권고한 각각의 위협행위 등급에 대해 조사하고, 이러한 각각의 위협행위들에 대한 프로젝트 유효성의 이유에 대해 참고자료와 증거를 제시하도록 권장하고 있다. 예를 들어, 어느 특정 테러 그룹이 관련되어 있을 경우 프로젝트와 이 테러 그룹과의 관련성을 입증해 주는 예를 인용한다.

위협평가 섹션은 디자인 기반의 위협에 대한 섹션으로 마무리되어야 한다. 그리고 어떠한 위협 행위자 등급이 선정되었는지와 이것이 가장 타당한 이유에 대한 주장을 제시한다. 또한 디자인 기반의 위협에 의해 가장 많이 사용되는 진입방법과 무기의 유형에 대한 목록을 작성한다. 방호대책 프로그램은 바로 이러한 진입방법과 무기에 대처할 수 있도록 수립되어야 한다.

취약성 평가

취약성 평가는 아래와 같은 단계들로 이루어져 있다.

- 시나리오를 규정하고 구체적인 결과를 평가한다.
- 기존의 방호조치 효과에 대해 평가한다.
- 취약성을 확인하고 취약성의 정도에 대해 추정한다.

이 단계들은 아래와 같은 또 다른 단계들을 이용해서 수행된다.

- 어떠한 공격 시나리오가 각각의 자산에 대해서 가장 효과적인지 확인시켜 주는 자산·공격 매트릭스를 이용한다.

- 위협 행위자들이 어떠한 구역을 이용할 가능성이 가장 높은지 확인해 주는 위협·목표 접점 위치 매트릭스를 이용한다.
- 각각의 위협·목표 접점 위치에서 어떠한 유형의 무기가 사용될 가능성이 가장 높은지 확인시켜 주는 무기·목표 접점 위치 매트릭스를 이용한다.
- 고려되고 있는 각각의 주요 자산에 대한 감시 기회를 검토한다.
- 고려되고 있는 각각의 자산에 대한 취약성을 검토한다.
- 이러한 취약성이 기준 방호 프로그램에 의해서 다루어질 것인지의 여부에 대해 확인한다.
- 특히 기준 방호 프로그램을 통해서 적절하게 다루어지지 못하고 있는 취약성을 가지고 있는 자산들의 경우, 각 자산들의 중대성을 목록으로 작성한다.
- 요약을 통해서 11장에서 설명된 기준에 따라 자산의 우선순위를 정한다.

분석가는 어떠한 자산이 어떠한 유형의 공격 시나리오에 취약한지 검토하고 보고해야 한다. 어떠한 분석도구가 사용되든 상관없이(상업 소프트웨어나 스프레드시트 템플릿) 취약성 보고서가 의미를 얻기 위해서는 이 단계가 완료되어야 한다.

대부분의 상업용 소프트웨어는 각각의 적용 가능한 위협 유형 시나리오에 따라서 각각의 자산을 평가하는 도구를 포함하고 있다. 자산·공격 매트릭스는 이 책의 소프트웨어 템플릿 도구에서 이것을 수행하기 위해 사용되는 템플릿이지만, 이러한 도구는 각각의 자산과 적용 가능한 위협 시나리오를 고려하는 조건에서만 제대로 작용할 수 있을 것이다.

취약성에는 아래와 같은 구성요소들이 포함되어 있다.

- 감시 기회
- 접근성
- 고유한 취약성

다음의 요인들은 고유한 취약성을 완화해 준다.

- 기존의 자연스러운 방호대책
- 전자 방호대책
- 물리적 방호대책
- 운영적 방호대책

처음 3개의 요인들에서 마지막 네 번째 항을 빼면 취약해진다.

자산 · 공격 매트릭스

자산 · 공격 매트릭스(혹은 이에 상응하는 것)는 취약성 조사결과를 입증하기 위해 이 섹션에 포함되어야 한다. 그리고 자산 · 공격 매트릭스의 각 측면들을 상세하게 설명해야 한다.

분석가는 이 보고서의 취약성 섹션에서 적용 가능한 위협 시나리오를 상세하게 설명한 다음 각각의 시나리오에 대해서 각 자산의 평가를 보여주어야 한다. 이것은 가장 기본적인 취약성 평가이며 대부분의 평가도구들은 이 첫 단계를 벗어나지 않는다. 또한 이 책의 엑셀 템플릿은 3개의 다른 취약성을 평가할 수 있게 해 준다.

위협 · 목표 접점 매트릭스

위협 · 목표 접점 매트릭스는 특별히 취약한 사람들(유명 인사, C 레벨 경영진, 여학생 등)과 잠재적 위협 행위자들 간의 교차점이 될 수 있는 순환경로의 접점을 평가한다. 위협 · 목표 접점 매트릭스는 개인적인 공격이 발생할 수 있는 시설의 구역을 확인할 수 있게 도움을 준다.

무기·목표 접점 매트릭스

위협 · 목표 접점 매트릭스와 마찬가지로 무기 · 목표 접점 매트릭스도 특별히 취약한 사람들과 공격이 발생할 수 있는 위치에서 사용될 수 있는 무기 유형 간의 순환경로상의 접점을 평가한다. 예를 들어, 주차장 구역은 경영진이 이용하는 엘리베이터 로비보다 무기를 사용할 수 있는 폭이 훨씬 넓다. 무기 · 목표 접점 매트릭스는 피해자의 경로에서 어떠한 유형의 무기를 만나게 될 것인지 이해할 수 있게 도움을 준다.

감시 기회

감시는 취약성에 대한 하나의 기능이다. 범죄자는 모든 유형의 공격(테러공격, 경제범죄, 폭력범죄, 도발행위, 경범죄 등)을 수행하기 위해 공격하고자 하는 시설과 조직에 대해 알아야 한다. 그리고 이것은 감시를 필요로 한다. 범죄자에 대한 감시가 필수적이라면 감시를 수행하는 모든 위협 행위자들이 감시를 감지할 수 있는 기술을 갖춘 조직에 대해서 취약성을 지니고 있다는 점을 이해하는 것이 매우 유용할 수 있다. 이러한 사실만으로도 취약성을 줄일 수 있다.

감시는 아래와 같이 몇 가지 방식으로 수행될 수 있다.

■ 고정시선 감시
■ 이동 감시
■ 도청
■ 전자 감시(와이어 탭, 전자버그 등)
■ 정보기술시스템 감시
■ 문서·정보 탈취

감시의 기회를 최소화 하거나 혹은 감시감지 프로그램을 실행하면 모든 유형의 테러 공격과 범죄자 공격의 가능성을 낮출 수 있다.

분석가는 가능한 한 감시의 유형을 식별해야 하고, 감시 매트릭스나 이와 유사한 도구를 이용해서 감시를 당할 위험이 가장 높은 자산들을 확인해야 한다.

"취약성"이라는 이름이 붙은 1개의 유일한 셀을 이용해서 취약성에 대해 추정하는 위험분석 소프트웨어 도구에 대해서 조심해야 한다. 이것은 거의 언제나 효과가 없는 결과만을 제시해 줄 것이다. 취약성은 여러 가지 요인들을 지니고 있으며, 각각의 요인들을 개별적으로 고려하지 않는다면 오직 어느 한 요인만을 생각하다가 자산의 전체적인 취약성을 높여줄 수 있는 또 다른 요인을 쉽게 놓칠 수 있다. 예를 들어, 취약점에 대한 접근성만을 고려하는 분석가가 외부의 위협 행위자에 대해서만 생각할 경우 은행금고를 취약성이 낮은 것으로 평가할 가능성이 높다. 그러나 예컨대 횡령을 고려하지 못한다면 이것은 잘못된 평가가 될 것이다.

위험 계산

위험=(확률×취약성×결과) 혹은 ((확률+취약성 +결과)/3). 여러 가지 도구를 이용해서 위험을 계산할 수 있는 여러 방법이 있다. 이 세 가지의 요인들을 고려하는 모든 방법들은 유용한 계산으로 이어지게 된다.

고려되고 있는 모든 자산들에 대해 이러한 계산을 수행함으로써, 분석가는 고려 중인 모든 자산에 대해서 개별적인 위험 계산을 할 수 있으며, 그 후에 심각성의 정도에 따라 순위가 정해질 수 있다.

여기에서 양적 분석과 질적 분석 간의 차이와 이것이 위험 계산과 어떻게 관련되어 있는지에 대해 논의해 보자. 질적 분석방법은 일반적으로 여러 자산들을 검토한 후에 대부분 버려지고 소수의 자산만이 최종 위험분석을 위해서 남겨지게 된다.

나는 수억 달러 규모의 프로젝트를 위해서 십여 개 미만의 자산들을 고려한 질적 보고서들을 봐 왔다. 이것은 매우 불충분한 보고서라고 생각된다. 이와 같은 어느 프로젝트에서(소유주가 확실한 보고서를 얻기 위해 2명의 컨설턴트를 고용했다.) 공격을 받을 경우 최대 2년 동안 조직의 모든 운영을 마비시킬 수 있는 주요 노드를 확인했다(당시에 이 주요 노드는 수리 중에 있었다). 작은 규모의 건물 시스템에 대한 이러한 공격 시나리오는 주요 시설들을 파괴하지는 못하겠지만 1~2년 정도의 시간이 소요될 것으로 추정되었던 수리가 완료될 때까지 전혀 사용할 수 없는 상태로 만들었을 것이다. 이 주요 노드를 포함하고 있는 자산을 관련이 없는 것으로 무시했던 컨설턴트는 이 주요 노드를 고려사항에서 완전히 놓치고 말았다. 나 역시 완전하게 분석을 실시할 때까지는 이 주요 노드를 확인하지 못했을 것이다. 왜냐하면, 분석이 완료될 때까지 이 주요 노드는 명확하게 드러나지 않았기 때문이다. 나는 여러 프로젝트를 통해서 이와 유사한 결과들을 확인했다. 바로 이러한 이유 때문에 나는 양적 분석과 질적 분석의 조합을 신봉하고 있다. 이 두 가지의 분석의 조합은 어느 하나보다 훨씬 더 뛰어나다.

방호대책

방호대책의 선택에는 세 가지 주요 요인이 있다.

1. 모든 취약성은 포괄적 기준 방호 프로그램을 통해서 다루어져야 한다.
2. 아래와 같은 방호대책 옵션들을 검토해서 특별한 주의가 요구되는 주요 자산들을 확인해야 한다.
   - 첨단기술 옵션
   - 저차원기술 옵션
   - 무기술 옵션
3. 다음 사항들에 대한 비용을 추정해야 한다.
   - 기준 방호 프로그램
   - 기준 방호 프로그램을 통해서 충분히 완화되지 않은 주요 자산들을 다룰 수 있는 방호대책

기준 방호 프로그램

모든 시설들은 기준 방호 프로그램을 필요로 한다. 기준 방호 프로그램은 15장("방호대책의 목표와 전략")에서 자세하게 다루어진 모든 요소들을 포함하고 있어야 한다. 이와 같이 자세하게 논의해야 할 주요 요소들은 다음과 같다.

■ 방호 프로그램 강령

■ 규정과 절차

■ 방호관리 및 감독

■ 첨단기술요소

- 경보 · 접근통제시스템
- 주차통제시스템
- 방호 비디오시스템
- 방호통신시스템
- 명령 · 통제요소

■ 저차원 기술요소

- 잠금장치
- 보행자 및 도로 장벽
- 조명
- 표지판
- CPTED[1] 요소
  - 방호 조경
  - 방호 건축요소

■ 무기술요소

- 방호관리요소
- 방호경비 프로그램
  - 초소
  - 순찰
  - 방호경비 훈련 프로그램
- VIP 보호 프로그램
- 방호인식 프로그램
- 물리적 방호 프로그램
- 방호정보 프로그램
- 대감시 프로그램
- 응급상황 준비 및 대응 프로그램
- 사회혼란 대비 및 대응 프로그램
- 법 집행기관 연락 프로그램
- 방호관리 척도

특별히 고려해야 할 주요 자산의 확인

■ 기준 방호 프로그램을 통해 충분히 다루어지지 못한 주요 취약성들을 확인한다.

---

1) CPTED(환경 디자인을 통한 범죄예방)는 과학적으로 검증된 건축 분야이며, 올바른 행동을 할 수 있게 증진해 주는 공간을 조성하고 범죄행위의 가능성을 낮춰줌으로써 범죄를 줄이는 데 도움을 준다.

■ 각각의 취약성들을 아래와 같은 기준에 따라 순위를 정한다.
- 기준 방호 프로그램에 의해서 완화됨/완화되지 않음(유형 1)
- 가장 취약한 자산보다 높은(유형 2)
- 가장 높은 자산 목표값을 가진 자산보다 높은(유형 3)
- 가장 높은 결과를 가진 자산보다 높은(유형 4)

■ 앞에서 필터링된 자산의 경우(특별 취약성을 지니고 있는 자산) 기준 방호 프로그램을 초과하고 취약성을 완화시킬 수 있는 주요 방호대책에 초점을 맞춘다(16장 "방호대책의 종류"에서 자세한 내용 참조). 필수조치는 아래와 같다.
- 이 자산을 쉽게 대체하고 복제하고 보장할 수 있는가?
- 접근성과 관련해서 각각의 특별 취약성들을 고려한다(자산은 무엇인가? 위험 시나리오는 무엇인가? 위협 행위자는 누가 될 것인가? 자산을 공격하기 위해서 어떠한 접근경로를 이용할 수 있는가?).
  - 권한이 없는 사람에게 어떻게 접근을 제한하거나 거부할 수 있는가?
  - 권한 없이 강제로 접근을 하는 것은 어떠한가?
  - 내부자, 계약자, 판매자에 의한 접근은 어떠한가?
  - 접근의 제한으로 취약성이 완화될 수 있는가?
  - 접근을 어떻게 제한할 수 있을까?(안전한 방탄·방폭유리, 경비, 장벽, 지연시킬 수 있는 기술 등)
- 그 외 다른 유형의 방호대책
  - 접근통제
  - 억제
  - 감지
  - 위협행위를 평가할 수 있게 도움을 줌
  - 성공적인 공격에 대응하고 지연시킬 수 있게 도움을 줌
  - 증거를 수집함
- 대감시가 공격 가능성을 낮춰줄 수 있을까?
- 각각의 가능한 방호대책들의 상대적 효과는 어떻게 되는가?
- 위협을 완화하기 위해 여러 개의 방호대책이 필요한가?
- 이러한 방호대책들의 비용 추정 값은 얼마인가?
- 여러 옵션들을 이용할 수 있다면 전체적인 효과등급과 상대적 비용은 어떻게 되는가?
- 여러 옵션들의 비용효율성 순위는 어떻게 되는가?
- 자신의 권고사항은 무엇인가?

• 권고된 방호대책을 이용할 경우 조직운영(생산성, 편의성, 기업문화)에 대해 어떠한 결과가 영향을 미칠 것인가?

방호대책 예산 수립

방호대책 예산 도구나 이와 유사한 도구를 이용해서 방호대책 예산을 수립한다. 기준 방호 프로그램과 특별 방호대책에 대해서 별도의 예산을 제공한다.

주요 예산 요소들과 권고된 단계를 확인시켜 주는 예산 요약 시트를 제공한다.

기준 방호 프로그램과 특별 취약성에 대한 상세한 예산분석을 제시해 준다.

기준 방호 프로그램과 특별 취약성에 대한 권고된 방호대책 개입(첨단기술, 저차원기술, 무기술)을 제시해 준다. 그리고 아래와 같은 사항들에 따라서 각각의 권고사항들을 정당화 한다.

- 보호받는 자산들의 중대성
- 손실확률
- 손실의 결과
- 권고된 방호대책을 이용한 완화의 효과
- 권고된 방호대책의 비용
- 조직운영에 미치는 결과(생산성, 편의성, 기업문화)

여러 옵션들이 제시될 경우 의사결정 매트릭스를 제공한다(17장 "방호대책 선정과 예산책정 도구" 참조).

방호대책 실행 권고

권고된 방호대책 실행단계별 계획을 제공한다. 건설 지향적 프로젝트와 비건설 지향적 프로젝트에 대한 두 가지 유형의 단계별 프로그램이 있다.

- **건설 지향적 프로그램** : 새로운 시설이나 시설에 대한 대규모 리모델링에 초점을 맞춘 프로그램의 경우 방호대책 단계별 프로그램은 건설 프로그램을 통해서 조정될 수 있다. 이것은 일반적으로 다음과 같은 일정표를 따른다.
- **계획단계** : 방호 프로그램 계획은 바로 이 단계에서 이루어져야 한다.
- **설계개발단계** : 정책개발과 방호시스템 기기 설치계획은 이 단계에서 진행되어야 한다.
- **건설(입찰) 문서 개발단계** : 절차 개발, 프로그램 개발, 스태프 계획 등은 이 단계에서 진행되어야 한다.

15 16 17 18 19 20 CHAPTER

■ 입찰단계 : 시스템과 경비 서비스에 대한 입찰은 이 단계에서 이루어질 수 있다.
■ 건설단계 : 방호시스템 구축, 물리적 방호요소, 경비요원 채용 및 훈련 등이 이 단계에서 이루어질 수 있다.
■ 프로젝트 완료 : 시스템과 경비 시나리오 훈련에 대한 수용 테스트는 이 단계에서 이루어진다.
■ 비건설 지향적 프로그램 : 비건설 지향적 프로그램은 같은 단계를 따르지만, 건설 순환과의 조정으로부터 자유롭다. 그러나 이것은 진행 중인 운영과 조정될 필요가 있다.

보고서 보완자료

위험 등록

위험 등록은 아래와 같은 사항들에 대한 칼럼을 포함하고 있는 도표이다.

■ 위험 카테고리
■ 위험 이름
■ 위험 번호
■ 확률 (1-3)
■ 취약성 (1-3)
■ 결과 (1-3)
■ 위험점수 (P×V×C) 혹은 [(P+V+C)/3]
■ 완화 권고
■ 우발상황
■ 조치 (by)
■ 조치 (when)

위험등록(표 20.1)은 취약성 · 방호대책 매트릭스의 데이터를 통해서 가장 쉽게 수립될 수 있다.

각주

수많은 각주를 이용하는 보고서는 입증 자료가 없는 보고서보다 더 좋은 반응을 얻는다. 각주는 일반적인 공공지식이 아닐 수도 있는 내용에 대한 출처 제공의 기회를 분석가에게 줄 수 있으며, 또한 새롭게 제시된 용어들을 정의 내리거나 혹은 본문의 주장에 대한 의견이나 사례를 통해서 추가 설명을 하는 데 이용될 수 있다.

표 20.1 위험 등록

메가 LNG 터미널 위험 등록											
위험 번호	위험 카테고리	위험 이름	확률	취약성	결과	위험 점수	full height counters 완화 권고사항	비상상황	조치(by)	완화조치 (when)	비상조치 (when)
1.1	주변부	사회혼란	1	3	2	6	경찰과의 조율	시설 차단	방호관리자	지금	관련 정보에 따라서
1.2	주변부	자동차 · 트럭 폭탄	1	3	3	9	K-12 방호장벽 및 절차	완화계획	자본 프로젝트	1단계	사건발생 시에
1.3	주변부	워터사이드 폭탄	1	3	3	9	해안가 장벽	순찰보트	방호위원회	즉시	즉시
2.1	LNG 탱크	비행기 공격	1	3	3	9	레이더 경고시스템	완화계획	자본 프로젝트	즉시	사건발생 시에
2.2	로비	집단공격	1	3	2	6	접근통제시스템	풀 하이트 카운터 (full height counters)	자본 프로젝트	즉시	즉시

도표

아래와 같은 도표는 분량이 많은 보고서에서 큰 도움이 될 수 있다.

- 각 장의 번호와 이름, 큰 제목, 페이지 번호를 포함한 목차
- 그림 목차

색인과 용어집

보고서 본문 이후에 색인과 용어집을 수록하면 매우 유용하다.

- 색인 : 훌륭한 워드프로세서는 색인을 비교적 쉽게 만들 수 있게 해 주는 기능을 가지고 있다. 일반적으로 분석가는 문서를 하나의 파일로 구성한 다음(이미 포맷되어 있지 않은 경우) 색인에 포함시키고자 하는 주요 단어들을 찾기 위해 파일을 스캔할 수 있다. 그 후에 워드프로세서의 색인기능을 이용해서 단어에 색인 표시를 하고 색인기능은 문서에서 이 단어가 사용된 곳을 모두 자동으로 표시해 준다. 마지막으로 색인기능은 알파벳 순서로 색인을 정리하고 페이지 번호를 추가해 준다.
- 용어집 : 보고서에서 친숙하지 않은 용어나 업계의 전문용어가 사용되었을 경우 이에 대한 정의를 제시하는 것이 좋다. 이것은 본문이나 각주에서 이루어질 수 있다. 또한 낯선 용어들은 용어집으로 따로 구성될 수 있다. 용어집은 보고서에서 사용된 주요

용어들의 정의를 별도로 모아서 제시해 주는데, 또한 색인과 각주도 용어집을 구성하는 데 열쇠가 될 수 있다. 용어집은 '용어집'이라고 이름이 붙여진 별도의 워드 프로세싱 문서를 열어서 용어집에 포함시키고자 하는 주요 단어들을 찾기 위해 각주와 색인을 조사해서 구성할 수 있다. 필요할 경우 각주 참조를 이용해서 용어집에서 각각의 용어들에 대한 정의를 내린다.

첨부

아래와 같은 문서를 포함할 수 있는 첨부자료의 이용도 역시 권장되고 있다.

- 테러공격 위험 결정 변수
- 폭발위협 스탠드오프(stand-off distances) 거리
- 생화학 · 방사능제 위협
- 관련 테러리스트나 범죄조직에 대한 보고서
- 방호대책 예산

방호대책 예산 프레젠테이션

요약과 포괄적 예산은 첨부자료로 제시되어야 한다. 방호대책 예산 준비방법에 대한 정보는 17장 "방호대책 선정과 예산책정 도구"를 참고한다. 이제 예산을 보고서의 첨부자료로 삽입한다.

마이크로소프트 파워포인트 프레젠테이션

대부분의 경우에 위험분석과 방호대책 권고, 그리고 예산을 발표할 때 대화도구로서 파워포인트 프레젠테이션을 준비하면 매우 유용하게 사용할 수 있다. 파워포인트 프레젠테이션을 준비할 때 요약본의 요지에 초점을 맞추고 정확하게 따라야 한다.

자산, 위협 행위자, 취약성, 위험분석 결과의 일러스트레이션을 이용한다. 프레젠테이션 내용에 대한 개요에 이어서 전체 내용과 관련된 섹션과 페이지를 보여주는 각각의 슬라이드를 포함하고 있는 섹션과 페이지를 소개한다. 이것은 프레젠테이션의 진행과정에 초점을 맞출 수 있게 도움을 준다.

질문과 답 슬라이드로 프레젠테이션을 마무리한다.

초점을 맞출 수 있게 도움을 주는 슬라이드는 일반적으로 밝은 배경의 색상, sans-serif 폰트, 제목에 대해서 조정된 폰트로 되어 있다. 또한 마스터 슬라이드에는 페이지 번호(페이지 X of XX)가 포함되어야 하고 하단에는 섹션을 거쳐서 이동할 때 색상이 변하는 섹션

이름을 포함시키는 것이 도움이 될 수 있다. 이렇게 하면 이미 본 섹션은 왼쪽에 위치하고 더 밝은 색상이며, 지금 보고 있는 섹션은 더 두드러지게 나타나고 다음에 볼 섹션은 오른쪽 위치하고 더 밝은 색상이 된다.

특정 고객들을 위해서 꼬리말 부분에 자신의 이름과 연락처를 삽입하면 고객들이 추가 의견을 제시하거나 궁금한 점을 문의하고자 할 때 연락을 취하는 데 도움을 줄 수 있다. 특히 이것은 많은 기여를 할 수 있지만 고위급 경영진 사이에서 위압을 느끼는 중간급 관리자들인 경우에 큰 도움이 될 수 있다. 이들의 의견은 나중에 보충 보고서를 통해서 전달될 수 있다. 만약 발표를 방해하는 참석자가 있다면 이들의 의견은 거부될 수 있을 것이다.

프레젠테이션 배포자료

마이크로소프트 파워포인트는 몇 가지 포맷으로 배포자료를 제공해 주는 배포자료 프린트 기능을 갖추고 있다. 나는 "페이지당 3개의 슬라이드(포맷 옆에 노트가 포함된)"가 가장 유용하다는 점을 확인했다. 왜냐하면, 참석자들이 쉽게 내용을 따라갈 수 있고 질문 & 답변 섹션에서 필기를 할 수 있기 때문이다. 배포자료는 컬러로 인쇄될 때 가장 좋다.

요 약

보고서는 일반적으로 4개의 주요 문서를 포함하고 있다.

1. 포괄적 보고서
2. 방호대책 예산
3. 파워포인트 프레젠테이션
4. 프레젠테이션 배포자료

포괄적 보고서

포괄적 보고서는 프레젠테이션의 핵심이다. 예산을 제외한다면 그 외의 다른 문서들은 대략적으로만 살펴보게 될 것이다. 이 보고서는 두 가지의 형태로 모든 데이터를 제시하고 있다(요약과 상세내용 섹션). 요약은 상세내용 섹션의 모든 요점들을 포함하고 있어야 하지만 간결하고 쉽게 해석할 수 있는 형식을 취해야 한다. 상세내용 섹션은 보고서의 내용을 포함하고 있고 결론, 권고, 그리고 요약 섹션 안의 모든 진술들을 입증해 주는 내용을 제시해 준다.

방호대책 예산

방호대책 예산도 역시 2개의 버전으로 제시된다(즉, 요약과 상세내용 스프레드시트). 요약 섹션은 상세내용 섹션의 결과 총계를 포함하고 있다.

파워포인트 프레젠테이션

파워포인트 프레젠테이션은 위험분석 보고서를 어느 한 그룹이나 경영진에게 발표할 때 매우 유용하며, 쉽게 이해할 수 있도록 그래픽으로 축약된 정보를 소개해 준다.

이 배포물은 파워포인트 프레젠테이션 내용을 담고 있으며 수용자들이 내용을 따라가면서 잘 기억해 두거나 나중에 토론을 위해서 필기할 수 있게 해 준다.

프레젠테이션

고객의 보고위원회는 아마도 정식 보고형식의 프레젠테이션을 원할 것이다. 크게 두 가지 유형의 독자들이 위험분석 보고서를 검토하게 되는데(즉, 문서를 대충 훑어보는 독자와 내용을 상세하게 읽고 조사하는 독자). 포괄적 보고서는 이러한 두 가지 유형의 독자들을 모두 상대해야 한다. 성공을 위한 주요 프레젠테이션 요소는 아래와 같다.

- 프레젠테이션은 프로젝트 용도와 목적에 대해 검토해야 한다.
- 프레젠테이션은 예측 가능한 개요를 따라야 한다(여기에서는 배포물이 도움이 될 수 있다).
- 발표자는 제안된 모든 개입(방호대책)에 대한 주장을 제시해야 한다.
- 발표자는 가능한 한 우선순위에 따라 분류된 예산을 보여주어야 한다.
- 발표자는 결과와 예산에 대한 모든 질문에 답해야 한다.

그래픽

그래픽은 개념에 대해 설명하고 논점을 제시할 때 가장 큰 도움이 될 수 있다. 일반적으로 유용한 그래픽은 아래와 같다.

- 위험분석 과정 지도 : 분석의 여러 단계들을 보여주는 그래픽(그림 20.1 참조)
- 자산 지도 : 카테고리 · 중대성에 따른 자산목록
- 위협 행위자 지도 : 순위별로 분류된 위험 행위자 목록
- 취약성 지도 : 자산별로 분류된 취약성 목록
- 위험 지도 : V2 그래픽

■ 방호대책 사례 : 실행과 제품에 대한 사진
■ 예산 요약 : 예산 · 단계화 컬러 그래픽

성공적인 프레젠테이션 준비

위험 분석가는 발표를 듣는 관계자들로부터 좋은 반응을 얻을 수 있는 보고서를 준비하고 발표해야 한다. 이것은 두 가지 주요 영역(기업문화와 개인적 편향성)에 대한 연구가 요구된다.

■ 기업문화 : 기업문화 유형에는 하향식 문화와 수평적 문화가 있다.
■ 개인적 성향 : 마찬가지로 주요 수용자들의 개인적 성향도 프레젠테이션과 결과의 수용에 큰 영향을 미칠 수 있다. 각각의 개인들은 내적으로 최소한 세 가지의 성향을 프로젝트에 투여하게 된다.
  • 해당 산업의 이해관계
  • 해당 조직의 이해관계
  • 개인적 이해관계

국가기반시설과 국가중요시설
위험관리 및 방호대책

2015년 11월 15일 1판 1쇄 인쇄
2015년 11월 20일 1판 1쇄 발행

저자 Thomas L. Norman
역자 송창영
발행인 강해작
발행처 기문당
주소 서울시 성동구 무학봉 28길 4-1
전화 02)2295-6171(代)~5
팩스 02)2296-8188
출판등록 1976. 10. 7(1976-2)
홈페이지 http://기문당
http://www.kimoondang.com
ISBN 978-89-6225-692-5 93540

정가 30,000원

이 도서의 국립중앙도서관 출판시도서목록(CIP)은 서지정보유통지원시스템 홈페이지(http://seoji.nl.go.kr)와 국가자료공동목록시스템(http://www.nl.go.kr/kolisnet)에서 이용하실 수 있습니다.
(CIP제어번호 : 2015030319)